The Neuroscience of Suicidal Behavior

자살의 신경과학

자살의 신경과학

초판 1쇄 인쇄일 2026년 1월 20일 **초판 1쇄 발행일** 2026년 1월 30일

지은이 케이스 판 헤이링언 | **옮긴이** 정태연 · 장민희
펴낸이 박재환 | **편집** 유은재 · 신기원 | **마케팅** 박용민 | **관리** 조영란
펴낸곳 에코리브르 | **주소** 서울시 마포구 동교로15길 34 3층(04003) | **전화** 702-2530 | **팩스** 702-2532
이메일 ecolivres@hanmail.net | **블로그** http://blog.naver.com/ecolivres | **인스타그램** @ecolivres_official
출판등록 2001년 5월 7일 제2001-000092호
종이 세종페이퍼 | **인쇄 · 제본** 상지사 P&B

ISBN 978-89-6263-334-4 93180

책값은 뒤표지에 있습니다. **잘못된 책은 구입한 곳에서 바꿔드립니다.**

자살의 신경과학

케이스 판 헤이링언 지음 | 정태연·장민희 옮김

에코리브르

모든 발레리에게

유일무이한 미리암에게

차례

그림 목록

표 목록

서문

젊은 정신과 의사였던 나는 어느 날 대학병원 재활의학과에 있는 한 환자를 만나달라는 요청을 받았다. 그렇게 해서 내가 보러 간 환자는 밝고 영리한 소녀 발레리였다. 그녀는 몇 주 전 다리에서 뛰어내려 두 다리를 잃은 후, 대학병원 재활의학과에 입원해 있었다.

그날은 무더운 여름날이었고, 나는 그날 늦게 벨기에 겐트 시내의 아름다운 중심가에 있는 한 멋진 테라스에 앉아 친구 몇 명과 맥주 한 잔을 즐기고 있었다. 즐겁게 시간을 보내던 우리는 지나가는 소녀들을 바라보며 이야기하고 있었다. 그러나 내 마음속에서는 계속 다음 의문에 대한 답을 찾고 있었다. 오전에 만난 그 총명한 소녀는 자신의 몸에 돌이킬 수 없는 지독한 손상을 남길 그런 끔찍한 행동을 왜 했을까? 그 당시에는 발레리와의 만남이 내 직업적 삶에 그렇게 큰 영향을 미칠 줄은 전혀 몰랐다. 몇 년 후 나는 겐트 대학교에 자살연구부서(Unit for Suicide Research)를 설립했다.

발레리는 자살을 시도했던 날 남자친구와 약속을 잡았다고 내게 말했다. 그녀는 몸이 좋지 않아서 그와 이야기하고 싶었다. 그래서 그날

아침 학교에 가야 했는데도 남자친구를 만나기로 했다. 둘이 이야기를 나누던 중 그녀는 지나가는 삼촌을 봤다. 삼촌은 그녀가 남자친구와 함께 있는 대신 학교에 갔어야 한다는 것을 알았고, 매우 화난 표정으로 그녀를 바라보았다. 삼촌의 얼굴에 가득한 분노를 본 순간, 그녀는 자전거를 타고 근처 고속도로 위 다리로 갔고, 달려오는 차들 앞으로 몸을 던졌다. 이후 발레리와의 여러 대화를 통해, "몸이 좋지 않다"는 말은 실제로 우울 에피소드(depressive episode)의 증상임이 분명해졌다. 그녀는 자신을 무척이나 두렵게 만들던 우울한 기분과 자신에 대한 부정적 생각, 미래에 대한 고통스러운 감정에 대해 남자친구에게 이야기하고 싶었다. 나중에 그녀는 대여섯 살 무렵, 아버지가 스스로 생을 마감했다는 사실도 내게 말해주었다.

이 책에서는 발레리의 이야기 속에 담긴 중요한 요소를 다룰 것이다. 우리는 흥미로운 뇌 영상 연구를 통해 분노한 얼굴에 대한 반응이 어떻게 자살 행동에 대한 취약성(vulnerability)을 구축하는지 알게 될 것이다. 우리는 유전학 연구를 통해 자살이 실제로 가족력으로 이어질 수 있으며, 유전자가 어떻게 우리를 자살 행동에 취약하게 만들 수 있는지 이제 이해하기 시작했음을 알게 될 것이다. 우리는 우울증과 자살 행동이 젊은이들에게서 흔하게 나타난다는 사실을 확인할 것이다. 슬픈 현실은, 미국을 포함한 전 세계 여러 지역에서 젊은이들의 자살 행동 비율이 여전히 받아들이기 어려울 만큼 높고, 여전히 증가하고 있다는 역학 자료가 계속해서 보고된다는 점이다.

발레리의 사례에서 가혹한 현실은 그녀가 겪고 있던 우울 에피소드를 그녀 자신은 물론이고 가족도 학교 교사도 주치의도 알아채지 못했으며, 따라서 치료도 받지 못했다는 것이다. 게다가 그녀의 가족력에는 자살이 있었다. 그렇다면 그녀 주변의 누구든, 그녀를 돌보는 누구든 그녀가 자살 행동의 고위험군에 속한다는 사실을 고려해야 했다. 우울증과 가족력은 전 세계 어디서든 매일 수많은 사람을 죽음에 이르게 하는 치명적인 조합의 두 주요 성분이다.

이 책은 자살 행동을 취약한 개인과 그 개인이 살아가는 세상 사이의 상호작용에서 비롯된 비극적 결과로 설명하는 모형의 신경과학적 토대를 다룬다. 1장과 2장에서는 자살 행동의 발생과 그 위험 요인을 다루며, 자살 행동에 대한 특정한 취약성을 설명하고, 이 취약성과 특정 스트레스 요인이 어떻게 상호작용을 해서 자기 파괴적 행동으로 이어지는지 설명함으로써 위험 요인 간 상호작용 모형을 제시한다. 3장에서는 이러한 취약성과 스트레스 관련 요인을 연구하는 데 신경과학적 접근을 설명한다. 이후의 장에서는 이러한 접근을 훨씬 더 자세히 다루며, 자살 행동에 대한 분자(4장), 인지(5장), 시스템(6장)의 신경과학 연구 결과에 초점을 맞춘다. 7장은 발달 관점에서 접근하는데, 아동기의 성적·신체적 학대와 같은 외상적 사건들이 뇌에 미치는 치명적인 신경생물학적 결과에 집중한다. 8장에서는 예측 부호화 모형이라는 뇌 기능에 대한 새로운 이해 방식을 자살 행동과 연결해 탐색하며, 앞선 장들에서 설명한 신경생물학적 발견 중 놀라울 정도로 많은 부분을 이 흥미로운 계산 모형으로 통합할 수 있음을 보여준다. 자살 행동을 예측하고 자살 위험을 치료하는 우리의 제한된 능력은 자살 예방에 중요한 문제다. 9장에서는 자살 행동 예측을 위한 신경과학적 접근법의 함의에 초점을 맞추며, 10장에서는 신경과학 관점에서 자살 행동을 치료할 때의 문제점과 기회에 초점을 맞춘다.

자살 행동의 신경과학을 탐구하는 일은 뇌의 어두운 측면으로 들어가는 매혹적인 여정이다. 이 책은 고통스러운 삶의 결과로부터 우리를 보호하는 역할을 원래는 수행해야 하는 신경생물학적 기제(mechanism)의 결핍으로 인해, 개인이 자살 충동을 느낄 수 있다는 점을 보여줄 것이다. 자살은 일반적으로 비정상적 상황에 대한 정상적 반응으로 여겨진다. 하지만 과학자들은 그 반대가 진실임을 알고 있다. 자살은 정상적 상황에 대한 비정상적 반응이다. 자살 행동은 흔히 연인과의 이별, 직업 상실, 학교에서의 괴롭힘, 우울증, 또는 경제적 어려움 등으로 촉발된다. 이런 끔찍한 상황은 매우 흔하게 일어나지만, 이를 겪는 사람 중 오직 소수만이 자살 행동으로 이어진다. 이 책은 사람들이 왜 그리고 어떻게 그런 상황에 노출되었을 때 생명을 끊을 만큼 취약해지는지 설명할 것이다. 하지만 동시에 이 책은 이러한 기제를 연구함으로써 자살을 예방할 수 있다는 사실 또한 보여줄 것이다.

01

자살 행동이란 무엇이며, 예방할 수 있는가

학습 목표

- 자살 행동과 비자살 자해 행동은 무엇인가?
- 자살 행동은 얼마나 흔한가?
- 자살에 대한 흔한 통념은 왜 옳지 않은가?
- 자살 행동의 스트레스-취약 기질 모형이란 무엇인가?
- 우울증 같은 정신 장애는 자살과 어떤 관련이 있는가?
- 자살 예방을 위한 세 가지 주요 접근법은 무엇인가?

머리말

전 세계에서 40초마다 한 명이 자살하고, 매일 120명 이상의 미국인이 스스로 목숨을 끊는다(WHO, 2014; MMWR, 2017). 안타깝게도 미국 내 자살자 수는 해마다 증가하고 있다. 그보다 훨씬 많은 사람이 자살을 시도하며, 특히 청년층에서 자살 시도는 더욱 증가하고 있다. 비자살 자해 행동은 자살 시도보다 훨씬 더 흔하다.

자살에 대해 잘못 알려진 많은 통념이 여전히 존재한다. 가장 지속적인 통념 중 하나가 자살은 예방할 수 없다거나, 자살 위험은 치료할 수 없다는 것이다. 이러한 견해는 여전히 많은 사람이 자살하거나 자살을 시도하는 데 기여한다. 자살이 초래하는 경제적 비용은 막대하다. 예를 들어 미국 내 자살 행동으로 인한 총비용은 약 935억 달러로 추정된다. 개인 차원에서 치르는 비용도 매우 많다. 모든 자살은 깊은 개인적 고통과 정신적 고통의 비극적 결과물이다. 동시에 자살은 남겨진 사람들에게도 수치심과 죄책감, 고통을 주고, 그 결과 이들 또한 자살 위험에 노출된다. 평생 자살에 노출된 경험이 있는 사람은 거의 22퍼센트로, 이것은 다섯 명 중 한 명 이상이 가까운 사람의 자살을 경험한다는 뜻이다(Andriessen et al., 2017). 정신적 고통을 멈추고자 하는 것이 자살의 주요 동기 중 하나라고 흔히 말하지만, 자살은 실제로 고통을 끝내는 것이 아니라 그 고통을 다른 사람에게 옮기는 것이다.

자살은 예방할 수 있다. 자살 예방에 1달러를 투자하면 자살로 인한 비용이 2.5달러 줄어든다는 연구도 있다(Shepard et al., 2016). 자살 행동은 하나의 원인으로 발생하는 것이 아니라, 여러 요인이 복합적으로 작용한다. 다행히도 우리는 자살 행동을 유발하는 기제에 대해 많은 통찰을 얻었으며, 이를 통해 다양한 수준에서 예방 전략을 설계할 수 있다.

1.1 자살의 행동적 측면

"suicide(자살)"라는 단어는 17세기경 처음 등장한 것으로 보이는데, 라틴어인 sui(자기)와 caedere(죽이다)에서 유래한다. 세계보건기구(WHO)는 자살을 "자신이 죽게 될 결과를 충분히 인지하고 기대하면서 스스로 시작하고 실행하는 의도적인 자기 살해 행위"로 정의한다. 자살 시도는 "치명적인 결과를 의도했는지와 관계없이 고의로 자기 자신에게 중독, 상해 또는 자해를 가하는 비치명적 자살 행동"으로 정의한다(WHO, 2014).

1960년대 말까지 자살 시도는 실패한 자살로 간주했다. 이후 비치명적 자살 행동을 보다 세분화하려는 다양한 용어가 등장했다. "자살극", "가짜 자살", "계획적 자해(deliberate self-harm, DSH)", "자해", "비자살 자해(nonsuicidal self-injury, NSSI)" 등이다. 이러한 용어는 자살 행동이 동질적인 현상이 아니라 치명성, 계획성, 의도 측면에서 서로 다를 수 있는 폭넓은 자기파괴적 행위라는 인식의 발달을 반영한다. 하지만 이러한 용어를 객관적으로 정의하고 측정하기는 어렵다. 예컨대 "치명성"은 자살 시도로 생긴 의학적·신체적 손상 또는 자살 시도에서 사용한 방법을 뜻할 수 있지만, "계획"이나 "의도"의 객관적 지표는 없다. 비치명적 자살 행동이나 자해 행동은 이론적·행동적·임상적·역학적 특성에 따라 분류하기도 하지만 여전히 합의된 정의는 존재하지 않는다(Silverman, 2016). 현재는 자살 의도를 기준으로 NSSI와 자살 시도를 구분하는 것이 연구와 임상 지침에서 일반적이고, 특히 미국에서는 더욱 그렇다. 《정신 장애 진단 및 통계 편람(The Diagnostic and Statistical Manual of Mental

Disorders)》 제5판(DSM-5)은 정신 질환의 매뉴얼이다. 여기서는 자살 행동 장애와 NSSI가 정신 장애로 공식 진단을 받으려면 진단 기준과 함께 임상적으로 더 심층적인 연구가 필요한 상황으로 보고 있다. 자살 행동과 관련해서는 사용 방법의 폭력성, 의학적 결과, 계획의 정도와 관련된 구체적 항목이 들어 있다.

자해를 하는 사람들이 보고한 다양한 비자살 동기는, 자살 시도와 NSSI 범주 사이에 명확한 차이가 있음을 보여준다(Edmondson et al., 2016). 자해 행동의 비자살 동기에 관한 연구에서 가장 일반적으로 나타나는 주제는 정신적 고통의 조절과 대인관계에서 영향력 행사이며, 그 다음은 자기 처벌과 해리 조절이다(표 1.1 참조).

자살 회피, 감각 자극 추구, 개인적 경계 설정, 성적 취향에 대한 대처는 비자살 자해의 이유로 자주 언급되지는 않지만 반복해서 인정받는다. 또한 적어도 응답자들의 보고에 따르면, 그렇게 행동하는 동기에는 자기 확증이나 자기 검증 측면에서 긍정적이거나 적응적인 동기로 보이는 것도 있다.

NSSI 관련 문헌의 상당수가 청소년을 대상으로 하고 실제로 성인 대상 연구는 매우 드물다는 점 때문에, NSSI라는 용어 사용을 비판하는 사람이 있다. 게다가 종단 연구(longitudinal study)가 보여주듯(뒤에서 논의), 향후 자해로 사망 위험을 크게 높이는 행동을 명확히 비자살적이라 규정하는 것은 분명히 쉬운 일이 아니다. NSSI와 관련된 자살 위험을 과소평가하면, NSSI를 보이는 사람은 다른 사람보다 우선순위에서 밀림으로써 다른 사람에 비해 불충분한 치료를 받을 위험이 있다(Kapur et al., 2013). 또 다른 문제는 자살 의도를 신뢰성 있게 평가하기가 어렵

표 1.1 자해의 비자살 동기 (Edmondson et al., 2016)

정신적 고통에 대한 반응

- 정신적 고통 관리(정서 조절): 감정적 고통을 신체적 고통으로 전환하거나 괴로운 기억을 차단하는 등 불쾌하고 고통스러운 정서 상태를 조절하기
- 대인 간 영향: 타인의 생각이나 감정에 변화를 주거나 반응하기 / 도움을 요청하기
- 처벌: 주로 자신에 대한 벌, 때로는 타인이 가하는 처벌 또는 타인에 대한 처벌
- 해리 조절: 무감각하거나 비현실적인 느낌을 끊거나 그런 느낌을 불러오기 위한 목적
- 자살 회피: 자살 행동이나 자살 생각을 막기 위한 비치명적 자해 행위

긍정적 경험으로서 자해

- 만족감: 자해를 위안이나 즐거움을 주는 것으로 경험
- 감각 자극 추구: 성적이지 않은 흥분이나 각성 상태를 통한 자극 추구
- 실험: 새로운 것을 시도해보는 행위
- 보호: 자신 또는 타인을 보호하기 위한 목적
- 개인적 숙달감 기르기

자기 정체성 형성

- 경계 설정: 자해를 통해 개인의 경계를 탐색하거나 확립
- 성적 취향에 대한 반응: 자해를 통해 성에 준하는 느낌을 불러일으키거나 성적 취향을 상징적으로 표현
- 자기 입증: 자신의 고통의 정도나 강인함을 자기 자신 또는 타인에게 증명하는 방식
- 소속감: 특정 집단이나 하위문화에 속해 있다는 느낌을 얻기 위한 수단
- 개인적 언어(추억을 위한 언어 포함): 과거의 긍정적 감정이나 기억을 떠올리거나 확인하는 수단

다는 점이다. 왜냐하면 자해 행동을 보이는 사람들은 종종 생명에 대한 무관심, 즉 살고 싶은지도 죽고 싶은지도 모르겠다는 양가감정, 그리고 여러 가지 동기를 동시에 보고하기 때문이다. 성인 대상의 한 연구에서는 NSSI 행동 중에 자살 사고를 경험했다고 보고한 비율이 3분의 1에 달했다(Klonsky, 2011). 회고적 증거에 따르면, NSSI를 초래할 가장 큰 위험 요인은 과거의 자살 행동이나 자살 관념 이력이다(Brunner et al., 2007). 그러나 또 다른 연구들에 따르면, NSSI는 자살 생각 및 자살 행동에 선행하는 경우가 많은데, 이것은 NSSI가 자살 실행 능력을 키우든 그렇지 않든 간에 자살 행동에 이르는 일종의 "관문" 역할을 할 수 있음을 시사한다(Whitlock et al., 2013; Grandclerc et al., 2016). 이에 관한 또 다른 관점은 NSSI와 자살 시도를 자해 행동 차원의 변이로 간주하는 것이다. 이 관점에서는 자살 의도의 유무가 범주를 구분하는 기준이 아니라고 본다(Orlando et al., 2015). 이러한 해석은 NSSI와 자살 생각이 공유하는 것으로 보이는 신경생물학적 기반의 유사성에서도 지지받는다(Maciejewski et al., 2014). 이처럼 근본적이며 아마도 공통된 신경생물학적 취약성, 즉 공유된 취약 기질(diathesis)은 이 책의 핵심 주제다.

1.2 역학적 측면

1.2.1 자살 행동의 발생

자살률은 지역과 국가에 따라 크게 다르다. 그림 1.1(WHO, 2017)에서도 이러한 차이가 명확히 드러난다.

가장 최근의 전 세계 추정치에 따르면, 2012년에는 약 80만 4000건의 자살 사망이 발생했는데, 이는 인구 10만 명당 연간 전 세계 연령 표준화 자살률 11.4명에 해당한다(WHO, 2014). 즉 2012년 한 해 동안 전 세계 어디선가 40초마다 한 명이 자살한 셈이다. 같은 해 자살은 전 세계 모든 사망 원인의 1.4퍼센트를 차지했으며 사망 원인 중 15번째로

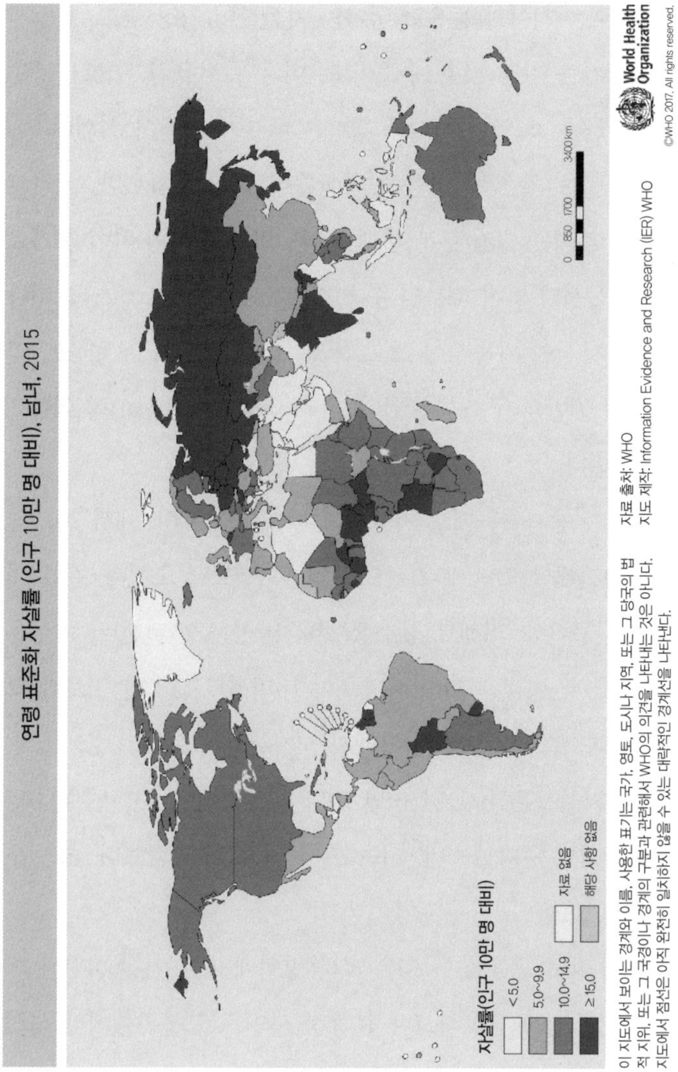

그림 1.1 전 세계 자살률. 컬러 화보 1 참조.
http://gamapserver.who.int/mapLibrary/app/searchResults.aspx.

높았다. 전 세계적으로 자살은 전체 폭력에 따른 사망의 56퍼센트를 차지하는데, 이는 범죄와 전쟁으로 죽는 사람을 합친 것보다 더 많은 수치다. 일반적으로 아시아와 동유럽 국가의 자살률이 가장 높고, 중남미와 동지중해 국가는 가장 낮은 수준이며, 미국과 서유럽, 아프리카는 그 중간에 해당한다. 하지만 이러한 경향은 빠르게 변화하고 있다. 예를 들어 미국에서는 최근 수년 동안 자살률이 많이 증가했다. 국가와 지역 간 자살률 차이는 일정 부분 사례를 확인하는 절차의 차이나 자료의 가용성과 최신성의 차이 때문일 수 있다(Windfuhr et al., 2016). 그러나 이러한 차이는 사실일 가능성이 크고, 특정 위험 요인과 보호 요인의 분포 차이, 사회 전반의 구조적 요인(예: 사회적 박탈, 정치적 변화)의 영향을 받는 것으로 보인다.

전 세계 인구가 증가했는데도 자살의 절대 수는 2000년에서 2012년 사이 88만 3000건에서 80만 4000건으로 약 9퍼센트 감소했다. 같은 기간 전 세계 자살률은 26퍼센트 감소했으며, 남성은 23퍼센트, 여성은 32퍼센트 감소했다. 이것은 전체 사망률이 18퍼센트 감소한 것보다 그 속도가 더 빠르다. 그러나 여러 국가에서는 자살률이 오히려 증가했다. 예컨대 미국의 자살률은 1999년 10만 명당 10.5명에서 2014년 13.0명으로 24퍼센트 이상 증가했는데, 이는 현재 전 세계 평균보다 높은 수치다(Curtin et al., 2016).

자해 사망(self-injury mortality, SIM)은 모든 방법에 따른 자살 사망과 더불어, 법의학자나 검시관이 사고나 불확정 사인으로 분류했지만 사실은 약물 중독에 따른 자해 사망으로 보이는 사례를 포함한다. 미국에서는 SIM도 큰 폭으로 증가했다. 1999년에는 약 4만 289건의 자해 사망이 있었고, 2014년에는 7만 6227건으로 증가했다. 이 기간 동안 SIM의 비율은 65퍼센트 증가했다. 그 이후 SIM은 계속해서 신장 질환으로 인한 사망률을 초과했고, 2006년에는 독감 및 폐렴 사망률도 앞질렀다. 2014년에는 당뇨병 사망률과 비슷한 수준에 도달했다. 또한 2014년에 SIM은 남성과 여성 사망자 각각 32년과 37년의 기대 수명 손실을 초래했다(Rockett et al., 2016).

자살률과 자해 사망률 증가의 요인은 다양해서, 경제 악화부터 정신과 병상수의 감소까지 그 폭이 넓다(Bastiampillai et al., 2016). 경제 요인 관련 63개국을 분석한 한 연구(Nordt et al., 2015)는 2009년 세계 금융 위기 때문에 초과해서 발생한 자살 사망 건수를 5000건 이상으로 추정했다. 실업률 증가가 자살률에 미친 영향은 금융 위기 전 실업률이 낮았던 국가에서 더 컸다. 미국의 경우 2007~2008년 경기 침체는 학력이 낮은 집단에서 인구 10만 명당 자살 사망률을 1.22명 증가시켰지만, 12년 이상 교육을 받은 집단에서는 0.17명 증가에 그쳤다(Harper et al., 2015). 역학적 자료를 정밀 분석한 결과, 경기 침체는 건강에 해로울 수는 있지만, 긴축 정책은 특히 자살률을 증가시킴으로써 사람을 죽일 수도 있다(Stuckler & Basu, 2013). 그러나 경제 위기가 자살률 증가에 미치는 영향을 실업률 증가로는 설명하지 못할 수도 있다. 미국과 유럽 모두에서 실업률 증가와 자살률 증가 사이의 인과 관계가 명확하지 않다는 주장도 있었다(Fountoulakis, 2016). 실업률이 낮을 때는 실업자 집단의 자살률이 높지만, 실업률이 증가해 정신적으로 건강한 사람도 여기에 포함하면 실업자 집단의 자살률은 오히려 낮아질 수 있다. 또한 자살률은 실업률이 증가하기 수개월 전에 상승하는 것으로 보인다. 가장 유력한 설명은 경제 위기와 긴축 시기에 정신 건강 돌봄 체계가 악화하고, 환자와 같은 취약 집단이 선별적으로 점점 더 큰 타격을 입는다는 것이다. 이러한 스트레스 요인의 누적은 자살률 증가의 주요 원인이 될 수 있다(Fountoulakis, 2016).

비치명적 자살 행동이나 NSSI의 발생에 관한 지역 또는 국가 수준의 자료는 많지 않다. 대부분의 자살 시도 관련 자료는 자해 이후 병원을 방문한 사례에 기초하고, 일부 연구만이 국가 수준의 추정을 가능케 한다. 2006년부터 2013년까지 미국의 응급실에서는 자살 시도 및 자해로 약 350만 건의 방문이 이루어졌다는 보고가 있는데, 이것은 인구 10만 명당 약 170건의 연간 발생률에 해당한다(Canner et al., 2016). 유럽에서는 아일랜드가 전국의 병원 방문 사례를 등록하고 있는데, 이를 기준으로 2015년 자해 발생률은 인구 10만 명당 204건으로 추정되었다(NSRF, 2016). 1994년부터 2011년까지 덴마크에 거주한 전체 인구를 대상으로 한 국가 단위 개인 수준 등록 자료에 따르면, 자해의 평균 발생률은 여성의 경우 인구 10만 명당 131명, 남성의 경우 87명이었다. 특히 15~24세 여성 집단에서는 연구 기간 자해율이 거의 3배 증가하는 현상이 나타났다(Morthorst et al., 2016). WHO 세계 정신 건강 조사(World Mental Health Survey)에 따르면, 서로 다른 지역의 17개국 일반 성인 인구에서 평생 자살 시도 추정치는 2.7퍼센트다(Nock et al., 2008). 전 세계 청소년을 대상으로 한 NSSI 및 계획적 자해 유병률에 관한 체계적 고찰에서는 각각 평균 18퍼센트와 16퍼센트로 나타났다(Muehlenkamp et al., 2013). 2009년부터 2012년 사이 미국에서는 청소년의 자해로 응급실 방문 건수가 많이 증가했다(Cutler et al., 2015). 주목할 점은 지난 10년간 목매달기나 고층에서 떨어지기처럼 치명적인 자해 방법을 점점 더 많이 사용한다는 사실이다(Vancayseele et al., 2016). 연구에 따르면, 더 치명적인 수단을 사용하는 자해는 향후 자살로 이어질 위험을 확연히 높인다.

1.2.2 인구통계학적 영향

자살로 사망하는 남성은 여성보다 약 세 배 많다. 다만 저소득 및 중간 소득 국가에서는 이 비율이 낮아서, 여성 1명당 남성 1.5명 정도다. 전 세계적으로 자살률은 남성 10만 명당 15.0명, 여성 8.0명이며, 자살은 남성의 전체 폭력에 따른 사망의 50퍼센트를 차지하고, 여성의 경우 71퍼센트를 차지한다(WHO, 2014). 반면 자살 시도율은 일반적으로 여성이 남성보다 높다. 예를 들어 아일랜드 국가 등록 보고서에 따르면 2015년 자살 시도율은 남성 186건, 여성 222건이었다(NSRF, 2016).

자살이 전체 사망에서 차지하는 비율과 사망 원인 순위는 연령에 따라 크게 다르다. 고소득 국가에서는 자살이 중년 및 노년 남성에게서 가장 흔하지만, 청년층의 자살률도 증가하고 있다. 전 세계적으로 15~29세 청년 성인의 자살은 전체 사망의 8.5퍼센트를 차지하는데, 이것은 교통사고 다음으로 높은 두 번째 주요 사망 원인이다. 30~49세 성인에서는 자살이 전체 사망의 4.1퍼센트를 차지하며, 다섯 번째 주요 사망 원인이다. 비자살 자해율은 젊은 연령층에서 가장 높다. 예를 들어 영국에서는 자해를 경험한 사람 중 약 3분의 2가 35세 미만이다(Geulayov et al., 2016). 그림 1.2는 자살이 특히 10세에서 35세 사이 젊은 층의 주요 사망 원인임을 분명히 보여준다.

자살률이 계절에 따라 달라 봄과 여름에 가장 높다는 보고도 있다. 자살률은 위도 및 햇빛 노출량과도 상관관계가 있는 것으로 나타났다

순위	10~14	15~24	25~34	35~44	45~54	55~64	65+
1	비의도적 상해 763	비의도적 상해 12,514	비의도적 상해 19,795	비의도적 상해 17,818	악성 종양 43,054	악성 종양 43,054	심장 질환 507,138
2	악성 종양 428	**자살 5,491**	**자살 6,947**	악성 종양 10,909	심장 질환 34,248	심장 질환 76,872	악성 종양 419,389
3	**자살 409**	살인 4,733	살인 4,863	심장 질환 10,387	비의도적 상해 21,499	비의도적 상해 19,488	호흡기 질환 131,804
4	살인 158	악성 종양 1,469	악성 종양 3,704	**자살 6,936**	간 질환 8,874	호흡기 질환 17,457	뇌혈관 질환 120,156
5	선천성 기형 156	심장 질환 997	심장 질환 3,522	살인 2,895	**자살 8,751**	당뇨병 14,166	알츠하이머병 109,495
6	심장 질환 125	선천성 기형 386	간 질환 844	간 질환 2,861	당뇨병 6,212	간 질환 13,728	당뇨병 56,142
7	호흡기 질환 93	호흡기 질환 202	당뇨병 798	당뇨병 1,986	뇌혈관 질환 5,307	뇌혈관 질환 12,116	비의도적 상해 51,395
8	뇌혈관 질환 42	당뇨병 196	뇌혈관 질환 567	뇌혈관 질환 1,788	호흡기 질환 4,345	**자살 7,739**	독감과 폐렴 48,774
9	독감/폐렴 39	독감/폐렴 184	인간 면역 결핍 바이러스 (HIV) 529	인간 면역 결핍 바이러스 (HIV) 1,055	패혈증 2,542	패혈증 5,774	신장염 41,258
10	양성 신생물 또는 패혈증 33	뇌혈관 질환 186	선천성 기형 443	패혈증 829	신장염 2,124	신장염 5,452	패혈증 30,817

그림 1.2 2015년 미국의 10대 주요 사망 원인. 컬러 화보 2 참조.

(Christodoulou et al., 2012). 2장에서는 자살 행동의 지리적 분포에 영향을 미치는 유전적 요인부터 마시는 물의 리튬 농도에 이르기까지 신경생물학적 영향을 다룬다.

1.2.3 자살 과정

자해 생각과 행동은 향후 자살 시도와 자살 사망으로 이어질 수 있는 위험 요인이다(Ribeiro et al., 2016). 자살의 가장 강력한 위험 요인은 이전의 자살 시도이며, 자살 시도를 한 사람은 이후 다시 시도할 가능성이 최대 70배, 실제 자살 사망으로 이어질 가능성은 거의 40배까지 증가한다(Harris & Barraclough, 1997). 따라서 이전 자살 시도의 횟수와 시점, 의도, 치명성 등은 이후 자살 위험을 예측하는 데 중요한 지표로 작용한다.

초기 연구는 NSSI와 자살의 결과를 구별하는 데 주로 초점을 맞추었지만, 최근 연구는 NSSI가 자살 행동에 미치는 장기적 영향이 처음 예상보다 훨씬 크다는 것을 보여준다(Asarnow et al., 2011; Wilkinson et al., 2011). 계획적 자해(DSH)를 하는 사람은 자살 위험이 많이 증가한다(Beckman et al., 2016). 예를 들어 대규모 집단을 대상으로 평균 5년간 수행한 추적 연구에 따르면, 스스로 음독하거나 독약을 투입한 환자의 자살률은 인구 10만 명당 278명이지만 대조군에서는 7명이다. 이들이 병원 퇴원부터 자살하기까지 걸린 기간은 약 600일이었다(Finkelstein et al., 2015).

따라서 종단 역학 연구는 자살 생각, NSSI를 포함한 비치명적 자살 행동이 실제 자살과 관련이 있음을 시사한다. 이러한 발견은 또한 자살로 죽은 사람의 심리 부검 연구에서도 명확히 드러나는 자살 과정(suicidal process) 개념을 뒷받침한다. 자살 과정은 개인 내부에서 그리고 그 개인과 환경 간의 상호작용 속에서 자살 생각과 행동이 발전하고 진행하는 일련의 과정을 의미한다. 이 과정은 죽고 싶다는 생각에서 시

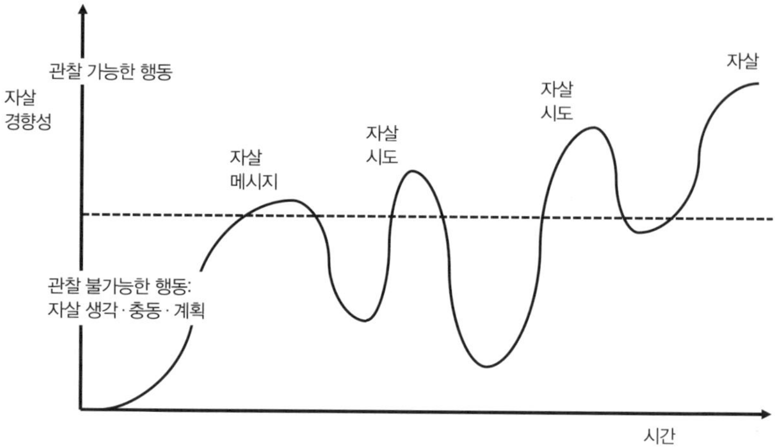

그림 1.3 자살 과정 (Retterstøl, 1993에서 일부 수정).

작하는데, 그러한 생각은 반복된 비치명적 자살 행동을 통해 점점 더 강한 치명성과 자살 의도로 발전하면서 결국 자살로 끝날 수 있다(van Heeringen, 2001).

그림 1.3은 이러한 자살 과정을 보여주는 예시로, 자살에 대한 덧없는 생각 또는 감정적 고통에서 벗어나려는 일시적인 망각이나 탈출 욕망으로 시작해서 자살 행동을 촉발하는 과정을 설명한다. 생애 역경이나 주요 우울 에피소드 같은 스트레스 요인은 이 과정에서 자살 행동을 가속할 수 있다(Oquendo et al., 2014a; 2장에서 자세히 다룸). 가까운 사람은 이 과정의 일부분만—점선 위의 영역—을 알 수 있다(Retterstøl, 1993). 미국의 전국 단위 동반 질환 조사(National Comorbidity Survey) 자료에 따르면, 자살 생각이 자살 계획으로 넘어갈 누적 확률은 34퍼센트, 자살 계획에서 자살 시도로 넘어갈 확률은 72퍼센트, 자살 생각에서 비계획

적 시도로 넘어갈 확률은 26퍼센트다. 계획하지 않은 첫 번째 자살 시도의 약 90퍼센트, 계획한 첫 자살 시도의 약 60퍼센트가 첫 번째 자살 생각 후 1년 이내에 발생했다(Kessler et al., 1999). 미국 로체스터 지역에서 수행한 최근 연구에 따르면, 최초 자살 시도로 사망한 비율은 약 60퍼센트에 달했다. 남성이 여성보다 총기를 더 많이 사용했지만, 최초 자살 시도에서 총기를 사용한 여성의 사망 가능성도 남성과 같은 수준으로 높았다. 또한 첫 자살 시도 이후 뒤이은 자살 시도의 80퍼센트 이상이 1년 이내에 발생했다. 자살 시도자 19명 중 1명(남성은 9명 중 1명, 여성은 49명 중 1명)꼴로 3~25년의 추적 기간에 사망했다. 최초 시도로 사망한 사람 중 72.9퍼센트가 총기를 사용했는데, 이것은 다른 모든 방법과 비교할 때 총기 사용시 사망할 가능성이 140배 높다는 것을 보여준다(Bostwick et al., 2016).

자살 관념 및 비치명적/치명적 자살 행동에서 한 개인의 생애 사건이 그 사람의 취약성이나 취약 기질과 상호작용한다는 것은 쌍둥이 연구를 포함한 역학 자료가 뒷받침해준다(Maciejewski et al., 2014). 이러한 자살 행동의 스트레스-취약 기질 상호작용 모형은 2장에서 더 자세히 다룬다.

1.3 자살 행동의 위험 요인

자살 행동의 스트레스-취약 기질 상호작용 모형을 지지하는 추가 근거는 자살 행동의 위험 요인에 관한 연구에서 찾아볼 수 있다. 이러한 요

표 1.2 자살 행동의 위험 요인 (Hawton & van Heeringen, 2009)

배경 위험 요인
• 유전적 기질
• 초기 트라우마 경험
• 제한된 태아 성장 및 출생 전후 환경
→ 성격 특성 (예: 충동성, 공격성)
→ 신경생물학적 이상 (예: 세로토닌 및 스트레스-반응 시스템의 기능 장애)
근접 위험 요인
• 정신 장애
• 신체 장애
• 심리 · 사회적 위기 상황
• 수단의 접근 가능성
• 자살 모방 모형에 노출

인은 근접 위험 요인(proximal risk factor)일 수도 있고, 배경 위험 요인(distal risk factor)일 수도 있다(표 1.2 참조).

다음 절에서는 이미 알려진 근접 위험 요인과 배경 위험 요인을 다룬다. 인용한 연구에서 사용하는 "위험 요인"이라는 용어는 보통은 포괄적인 개념이다. 세 가지 주요 용어의 구분이 필요하다. 즉 "상관 요인"은 자살 행동과 관련된 특성을 의미한다. "위험 요인"은 자살 행동에 선행하고, 인구 집단을 고위험군과 저위험군으로 나누는 데 사용할 수 있는 요인을 말한다. 반면, "인과적 위험 요인"은 해당 요인을 조작함으로써 자살 행동의 발생 확률이 체계적으로 변화하는 경우를 의미한다. 9장에서 다룰 자살 위험의 예측 및 치료에 관한 논의는 이 세 가지 용어의 구분이 매우 중요하다는 점을 분명하게 해줄 것이다. 인과적 위험 요인은 예측 변수이자 치료의 가치 있는 목표다. 비인과적 위험 요인은 예측 변수로는 유용하지만 치료 대상으로서는 그 효과가 낮다. 상관 요인은 예측력도 낮고 치료 대상으로서도 비효율적일 수 있다.

1.3.1 배경 위험 요인

자살 행동의 위험을 키울 수 있는 배경 또는 체질적 요인으로는 유전적 영향과 생애 초기 역경(early life adversity, ELA)이 있는데, 4장과 7장에서 이에 대해 자세히 다룰 것이다. 쌍둥이 연구와 입양 연구에 따르면, 자살 행동의 유전성, 즉 유전적 개인차가 자살 행동의 개인차에 기여하는 정도는 30~50퍼센트다. 정신 질환의 유전성을 고려할 때, 자살 시도의 유전성은 약 17퍼센트로 추정된다(Turecki & Brent, 2016). 유전자 후보군 연구와 전장 유전체 연관 연구(genome-wide association studies, GWAS)가 풍부하게 이루어졌지만, 자살 행동과 관련된 특정 유전자가 아직 명확히 밝혀지지는 않았다. 아동기 학대나 부모의 방임과 같은 생애 초기 역경은 자살 행동과 관련된 신경인지의 결함(예: 의사 결정이나 문제 해결 능력의 저하)을 매개로 자살 위험을 높일 수 있으며, 스트레스-반응 시스템의 반응성 변화나 뇌 구조에 대한 부정적 영향도 그 가능성 중 하나다(7장 참조).

충동성은 자해 행동, 특히 NSSI를 포함한 많은 자해 행동에서 중요한 역할을 하는 것으로 보인다(Lockwood et al., 2017). 예를 들어 견딜 수 없는 마음 상태에서 벗어나려는 목표는 단기적 이득을 위해 충동적 행동을 유발할 수 있다. 이처럼 충동성은 감정 조절을 위해 자해처럼 부적응적이지만 쉽게 접근할 수 있는 행동에 빠질 취약성을 높일 수 있다. 이러한 전략이 고통 완화에 효과가 있으면 자해를 지속하는 부적(−) 강화〔특정 행동(여기서는 자해)이 불쾌한 자극(여기서는 고통)을 제거하거나 줄여주기 때문에 그 행동의 빈도가 증가하는 것—옮긴이〕로 작용할 수 있다. 하지만 충동성과 자해의 관계는 연구마다 정의와 측정 방식에 차이가 커서 해석이 어려운 경우가 많다. 예컨대 (집중을 유지하지 못하거나 충분한 사전 숙고 없이 행동하는) 인지적 충동성과 실제 행동으로 이어지는 행동적 충동성은 서로 다른 영향을 미칠 수 있다. 또한 자해 행동의 충동성은 성격 특질의 충동성과 큰 관련성이 없어 보인다. 높은 수준의 성격 특질 충동성을 가진 사람은 시간이 지남에 따라 더 고통스럽고 도발적인 경험을 더 자주 겪을 수 있다. 이러한 사람은 습관화를 통해 자해의 혐오스러운 특성에 둔감해짐으로써 그러한 행동을 지속할 가능성이 있다. 이런 연구 결과를 종합하면, 방법론적 논쟁에도 불구하고 충동성의 다양한 측면이 평생 자해의 독특한 위험 요소로 작용할 수 있음을 시사한다(Lockwood et al., 2017).

충동성과 공격성이 모두 증가할 때 자살 시도를 더 자주 하는데, 이 두 특질이 자살 위험에 미치는 영향은 다른 것 같다. 예를 들어 우울한 사람들 사이에서는 공격성이 충동성보다 자살 행동을 더 잘 예측하는 변수다(Keilp et al., 2006). 실제 충동적-공격적 행동의 병력은 자살, 특히 청소년 자살에서 흔히 보인다(Turecki, 2005). 일부 가계에서 보이는 자살에 대한 취약성은 이러한 충동적-공격적 행동을 통해 전달될 수 있다. 이런 행동 특성은 가족 내에서 군집을 이루기 때문에, 자살자 및 자살 시도자의 일차 친족은 대조군의 친족보다 공격성을 더 많이 보이는 경향이 있다(Turecki, 2005). 따라서 충동적-공격적 행동은 자살 행동의 가족 내 전달을 매개할 수 있고, 그래서 4장에서 논의하겠지만 유전 연구에서는 이러한 행동 특성을 행동적 내적 표현형(endophenotype)으로 간주할 수 있다. 충동적-공격적 행동은 자살 행동뿐 아니라 세로토닌과 같은 뇌 속 신경 전달 물질의 활성화 감소와도 연관된다. 이것이 가족 모두에게 공통으로 배경 신경생물학적 위험 요인으로 작용할 수 있다.

뇌 속 신경 전달의 변화와 자살 행동 발생 사이의 연관성은 생물·정신의학 분야에서 가장 일관되게 반복 검증한 연구 결과 중 하나다. 다수의 연구는 자살 행동을 세로토닌 신경 전달 체계의 이상과 연관시킨다. 이때 이 체계는 충동성이나 위해 회피 성향, 또는 신경인지 결손을 통해 나타나는 배경 위험 요인일 가능성이 높다. 이 외에도 자살 행동과 관련된 신경 전달 물질로는 글루타메이트와 감마아미노부티르산(GABA)이 있다(4장 참조).

스트레스에 대한 코르티솔(cortisol) 호르몬의 둔화된 반응은 자살 위험의 특질 표식(trait marker)일 수 있다. 자살한 사람의 일차 친족은 실험실 내 급성 스트레스 자극에 둔화된 코르티솔 반응을 보인다(McGirr et al., 2010). 또한 자살 시도자는 자살 생각을 하는 집단이나 대조군보다 코르티솔 반응이 낮고, 그중에서도 가족력이 있는 자살 시도자의 반응이 가장 낮다(O'Connor et al., 2017). 이러한 발견은 스트레스에 대한 둔화된 코르티솔 반응이 유전 가능한 자살 위험의 표식일 수 있음을 시사한다. 하지만 실제 상황은 이보다 더 복잡한데, 이에 대해서는 4장에서 더 자세히 논의할 것이다.

흥미롭게도 뇌를 표적으로 하는 기생충인 톡소플라스마 곤디(toxoplasma gondii: 단세포 기생 원충으로, 사람을 포함한 온혈동물을 감염시킬 수 있고 주로 고양이를 최종 숙주로 삼는다—옮긴이) 감염이 자살 행동의 신경생물학적 배경 위험 요인일 가능성을 보여주는 증거가 점점 늘고 있다. 혈청 양성 반응은 자살 시도 및 자살 위험 증가와 관련이 있는데, 이는 면역 반응을 통한 신경 전달 물질의 활동 변화 때문일 수 있다(Pedersen et al., 2012; Flegr, 2013). 또한 톡소플라스마 곤디와 거대세포 바이러스(cytomegalovirus)에 대한 IgG 계통의 항체〔immunoglobulin G의 약자로, 혈액 속에서 외부 물질(병원체)과 싸우며, 감염이나 예방접종 후 양성 반응이 나오면 면역력이 있음을 의미—옮긴이〕가 아니라 IgM 계통의 항체(immunoglobulin M의 약자로, 감염 초기에 가장 먼저 나타나는 항체의 한 종류—옮긴이)의 존재는 자살 시도의 확률에 추가적인 영향을 미치는 것으로 보인다(Dickerson et al., 2017). 감염과 자살 사이의 연관성은 덴마크의 전국 단위 인구 기반 전향적 동년배 연구(cohort study)를 통해서도 확인되었다. 이 연구에서 700만 명 이상을 32년에 걸쳐 추적 관찰한 결과, 향후 감염으로 입원하는 사람이나 약물의 효과가 없어서 입원한 사람들에게서 자살 위험이 유의미하게 증가한다는 것을 밝혔다. 감염으로 입원했기 때문에 생기는 환자의 위험 요인(감염되지 않았다면 생기지 않았을 요인)이 전체 자살의 약 10퍼센트를 설명하는 것으로 나타났다. 특히 인간 면역 결핍 바이러스(HIV) 감염자와 바이러스성 간염 환자에게서 감염과 자살의 관련성이 가장 강하게 나타났다(Lund-Sørensen et al., 2016). 이 결과는 감염이 자살 행동의 병리·생리학적 기제에 유의미한 역할을 할 수 있음을 시사한다. 다만 그 기제의 구체적인 내용은 아직 명확하지 않다. 예를 들어 감염이나 항생제 치료가 장내 미생물군(gut microbiome)을 변화시킴으로써 뇌 기능 및 자살 행동에 어떤 영향을 미치는지는 향후 연구에서 규명해야 할 과제다. 이러한 면역학적 측면은 4장에서 더 자세히 다룬다.

1.3.2 근접 위험 요인

근접 위험 요인은 자살 행동을 직접 촉발하는 요인으로 작용하고, 부정적 생애 사건(2장에서 논의)과 정신 병리를 포함한다. 우울한 기분, 정신적 고통 그리고 절망감은 자살 생각을 구성하는 핵심 요소다. 거의 모든 자살 행동은 특정 정신 장애 진단 기준을 충족하든 그렇지 않든, 정신 병리의 맥락 속에서 발생한다. 심리 부검 연구는 자살로 생을 마감한 사람의 약 90퍼센트가 정신 장애를 가지고 있었다는 점을 일관되게 보여준다. 거의 모든 정신 장애가 자살 위험을 키우지만, 그중에서도 일부 질환은 자살 행동과 더 강하게 연결된다(Harris & Barraclough, 1997). 주요 우울 장애, 양극성 장애, 조현병, 알코올 및 약물 관련 장애, 섭식 장애 그리고 성격 장애에서 그 위험 요인이 특별히 증가한다. 어린 나이에 자살할수록 B군 성격 장애 및 물질 남용 문제가 두드러지며, 고령에서는 주요 우울 장애와 같은 정신 병리와 관련성이 더 크다.

주요 우울 장애나 양극성 장애 맥락에서 발생하는 우울 에피소드는 전체 자살의 최소 절반 이상을 차지한다. 장기간의 동년배 연구에 따르면, 주요 우울 장애 진단을 받은 사람은 자살로 인한 사망의 표준화된 비율이 약 20배, 양극성 장애의 경우는 약 15배 더 높다(Rihmer & Döme, 2016). 특히 양극성 장애 중에서도 양극성 II형에서 자살 행동이 I형보다 더 흔하게 나타난다(Shaffer et al., 2015). 기분 장애를 겪는 사람의 자살 행동은 거의 예외 없이 심각한 사건을 겪는 기간에 발생한다.

이 맥락에서 주목할 만한 몇 가지 쟁점이 있다. 첫째, 우울 에피소드 동안 자살 행동의 위험은 단지 자살 생각을 포함한 우울 증상의 심각성에만 좌우되지 않는다. 임상적 특성 중 일부는 자살 행동에 대한 예측에서 우울 증상의 심각성보다 더 강력한 예측력을 가지고 있다. 대표적인 사례가 절망감과 정신적 고통의 수준이다. 이 두 가지 인지적·정서적 요인의 결합은 우울한 사람에게 특히 치명적인 조합으로 작용하는 듯하다. 끝이 없다고 느껴지는 정신적 고통은 우울한 사람의 자살 동기의 공통된 배경이다.

정신적 고통〔심리적 고통, 정서적 고통 또는 심리통(psychache)〕은 자살 행동을 이해하는 데 매우 중요한 정서적·동기적 특성이다(Troister & Holden, 2010). 죄책감이나 수치심과 같은 강렬한 부정 정서는 친밀감, 인정받기, 자율성과 같은 심리적 욕구의 좌절에서 비롯할 수 있으며, 이는 결국 참을 수 없는 정신적 고통의 경험으로 일반화된다. 결국 자살은 보통 이와 같은 정신적 고통에서 벗어나기 위한 탈출구다. 지난 10여 년간 자살과 정신적 고통 간의 연관성을 설명하고 측정하며 확인하기 위한 다양한 이론, 척도, 임상적 평가 도구가 개발되었다(Verrocchio et al., 2016). 하지만 사랑하는 사람을 잃는 등의 사건에서 비롯한 정신적 고통은 누구나 겪는 것으로, 그러한 고통을 겪는 대부분의 사람은 결코 자살을 생각하지 않는다. 따라서 자살을 통해 위안을 찾을 정도로 정신적 고통을 견딜 수 없게 만드는 추가적 요소가 존재해야 한다. 그중에서도 고통의 심각성과 절망감이라는 두 가지 관련 요인이 있어 보인다(van Heeringen et al., 2010).

절망감 또는 미래에 긍정적 변화가 일어날 것이라는 기대의 부재는 정신적 고통을 더욱 악화하는 요인이다. 절망감은 단순한 비관주의를 넘어, 미래에 긍정적 사건을 상상하거나 계획할 수 없는 상태를 의미한다. 장기 종단 연구에 따르면, 절망감 수준이 높을수록〔예: 벡(Beck)의 절망감 척도(20개의 절망감을 측정하는 항목에 참·거짓으로 응답하는 자기 보고식 검사—옮긴이)에서 9점 이상〕 자살 생각, (반복적) 자살 시도, 자살 사망을 예측하는 데 중요한 역할을 한다(Brown et al., 2000; Kuo et al., 2004).

둘째, 혼재형 우울 에피소드는 전체 기분 장애 환자의 최대 60퍼센트에서 나타나고, 우울 증상과 함께 경조증(輕躁症, hypomanic symptoms) 증상을 동반하는 특성이 있는데, 이러한 사건이 자살 및 자살 시도의 위험을 크게 증가시킨다.

셋째, 기분 장애 환자의 대다수는 실제로 자살을 시도하지 않을 뿐만 아니라, 최대 50퍼센트는 평생 자살 시도를 전혀 하지 않는다는 점에서, 자살 행동에는 추가적인 요인이 중요한 역할을 한다. 이러한 요인에는 가족력, 성격 특성 그리고 생애 초기 역경 경험과 같은 배경 위험 요인이 있을 수 있다. 이러한 요인은 자살 행동에 대한 개인의 취약성이나 취약 기질이 자살 위험을 결정하는 데 핵심 역할을 함을 시사한다. 따라서 기분 장애 환자 집단에서 자살 위험의 예측과 치료는 이러한 취약 기질을 식별하는 데 크게 달려 있다. 이에 대해서는 9장에서 더 자세히 다룬다.

정신 장애 외에도 근접 위험 요인에는 중요한 환경적 요인이 있다. 총기·농약·약물과 같은 자살 수단에 대한 접근 가능성은 자살 행동의 문턱을 낮출 수 있다. 예를 들어 2014년 미국에서 발생한 자살 중 약 2만 1000건은 총기 사용과 관련이 있었다. 주(州) 단위 자살률의 92퍼센트 이상을 설명하는 모형과 함께, 총기 소유는 주의 전반적인 자살률을 예측하게 한다. 총기 사용 자살률과 전체 자살률 간의 상관관계는 비총기 사용 자살률과 전체 자살률 간의 상관관계보다 유의미하게 더 크다. 이러한 결과는 총기에 대한 접근성과 친숙성이 강력한 자살 위험 요인이 될 수 있음을 뒷받침한다(Anestis & Houtsma, 2017). 여러 나라에서 수행한 연구는 총기 소유를 제한하는 입법이 총기 관련 자살률을 낮춘다는 사실을 보여준다. 총기 규제는 자살률 감소와 연결돼 있다(Resnick et al., 2017). 총기의 가용성이 커지면 총기 자살률과 전체 자살률도 높아지기 때문에, 총기의 접근성과 가용성을 줄이는 것은 자살 예방에 크게 기여할 수 있다(Mann & Michel, 2016). 그러나 미국에서는 총기 가용성과 접근성을 광범위하게 줄이는 것이 현실적으로 어렵기 때문에, 표적을 달리하는 대책을 시급히 연구해야 한다. 자살 수단 접근성 제한과 관련한 추가 문제는 나중에 논의할 것이다.

근접 위험 요인에는 자살 행동의 모형에 대한 노출도 들어 있다. 자살은 때로 "전염성"이 있다고들 생각하는데, 취약한 개인이 주변이나 미디어를 통해 자살 사례에 노출되면 그들의 자살 위험이 높아질 수 있기 때문이다. 예를 들어 또래 학생이나 가까운 가족 구성원의 자살은 취약한 사람들에게 자살 행동의 심리적 문턱을 낮출 수 있다. 이와 관련된 현상이 특정 지역이나 시간대에 자살이 통계적으로 기대 빈도보다 더 자주 발생하는 자살 집단화다(Robinson et al., 2016). 언론에서 자살 수단을 구체적으로 설명하거나 자살을 정신 질환 및 대처 실패와 연결해서 기술하지 않고 낭만적으로 묘사할 경우, 자살에 관한 언론 보도는 자살률에 영향을 미치고, 특히 청소년과 청년층에서 그런 영향이 더 크다. 인터넷 또한 자살과 자해 행동의 발생 및 수단에 부정적 영향을 미친다는 강력한 증거가 있다(Pirkis et al., 2016). 그러나 동시에 인터넷이 자살 예방의 유용한 수단이 될 수 있다는 긍정적 증거도 있는 상황에서, 인터넷은 자살 예방을 위한 점점 더 강력한 도구로 활용되고 있다.

1.4 예방

텍스트 상자 1.1은 자살 예방을 방해하는 가장 흔한 통념이나 오해 일부를 제시한다.

이러한 통념은 자살 예방을 방해하는 경우가 많다. 자살 과정에서 드러나는 각각의 표현은 반드시 심각하게 다루어야 하고, 자살 생각을 하는지 항상 면밀히 탐색해야 한다. 자살에 대해 이야기하는 것이 자살 행동을 유발하지는 않는다. 많은 사람, 특히 보건의료 종사자들조차 자살에 대한 생각이나 감정을 이야기하기를 두려워하는데, 이는 그러한 대화가 자기 파괴적인 행동의 문턱을 낮출 수 있다고 믿기 때문이다. 그러나 이에 관한 과학적 증거는 단 한 건도 없다. 이 내용은 10장에서 더 자세히 논의할 것이다. 오히려 자살에 대해 말하는 것은 많은 자살 위험자에게 공통으로 나타나는 사회적 고립 상태를 중단할 중요한 기회를 제공한다. 여러 연구는 자살 예방이 실제로 가능하다는 사실을 보여준다. 자살 예방 개입은 다음 세 가지 수준에서 실행할 수 있는데, 각각 보편적 예방, 선택적 예방, 표적 예방 수준이라 부른다(Nordentoft, 2011).

텍스트 상자 1.1 **자살에 관한 대표적인 통념**

통념: 자살을 생각하는 것은 정신 질환이 있다는 증거다.

사실: 대부분의 사람은 때때로 자살을 생각하며, 자살로 생을 마감하는 사람들 모두가 사망 당시 정신 질환을 앓고 있던 것은 아니다. 하지만 실제로 많은 자살 사망자는 정신 건강 문제로 고통받는다.

통념: 자살을 이야기하는 사람은 진심이 아니고 실제로 실행에 옮기지 않는다.

사실: 스스로 생을 마감한 이들 중 다수는 생전에 누군가에게 삶이 의미 없다고 느낀다거나 미래가 없다고 말한 적이 있다. 어떤 사람은 직접 죽고 싶다는 표현을 하기도 한다. 물론 일부는 주목받기 위해 자살을 말할 수도 있지만, 자살에 대한 감정을 털어놓는 사람의 경우 반드시 진지하게 받아들여야 한다. 대부분의 자살 위험자는 실제로 죽고 싶은 것이 아니라, 지금의 삶을 더는 살고 싶지 않은 것이다.

통념: 한 번 진지하게 자살을 시도한 사람은 다시 시도하지 않는다.

사실: 과거에 자살을 시도한 적 있는 사람은 그렇지 않은 사람들보다 결국 자살로 생을 마감할 가능성이 훨씬 더 높다.

통념: 누군가 자살을 진지하게 생각한다면, 우리가 할 수 있는 일은 아무것도 없다.

사실: 자살 충동은 종종 일시적이다. 누군가가 오랜 시간 우울하거나

불안하거나 삶을 견디기 힘들어한다고 해도, 그 감정이 절정에 달하는 시기는 제한적일 수 있다. 그러므로 적절한 시기에 올바른 도움을 주는 것이 매우 중요하다.

통념: 자살에 대해 이야기하는 것은 좋은 생각이 아니다. 오히려 자살 생각을 부추길 수 있기 때문이다.
사실: 자살은 여전히 사회적으로 금기시하는 주제다. 자살을 고민하는 사람은 자신이 짐이 되거나 남을 걱정시킬까 봐 그 감정을 말하지 않는 경우가 많다. 하지만 자살에 대해 직접적으로 질문하는 것은 그들에게 자신의 감정을 표현할 기회를 열어줄 수 있다. 실제로 자살을 고민한 많은 사람은 자신의 경험을 이야기할 수 있었던 것이 큰 위안이 되었다고 말한다. 일단 그들이 말문을 열면, 자살 외에 다른 대안을 찾을 가능성도 높아진다.

통념: 자살 위협은 관심을 끌기 위한 행동일 뿐이므로 진지하게 받아들일 필요가 없다.
사실: 자살 위협을 하는 사람에게는 반드시 진지하게 대응해야 한다. 그들이 원하는 관심은 실제로는 도움을 요청하는 신호일 수 있고, 이러한 관심과 반응이 생명을 살릴 수도 있다.

통념: 자살을 생각하는 사람은 정말로 죽고 싶어 한다.
사실: 자살을 고민하는 대부분의 사람은 실제로 죽고 싶은 것이 아니라, 현재의 삶을 더는 살고 싶지 않은 것이다. 이러한 구분은 사소해

보일 수 있지만 매우 중요하기 때문에, 다른 선택지를 함께 고민할 수 있는 타이밍이 매우 중요하다.

출처: www.samaritans.org

1.4.1 보편적 전략

보편적 자살 예방 프로그램은 다음과 같은 방법을 통해 모든 사람을 대상으로 자살 위험을 줄이고자 한다. 치료의 장벽 제거, 자살 위험군을 돕기 위해 무엇을 말하고 도와야 하는지에 관한 지식 증진, 도움을 받을 수 있는 경로 확대, 사회적 지지와 대처 기술 같은 보호 요인 강화다. 이러한 보편적 개입에는 대중 교육 캠페인, 학교 기반 "자살 인식" 프로그램, 자살 보도에 관한 언론 교육 프로그램, 학교 기반 위기 대응 계획 및 대응팀 같은 프로그램이 있다.

자살 수단의 제한은 보편적 자살 예방의 또 다른 성공 사례다. 어떤 수단에 쉽게 접근할수록 그 수단을 통한 자살률이 높아지기 때문에, 접근을 제한하면 자살 예방에 도움이 될 수 있다. 실제로 진통제 포장 단위의 축소, 농약 보관함의 잠금장치를 통한 접근 제한, 다리 등에 방호벽 설치로 자살률이 감소했다. 여러 국가에서 총기 소유를 제한하는 입법이 총기 자살률을 낮춘다는 연구가 있으며, 이 방법을 다른 수단으로 완전히 대체할 수는 없었다. 총기 소유 제한이 어려운 상황이라면, 스마트 총기 기술이나 총기 안전 교육 캠페인처럼 자살 위험군의 총기 접근을 제한하는 방안도 시급히 연구해야 한다(Mann & Michel, 2016). 언론이 자살 사건을 다루는 방식도 자살률에 영향을 미치기 때문에, 언론 보도 관행을 바꾸는 것도 많은 국가에서 이루어지는 자살 예방 프로그램의 일환이다. 예를 들어 WHO의 가이드라인에 따른 신중한 자살 보도를 장려하는 언론 보도 시상 제도를 도입한 나라도 많다.

일산화탄소의 이용 가능성과 자살률 간의 관계에 관한 조사는 석탄 가스 해독에 관한 연구와 촉매 변환기〔catalytic converter: 자동차 배기가스에 포함된 유해 물질(일산화탄소·탄화수소·질소산화물 등)을 백금·팔라듐·로듐과 같은 귀금속 촉매를 사용해 인체에 무해한 물질(이산화탄소·질소·물 등)로 변환하는 장치—옮긴이〕의 의무 도입 과정에서 이루어졌다. 영국에서 가정용 가스의 해독은 독성 가스에 대한 접근을 줄이면서 남녀 모두의 일산화탄소 자살률을 현저히 감소시켰다. 1993년 이후 모든 휘발유 차량에 의무적으로 도입한 촉매 변환기 또한 미국을 포함한 여러 나라에서 자살률을 줄였으며, 다른 수단으로 대체하는 현상은 나타나지 않았다(Nordentoft, 2011).

1.4.2 선택적 개입

선택적 전략은 전체 인구 중 자살 위험 가능성이 높은 특정 집단, 가령 자살 행동에 취약성을 보이는 개인에 초점을 둔다. 따라서 특정 하위 집단에서 자살 행동의 발생을 예방하는 것이 목적이다. 주요 대상은 정신 질환자, 알코올 및 약물 남용자, 심각한 신체 질환을 새로 진단받은 사람, 수감자, 노숙인 등이다(Nordentoft, 2011).

이러한 수준의 예방에는 여러 보호 프로그램이 있다. 가령 일반의와 동료 지원자 같은 "일선" 성인 돌봄 제공자를 위한 게이트키퍼 교육, 위험 집단을 위한 지원 및 기술 구축 그룹, 이용하기 쉬운 위기 서비스 및 연계 지원 경로의 확대가 있다. 정신 건강 치료에 대한 접근성 향상도 강력한 선택적 예방 전략의 일환이다. 연구에 따르면, 심각한 신체 질환의 최근 진단은 자살 위험 증가와 관련이 있으며, 특히 신경계 질환과 암에 관한 연구에서 그 증거가 가장 분명하다. 이것이 해당 환자들에 대한 신중한 위기관리와 자살 위험 평가를 권장해야 하는 이유다 (Nordentoft, 2011).

이 책의 주제와 관련해 자살에 취약한 개인의 선택적 예방에서 신경생물학적 접근은 주목할 만하다. 관찰 연구에 따르면, 항우울제나 기분 조절제를 이용한 장기 약물 치료는 우울증 환자의 치명적/비치명적 자살 행동 위험을 최대 90퍼센트까지 줄이는 것으로 나타났다. 실제로 치료 이전 시대, 전기 경련 요법(ECT) 시대, 항우울제 시대를 거치면서 자살률은 점차 감소했다(Rihmer & Döme, 2016). 지난 20년간 항우울제 사용이 증가한 나라에서 자살률이 현저히 감소한 점은, 우울 장애의 적절한 치료가 자살 행동 예방에 크게 기여할 수 있음을 시사한다. 다만 항우울제 사용 증가는 취약한 개인이 개선된 정신 건강 서비스를 더 많이 이용했기 때문일 수 있다. 예를 들어 블랙박스 경고〔black-box warning: 미국 식품의약국(FDA)에서 특정 의약품이 매우 심각한 부작용 위험이 있다고 판단할 때, 제품 설명서에 상자 모양의 검은색 테두리를 사용하여 강조하는 경고 문구—옮긴이〕 도입 이후 소아·청소년 대상 항우울제 사용이 급감했지만, 이 연령대에서 자살률이 오히려 급증한 점은 정신 건강 치료에서 나타나는 변화가 자살률에 영향을 미친다는 점을 보여준다(Rihmer & Döme, 2016).

리튬은 주요 우울 장애 및 양극성 장애에 사용할 수 있는 가장 강력한 자살 방지 약물이다. 메타 분석에 따르면, 정서 장애 치료를 위한 리튬 장기 투여는 기분 장애가 있는 환자의 자살 예방뿐 아니라 비치명적 자살 행동과 전반적인 사망률 감소에도 효과가 있다. 일본부터 텍사스까지 다양한 지역에서 식수 내 리튬 농도와 자살률 간 부적(–) 상관관계가 나타난 점도 주목할 만하다(Rihmer & Döme, 2016). 리튬이 자살 예방 효과를 발휘하는 기제는 아직 명확하지 않지만, 10장에서 상세히 다룬다.

1.4.3 표적 예방

표적 예방 전략은 전체 구성원 중에서도 자살 가능성의 초기 신호를 분명하게 보이는 고위험 개인을 대상으로 한다. 이 수준의 개입에는 고등학교와 대학교에서 기술 향상 지원 그룹, 부모 대상의 지원 교육 프로그램, 학교 내 고위험 청소년 개별 사례 관리, 위기 개입 및 치료를 위한 연계 지원 경로의 제공 등이 있다(Nordentoft, 2011).

따라서 표적 예방 전략은 이미 자살 과정이 드러난 개인, 예를 들어 자살 시도자를 주요 대상으로 한다. 위기 개입 서비스를 통해 병원에 입원한 자살 시도자의 치료 연계와 지속적인 관리는 표적 예방의 핵심 목표다. 치료 연계는 위기 개입 이후 자살 행동의 기저에 있는 취약성에 대한 본격적인 치료로 이어지게 한다는 데 목적이 있다. 10장에서 다룰 내용처럼 최근에는 자살 행동에 대한 취약성을 직접 다루는 증거 기반 치료법도 개발돼 있다.

1장 요약

- 치명적/비치명적 자살 행동과 비자살 자해 행동은 서로 다른 범주로 다룰 수 있는데, 이들은 모두 같은 취약성을 공유하는 것으로 보인다.
- 자살 행동은 스트레스 요인과 개인의 취약 기질 간 상호작용 결과로 발생한다.
- 자살 예방은 개인 수준과 사회 수준의 다양한 개입을 통해 충분히 가능하다.
- 그러나 개인 수준의 자살 예방은 예측과 치료의 어려움으로 한계가 있다.
- 신경과학 접근은 자살 위험 예측을 위한 생체 지표(biomarker)를 규명하고, 자살 위험 치료를 위한 신경생물학적 기반을 제공함으로써 자살 예방에 기여할 수 있다.

복습 문제

1. 우울증만으로 자살 행동을 설명할 수 있는가?
2. 자살은 가족력으로 이어진다. 이것은 유전적 요인 때문인가, 아니면 모방 효과 때문인가?
3. 신경생물학적 개입은 표적 자살 예방 수준에서 중요하지만, 선택적 자살 예방 전략과도 관련성이 있을까?
4. 경제적 위기와 자살은 어떻게 연결되는가?
5. 인터넷과 자살 예방의 관계는 복잡하다. 여기서 쟁점은 무엇인가?

더 읽을거리

Hawton, K. & van Heeringen, K. (2009). Suicide. *Lancet*, *373*, 1372–1381.

Jamison, K. R. (2000). *Night falls fast: Understanding suicide*. New York, NY: Random House.

O'Connor, R. & Pirkis, J. (2016). *The international handbook of suicide prevention* (2nd ed.). Chichester: Wiley Blackwell.

Williams, J. M. G. (2014). *Cry of pain: Understanding suicide and the suicidal mind*. London: Piatkus.

02

스트레스, 취약성, 자살

스트레스-취약 기질 모형

학습 목표

- 자살이 비정상적 상황에 대한 정상적 반응이 아니라, 정상적 상황에 대한 비정상적 반응인 이유를 이해한다.
- 자살을 이해하고 예방하는 데 취약 기질이 왜 결정적으로 중요한지 배운다.
- 정신 건강 문제는 자살 행동의 충분조건인가, 필요조건인가, 아니면 필요충분조건인가?
- 자살 행동에 대한 취약 기질의 알려진 원인은 무엇인가?
- 자살 행동의 인지심리학적 "고통의 비명(cry of pain)" 모형에서 제시하는 취약 기질의 세 가지 구성요소를 설명한다.
- 스트레스-반응 시스템의 이상은 자살과 어떻게 관련되는가?
- 자살에 관한 흔한 통념과 그것이 자살 예방을 어떻게 방해하는지 설명한다.

머리말

심각한 스트레스 요인에 노출되면 누구나 스스로 생을 마감할 수 있을까? 아니면 발레리의 사례처럼 사람들은 겉보기엔 평범한 사건 후에도 자살을 시도하거나 실제로 생을 마감할 수 있을까? 우울한 사건과의 반복된 싸움에서 패배한 경우처럼, 때로 자살은 심각하고 지속적인 문제에 대한 이해할 만한 반응처럼 보일 수 있다. 실제로 우울증과 암을 모두 경험한 사람은, 우울할 때 심리적 고통이 암의 신체적 고통보다 훨씬 더 괴롭다고 말한다. 다행스럽게 대다수 우울증 환자는 자살을 선택하지 않는다. 자살 행동의 스트레스 모형은 극심한 스트레스에 노출된 사람조차도 모두가 자살 행동을 보이는 것은 아니라는 사실을 설명할 수 없다. 자살은 비정상적 상황에 대한 정상적 반응이 아니다. 오히려 자살 행동은 정상적 상황에 대한 비정상적 반응이며, 대부분의 사람은 자살 없이도 그 상황을 이겨낸다. 이러한 관찰은 자살 위험이 발생하는 데에는 스트레스뿐 아니라 개인의 취약 기질이 작용한다는 인식으로 이어졌다. 즉 스트레스 상황을 마주할 때 자살 행동에 다다를 가능성을 높이는 기저의 취약성 또는 취약 기질이 존재하는 것이다. 따라서 자살 행동에 대한 모든 설명 모형은 근접 위험 요인(예: 현재의 스트레스 사건)과 배경 취약 요인(예: 성격 특성, 생물학적 기반) 그리고 이 둘의 상호작용을 함께 고려해야 한다. 이 장에서는 신경인지 및 신경생물학 연구 결과를 바탕으로 과학자들이 어떻게 이 상호작용에 관한 정교한 모형을 발전시켰는지 소개한다.

2.1 스트레스-취약 기질 모형: 일반 쟁점

자살과 자살 시도는 매우 복잡한 행동이며, 이에 영향을 미치는 다양한 근접 및 배경 위험 요인이 밝혀졌다(1장 참조). 앞서 살펴봤듯이 근접 위험 요인은 자살 행동을 촉발하는 인과적 연결망 내의 요인이지만, 배경 위험 요인은 특정한 취약성 또는 취약 기질을 반영한다. 이러한 위험 요인이 자살 행동 발생에 미치는 영향을 보다 완전히 이해하기 위해 다양한 설명 모형이 개발되었다. 이러한 모형은 자살에 이르는 개인을 이해하고 자살 위험을 평가하며, 치료와 예방의 대상자를 설정하는 데 도움을 주려는 것이다. 스트레스는 정신적 문제의 주요 결정 요인으로 밝혀졌고, 이에 따라 다양한 심리학적 설명 모형에서 스트레스를 핵심 요소로 강조해왔다. 이러한 모형은 부정적인 사건이 충분히 심각한 경우, 개인의 생물학적 또는 심리적 특성을 고려하지 않더라도 정신 장애를 촉발할 수 있다고 본다.

취약하거나 기질적으로 민감한 사람은 다른 사람들이 대부분 무리 없이 견디는 생리적 자극이나 일상의 조건에 대해서도 비정상적이거나 병리적인 반응을 보인다(Zuckerman, 1999). 이 책의 서문에서 소개한 발레리 이야기나 자살 시도자의 신경 영상 연구에서 볼 수 있듯이, 화난 얼굴을 마주한 후 보이는 자기 파괴적 반응(6장 참조)은 정상적 상황에 대한 비정상적 반응의 대표적인 예시다. 이러한 비정상적 반응의 발생은 취약성 또는 취약 기질이 존재함을 보여준다. 취약 기질이라는 개념은 직관적으로는 이해하기 쉬우나, 문헌에서 오랜 논의가 있었음에도 이에 관한 정확한 정의는 드물다. 일반적으로 취약 기질은 어떤 장애 상태가 발생할 수 있도록 만드는 선천적 요인 또는 그러한 요인의 집합으로 개념화한다. 이는 장애가 발생할 가능성을 내포한 체질적 취약성을 의미한다(Ingram & Luxton, 2005).

취약 기질 개념은 의학 용어 측면에서 역사가 오래되었다. 이 단어는 그리스의 질병소질(predisposition) 개념에서 유래하며, 이는 기질과 질병에 관한 체액 이론과 관련이 있다(Zuckerman, 1999). 이 용어는 1800년대부터 정신의학 맥락에서 사용해왔다. 조현병 이론에서는 스트레스와 취약 기질 개념을 통합했고, 취약 기질-스트레스 상호작용이라는 용어는 1960년대에 미일(P. E. Meehl), 블로일러(M. Bleuler), 로젠탈(D. Rosenthal)이 발전시켰다(Ingram & Luxton, 2005).

현대적 의미에서 (유전적) 질병소질 때문에 나타나는 생물학적 특성이 바로 취약 기질이다. 그러나 이 용어는 그 의미가 확장되어 우울증과 같은 장애에 취약하게 만드는 인지적·사회적 질병소질까지 포함하게 되었다. 이와 같이 확장된 의미에서 취약 기질은 생물학적이든 심리학적이든 장애나 문제의 발달에 필수적인 전제조건이다. 이 장에서 자세히 설명할 자살 행동의 "고통의 비명" 모형은 자살 행동에 대한 취약 기질 연구에 심리학적으로 접근한 대표적인 사례다. 대부분의 모형에서 취약 기질은 생물학적이든 심리학적이든 단독으로 장애를 유발하지 않고, 병리적 상태로 발전하기 위해서는 다른 촉진 또는 유발 요인이 필요하다. 이 경우 취약 기질은 스트레스에 대한 취약성을 포함한다(Zuckerman, 1999).

대부분의 스트레스-취약 기질 모형은 모든 사람이 모든 정신 장애에 일정 수준의 기질적 취약성을 가지고 있다고 전제한다(Monroe &

Hadjiyannakis, 2002). 그러나 장애로 발전하는 임계점은 기질적 위험 요인의 정도와 경험하는 스트레스 강도에 따라 개인마다 다를 수 있다. 따라서 비교적 사소한 스트레스도 고도의 취약성을 지닌 사람에게는 장애를 유발할 수 있다. 이러한 접근은 취약 기질에 스트레스가 더해져 장애를 유발한다는 '가산성(additivity)' 개념을 전제로 한다. 한편, 이른바 입사티브(ipsative) 모형(개인의 현재 성과나 특성을 그의 과거 성과나 다른 특성과 비교하는 것으로, 이 모형에서 응답자의 척도 점수 합은 일정한 값이 되기 때문에, 한 쪽이 높으면 다른 쪽은 낮은 점수를 보임—옮긴이)은 구성요소 간의 반비례 관계를 보다 명확히 가정한다. 그래서 한 요소가 많이 있으면 다른 요소는 적게 있어도 장애가 발생할 수 있다는 것이다. 예를 들어 "우울함에 취약한" 사고방식을 강하게 가진 사람은 아주 적은 스트레스로도 우울증을 겪을 수 있다(Ingram & Luxton, 2005). 이러한 모형은 이분법적 취약 기질을 상정한다. 즉 어떤 사람은 취약 기질(유전자, 유전자의 독특한 조합, 심리적 특성, 뇌 병리)을 가지고 있거나 가지고 있지 않다(Zuckerman, 1999). 취약 기질이 없는 경우에는 스트레스의 효과가 없어서, 심한 스트레스 상황에서도 장애가 발생하지 않는다. 반면, 취약 기질을 가지고 있으면 스트레스 수준에 따라 장애가 발생할 수 있고, 스트레스가 증가할수록 취약 기질을 가진 사람에게 장애가 생길 확률도 높아진다(Ingram & Luxton, 2005). 그러나 대부분의 정신 장애는 여러 유전자의 영향을 받기 때문에, 신경 전달 물질의 활동 수준에서 보이는 개인차를 포함해서 취약 기질의 정도가 다양할 수 있다. 이 경우 스트레스의 수준과 취약 기질의 강도에 따라 장애가 발생할 확률도 증가할 것이다.

취약 기질을 역동적인 개념으로 이해한다는 것은 그것이 이분법적이지 않고 연속적인 특성을 가진다는 의미다. 예를 들어 우울증을 부적응적인 사고와 신념의 패턴으로 설명하는 도식 모형(schema model: 심리학에서 도식은 세상을 이해하고 해석하는 데 사용하는 인지적 틀—옮긴이)은 일반적으로 이분법적 모형으로 여겨졌다. 즉 한 개인이 우울함에 취약한 도식이 있으면, 특정 사건이 그 도식을 활성화할 때 그 개인은 우울증 위험에 노출된다는 식이다. 그러나 최근 논의에서는 이 도식 모형 역시 연속적인 특성을 가질 수 있다고 지적한다. 도식의 우울 취약성이 약하거나 가벼운 수준부터 매우 강한 수준까지 다양하게 존재할 수 있다는 것이다.

취약 기질이 연속적인 특성일 수 있다는 가능성과 같은 선상에서, 스트레스와 취약 기질 간의 상호작용 역시 정적이지 않고 시간의 흐름에 따라 역동적으로 변화할 수 있음에 주목할 필요가 있다. 즉 취약 기질의 강도가 증가하거나 감소할 수 있고, 이에 따라 병리적 상태가 발전하는 데 필요한 스트레스의 양도 줄어들거나 늘어날 수 있다. 취약 기질과 스트레스 간의 역동적 상호작용의 대표적인 사례가 바로 "점화(kindling)" 현상이다(Post, 1992). 이것은 장애가 반복적으로 발생하면 신경계의 변화가 일어나 스트레스에 더 민감해지는 방향으로 기질이 변화한다는 개념이다. 따라서 점화 이론은 취약 기질이 변할 수 있기 때문에, 취약성 요인을 활성화하기 위해서는 어느 정도의 스트레스가 필요하다고 제안한다(Ingram & Luxton, 2005). 이 장의 후반부에서는 이러한 민감화(sensitization) 개념의 잠재적 역할도 함께 다룬다. 하지만 취약 기질이 부정적 환경의 영향으로 변하는 것인지, 아니면 그러한 환경에 노출된 후 남은 흔적이나 상처가 취약 기질에 더해져 취약성이 높아지는 것인지는 아직 명확하지 않다. 중요한 것은 기질이 변할 수 있다는 가능성은 자살 예방에 매우 중요한 의미가 있다는 점이다. 이는 곧 치료를 통해 취약 기질을 조절할 수 있다는 가능성을 내포한다. 10장에서 살펴보겠지만, 자살 위험의 적절한 치료는 단지 우울증 같은 근접 위험 요인만을 다루는 것이 아니라 그러한 위험의 기반이 되는 기저 취약성에도 초점을 맞추는데, 이를 위한 신경생물학적 및 심리학적 치료법이 존재한다.

마지막으로, 취약 기질은 이론상 하나의 단일 요소로 이루어질 수도 있고, 여러 요소로 이루어진 복합 구조일 수도 있다. 여러 유전자가 관여하는 장애나 대인관계 인지 장애는 여러 요인으로 이루어진 취약 기질과 관련된 정신 건강 문제의 예시다.

2.2 자살 행동의 스트레스-취약 기질 모형

자살 행동의 발생 과정에서 스트레스와 취약 기질의 역할에 관한 초기 설명은 사회생물학적 관점에 기초하고 있었다(De Catanzaro, 1980). 이후 연구는 점차 인지심리학적 특성에 주목하기 시작했다. 예를 들어 쇼트와 클럼(Schotte and Clum, 1982)은 대학생 집단을 대상으로 한 연구에서 스트레스/문제 해결 모형을 제안했는데, 이 모형은 삶의 스트레스 수준이 높은 상황에서 문제 해결 능력이 낮은 사람은 우울, 절망감, 자살 행동의 위험에 처할 가능성이 높다고 설명한다. 스트레스-취약 기질 이론을 개발한 루빈스타인(Rubinstein, 1986)은 주어진 문화에서 특정 상황의 스트레스 요인과 취약한 개인의 범주 또는 타고난 특성을 생물·문화적 자살 행동 모형으로 통합했다. 그다음 만과 아랑고(Mann and Arango, 1992)는 신경생물학과 정신병리학의 통합을 바탕으로 한 스트레스-취약 기질 모형을 제안했다. 이 모형은 지금도 여전히 자살 연구의 기반이 되고 있다. 이 모형은 세로토닌 체계의 변화를 강조하면서, 특히 이러한 변화가 자살 행동에 관한 상태 의존적 요인이 아니라 체질적 위험 요인이라는 점에 주목했다.

다음 절에서는 자살 행동의 스트레스-취약 기질 모형을 구성하는 스트레스 요인과 취약 기질 요인을 자세히 살펴보고, 이어서 여러 모형을 소개할 것이다.

2.2.1 스트레스 구성요소

심리·사회적 위기와 정신 장애 관련 첨예한 사건은 자살 행동의 스트레스-취약 기질 모형에서 스트레스 요인에 해당한다(Mann et al., 1999). 빈곤, 실업, 사회적 고립은 모두 자살과 관련된 요인으로 지목받아왔다. 이러한 요인은 서로 독립적인 것이 아니며, 정신 질환과 밀접하게 연관돼 있다. 정신 장애는 실직, 결혼이나 관계의 파탄, 관계 형성의 실패로 이어질 수 있다. 따라서 심리·사회적 역경의 효과와 정신 질환의 효과를 분리해서 설명하기 어렵고, 이 두 요소가 결합해서 당사자에게 가중된 스트레스를 유발할 수 있다(Mann, 2003).

인구 기반 연구는 트라우마를 초래하거나 스트레스가 큰 생애 사건과 치명적이거나 경미한 자살 시도 사이의 연관성에 주목해왔다. WHO의 세계 정신 건강 조사를 기반으로 전 세계 21개국에서 수집한 자료에 따르면, 다양한 외상적 사건이 비치명적 자살 행동과 관련이 있고, 그중에서도 성적 학대와 대인 간 폭력이 가장 강력한 영향을 미치는 것으로 일관되게 나타났다(Stein et al., 2010). 외상적 사건을 많이 경험할수록 이후 자살 행동의 위험이 증가하는 용량-반응 관계(dose-response relationship)가 있다. 그러나 그 효과는 덜 가산적인 경향이 있어(여러 외상적 사건을 경험할수록 자살 행동의 위험이 증가하지만, 그 증가의 폭은 점점 작아지는 경향을 의미—옮긴이), 많은 외상적 사건을 경험할수록 그러한 사건이 자살 행동에 미치는 영향은 감소하는 경향이 있었다. 전반적으로 이러한 조사 결과의 패턴은 외상 후 스트레스 장애(PTSD)와 정신 장애의 유무와 상관없이 고소득 국가, 중소득 국가, 저소득 국가에서 모두 공통적으로 나타났다. 이 연구 결과는 외상적 사건을 완전히 제거할 수 있다면 자살 시도를 약 22퍼센트 줄일 수 있음을 시사한다.

덴마크 전역의 국가 등록 자료를 기반으로 한 7000건 이상의 자살 사례와 14만 2000여 명의 대조군 자료를 분석한 결과, 자살한 사람은 대조군에 비해 수감 경험의 확률이 약 9배 더 높게 나타났다(Fjeldsted et al., 2016). 또한 자살한 사람은 이혼 경험의 확률도 약 1.5배 더 높았다. 이혼이나 수감 같은 스트레스성 생애 사건은 자살한 사람의 사망 시점과 가까운 시기에 더 자주 발생한다. 이런 사건은 대조군의 해당 사건 종료 시점보다는 자살한 사람의 사망 시점과 더 가까운 시기에 더 자주 발생한다. 이러한 결과는 스트레스성 생애 사건이 이후 자살 발생과 강하게 연관돼 있음을 보여준다.

2.2.2 취약 기질의 구성요소

자살 행동에 대한 취약 기질은 아동기 역경과 (후생)유전학적 효과에 기인할 수 있음이 점점 더 명확해지고 있다(Mann & Haghgighi, 2010). 아동기 트라우마는 매우 흔한 경험이다. 일반 인구 대상의 조사에 따르면, 대략 남성 3명 중 1명, 여성 5명 중 1명이 신체적 학대 경험을 보고하고 있으며, 성적 학대 경험은 여성의 13퍼센트, 남성의 4퍼센트가 보고하고 있다(Roy, 2012). 역학 조사 지역(Epidemiologic Catchment Area, ECA) 연구와 미국 전국 단위 동반 질환 조사 같은 전체 인구 대상의 설문조사는 아동기 트라우마 경험이 자살 행동의 독립적 위험 요인임을 일관되게 보여준다. 미국 전국 단위 동반 질환 조사 반복 연구의 최신 자료에 따르면, 아동기의 신체적 또는 성적 학대, 가정 내 폭력의 목격은 여성의 자살 관념 중 16퍼센트, 자살 시도 중 50퍼센트, 남성의 자살 관념 중 21퍼센트, 자살 시도 중 33퍼센트에 해당하는 원인으로 작용한다(Afifi et al., 2008). 또한 임상 연구는 빈곤, 신체적 또는 성적 학대와 같은 아동기 역경이 이후 아동기와 성인기의 우울증과 자살 등 정신 병리적 현상의 위험 요인이라는 점을 입증해왔다. 그러나 아동기 역경을 경험한 모든 사람이 정신 병리를 겪는 것은 아니다. 이것은 모든 개인이 아니라 일부 개인에게만 취약 기질이 존재함을 의미한다. 신경해부학적·생리학적 변화 및 유전체의 변화는 아동기 역경이 이후 정신 병리 위험에 미치는 지속적이고 해로운 영향 때문일 수 있다(Miller et al., 2009).

세로토닌과 다른 신경 전달 물질의 관여, 자살 행동의 (후생)유전학, 유전자-환경 상호작용의 역할에 관해서는 이 책의 다른 장들에서 자세히 다룬다. 자살 행동 이력이 있는 사람의 뇌에 관한 사후 연구와 신경 영상 연구는 뇌의 구조적·기능적 변화를 명확히 보여주는데, 이것은 취약 기질의 구성요소와 관련될 수 있다(6장과 van Heeringen et al., 2011 참조). 사후 연구 결과에 따르면, 배측(背側) 및 복측(腹側) 전전두엽 피질과 같은 주요 뇌 영역에서 피질 세로토닌 뉴런의 수가 더 적었는데, 이 역시 자살에 관한 취약 기질의 일부 구성요소와 관련이 있어 보인다(Mann, 2003). 이러한 구성요소로는 공격성과 충동성, 비관주의와 절망감, 문제 해결 능력의 저하 또는 인지적 경직성이 있다. 이 가운데 일부 특성은 이 책의 다른 곳에서 자살 행동의 내적 표현형으로 다뤄질 것이다. 최근 연구는 신경심리학적 접근을 통해 자살의 취약 기질을 탐구하고 있으며, 특히 의사 결정 과정에 집중해왔다(Jollant et al., 2007; Dombrovski et al., 2010; 이 책 5장 참조).

이 장에서 살펴본 것처럼 오늘날 증거에 따르면, 자살 행동에 대한 취약 기질은 연속적인 특성이 있다. 취약 기질은 보통 자살의 완료에 앞서 나타나는 자살 과정에서 더 확연하게 드러난다고 가정해볼 수 있다(van Heeringen, 2001). 실제로 자살에 앞서 치명적이지 않은 자살 시도가 선행하는 경우가 많고, 이러한 시도는 시간이 지남에 따라 의료적 중증도, 자살 의도, 사용한 수단의 치명성이 점차 증가하는 경향을 보이며 반복되곤 한다. 여러 연구는 자살 시도에서 점화 효과의 존재를 뒷받침한다. 하나의 자살 행동 양식이 활성화할 때마다 기억 속에서 그 양식에 대한 접근이 더 쉬워짐으로써, 다음번 활성화하는 데 필요한 유발 자극의 역치가 점점 낮아질 수 있다는 가능성을 여러 임상 연구 결과가 지적하고 있다. 이러한 현상은 자살 시도자를 대상으로 한 역학 연구 결과를 설명하는 데 유용하다. 해당 연구는 각 자살 시도가 그다음 자살 시도의 발생 확률을 증가시키는 경향이 있다고 일관되게 보고한다(Leon et al., 1990; van Heeringen, 2001; Oquendo et al., 2004).

취약 기질의 연속성 개념은 자살 반응성의 개인차를 설명할 수 있는 이론적 근거를 제공한다. 예를 들어 비슷한 생애 사건을 겪더라도 어떤 사람은 신체적 손상이 거의 없거나 경미한 자해로 끝나지만, 다른 사람은 온전한 자살에 이르는 이유를 이 개념이 설명해줄 수 있다. 스트레스 요인에 대한 반복적인 노출은 스트레스에 대한 회복 탄력성을 점차 약화할 수 있다. 그 결과 경미한 스트레스 사건조차도 더 강력한 자살 의도를 동반한 자살 행동으로 이어질 수 있다. 내측 측두엽-해마 시스템에서 신경심리학적 손상의 증가가 자살 행동에 관여하고 있음을 점점 더 많은 증거가 보여준다. 이것은 아마도 스트레스 호르몬이 세로토닌성 신경세포에 유해한 영향을 미치기 때문일 수 있다. 이 책의 다른 부분에서 더 자세히 다루겠지만, 자살 시도자의 뇌척수액 내 세로토닌 대사산물인 5-HIAA(5-Hydroxyindoleacetic acid) 수치에 관한 연구는 다음과 같은 결과를 보여준다. (1) 우울증을 겪는 자살 시도자는 자살 시도를 하지 않는 우울증 환자보다 5-HIAA 수치가 낮다. (2) 반복적 자살 시도자는 이른바 첫 시도자보다 이 수치가 낮다. (3) 폭력적 방법을 사용한 자살 시도자는 비폭력적 방법을 사용한 자살 시도자보다 이 수치가 낮다. (4) 5-HIAA 수치가 낮은 자살 시도자는 자살로 인한 사망의 측면에서 생존율이 낮다(이에 대한 검토는 van Heeringen, 2001 참조). 이러한 발견은 자살 과정이 진행됨에 따라 자살 행동에 대한 취약성이 증가하고, 그와 함께 세로토닌 기능이 저하되는 가능성을 시사한다.

2.3 자살 행동의 스트레스-취약 기질 모형의 사례

2.3.1 자살 행동의 인지 모형

마크 윌리엄스(Mark Williams)는 자살 행동에 대한 취약 기질을 인지심리학적 관점에서 설명하면서, 매우 영향력 있는 "고통의 비명" 모형을 제시했다(Williams & Pollock, 2001). 텍스트 상자 2.1은 자살의 인지심리학적 취약성을 구성하는 세 가지 요소를 보여준다.

이 세 가지 인지적 구성요소와 관련이 있는 신경심리학적 요인을 확인하는 것은 임상적 중요성 이외에도 "고통의 비명" 모형의 흥미롭고도 중요한 특징을 반영한다. 또한 이것은 이 모형을 신경생물학적으로 깊이 있게 연구할 가능성을 제시한다. 이 심리적 스트레스-취약 기질 모형에 관한 후속 인지적 연구는 재발성 기분 장애 맥락에서 자살 위험의 차별적 활성화에 초점을 맞추었고, 그래서 자살 행동에 대한 취약성이 시간이 지나면서 어떻게 변화할 수 있는지 보여주는 사례를 제공한다(Williams et al., 2008). 장기 추적 연구에 따르면, 우울증 회복 환자는 재발 위험성이 높고, 후속 우울 에피소드는 초기 에피소드보다 약한 부정적 자극에도 쉽게 활성화한다. 다시 말해 민감화가 일어날 수 있다. 인지적 관점에서 민감화(그리고 그에 따른 재발과 반복의 위험 증대)는 우울 기분의 경미한 변화에도 인지적 반응성이 증가해서 생긴다는 것이다. 여기서 인지적 반응성이란 병리적이지 않은 경미한 기분 변화에도 부적응적 인지가 쉽게 활성화하는 것을 의미한다. 인지적 반응성은 개인의 학습 이력 전반에 걸쳐 나타나는 기저의 차별적 활성화 과정을

텍스트 상자 2.1 **고통의 비명 모형**

마크 윌리엄스의 "고통의 비명" 모형에 따르면, 자살 행동에 대한 취약 기질은 다음 세 가지 구성요소로 이루어져 있다.

1. 패배 신호에 대한 민감성: 윌리엄스와 동료들은 "정서 스트룹 과제(emotional Stroop task)"(5장 참조)를 활용해 자살 행동과 관련된 주의력 편향〔또는 지각적 돌출(perceptual pop-out)〕을 명확히 보여주었다. 다시 말해 "패배자" 지위를 암시하는 자극에 대해 보이는 비자발적이고 과도한 민감성은 패배 반응을 쉽게 유발할 수 있다.
2. "탈출 불가능"이라는 인식: 제한된 문제 해결 능력은 개인으로 하여금 특정 문제나 생애 사건으로부터 탈출할 수 없다는 인식을 갖도록 만들 수 있다. 추가 연구에 따르면, 이러한 제한된 문제 해결 능력은 자서전적 기억의 특이성 저하와 관련이 있다. 문제에 관한 잠정적 해결 전략을 떠올리기 위해서는 과거 경험에 관한 구체적인 접근이 필요한데, 과도하게 일반화된 기억은 그러한 세부 전략의 형성을 방해한다.
3. "구조 불가능"이라는 인식: 자살 행동은 미래에 발생할 수 있는 긍정적 사건을 떠올리는 유창성(fluency)의 제한과 관련이 있다. 이는 단지 혐오스러운 상황에서 벗어날 수 없다는 지각뿐 아니라 미래에도 구조받을 수 없다는 판단을 포함한다. 흥미로운 점은 미래의 긍정적 사건을 생성하는 유창성이 자살 행동의 핵심 임상 예측 지표인 절망감과 부적(–) 상관관계에 있다는 것이다. 이는 절망감이 단순히

부정적 사건의 과도한 예상으로 이루어진 것이 아니라, 충분한 구조 요인을 생성해내지 못하는 인지적 결함을 반영한다는 것이다.

가시적으로 보여주는 결과라고 연구자들은 가정한다. 따라서 우울한 기분과 절망감 및 자살 관련 인지 사이에 연합이 형성됨으로써, 나중에 기분이 나쁠 때 쉽게 다시 활성화할 수 있는 반응 패턴을 구축하게 된다. 이것은 향후 자살 위기의 위험을 증가시킨다. 따라서 이후의 자살 관념과 자살 행동의 위험은 회복 이후 가벼운 부정적 정서가 생겼을 때 이러한 반향적인 처리 패턴이 얼마나 쉽게 다시 활성화하느냐에 따라 결정된다.

이러한 발견은 중요한 연속 변수(절망감, 우울, 문제 해결)를 개선하는 데 치료법에 따라 보이는 효과가 똑같지 않다는 것을 이해하는 데 도움을 줄 뿐만 아니라, 그러한 치료가 자살 행동 자체에는 그 효과가 상대적으로 미미하다는 것을 이해하는 데 도움을 준다. 이것은 치료 후와 추적 관찰 시기, 또는 환자가 진정 상태에 있을 때 측정한 이러한 변수의 안정기 수준이 아니라, 오히려 기분 변화에 따라 이러한 변수가 얼마나 쉽게 활성화하는지가 핵심 위험 요인이라는 점을 시사한다. 따라서 어떤 치료가 효과적이라고 판단하기 위해서는 치료 종료 시점쯤에 재활성화 절차를 포함해서, 부정적인 기분 상태가 유발되었을 때 어떤 사고 패턴과 충동이 떠오르는지를 확인할 필요가 있다(Brown et al., 2005). 절망감이나 자살 성향은 환자의 기분이 안정된 상태에서는 완전히 사라

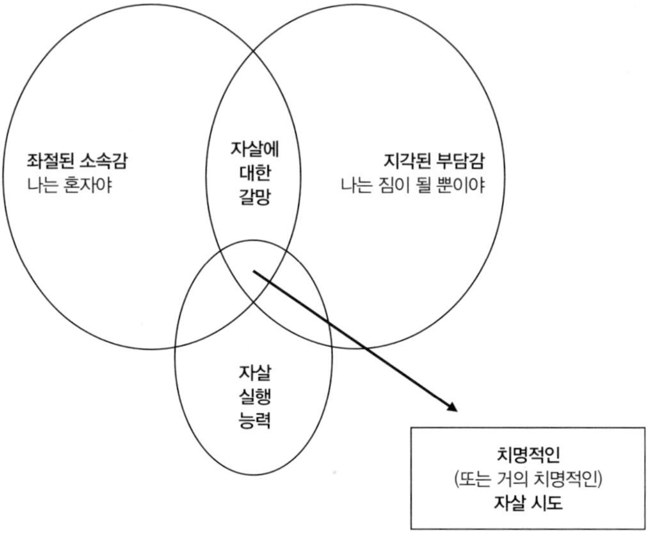

그림 2.1 자살 행동의 IPT 모형 (Van Orden et al., 2010).

질 수 있지만, 우울함이 재발하면 다시 쉽게 활성화되는 경우가 많다. 치료는 바로 이런 취약성을 겨냥해야 하고, 이것이 핵심 목표가 되어야 한다(Williams et al., 2008).

조이너(T. E. Joiner)의 "자살 행동의 대인관계 심리 이론(interpersonal-psychological theory of suicidal behavior, IPT)"은 자살 행동의 심리학적 모형의 두 번째 예로, 이 이론에서도 스트레스-취약 기질 상호작용이 중요한 역할을 할 수 있다(Hagan et al., 2016). IPT에서 나온 네 가지 주요 예측은 빠르게 증가하는 경험적 증거로 뒷받침되고 있다(그림 2.1 참조). 첫째, 두 가지 대인관계 상태인 좌절된 소속감과 지각된 부담감은 자살에 대한 소극적 욕망을 형성하는 데 근접 위험 요인으로 작용한다. 둘째, 좌절된 소속감과 지각된 부담감을 동시에 경험하면서 희망이 없다고 생각할 때, 자살로 죽으려는 적극적 갈망은 최고조에 이를 가능성이 높다.

셋째, 자살 욕망과 죽음에 대한 두려움 감소가 동시에 일어날 때, 자살 의도가 생길 가능성이 가장 크다. 넷째, 심각한 자살 행동은 다음과 같은 요소를 동반할 때 발생할 가능성이 높다. 즉 좌절된 소속감, 지각된 부담감(그리고 이 둘과 관련한 절망감), 죽음에 대한 두려움 결여, 그리고 (자살 실행 능력으로 알려진) 고통에 대한 내성의 증가다. 이 모든 요소가 각각 필요하지만, 어느 하나만으로는 자살이 죽음으로 이어지기에는 충분하지 않다. 자살 실행 능력에 관해서는, 1장에서 설명했듯 여러 역학 연구가 비자살 자해 행동이 자살 실행 능력에 영향을 미침으로써 자살 행동의 발달을 촉진할 수 있음을 시사한다. 예비 연구에 따르면, 자살 실행 능력은 적어도 일부는 유전적 질병소질에 기반을 두는 것으로 보인다. 쌍둥이 연구에서는 습득한 자살 실행 능력과 고통에 대한 내성의 차이를 유전적 요인과 환경적 요인의 조합으로 가장 잘 설명했고, 고통에 대한 내성 차이의 최대 55퍼센트를 유전적 요인으로 설명했다(Hagan et al., 2016). 또한 치명적 자살 행동 비율에서 성차의 바탕을 이루는 신경학적 기반(neural substrates)에 관한 연구가 최근 자기 공명 영상(MRI)을 이용해 이루어졌다(Deshpande et al., 2016). 그 결과 남성에게 특화된 뇌 네트워크는 여성보다 더 광범위하고 다양한 경향을 보였다. 남성 네트워크는 운동 영역(운동 준비 피질, 소뇌 등)을 포함하는 반면, 여성 네트워크는 변연계가 중심이었다. 이러한 결과는 남성의 경우 자살 욕망이 실제 치명적인 행동으로 이어질 가능성이 높고, 여성의 경우에는 우울증, 자살 관념, 비치명적 행동으로 나타날 가능성이 크다는 것을 시사한다.

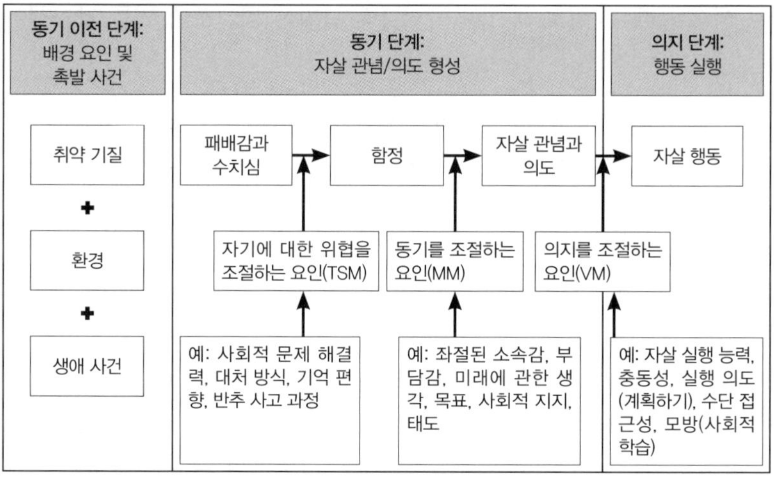

그림 2.2 자살 행동의 IMV 모형 (O'Connor & Nock, 2014).

자살 행동의 통합적 동기-의지 모형(Integrated Motivational-Volitional Model, IMV)은 기존의 이론 모형에서 중시한 요인을 바탕으로 세워졌다(O'Connor, 2011). 이 모형은 자살을 정신 장애의 부산물이 아니라, 동기 이전 단계, 동기 단계 그리고 의지 단계를 거쳐 발전하는 행동으로 개념화한다(그림 2.2 참조). 동기 이전 단계는 스트레스-취약 기질 상호작용을 기술한다. 동기 단계는 자살 관념과 자살 의도의 발달을 설명한다. 의지 단계는 개인이 실제로 자살 시도를 할 것인지 결정하는 요인을 포괄한다.

"도주 저지(arrested flight)" 모형(3장 참조)을 확장한 이 이론은 자살 생각이 함정에 빠져 벗어나지 못한다는 생각에서 비롯된다고 본다. 이런 상황에서 자살 행동은 삶이 처한 상황을 해결하는 주요한 방법으로 여겨지고, 패배감이나 굴욕감 같은 지각된 정서적 경험이 함정에 빠진 느낌을 촉발한다. 함정에 빠진 느낌은 상태 조절 요인(단계 간 전이를 촉진하거나 방해하는 요인) 때문에 더욱 심화한다. 가령 (반복적으로 현재 상황과 도달하지 못한 기준을 비교하는) 반추, 낮은 문제 해결 능력, 귀인 편향(attribution bias)이 이에 해당한다. 대인관계 상태(지각된 부담감과 좌절된 소속감), 손상된 주관적 목표, 미래에 대한 긍정적 사고 결여와 같은 동기 조절 요인이 작용할 경우, 함정에 빠져 있다는 인식은 자살 관념으로 이어진다. 자살 생각이 자살 행동으로 전환하는 과정은 행동 실행 요인(의지를 조절하는 요인)이 결정하는데, 여기에는 자살 수단에 대한 접근성, 습득한 자살 실행 능력(죽음에 대한 두려움 감소와 고통 둔감성), 타인의 자살 행동에 대한 노출 그리고 충동성이 있다. IMV 모형은 비교적 새로운 모형이지만 이미 다양한 측면에서 실증적으로 검증받았다. 예를 들어 이 모형은 자살 시도, 자살 관념, 패배감, 함정에 빠진 느낌 등의 변수에 상당한 설명력을 지닌 것으로 나타났다(Dhingra et al., 2016).

2.3.2 임상적 스트레스-취약 기질 모형

만(J. J. Mann)과 동료들(1999)은 대학병원 정신과에 입원한 대규모 환자 표본을 대상으로 한 임상 연구 결과를 바탕으로 스트레스-취약 기질 모형을 제안했다. 자살 시도 이력이 없는 환자와 비교했을 때, 자살 시도 이력이 있는 환자는 주관적인 우울감과 자살 관념의 점수가 높았고, 삶을 지속할 이유를 적게 보고했다. 또한 자살 시도자들은 평생에 걸쳐 공격성과 충동성, 경계선 성격 장애 동반 질환, 물질 사용 장애나 알코올 중독, 자살 행동의 가족력, 머리 부상, 흡연, 아동기 학대 경험의 비율이 높았다. 따라서 자살 행위의 위험은 단지 정신 질환이라는 스트레스 요인만으로 결정되는 것이 아니라, 자살 관념을 더 자주 경험하고 충동적으로 반응하는 경향성, 즉 취약 기질의 영향도 받는다. 이러한 취약 기질은 자살 감정을 행동으로 옮길 가능성을 높인다. 만과 동료들은 자살 행위에 대한 유전적 질병소질이 외부나 자기로 향하는 공격성의 근본적인 질병소질의 일부일 수 있다고 설명했다. 공격성, 충동성, 경계선 성격 장애는 자살 행동의 핵심 특성으로, 이것은 유전적 요인이나 신체적·성적 학대 경험을 포함한 생애 초기 경험의 결과일 수 있다. 따라서 주요 우울증이나 정신병의 유전적 전이와는 별개로, 공통의 유전적 요인이나 가족력은 자살 행동과 공격성/충동성 또는 경계선 성격 장애 간의 연관성을 설명할 수 있다. 또한 자살 위험은 과거의 머리 부상과도 관련이 있었다. 연구자들은 공격적이고 충동적인 아동과 성인이 머리 부상을 입었을 가능성이 크고, 이것이 억제력 상실과 공격 행동을 초래할 수 있다고 생각한다. 세로토닌 신경 전달계 역시 이러한 경로에서 역할을 할 수 있다. 낮은 세로토닌 활동과 자살 행동 간의 연관성을 보여주는 증거를 고려할 때, 낮은 세로토닌 활동이 유전적 및 발달적 경로를 통해 자살, 공격성, 알코올 의존성에 영향을 미칠 수 있음은 그 개연성이 충분하다(Mann et al., 1999).

맥기어와 투레츠키(McGirr and Turecki, 2007)는 자살의 임상적 예측 요인에 관한 여러 연구 결과를 바탕으로 임상적 스트레스-취약 기질 모형의 두 번째 사례를 제시했다. 이 모형은 정신 병리가 대체로 자살의 필요조건이지만 충분조건은 아니라는 임상적 관찰에 근거한다. 따라서 임상에서 자살 위험을 보다 효과적으로 탐지하기 위한 유망한 접근은 정신 병리의 발현 이전부터 존재하며 자살 행동을 유발하는 안정적인 위험 요인을 규명하는 것이다. 저자들은 이러한 안정적인 위험 요인으로 성격 특성을 꼽는다. 이때 성격 특성은 내적 표현형을 반영하는 것으로 볼 수 있고, 이후 발생하는 정신 장애(스트레스 요인)와 상호작용을 해 자살로 이끈다. 저자들은 신경증이나 내향성 같은 성격 특성이 자살과 연관될 가능성을 인정하면서도 충동성과 공격성에 중점을 두고 논의를 전개한다. 이 두 특성은 1장에서 잠재적인 배경 위험 요인으로 논의한 바 있다. 이러한 맥락에서 충동성은 충동을 억제하지 못해 즉각적으로 행동하는 폭발적인 양상보다는 행동적 차원으로 다루어진다. 행동적 차원은 결과에 대한 성찰이나 고려 없이 나타나는 행동을 의미하며, 이러한 행동은 종종 위험하거나 상황에 부적절하고, 바람직하지 않은 결과를 초래하는 경우가 많다. 이런 행동이 반드시 공격성을 수반하지는 않지만, 충동성이 높을수록 공격성 수준도 높아지는 경향이 있다. 자살 사례를 대상으로 한 심리 부검 연구(3장에서 설명)를 통해 충동성과 공격성, 적대감 간에 상관관계가 있음이 밝혀졌다. 또한 치명적 자살 행동과 비치명적 자살 행동을 다룬 여러 연구는 이러한 행동적 차원이 중요한 역할을 한다는 점을 지적해왔다. 즉 충동성은 자살 의도를 동반하지 않은 자해 행동뿐 아니라, 높은 치명성을 지닌 자살 시도나 실제 자살과도 관련이 있는 것으로 보인다.

공격성과 관련해서 임상 표본, 주요 우울 장애 및 양극성 장애 진단을 받은 사람 그리고 자살로 사망한 청소년 사례에서 공격성의 광범위한 이력은 자살 시도와 연결돼 있었다. 우울증으로 자살한 사람과 경계선 성격 장애로 자살한 사람은 장애는 있지만 자살하지 않은 대조군보다 높은 수준의 공격적 행동을 보인다. 일반적으로 충동성 수준은 공격성 및 적대감 수준과 상관관계가 있는 편이다.

1장에서 논의했듯이, 충동성과 공격성이 자살 행동의 취약 기질에 관여하는지는 오랜 논쟁의 대상이었다. 역설적으로, 논쟁의 주요 원인 중 하나는 많은 자살 시도자나 자살 사망자가 외형상 공격적이거나 충동적인 성향을 보이지 않는다는 역학적 관찰에 기초하고 있다. 또한 공격성과 충동성이라는 개념 자체가 다차원적이고 복합적인 성격을 지닌다는 점에서 이론적인 논의 역시 계속되고 있다.

2.3.3 자살 행동의 신경인지 모형

2008년에 졸랑(F. Jollant)과 동료들은 신경생물학 영역에서 중요한 연구를 발표했다(Jollant et al., 2008). 기능적 자기 공명 영상(fMRI) 기법을 사용해(기술적 세부 사항은 3장 참조), 현재 기분은 안정돼 있지만 과거 우울증 병력이 있는 젊은 남성 집단을 대상으로 얼굴 표정 자극에 대한 반응을 조사했다. 자살 시도 이력이 있는 젊은 남성과 그런 이력이 없는 젊은 남성을 비교한 결과, 자살 시도자는 중립 표정 대비 분노 표정에 대한 반응에서 오른쪽 복외측 전전두엽 피질(뇌의 전두엽 앞부분 중 아래쪽 가장자리에 있는 영역—옮긴이)의 활동은 증가했고, 오른쪽 상전두회(superior frontal gyrus)의 활동은 감소했다. 또한 중립 표정 대비 약한 행복 표정에 대해서는 오른쪽 전측 대상회(anterior cingulate gyrus)에서, 중립 표정 대비 경미한 분노 표정에 대해서는 오른쪽 소뇌에서 더 큰 활동을 보였다. 즉 자살 시도자들은 분노와 행복이라는 감정적 얼굴 표정에 대해 자살 시도 이력이 없는 환자들과는 다른 반응 양상을 보였다. 이것은 그들이 타인의 부정적 평가에 대한 민감성이 증가하고 부정적 감정에 반응해 행동할 가능성이 높으며, 긍정적 자극에는 상대적으로 덜 주의를 기울이는 경향이 있음을 시사한다. 저자들은 이러한 신경 활동 패턴과 인지적 처리 과정이 우울증 병력을 가진 남성의 자살 행동에 대한 취약성을 보여주는 지표일 수 있다고 결론지었다.

몇 년 후, 졸랑과 동료들(2011)은 신경심리학 및 신경 영상 연구에 관한 고찰을 바탕으로 자살 행동의 스트레스-취약 기질 모형을 제안했다(이 연구 결과는 5장과 6장에서 자세히 다룰 것이다). 좀더 구체적으로, 그들은 일부 성격 특질과 같은 특성을 지니는 일련의 신경인지 기능 장애가 스트레스 상황에서 자살 위기 발달을 촉진할 수 있다고 제시했다. (1) 가치 귀인 조절의 변화, (2) 정서적 및 인지적 반응의 부적절한 조절, (3) 정서적 맥락 속 행위의 촉진이 그런 기능 장애에 해당한다(그림 2.3 참조).

앞서 언급한 2008년 연구에서 자살 시도자의 뇌가 분노한 얼굴(행복한 얼굴은 아님)에 대해 유의미하게 더 강한 반응을 보인 결과는, 자살 행동과 관련된 첫 신경인지 변질의 대표적인 사례다. 이러한 변질은 자살 시도자가 외부 사건에 정확하게 가치를 부여하지 못한다는 점을 반영하며, 그 때문에 특정 자극에 과도하게 민감해질 수 있음을 시사한다. 따라서 장기적인 위험에 적절한 가치를 부여할 능력의 결여가 자살 시도자에게서 불리한 의사 결정을 초래하는 핵심 원인으로 보인다. 흥미롭게도, 불리한 의사 결정은 정서적 관계에서 더 많은 문제 발생과 관련이 있었다. 다시 말해 임상 현장에서 자주 보는 것처럼, 취약한 환자

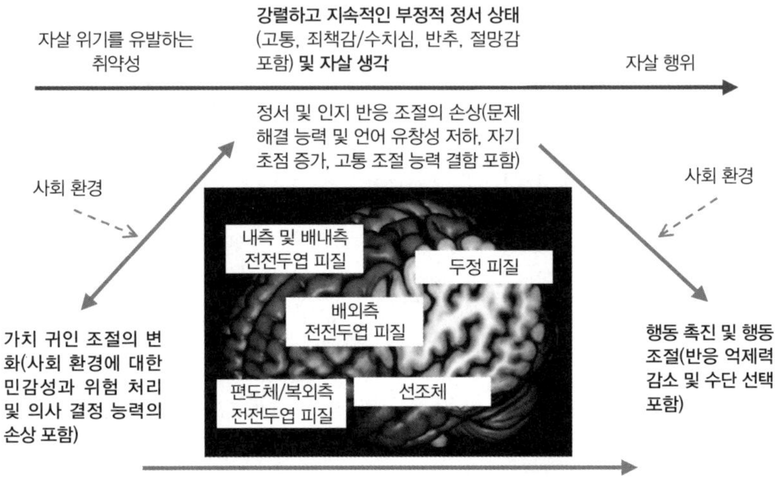

그림 2.3 자살 행동의 신경인지 모형 (2011년 졸랑 등의 연구를 바탕으로 2017년에 졸랑이 수정). 컬러 화보 3 참조.

가 내리는 그릇된 결정은 더 많은 스트레스를 유발하는 문제로 이어지고, 이것이 자살 위기를 촉발할 수 있다. 신경인지의 두 번째 변질은 한 번 촉발된 정서 상태를 제대로 조절하지 못하는 결함을 수반한다. 현재 진단 분류에 따르면, 이러한 통렬하고 장기적인 정서 상태는 특별한 인지적·정서적·신경해부학적 특성을 가진 우울 상태에 해당한다. 정서적 관점에서 볼 때, 앞 장에서 논의한 것처럼 이러한 특성에는 정신적 고통과 절망감이 들어 있다. 자살 생각은 세 번째 신경인지의 변질, 즉 이러한 특별한 정서 맥락에서 행동을 촉진하는 경로를 통해 자살 행동으로 발전할 수 있다. 저자들은 이 자살 행동에 대한 취약 기질의 세 번째 측면에서, 부정적 정서를 줄이기 위해 정서 자극에 대한 인지적 재평가와 부적절한 반응 억제가 중요한 역할을 한다고 제안한다.

2장 요약

- 자살에 이르는 경로는 매우 다양하다. 신경심리학, 인지심리학, 신경생물학, 임상 정신의학 분야의 연구는 자살 행동의 스트레스-취약 기질 모형을 뒷받침하는 증거를 점점 더 많이 제시한다.
- 우울증은 자살 행동으로 이어지는 공통의 최종 경로이긴 하지만, 대다수 우울증 환자는 자살 시도나 자살을 하지 않는다. 자살 행동에 대한 기질적 취약성이 자살을 실행하는 우울증 환자와 그렇지 않은 우울증 환자를 구분짓는 요인으로 보인다.
- 취약 기질은 (후생)유전학적 영향과 아동기 역경에서 비롯할 수 있으며, 이는 특정한 신경생물학적, 심리학적 또는 임상적 프로파일로 나타난다.
- 취약성 성격 특질은 생애 초기에는 수정 가능성이 있고, 민감한 발달 시기에 이루어지는 개입은 성격에 장기적인 영향을 미칠 수 있다. 따라서 자살에 대한 취약성에도 영향을 줄 수 있다.
- 취약 기질은 우울 에피소드가 없는 시기에도 확인해서 치료할 수 있는데, 이에 대해서는 10장에서 자세히 논의한다. 예를 들어 리튬, 클로자핀, 인지 행동 치료의 임상적 효과는 자살 행동에 대한 취약 기질을 줄일 수 있음을 보여준다(Mann, 2003).
- 중요한 쟁점은 스트레스와 취약 기질의 잠재적 상호의존성이다. 즉 취약 기질이 스트레스 요인에 노출될 가능성 자체를 높일 수 있다는 것이다. 스트레스와 취약 기질의 이러한 상호의존성은 취약 기질을 대상으로 하는 개입이 스트레스 노출 자체를 줄이는 데도 기여할 수 있고, 나아가 스트레스 효과의 완화가 치료 개입의 효과를 증진할 수 있음을 시사한다.

복습 문제

1. 왜 우울증만으로는 자살 행동을 충분히 설명할 수 없는가?
2. 스트레스 요인과 특정 취약 기질은 자살 위험의 발달 과정에서 어떻게 상호작용을 하는가?
3. 마크 윌리엄스가 "고통의 비명" 모형에서 제시한 취약 기질의 세 가지 구성요소와 관련이 있는 신경심리학적 요인은 무엇인가?
4. 자살 행동의 신경인지 3단계 자살 과정 모형을 설명하라.

더 읽을거리

Jollant, F., Lawrence, N. L., Olié, E., Guillaume, S. & Courtet, P. (2011). The suicidal mind and brain: A review of neuropsychological and neuroimaging studies. *The World Journal of Biological Psychiatry, 12*, 319–39.

O'Connor, R. C. & Nock, M. (2014). The psychology of suicidal behaviour. *Lancet Psychiatry, 1*, 73–85.

Williams, J. M. G. (2014). *Cry of pain: Understanding suicide and the suicidal mind*. London: Piatkus.

Van Orden, K. A., Witte, T. K., Cukrowicz, K. C., Braithwaite, S. R., Selby, E. A. & Joiner, T. E. (2010). The interpersonal theory of suicide. *Psychological Review, 117*, 575–600.

03

뇌의 어두운 면

자살 행동에 대한 신경과학 접근

학습 목표

- 동물도 자살 행동을 하는가?
- 심리 부검이란 무엇인가?
- 우리의 유전적 구성은 고정된 특성인가, 아니면 변할 수 있는가?
- 식이요법이 자살 발생에 어떤 영향을 줄 수 있는가?
- 자살은 겨울철에 더 흔한가?
- 사람들이 자살하도록 만드는 뇌 기능을 어떻게 시각화할 수 있는가?

머리말

자살 행동에 대한 신경생물학의 본질은 텍스트 상자 3.1에 요약돼 있다.

자살 행동을 연구하고 이해하기 위한 신경과학 접근은 자살과는 다른 행동을 대상으로 하는 접근과는 다소 차이가 있을 수 있다. 자살은 인간에게만 나타나는 독특한 행동으로 보이기 때문에 동물 모형이 부족하다. 문헌이나 영화에는 그런 일화가 등장하지만, 동물은 스스로 생명을 끊지는 않는다. 다만 자해 행동은 보인다. 자살자의 뇌 특성을 자살이 아닌 다른 원인으로 사망한 사람의 뇌와 비교하는 사후 뇌 조직 연구는 많은 정보를 제공한다. 신체 부검과 같은 사후 연구는 때때로 심리 부검도 함께하는데, 심리 부검은 고인과 가깝게 지낸 사람들을 표준화된 방식으로 면담해서 고인의 건강이나 성격 관련 다양한 정보를 수집하는 방식이다. 최근 신경 영상 연구와 유전학 연구를 통해 나온 방대한 정보는 사람들이 어떻게 불리한 환경의 영향에 취약해질 수 있는지 보여주는데, 이러한 환경이 자살 생각이나 자살 소망을 유발할 수도 있다.

3.1 자살 행동의 동물 모형과 그 위험 요인

동물 모형은 질병이나 행동의 병인과 경과, 잠재적 치료법을 조사하기 위해 신경생물학적 연구에서 사용한다. 그러나 수천 종의 동물을 집중적으로 연구했지만, 자살 그 자체는 인간 이외의 종에서는 확인된 바 없다(Preti, 2011). 스트레스-취약 기질 모형의 구성요소, 가령 충동성이나 공격성(2장 참조), 스트레스-반응 시스템이나 세로토닌 신경 전달 시스템과 같은 자살 행동의 신경생물학적 위험 요인(4장 참조)은 동물 모형

텍스트 상자 3.1 자살 행동에 대한 신경생물학의 본질

1. 기저의 질병소질 또는 취약 기질이 자살 행동에 대한 구체적인 취약성을 매개한다.
2. 이러한 기저의 질병소질 또는 취약 기질은 평생 환경적 스트레스 요인과 상호작용한다.
3. 이 상호작용은 신경 회로의 구조와 기능을 변화시킨다.
4. 이는 개인이 자살 행동을 실행할 가능성을 높이는 결과를 가져온다.

을 통해 모사하고 연구할 수 있다. 그러나 자살 행동에서 동기 요소와 의지 요소가 수행하는 역할을 동물 모형으로 재현하는 것은 매우 큰 도전 과제다. 동기에 관해서는 자살 행동 연구와 관련된 세 가지 기제가 연구 주제로 떠올랐다. 즉 인구통계학적 압력이나 인간의 침입으로 생긴 불리한 확산, 집단을 보호하기 위한 이타적 희생, 사랑하는 주인을 잃은 비애가 그것이다(Bourgeois, 1987). 그러나 동물이 참을 수 없는 고통을 멈추기 위해 자기 죽음을 자발적으로 의도하고 계획할 능력이 있는지는 또 다른 논의가 필요하다.

이미 1897년에 프랑스 사회학자 에밀 뒤르켐(Emile Durkheim)의 주장에 따르면, 동물의 마음에 관한 당대의 지식으로는 동물이 자신의 죽음을 미리 예견하거나, 그것을 실현할 수단을 이해한다고 보기는 어렵다. 그는 동물이 스스로 목숨을 끊은 것처럼 보이는 사례조차 전혀 다르게 해석할 수 있다고 지적했다. 예컨대 화가 난 전갈이 자기 꼬리의 침으로 자기를 찌른다고 해도(그 사실조차 확실하지 않지만), 그것은 아마 자동적이고 생각 없는 반응일 가능성이 크다. 전갈의 짜증이 유발한 동기 에너지는 우연히 무작위로 방출된다. 그 생명체는 단지 그러한 방출의 희생양일 뿐이지, 자기의 행동 결과를 미리 인지했다고는 말할 수 없다(Durkheim, 1897). 이와 유사하게, 뒤르켐은 개가 주인을 잃고 나서 굶어 죽는 경우도 이렇게 설명했다. "개들이 빠진 슬픔이 자동으로 식욕 상실을 일으켰기 때문이다. 죽음은 그 결과로 발생했을 뿐, 그것을 미리 의도하거나 예견한 것은 아니다." 전갈도 개도 자해나 단식을 "어떤 분명한 결과를 의식하고 그 결과를 얻기 위한 수단으로 사용한 것이 아니기 때문에, 자살의 고유한 특성은 빠져 있다"고 그는 결론지었다.

자기를 파괴하고, 위험에 빠뜨리고, 상해하는 행동은 동물에게도 존재한다(Preti, 2011). 갑작스럽게 감금된 동물이나 주인과 떨어진 반려동물은 자기 파괴적인 행동을 보일 수 있다. 군집·고립·분리·감금과 같은 스트레스 상황—특히 통제 불가능한 상황이라고 인식할 때—은 동물에게 자기를 위험에 빠뜨리는 행동을 하도록 유도할 수 있다. 고립 상태에서 사육한 원숭이는 다 자랐을 때 자기를 위험에 빠뜨리는 행동을 할 가능성이 큰 것으로 나타났다. 이것은 아동기 학대나 방임이 인간의 자살 위험에 미치는 영향과 유사한 결과다. 그러나 동물이 자기를 해치는 행동이 인간의 자해 행동과 실제로 유사한 것인지, 아니면 단지 감금 상태에서 탈출하려는 극단적 시도일 뿐인지는 여전히 의문으로 남아 있다.

내부 기생충이 유발하는 기능 손상은 나비와 같은 일부 곤충 종과 포유류 종에서 자기 위해 행동을 자극하는 것으로 연구자들은 생각하고 있다. 예를 들어 톡소플라스마 곤디에 감염된 설치류는 스스로 고양이에게 다가가 잡혀 죽고 싶은 치명적인 수준의 "자살" 욕구를 느낀다(1장 도 참조). 그러나 기생충이 유발한 이러한 행동이 인간의 자살을 유발하는 정신 병리와 어떤 방식으로든 유사하다는 증거는 존재하지 않는다(Preti, 2011). 따라서 자살의 동물 모형은 존재하지 않지만, 앞 장에서 설명한 자살 행동의 여러 관련 요소가 동물에게서 확인된 바 있다. 이러한 요소에는 생애 초기 역경, 충동적 공격성, 절망감, 고통의 비명 등이 있다.

인간의 양육 붕괴(disrupted parenting) 상황과 유사한 것으로, 설치류의 어미 분리는 스트레스의 전형적인 표시인 혈중 스트레스 호르몬 수치를 급격히 증가시킨다. 그러나 어미 박탈은 일시적인 반응을 넘어서 장기적인 결과도 유발한다. 서로 일치하는 여러 증거에 따르면, 어미 박탈을 겪는 쥐는 뇌에서 주요 억제성 신경 전달 물질의 활동이 감소한다(Preti, 2011). 발달기에 어미와 분리된 원숭이는 이후의 분리 상황에서 우울증과 유사한 증상을 보였으며, 어미와 분리된 원숭이가 무생물 대체 어미와 함께 자라면, 이후 분리 상황에서 이러한 증상을 덜 나타냈다. 또한 어미 박탈을 경험한 원숭이가 스스로 알코올을 투여하고 자기를 위험에 빠뜨리는 행동을 더 많이 했다는 보고도 있다. 이것은 주요 우울증과 연관성이 있다고 알려진 요소—예컨대 알코올 남용과 관련된 질병, 자해 행동의 증가 위험—의 측면에서 자살에 관한 동물 모형의 안면 타당도(face validity)와 예언 타당도를 뒷받침해준다(Preti, 2011).

인간 이외의 영장류에서는 저콜레스테롤 음식이 충동적·공격적 행동의 증가를 유발한다. 인간에 관한 임상과 역학 연구는 낮은 콜레스테롤 수치와 자살 행동 사이에 크지는 않지만 일관된 연관성을 보고하고 있다(4장 참조). 그러나 인간에게 저콜레스테롤이 단순히 열악한 식습관 때문에 생긴 정동 장애의 표시일 뿐인지, 아니면 자살 행동에 독립적으로 영향을 미치는 역할을 하는지는 아직 명확히 밝혀지지 않았다. 콜레스테롤은 뇌에서 새로운 시냅스를 형성하는 데 필수적인 물질이며, 따라서 콜레스테롤 공급이 부족할 경우 시냅스 가소성의 손상을 초래할 수 있고, 이것은 장기적인 인지 및 행동의 결과로 이어질 수 있다(Preti, 2011).

이전 장들에서 설명했듯이, 절망감은 자살 행동으로 이어질 수 있는 치명적인 우울증의 핵심 요소다. 그러나 절망감은 동물에게 공식적으로 조작할 수 없기 때문에, 현재 자살로 이어지는 절망감의 동물 모형은 학습된 무기력(learned helplessness) 패러다임에 기초하고 있다(Seligman, 1972). 무기력의 발달 과정에서 동물의 발에 가하는 전기 자극이 혐오 자극으로 사용된다. 피할 수 없는 일련의 전기 충격을 경험한 후, 일부 동물은 탈출 시도를 완전히 멈춘다. 시간이 지난 후 재검사했을 때 일부는 다시 탈출을 시도하지만, 다른 일부는 탈출을 시도하지 않고 지속적으로 절망과 유사한 행동을 보인다. 후자의 동물은 혐오스러운 전기 충격에 대한 영속적인 반응으로 무기력을 학습한 것으로 여겨진다. 이 맥락에서 무기력은 특정 행동과 그 결과 사이에 아무런 관련성이 없다는 신념의 습득을 의미한다. 본질적으로 동물은 자신이 상황을 통제할 수 없다는 점을 학습했을 것이다. 학습된 무기력은 인간의 절망감과 유사한 것으로 여겨진다(Krishnan & Nestler, 2008). 학습된 무기력 패러다임은 안면 타당도(주관적으로 볼 때, 측정하고자 하는 절망감을 잘 포착하는 정도)는 높지만, 생태학적 타당도(인간의 실제 절망감과 일치하는 정도)는 낮다. 또한 이 모형은 스트레스 관련 우울증의 근사치이지만, 일반적으로 학습된 무기력을 보이는 동물은 자신을 해치려는 경향을 보이지 않는다. 따라서 이 모형은 인간의 자살 행동과 관련된 요인을 추론하는 데 사용할 수 없다(Preti, 2011). 다만 학습된 무기력의 타당도는 다른 특성, 가령 "도주 저지 모형"에 있는 특성과 합치면 증가할 수 있다.

2장에서는 자살 행동의 스트레스-취약 기질 모형의 인지심리학적 사례로 마크 윌리엄스의 "고통의 비명" 모형을 소개했다. 이 모형의 세 가지 핵심 구성요소는 지각된 패배, 구조 없음, 그리고 탈출 불가능이다(Williams, 2005). 윌리엄스는 자신의 "고통의 비명" 모형의 기원이 길버트(P. Gilbert)가 개발한 동물의 함정 모형(entrapment model)에 있음을 명확히 설명했다(Gilbert & Allan, 1998). 이 함정 모형에서 패배(스트레스 사건)와 함정(상황에서 벗어날 수 없음)의 결합은 동물에게 심각한 "무기력"을 초래할 수 있다. 이 모형에서 패배는 사회적 투쟁 실패와 상실감으로 여겨지며, 이는 사회적 지위의 하락으로 이어진다. 패배는 대인 간 갈등이나 사회적·물질적 자원을 얻는 데 실패했다는 인식과 관련이 있다. 함정은 모든 탈출 경로가 모두 막혀 있다는 인식을 말하는데, 이것은 현재 상황에서 벗어날 수 없다는 지각된 무력감을 유발한다. 윌리엄스의 관점에서 보면, 패배에 대한 인식이 탈출 불가능과 구조 없음이라는 인식과 결합할 때, 자살 행동은 스트레스 상황에 대한 반응이다. 이 모형은 인간의 자살 행동에서 스트레스의 중요한 역할과 함께 무기력("구조

없음")과 절망감("탈출 불가능")의 역할을 잘 보여준다. 그러나 이러한 사회적 패배에 따른 스트레스는 자해를 통한 죽음으로까지 동물을 몰고 가지는 않는다.

3.2 심리 부검 접근

심리 부검(psychological autopsy)은 자살의 원인과 상황을 연구하는 데 널리 사용하는 방법이다. 그 절차는 사망한 사람이 죽기 전 어떤 생각을 했고, 어떤 감정을 느꼈으며, 어떤 행동을 했는지 재구성해서 그의 죽음을 조사한다. 이를 위해 개인 문서, 경찰 보고서, 의학 및 검시 기록 그리고 사망 전 그 사람과 접촉한 가족, 친구, 기타 지인과의 면접을 기반으로 정보를 수집한다(Hawton et al., 1998). 특히 이러한 연구에서는 정신 질환을 진단하고 자살과 관련된 발달적 또는 환경적 위험 요인과 보호 요인을 식별해주는 표준화된 도구를 자주 함께 사용한다.

정보는 일반적으로 고인과 가까운 사람을 포함한 여러 출처를 통해 수집한다(Chachamovich et al., 2013). 개인 발달사에 관한 정보는 이용할 수만 있다면 부모나 배우자가 가장 적절한 정보 제공자다. 특히 젊은 자살자의 경우 형제자매나 절친한 친구가 부모가 알지 못할 약물 사용이나 대인관계 문제 같은 측면에 중요한 정보를 제공할 수 있다. 의료 서비스 제공자에게 얻는 정보도 중요한데, 이것은 약물 치료, 정신적·신체적 문제 등 다른 정보 제공자들이 정확히 기억하지 못할 수 있는 부분의 세부 사항을 알려줄 수 있기 때문이다. 두 명 이상의 정보 제공자를 개별적으로 면담하는 것이 좋고, 고인과 서로 다른 관계에 있던 사람들을 면담하는 것은 상호 보완적인 정보를 얻을 기회다. 면담 시점도 중요하다. 사망 직후 너무 일찍 접근하면 강한 감정 반응을 유발할 수 있고, 너무 늦게 접근하면 기억 편향이 생길 수 있다. 심리 부검에서 사용하는 면담은 보통 반구조화된 방식이고, 개방형 질문과 표준화된 도구를 함께 사용한다. 개방형 질문은 생애 사건의 흐름, 아동기 발달, 부모-자녀 관계에 관한 정보를 수집하는 데 유용하다. 표준화된 도구로는 충동적 공격성이나 기타 성격 특성에 관한 정보를 수집할 수 있다. 심리 부검 면담에서 사용할 도구의 선택은 연구 목적에 따라 다르지만, 일반적으로 정신 질환과 성격 장애/특성에 관한 평가가 담긴다.

일반적으로 대조군을 포함하는 것이 바람직한데, 가장 적절한 대조군을 선정하는 일은 연구의 가설에 따라 결정해야 한다. 자살에 대한 사회적 영향이 연구의 주요 초점이라면, 대조군은 정신 장애 여부를 자살자 집단과 일치시킬 필요가 있다. 어떤 연구에서는 두 가지 이상에 초점을 둘 수 있는데, 이런 경우에는 두 개의 대조군이 필요할 수도 있다. 예를 들어 첫 번째 연구 목적은 자살과 정신 장애의 관련성을 밝히는 것이고, 두 번째 연구 목적은 우울한 사람의 사회적 및 기타 위험 요인을 확인하는 것이라면, 자살하지 않은 일반 대조군과 함께 자살자 중 우울 장애가 있던 하위집단과 일치하는 대조군이 모두 필요할 수 있다(Hawton et al., 1998). 또 다른 중요한 고려사항은 생존 대조군과 사망 대조군 중 어느 쪽을 사용할지 결정하는 것이다. 예를 들어 특정 진단 범주 내에서 자살과 관련된 위험 요인을 조사할 때는 생존 대조군이 필요하며, 자살로 가족을 잃은 유가족에게 필요한 것을 조사하는 연구에서는 사망 대조군이 필요할 수 있다. 대조군으로 정보 제공자를 사용하는 것은 가족에게 부정적인 영향을 줄 수 있고, 특히 면담이 현재의 문제를 강조할 때 더 그럴 수 있다는 점에 주의할 필요가 있다(Hawton et al., 1998).

심리 부검 기법은 어윈 슈나이드먼(Erwin Shneidman, 1981)이 처음 개발했는데, 법의학 조사에서 사망 원인이 의심스러운 경우(즉 자살인지 타살인지 구분해야 할 때) 이를 판단하는 도구다. 자살의 원인과 상황에 관심을 가진 연구자들은 이 기법을 도입 직후부터 과학적 연구에도 사용하기 시작했다. 이후 수십 건의 심리 부검 연구가 이루어졌다. 예를 들어 아시아 국가에서는 30건 이상의 심리 부검 연구가 진행된 바 있다(Khan et al., 2016). 또한 심리 부검 연구는 의사와 간호사(Hawton et al., 2002, 2004), 이누이트족(Chachamovich et al., 2013), 중국 농촌의 청소년(Zhang et al., 2010)과 같은 특수 집단의 자살 원인과 상황을 밝히는 데 기여해 왔다. 체계적인 문헌 고찰과 메타 분석도 다수 존재한다(Cavanagh et al., 2003; Arsenault-Lapierre et al., 2004; Yoshimasu et al., 2008). 미국에서는 법적 절차에서 심리 부검을 증거로 채택하기도 하고, 민사 및 형사 소송 모두에서 결과에 중대한 영향을 미칠 수 있는 역할을 한다.

그렇지만 심리 부검 접근을 자살 연구에 사용하는 것은 상당한 방법론적 문제를 야기할 수 있다(Hawton et al., 1998; Pouliot & De Leo, 2006). 연구 설계, 참가자 식별, 정보 출처, 유가족과 그 밖의 정보 제공자에게 접근하는 데 따르는 문제, 대조군의 선택 및 모집, 유가족과 심리 부검 면담을 수행하는 데 따르는 어려움, 면담자의 문제, 정보를 얻기 위한 적절한 측정 도구의 선택 그리고 다양한 정보 출처로부터 타당하고 충분히 신뢰할 수 있는 결론을 도출하는 데 따르는 문제 등이다.

몇몇 연구는 심리 부검 결과의 신뢰도와 타당도를 조사해왔다. 켈리와 만(Kelly and Mann, 1996)은 자살자와 비자살자의 심리 부검을 통한 정신 질환 진단을 생전에 그들을 치료한 임상의가 작성한 진단 차트와 비교함으로써, 심리 부검이 정신 병리의 진단 방법으로 신뢰할 수 있음을 입증했다. 연구자가 내린 진단과 임상의의 생전 진단을 비교한 결과는 높은 신뢰도를 보여준다. 자살 시도와 생애 사건에 관한 정보를 살펴보았을 때, 정보 제공자를 통해 수집한 자료와 당사자로부터 직접 얻은 자료 사이의 일치도는 매우 높아 보인다(Conner et al., 2001). 슈나이더(Schneider)와 동료들(2004) 또한 생존 대조군 및 정보 제공자로부터 수집한 정보를 바탕으로 한 진단의 신뢰도가 매우 높음을 보여주었다. 그렇지만 자살 연구에서 심리 부검 접근법의 표준화는 여전히 큰 과제로 남아 있다(Pouliot & De Leo, 2006; Snider et al., 2006).

3.3 신체 부검

자살자와 대조군으로부터 확보한 사후 뇌 표본은 자살과 관련된 분자 기제와 유전체 과정을 연구할 엄청난 기회를 제공한다(Pandey & Dwivedi, 2010; Almeida & Turecki, 2016). 초기의 분자 기제 연구는 혈소판, 림프구 또는 척수액 같은 세포를 이용했으며(이에 대해서는 차후에 다룬다), 여기서 나타난 기형이 실제 뇌의 유사한 변화를 반영하는지 그리고 자살의 신경생물학과 어떤 관련성이 있는지를 두고 항상 의문을 제기했다. 그러나 잘 구축한 뇌 표본 수집 프로그램을 통해 충분한 뇌 표본을 확보하게 되면서 이러한 의문에 답할 수 있었다. 그뿐만 아니라 자살과 관련된 수많은 신경생물학적 연구가 이루어졌고, 그러한 연구는 뇌에서 보이는 이러한 이상이 실제로 의미 있는 것임을 입증했다.

그러나 사후 뇌 연구에는 적지 않은 방법론적 문제가 뒤따른다. 이러한 연구에서 유의미한 정보를 얻기 위해서는 사후 뇌 표본의 품질이 일정한 기준을 충족해야 한다는 점이 중요하다. 예를 들어 사후 뇌 표본 연구에서 가장 주요한 문제 중 하나는 사후 경과 시간이 길다는 점이다. 최근의 사후 뇌 표본 수집 프로그램은 이러한 한계를 최소화하며, 대부분의 사례에서 사후 조직은 24시간을 넘기지 않는 비교적 짧은 시간 내에 수집된다. 사후 뇌 연구에서 중요한 필수 조건 중 하나는 이상 여부에 대한 세심한 신경병리적 검사다. 또한 사망한 대상자의 사후 표본이나 혈액에서 약물 복용 여부를 파악함으로써 적절한 독성 검사를 실시하는 것이 중요하다. 마지막으로 사후 뇌 표본은 단백질 및 유전자 발현 수준(mRNA를 통한)을 정확히 측정할 수 있을 정도로 품질이 우수해야 한다. 세포로 이루어진 조직의 품질은 일반적으로 pH 수치와 리보핵산 무결성 지수(RNA integrity number)를 측정해 평가한다.

상당수 연구는 행동 특성과 신경생물학적 특성 간의 연관성을 조사하기 위해 신체 부검과 심리 부검 접근을 결합해서 사용해왔다. 예를 들어 세케이라(Sequeira)와 동료들(2009)은 심리 부검을 통해 주요 우울장애의 유무를 진단받은 자살자와 대조군의 뇌에서 피질 및 피질하의 17개 영역에 걸친 유전자 발현을 조사했다.

사후 연구는 분자 수준과 (후생)유전학적 뇌 수준에서 자살과 관련이 있는 요인을 직접적으로 조사하기 위한 필수 수단이다(Almeida & Turecki, 2016).

3.4 유전학

자살 행동은 관련 정신 병리와는 독립적으로 상당한 유전성을 가지는 것으로 알려져 있다. 이에 따라 지난 수십 년 동안 다양한 방법을 이용한 유전학 연구가 이루어졌다.

유전자는 단백질의 설계도를 담고 있는 정보 단위다. 한 유전자가 세포에 특정 단백질을 만들도록 적극적으로 신호를 보낼 때 그 유전자는 발현된다고 말한다. 유전자 발현에는 세 가지 주요 단계가 있는데, DNA를 RNA(리보핵산)라고 부르는 또 다른 단백질로 전사(transcription), 그 RNA를 아미노산 사슬로 전환(translation) 그리고 이 사슬의 변형을 수반한 단백질 접기(folding)다.

단백질은 유전자 발현의 최종 산물로, 효소처럼 작용해 전사, 전환, 단백질 접기 과정을 조절하는 역할을 한다. 단순화해서 보면 유전자 발현은 DNA에서 시작해 단백질로 끝나는 선형적 과정으로 이해할 수 있다(그림 3.1 참조). 그러나 실제로 유전자 발현은 피드백 루프로 이루어진 방대하고 복잡한 시스템의 일부다. 유전자 발현은 단백질을 만들어내고, 이 단백질은 다시 유전자 발현 자체를 조절한다.

유전적 연관성 연구는 자살 행동과 유전적 변이 사이의 상관관계를

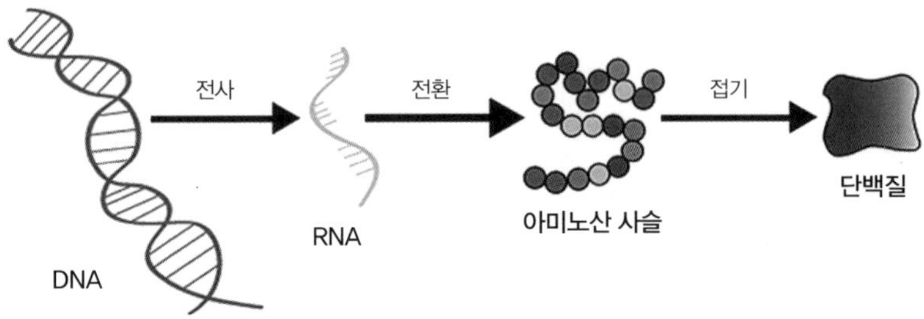

그림 3.1 유전자 발현: DNA에서 단백질까지 (Carmichael, 2014). 컬러 화보 4 참조.

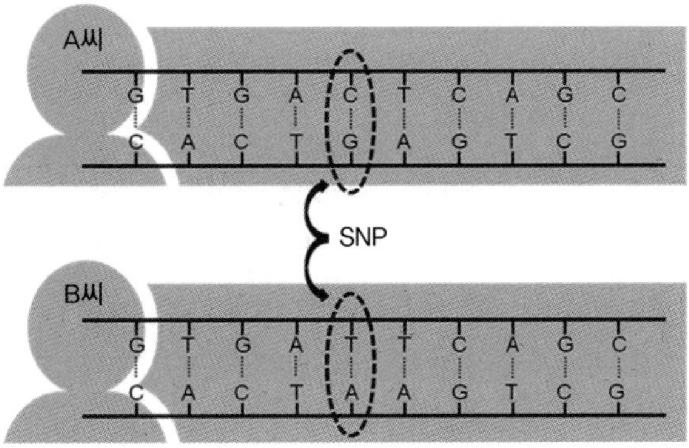

그림 3.2 단일 염기 다형성.

조사해 자살에 기여하는 유전자나 유전체 영역을 확인하는 것을 목표로 한다. 특정 단일 염기 다형성(single nucleotide polymorphism, SNP. "스닙"이라고 발음. 그림 3.2 참조) 대립유전자(allele)나 유전자형의 빈도가 자살 행동 이력이 있는 사람에게 높게 나타나면, 해당 변이가 자살 위험을 증가시킬 수 있다고 해석할 수 있다.

SNP는 유기체의 DNA 서열에서 하나의 염기 변화를 의미하는데, 이러한 변화는 전체 인구의 1퍼센트 이상에서 차이를 보인다. SNP는 평균적으로 300개의 염기쌍마다 1개꼴로 존재하며, 인간 유전체 전체(약 30억 개 염기쌍 기준)에서는 최소 100만 개 이상의 SNP가 존재한다고 본다. SNP는 유전적 연관성 연구에서 가장 널리 사용하는 유전적 표지(marker)다(이 용어는 이후에도 계속 사용한다). 다만 미세부수체(microsatellite) 표지, 삽입/제거, 가변 반복 서열(variable-number tandem repeats, VNTR), 복제 수 변이(copy-number variants, CNV)도 연관성 연구에서 함께 사용한다.

유전적 연관성 연구에는 (1) 사례-대조군 연구, (2) 가계 기반 연관성 연구, (3) 전장 유전체 연관 연구(GWAS)가 있다. 유전적 연관성 연구에서는 약 50개의 후보 유전자를 조사해왔다. 연관성 연구의 결과는 4장에서 논의하겠지만 전반적으로 다소 실망스러운 편이다. 이유로는 자살 행동에 대한 정의의 이질성, 교란 요인(예: 정신 질환) 통제의 어려움, 기술적 한계, 유전자 간 및 유전자와 환경 특성 간 상호작용을 들 수 있다(Brezo et al., 2008; Mirkovic et al., 2016).

다수의 유전자가 관여할 가능성(이른바 다유전자성 유전 방식)을 고려할 때, 최근 연구는 수천 개의 유전자 발현을 동시에 조사할 수 있는 마이크로어레이(microarray) 기술과 수십만 개의 SNP를 분석할 수 있는 전장 유전체 배열(genome-wide arrays) 같은 기능적 유전체 방법을 활용하고 있다. DNA 마이크로어레이는 DNA 칩이라고도 부르는데, 많은 수의 유전자 발현을 동시에 측정하거나 유전체 내 여러 영역의 유전자형을 분석하는 데 사용한다. 자살 행동의 유전자 발현 연구에서 가장 흔하게 사용하는 기술은 애피메트릭스(Affymetrix)라는 회사의 방법이다. 현재 사용 가능한 애피메트릭스 칩은 인간 유전체의 대부분을 대표하는 4만 5000개 이상의 전사체(transcript)를 관찰할 수 있다. 마이크로어레이 연구에서는 먼저 사후 뇌 조직에서 전체 RNA를 표준화된 RNA 추출법을 이용해 분리한 뒤 정제한다. 출판된 인간 사후 연구는 대부분 냉동 조직을 사용해왔다. 일반적으로 RNA 품질 관리는 마이크로어레이 발현 연구에서 매우 중요한 절차이고, 특히 사후 뇌 조직을 사용하는 맥락에서는 더욱 중요한 단계다. RNA 품질에 영향을 미치고 표본 간 변이를 늘릴 수 있는 변수에는 인구통계학적 요인, 사망 원인과 상황, 부검 이후 조직의 처리 방식 등이 있다. 마이크로어레이 연구를 잘 수행하면, 사망 직전 뇌의 유전자 활동을 포착한 스냅 사진을 얻을 수 있다. 이런 접근의 주요 장점은 가설에 의존하지 않는 설계, 많은 양을 처리할 수 있는 역량, 순수한 유전학적 접근보다 신경생물학적 변화와 직접적인 관련성이 더 크다는 점이다. 또한 마이크로어레이 연구는 관련 유전자 간 상호작용을 규명하는 데에도 유용할 수 있다.

가계 연구(linkage studies)는 대립유전자(유전자 변이형)가 염색체상에서 서로 가까이 위치할수록 함께 유전되는 경향이 있다는 발견에 기초한다. 최초의 가계 연구는 자살 행동을 동반하는 정신 질환 가족을 대상으로 이루어졌다. 이 연구는 자살 위험과 관련된 유전자의 위치를 확인했는데, 어떤 것도 알려진 후보 유전자를 포함하지는 않았다. 후보 유전자 연구에서 사용하는 사례-대조군 접근과 유사하게, 가계 연구에서 사용하는 표본은 일반적으로 서로 이질적이다. 자살에 민감한 유전자를 다른 정신 질환에 관한 유전자에서 분리해내는 일은 어렵고, 다음과 같은 몇 가지 중요한 의문을 제기한다. 즉 자살 취약성 유전자가 구체적으로 존재하는가? 그리고 이러한 취약성 유전자나 대립유전자는 정신 질환에 따라 다른가? 자살 행동에 대한 유전학 연구의 결과는 4장에서 자세히 논의할 것이다.

"후생유전학(epigenetics)"은 후생유전체(epigenome), 즉 유기체의 유전자를 기능적으로 조절하는 DNA 분자의 화학적·물리적 변형을 연구하는 분야다. 이러한 변형은 유전자가 활성화해서 자신이 암호화한 메신저 리보핵산(mRNA)을 생성할 수 있는 능력을 변화시킴으로써 이루어진다(Turecki, 2014a). mRNA는 DNA로부터 유전 정보를 리보솜으로 전달하는 큰 분자군을 의미한다. 리보솜은 단백질 생산의 본거지 역할을 하는 복잡한 분자 기계로, mRNA가 지정하는 순서에 따라 아미노산을 결합하는 기능을 수행한다.

유전자 기능의 후생유전학적 조절은 유기체의 필요에 따라 유전체가 유연하게 적응[유전체 가소성(genomic plasticity)]할 수 있도록 해준다. 물리적·화학적 환경 신호에 따라 후생유전학적 과정이 발생한다는 사실은 오래전부터 알려져 있었다. 그러나 사회적 환경 또한 후생유전학적 반응을 유도할 수 있다는 사실은 비교적 최근에 밝혀졌다. 따라서 후생유전체는 환경이 유전적 과정을 조절할 수 있는 접점(interface)으로 작용하며, 그 결과 환경적 요구에 따라 행동을 적어도 부분적으로 조절하는 역할도 수행할 수 있다(Turecki, 2014a).

그림 3.3은 후생유전학적 분자 변화의 특성과 그 효과를 요약한 것으로, 이에 관한 자세한 내용은 4장에서 논의할 것이다. 이 그림은 생애 초기 역경과 같은 배경 위험 요인이 어떻게 수년 후 자살 행동으로 이어질 수 있는지를 보여준다. 안정적인 후생유전학적 요인은 일반적으

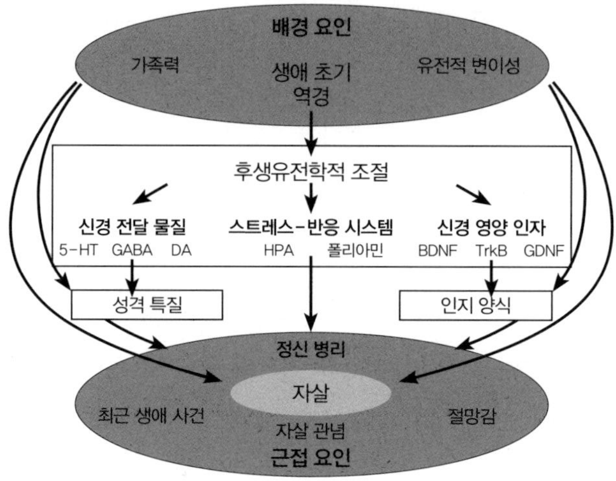

그림 3.3 후생유전학적 요인 모형 〔*American Journal of Preventive Medicine*, 47(3), Turecki G., Epigenetics and suicidal behavior research pathways, S144-151, copyright (2014), 엘스비어(Elsevier) 출판사의 허가를 받아 재인용〕.

로 멀리서 작용하면서 취약 기질에 영향을 주는 반면, 역동적인 후생유전학적 요인과 단백질체 변화는 더욱더 가까이서 작용하면서 자살 행동을 유발하는 정신 병리의 근간을 이룰 가능성이 크다. 하지만 지금까지 자살 행동에서 후생유전학적 요인을 조사한 대부분의 연구는 멀리서 작용한다고 생각한 상대적으로 안정적인 후생유전학적 흔적, 가령 DNA 메틸화에 초점을 맞춰왔다(Turecki, 2014b). 후생유전학적 흔적은 환경 자극에 관한 유전체 반응과 관련이 있다. 자살 행동은 아동기 신체적·성적 학대, 양육 방임과 같은 생애 초기 역경과 강하게 연관돼 있기 때문에, 자살 행동과 관련한 후생유전학적 요인을 밝히는 초기 연구 대부분은 아동기 역경 경험이 있는 사람을 대상으로 이루어졌다. 자살 행동의 발생에 관여하는 주요 분자 기제에 대한 후생유전학적 영향은 4장에서 자세히 논의한다.

유전적 위험 요인이 자살 행동에 관여한다는 것은 가계, 쌍생아, 입양 연구 등 유전 역학(genetic epidemiology) 분야의 연구가 뒷받침해주고 있다.

3.5 역학

3.5.1 유전 역학

가족 기반 연구는 정신 질환 병력과는 무관하게, 대조군보다 자살 행동의 위험이 2배에서 10배까지 증가한다는 것을 명확히 보여준다. 1968년부터 1980년까지 자살 시도로 입원한 사람들을 중심으로 한 스웨덴의 대규모 인구 기반 연구도 자살 행동에 관한 가족 질병소질을 확인했다. 연구자들은 부모의 자살 시도나 자살 그리고 형제자매의 자살 시도가 연구 대상자(proband)의 자살 시도 위험을 2~3배 증가시킨다고 보고했다(Mittendorfer-Rutz et al., 2007). 전반적으로 가족 연구는 자살 생각의 유전성이 가장 낮고, 자살 시도의 유전성은 다소 높으며, 치명적 자살 행동의 유전성은 가장 높을 수 있음을 시사한다(Brezo et al., 2008). 성씨(surname)를 활용한 자살 연구는 자살 위험에 대한 유전적 기여의 추가 증거를 제공한다. 성씨는 유전적 연관성 또는 유전적 거리에 관한 정보를 담고 있고, 부계 성씨 체계에서는 Y 염색체 표지 및 단상형

(haplotype, 한 부모로부터 함께 유전되는 유전자 집합)의 대체 지표가 될 수 있다. 왜냐하면 성씨는 Y 염색체의 재조합되지 않은 부분의 유전 방식과 유사하게 전달되기 때문이다. 오스트리아에서 수행한 연구에서는 특정 지역의 성씨가 지역 수준 자살률의 변산 중 통계적으로 유의미하고 상당한 수준인 38퍼센트를 설명하는 것으로 나타났다(Voracek & Sonneck, 2007).

가족 기반 설계와는 달리, 쌍둥이 연구는 공유 환경의 영향을 더 잘 통제할 수 있다. 10년 이상 전에 발표한 쌍둥이 연구를 종합한 결과, 이란성 쌍둥이(DZTs)에 비해 일란성 쌍둥이(MZTs)에서 자살 행동에 대한 상대적 위험도가 175배 높은 것으로 나타났다(Baldessarini & Hennen, 2004). 그러나 저자들은 쌍둥이 집단에서 자살 행동의 유병률이 낮고, 출생 이후 환경의 영향에 관한 통제가 부족하다는 점에서 이러한 결과의 해석에 주의가 필요하다고 지적했다. 특히 자살 관념과 관련해, 또 다른 쌍둥이 연구에서는 이란성 쌍둥이보다 일란성 쌍둥이에게서 통계적으로 일치하는 경향성 정도만 발견했다(Cho et al., 2006). 쌍둥이 연구의 결과는 이러한 패턴에 관한 심리·사회적 요인에만 기초한 설명을 배제한다. 모든 등록 기반 연구와 사례 보고를 통합한 메타 분석 결과에 따르면, 일란성 쌍둥이 쌍에서 자살 사망에 대한 일치 비율이 이란성 쌍둥이보다 유의미하게 더 높게 나타났다(Voracek & Loible, 2007).

입양 연구는 자살 위험이 입양된 친척보다 생물학적 친척에게서 7~13배 더 높고, 자살 시도보다는 자살 사망의 유전성이 더 강함을 시사한다(Wender et al., 1986). 그러나 이러한 추정치는 몇 가지 중요한 한계점을 고려해서 해석해야 한다. 이러한 한계점에는 입양 연구의 수가 적다는 점, 정신 질환이라는 교란 요인에 대한 통제가 미흡하다는 점, 최근의 입양 자료가 부족하다는 점, 다른 국가의 연구 자료가 거의 없다는 점 등이 있다.

인구 기반 역학 연구는 자살 행동의 광범위한 발현(자살 생각·계획·시도)에 유전적 요인이 가산적으로 유의미하게 기여함을 입증한다(유전성 추정치는 30퍼센트에서 55퍼센트 사이이다). 이러한 유전적 기여는 다양한 형태의 자살 행동에 걸쳐 상당히 중첩되며, 정신 장애의 유전과는 대체로 무관하다. 비공유 환경의 영향(개인적인 경험) 역시 자살 행동 위험에 상당한 영향을 미치지만, 공유 환경(가족)의 영향은 그렇지 않은 것으로 나타났다(Voracek & Loible, 2007).

유럽 지도에서 상대적으로 자살률이 높은 국가는 이른바 J 곡선(시간이 지남에 따라 처음에는 감소했다가 이후 급격히 증가하는 현상을 보여주는 그래프—옮긴이)을 형성하는데, 이 곡선은 핀란드에서 시작해 슬로베니아까지 이어진다. 이 곡선은 유럽인의 유전자 분포에서 두 번째 주성분(principal component)에 해당하며, 한랭 기후에 관한 조상들의 적응 및 우랄어족의 확산과 관련이 있다. 이 지역에 사는 사람들은 과도한 알코올 섭취를 견디지 못하는 유전적 특성을 공유할 가능성이 있고, 이러한 특성은 자살 행동으로 이어질 가능성을 높일 수 있다는 주장이 제기된 바 있다(Marusic, 2005).

3.5.2 환경의 영향

다양한 접근을 사용한 역학 연구는 자살의 신경생물학적 기반에 관한 지리적 및 계절적 영향의 가능성을 보고해왔다. 이러한 영향에는 가령 식생활 특성, 고도, 기상 및 화학 요인이 있다. 이러한 발견은 자살 행동의 신경생물학을 이해하는 데 중요한 관련성이 있기 때문에, 이 장에서는 이를 더 자세히 논의할 것이다.

식생활 특성과 관련해, 최근 역학 연구는 지방산 고갈과 자살 사이의 연관성을 시사한다. 한 체계적인 문헌 고찰에서 기분 장애를 가진 사람은 대조군에 비해 오메가-3 다가불포화 지방산(omega-3 PUFAs)의 고갈을 겪을 수 있고, 지방산 고갈은 일부 사례에서 자살 생각과 자살 행동에 기여하는 것으로 나타났다. 그러나 오메가-3 PUFA의 고갈은 자살 행동을 하는 모든 환자에게서 감지되지는 않는 것으로 보인다. 따라서 PUFA 섭취를 늘리는 것이 자살 예방에 기여할 수 있는 정도는 제한적일 것으로 예상된다(Pompili et al., 2016). 일본에서 식생활 설문지를 사용해서 수행한 대규모 인구 기반 연구에서는 한편으로 오메가-3 PUFA 섭취와 생선 소비의 연관성, 다른 한편으로 오메가-3 PUFA 섭취와 자살 간의 연관성을 발견하지 못했다(Poudel-Tandukar et al., 2011). 마찬가지로, 미국에서 수행한 대규모 동년배 연구에서도 오메가-3 PUFA나 생선 섭취가 자살 위험을 낮추는 효과는 없었다(Tsai et al., 2014). 텍사스부터 일본까지 세계 여러 지역에서 수집한 상당량의 자료는 식수 내 리튬 농도가 높을수록 전체 인구의 자살 위험이 낮다는 점을 일관되게 보여준다. 강도는 낮지만 장기적인 리튬 노출은 신경 영양 기제, 신경 보호 인자 또는 신경 발생(neurogenesis)을 촉진함으로써 자살 예방에 기여할 수 있다고들 한다. (역학적 발견과 그 해석에 관한 개요는 Vita et al., 2015 참조.) 자살 예방에 관한 함의는 10장에서 자세히 논의할 것이다.

고도와 자살률 사이에는 정적(+) 상관관계가 있다. 예를 들어 미국 내 2584개 카운티를 분석한 연구에서는 연령, 성별, 인종, 가구 소득, 인구 밀도를 통제한 후에도 고도가 높은 지역의 자살률이 낮은 지역보다 더 높게 나타났다(Brenner et al., 2011). 산소 포화도 감소가 고도와 자살률 사이의 연결 고리일 수 있다는 주장이 나왔다(Haws et al., 2009). 물속 리튬 농도 역시 이러한 연관성을 설명하는 요인일 수 있지만, 연구 결과는 애매모호하다. 오스트리아에서는 고도가 높을수록 식수의 리튬 농도가 낮고 자살률은 높아지는 경향이 있었는데, 이것은 자살 사망률에 대한 리튬의 영향을 고도가 조절한다는 것을 시사한다(Helbich et al., 2013). 그러나 미국에서는 지하수 내 리튬 농도가 고도와 함께 증가하는 것으로 나타난다(Huber et al., 2014).

자살률의 계절적 변동은 많은 연구가 보고했다. 자살률은 봄과 초여름에 정점을 찍고 겨울철에는 감소하는 경향을 보인다. 이러한 계절상의 변동은 북반구와 남반구 모두에서 볼 수 있다. 온도, 일조 시간, 태양 복사량, 강수량 등 다양한 기후 요인이 이러한 계절적 차이와 관련이 있는 것으로 보인다. 최근 오스트리아의 한 연구에서는 자살 발생 당일과 그 이전 10일까지 일일 일조 시간이 많을수록 자살 건수가 증가하는 양상을 보였다. 반대로 자살 발생 14일 전부터 60일 전까지 일조 시간이 많을수록 자살률은 감소하는 경향을 보였다. 이러한 관계는 계절과 무관하게 나타났다(Vyssoki et al., 2014). 이 결과를 설명하는 데 온도 상승이 특히 중요한 요인일 수 있다는 주장도 있다(Tsai, 2015). 추가로 일조량과 자살 간의 연관성은 세로토닌계 항우울제를 복용 중인 사람에게서 더 강한 것으로 보이는데, 이것은 세로토닌 신경 전달 시스템과 관련이 있음을 시사한다(Makris et al., 2016).

태양 복사는 다른 기후 변수보다 자살률에 더 강력한 영향을 미치는 요인으로 여겨졌다. 이것은 빛이 기분 장애의 악화와 밀접하게 관련된 생체 리듬을 조절하는 데 주요 역할을 하기 때문일 수 있다. 자살률의 계절성에 대한 태양 복사의 영향은 다양한 요인으로 설명할 수 있다(Jee et al., 2017). 햇빛에 대한 노출은 세로토닌, 멜라토닌, 코르티솔, L-트립토판을 포함해서 정서 조절과 관련된 여러 호르몬을 통해 자살 위험을 유발하는 것으로 보인다. 햇빛 노출로 인한 세로토닌 기능의 급격한 변화는 항우울제와 비슷한 효과에 기초해서 자살의 계절성을 설명할 수 있다. 생화학적 연구는 세로토닌 농도가 가을과 겨울보다 봄과 여름에 높다는 것을 보여주었다. 더군다나 여러 신경 영상 연구는 뇌의 세로토닌 수송체(5-HTT) 결합 수준이 계절에 따라 변동한다고 보고했는데, 건강한 사람과 기분 장애 환자 모두에게서 여름에는 가장 낮고 겨울에는 가장 높은 수치를 보였다.

둘째, 계절 변화에 따른 햇빛 노출의 편차에 적응하는 데 필요한 내부 생체 리듬 변화는 특히 기분 장애 환자처럼 생체 리듬 취약성을 가진 사람에게 자살 위험을 유발할 수 있다. 또 다른 연구에서는 정동 장애 및 여성의 자살이 계절에 따라 상당한 편차가 있다고 보고했는데, 이것은 광량의 증가와 송과선(pineal gland) 자극의 영향을 시사한다. 빛은 생체 리듬과 그 효과를 조절하는 중요하고 강력한 조절자다. 생체 리듬에 취약한 사람이 특히 계절 전환기 때 햇빛에 노출되면 정서적으로 불안정한 상태에 쉽게 빠질 수 있고, 이것이 자살 시도로 이어질 수 있다(Jee et al., 2017).

다른 연구는 화학적 요인, 예를 들어 대기 오염이 자살에 영향을 미친다고 본다. 미국 유타에서는 특히 이산화질소와 미세 먼지에 관한 심각한 노출이 자살 위험 증가와 관련돼 있다(Baklan et al., 2015). 대만에서 이루어진 발견은 미세 입자 농도가 증가하고 기압이 감소하는 초여름에 자살이 증가하는 전형적인 계절상의 패턴을 예측해준다. 이때 기압의 감소는 고온에 따른 것이다. 또한 오존과 같은 기체 오염 물질은 장기적으로 자살 위험을 높인다(Yang et al., 2011). 중국과 일본 등 아시아 국가에서도 대기 오염 수준은 자살 위험 증가와 연결돼 있다(Lin et al., 2016; Sheng et al., 2016). 날씨는 대기 오염이 자살률에 미치는 영향을 매개할 수 있는데, 이때 기온뿐 아니라 강수량도 영향을 미친다. 예를 들어 자살률은 비 오는 날 감소할 수 있지만, 비자살 자해는 비 오는 날 더 흔히 발생하는 경향이 있다(Barker et al., 1994).

3.6 말초 생체 지표

자살 위험의 지표로 말초 생체 지표를 찾기 위해 다양한 체액을 대상으로 연구가 이루어지고 있다. 말초 생체 지표는 뇌 외부에서 객관적으로 측정할 수 있는 특성으로, 자살 위험의 예측과 치료에 활용할 수 있는 신경생물학적 기반을 제공할 수 있다. 이에 관한 내용은 10장에서 더 자세히 다룬다. 연구에 사용하는 체액은 혈액(혈청·림프구·혈소판·적혈구), 뇌척수액, 타액, 소변이다.

3.6.1 혈액

자살의 신경생물학을 탐구하는 데 유용한 림프구 백혈구는 (1) 면역 반응(사이토카인 생성) 변화, (2) HPA(시상하부-뇌하수체-부신) 축의 기능 이상과 신경 내분비 조절에 관여한다는 것이 자명하다(Pandey & Dwivedi, 2012). 또한 림프구는 유전자 발현 연구에서도 중요할 수 있다. 자살 행동에 관여할 수 있는 많은 유전자가 림프구에서도 발현되며, 이들 중 몇몇 유전자는 뇌와 림프구 모두에서 유사한 특성을 나타내기 때문이다. 혈소판은 모노아민 산화 효소, 아드레날린 수용체, 5-HT_{2A} 수용체, 뇌 유래 신경 영양 인자(BDNF)를 포함해서 신경 전달 물질의 기능에 관한 연구에서 사용해왔다. 이러한 연구는 중요한 정보를 제공하지만, 이러한 연구와 혈소판을 뇌 기능 모형으로 사용하는 것의 가치는 다소 불분명하다. 혈소판은 생체 아민의 세포 내 농도, 모노아민 산화 효소와 같은 대사 효소 그리고 몇몇 다른 유형의 세포막 수용체 등 뇌의 신경 전달 물질 시스템과 유사한 구성요소를 여럿 보여준다. 그러나 신경 전달 시스템 조직은 상호 조절(mutual modulation)까지 포함해 뇌에서 훨씬 더 복잡하다. 혈소판 수용체, 특히 5-하이드록시트립타민(5-HT) 수용체와 5-HT 흡수 간의 가장 설득력 있는 유사점 중 하나는 인간 혈소판의 세로토닌 흡수 부위의 단백질과 뇌의 세로토닌 수송체가 같은 구조로 되어 있고, 같은 단일 복제 유전자가 암호화한다는 점이다. 혈소판은 자살 행동을 연구하는 데 매우 유용한 잠재력을 가지고 있으며, 진단이나 예후의 생체 지표로 이어질 가능성도 있다.

신경 내분비 연구는 흔히 “뇌로 가는 창”이라고 부르는데, 말초 자원을 이용해 중심 세로토닌 기능을 연구하는 데 유용한 방법을 제공한다. 이 절차는 세로토닌(5-HT) 전구체인 5-하이드록시트립토판이나 5-HT 작용제/길항제와 같은 세로토닌성 탐침물을 투여하는 것으로 이루어진다. mCPP, 부스피론, 입사피론과 같은 5-HT 작용제/길항제는 5-HT 수용체 하위 유형을 자극한다. 그런 다음 세로토닌 시스템에서 5-HT의 작용으로 방출되는 프로락틴, 부신 피질 자극 호르몬, 코르티솔과 같은 특정 호르몬을 측정할 수 있다(Pandey & Dwivedi, 2012). 덱사메타손 억제 검사(dexamethasone-suppression test, DST)는 덱사메타손 섭취에 관한 코르티솔 수치 변화를 측정함으로써 부신 기능을 평가하는 데 사용한다. 정상적인 결과는 덱사메타손 투여 후 코르티솔 수치가 감소하는 것이다. DST는 역사적으로 우울증 진단에 사용했지만, 특이성과 민감성에 한계가 있어 현재 임상에서는 사용하지 않는다. 그러나 이 검사는 자살 위험군에게 흔히 나타나는 스트레스-반응 시스템(HPA 축)의 민감성을 측정하는 신경생물학 연구에서는 여전히 사용한다(4장 참조).

3.6.2 뇌척수액

척수 또는 뇌척수액(CSF)에 있는 5-HT의 신진대사에 따른 물질인 5-HIAA에 관한 연구는 세로토닌(5-HT) 시스템의 결핍과 자살 행동 사이의 연관성을 처음으로 입증한 바 있다(Åsberg et al., 1976). 그 이후로 많은 연구가 자살 행동과 관련된 뇌척수액 내 지표를 조사해왔으며, 여기에는 아민, 호르몬, 염증 표지, 스트레스 관련 표지 등이 포함된다. 관련된 주요 연구 결과는 4장에서 다룬다. 이러한 결과를 해석할 때는 뇌척수액 내부의 5-HIAA 수치와 뇌 내부 수치 간의 관계가 완전히 명확하지 않다는 점을 고려해야 한다. 이 수치는 성별, 연령, 치료 이력, 식생활 특성 등 다양한 요인의 영향을 받을 수 있다. 예를 들어 항우울제를 장기간 먹을 때 뇌척수액 내 5-HIAA 수치가 증가하는 경향이 있다 (Oquendo et al., 2014b).

3.6.3 타액과 구강 면봉

타액 표본은 자살 행동에 관한 신경생물학적 연구, 예를 들어 유전학 및 신경내분비학 조사에서 흔히 사용한다. 구강 면봉 또는 구강 도말이라고도 부르는 이 방법은 개인의 뺨 안쪽 세포에서 DNA를 채취하는 방법이다. 구강 면봉은 유전학 연구를 위한 DNA 표본을 비교적 침이나 관을 체내에 삽입하지 않고 수집할 수 있는 수단이다.

3.7 뇌 영상

신경 영상(neuroimaging)은 자살 행동에 관한 유전적·환경적·신경생물학적·신경심리학적 발견 사이의 연관성을 생체 내부에서 연구할 훌륭한 기회를 제공한다. 뇌의 (1) 구조적 특성, (2) 기능적 특성, (3) 생화학적 화합물의 수준을 연구하기 위해 사용할 수 있는 여러 뇌 영상 기법이 존재한다.

3.7.1 구조적 뇌 영상

구조적 뇌 영상(structural brain imaging) 연구는 회색질에 초점을 맞춘다. 회색질은 신경세포체, 신경돌기(수상돌기와 축색) 그리고 아교세포〔성상아교세포와 희소돌기아교세포(oligodendrocytes)〕로 이루어져 있다. 이러한 아교세포는 뉴런에 영양분과 에너지를 공급한다. 포도당을 뇌로 운반하고, 뇌에 과도하게 축적된 화학 물질을 제거하며, 뉴런 간 통신의 강도에 영향을 미칠 수 있다. 이 세포는 미엘린(myelin) 수초로 둘러싸여 있지 않기 때문에, 뉴런과 아교세포의 천연 회색빛을 띤다(그림 3.4 참조).

백색질은 구조적 뇌 영상의 두 번째 대상이다. 백색질은 대뇌 피질 아래 뇌의 깊은 부위에 위치하며, 신경세포(뉴런)의 돌출 부분인 신경 섬유(축색)로 이루어져 있다. 많은 신경 섬유는 미엘린 수초라는 일종의 덮개로 둘러싸여 있다. 이 수초가 백색질을 흰색으로 보이게 한다. 수초는 신경 섬유를 손상되지 않게 보호하고, 전기 신호의 전달 속도와 효율을 높인다.

뇌의 구조적 변화는 MRI와 확산 텐서 영상(diffusion tensor imaging, DTI)을 사용해 연구한다. MRI는 뇌의 정밀한 영상을 만드는 데 사용할 수 있다. MRI 기술은 뇌 내부 원자의 핵을 정렬하기 위해 매우 강력한 자석을 사용한다. 이때 가변적인 자기장은 원자가 공명하도록 유도하는데, 이것을 핵 자기 공명(nuclear magnetic resonance, NMR)이라고 한다. 이 핵은 고유의 회전 자기장을 생성하고, 스캐너는 이를 감지해 영상을 생성한다. DTI는 MRI 기반의 신경 영상 기술로, 뇌의 백색질 섬유 다발의 위치, 방향, 비등방도(anisotropy)를 시각화할 수 있게 해준다. DTI

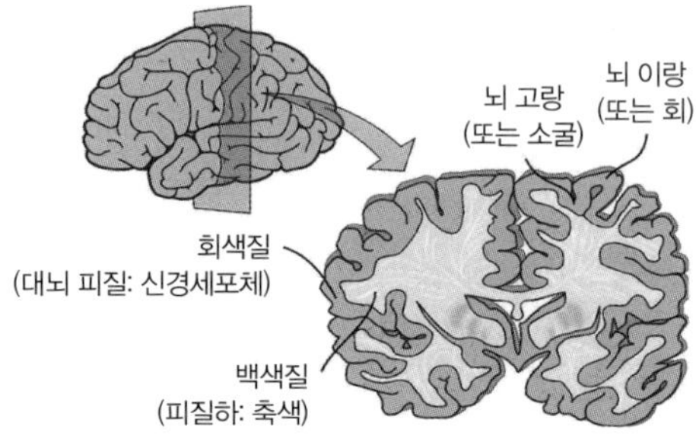

그림 3.4 뇌의 회색질과 백색질 〔*Science Reports*, art nr 5644, Budday et al., A mechanical model predicts morphological abnormalities in the developing human brain, copyright 2014. 맥밀란(Macmillan) 출판사의 허가를 받아 재인용〕. 컬러 화보 5 참조.

는 평균 확산도(MD), 분할 비등방도(FA), 방사 확산도(Dr), 축 방향 확산도(Da)를 측정한다. 특히 FA는 백색질 다발 내에서 확산의 방향 일관성, 백색질 다발의 구조 또는 구조적 온전성을 보여줌으로써 미세 구조의 변화에 매우 민감하지만, 변화 유형(예: 방사의 변화 또는 축의 변화)은 그다지 특이하지 않다. 특이성을 극대화하기 위해 연구자들은 일반적으로 여러 확산 텐서 지표(예: MD와 FA, 또는 Da와 Dr)를 함께 사용해 조직의 미세 구조를 더 잘 특성화한다. 따라서 (허혈, 미엘린 수초 문제, 축색 손상, 염증 또는 부종으로 생긴) 백색질 병리를 시각화할 수 있다.

자기 전달 영상(magnetic transfer imaging, MTI)은 자살 행동과 관련된 뇌 조직의 고분자 구조적 온전성에서 생긴 변화를 시각화할 수 있는 비교적 새로운 고감도 기법으로, 기존의 MRI에서 음성으로 나오는 때에도 유용하다(Chen et al., 2015). MTI는 자유수(free water)의 스핀과 고분자에 결합한 물의 스핀 사이의 자기화 교환 현상을 활용해 조직 간 대비를 생성한다. 이러한 교환 현상의 효율성은 자기화 전달 비율(MTR)

을 통해 측정하는데, 이것은 고분자의 양과 상태 모두에 따라 달라진다. 연구자들은 회색질에서 MTR의 저하가 세포막 단백질과 인지질(phospholipids)의 이상과 관련이 있다고 생각한다. 더 나아가 멀리 떨어진 축색 손상으로 생긴 왈러 변성(Wallerian degeneration)과 미세 병변 역시 대뇌 피질 MTR 감소의 기제라고 생각한다. 따라서 MTI는 고분자 농도 변화에 따른 미세한 생물물리학적 변화를 보여줄 수 있다(Chen et al., 2015).

3.7.2 기능적 뇌 영상

기능적 뇌 영상 기법에는 기능적 자기 공명 영상(fMRI), 단일 광자 방출 컴퓨터 단층 촬영(SPECT), 양전자 방출 단층 촬영(PET)이 있다. fMRI는 신경 활동에 대한 반응으로 뇌의 혈류 변화를 감지해 뇌 활동을 측정하는 기법이다. 이러한 혈류 변화는 fMRI를 통해 측정할 수 있는 혈중 산소 농도 의존 신호(BOLD signal)를 생성한다. 뇌 영역이 더 활발해지면 산소 소비가 증가하고, 이렇게 증가한 수요를 맞추기 위해 해당 영역으로 흐르는 혈류가 증가한다. 따라서 fMRI는 특정 심리적 과정에 관여하는 뇌의 부위를 보여주는 활성화 지도를 생성하는 데 사용할 수 있다. 이에 반해 휴지기 기능적 자기 공명 영상(rsfMRI)은 명시적인 과제를 수행하지 않을 때 발생하는 지역 간 상호작용을 평가하는 데 사용할 수 있다. 외부에서 주어진 과제가 없는 상태에서도 뇌 활동은 존재하기 때문에, 모든 뇌 영역에서는 BOLD 신호의 변동이 자발적으로 생긴다. 휴지기 접근은 뇌의 기능적 조직화를 탐색하는 데 유용하고, 자살 행동

(또는 그 위험 요인)과 관련해 이 기능적 조직이 변화했는지를 살펴보는 데에도 활용할 수 있다.

SPECT는 감마선을 이용하는 영상 기법으로, 기존의 핵 의학 영상 기법과 단층 재구성 방법을 기반으로 한다. 이 영상은 방사성 의약품의 공간적 농도에 관한 기능적 정보를 반영한다. 이 기술은 연구 참여자의 혈류에 감마선을 방출하는 방사성 동위 원소를 주입할 필요가 있다. 이 표지 동위 원소는 특정 리간드(ligand)에 결합해서 방사성 리간드를 만든다. 이 방사성 리간드는 특정 종류의 조직에 결합하는 성질을 갖고 있다. 방사성 리간드가 예를 들어 뇌의 특정 수용체와 결합하면, 그 리간드 농도는 감마 카메라로 측정할 수 있다. SPECT 연구는 자살 행동의 임상적 및 신경심리학적 요인과 관련이 있는 뇌의 요인을 연구하는 데 성공적으로 쓰여왔으며, 이에 관한 내용은 6장에서 논의할 것이다.

유사하게, PET 스캐너는 이미지를 생성하기 위해 주입한 방사성 물질을 탐지한다. 일반적으로 사용하는 방사성 표지 물질에는 산소와 플루오린, 탄소, 질소가 있다. 이러한 물질이 혈류에 들어가면, 대사가 활발하게 이루어지는 뇌 영역으로 이동한다. 따라서 산소와 포도당은 신진대사가 활발한 뇌 부위에 축적된다. 방사성 물질은 분해할 때 양전자를 방출하고, 이 양전자가 전자와 충돌하면 두 입자는 소멸하고 두 개의 감마선이 나온다. 감마선 탐지기는 감마선이 나온 뇌 부위를 기록하며, 이 정보를 기반으로 뇌의 기능적 이미지를 생성한다. 자살 행동과 관련해, PET 스캔은 세로토닌 신경 전달계의 교란을 시각화하는 데 핵심적인 도구로 활용되었다(자세한 내용은 6장에서 논의). 또한 PET는 케타민과 같은 특정 치료가 자살 사고에 관련된 뇌의 기능적 변화에 어떤 영향을 미치는지 탐색하는 연구에도 사용되었으며, 이에 관한 논의는 9장에서 다룬다.

3.7.3 생화학적 뇌 영상

자기 공명 분광 영상(magnetic resonance spectroscopic imaging, MRSI) 또는 분광법(spectroscopy)은 MRI 단독으로 생성한 영상 외에 세포 또는 대사 활동에 관한 분광학적 정보를 제공하는 비침습적 영상 기법이다. 분광법은 수소 이온, 보다 일반적으로는 양성자와 같은 분자를 분석한다. 이런 기술을 통해 아미노산, 지질, 젖산, 알라닌, N-아세틸 아스파르트산, 콜린, 크레아틴, 마이오이노시톨 등 다양한 대사 산물을 측정할 수 있다. 이러한 대사 물질의 주파수는 ppm이라는 단위로 측정한다. 자살 행동과 관련된 분광법 연구의 결과는 6장에서 논의한다.

3장 요약

- 자살 행동에 대한 신경생물학적 연구에는 식수 연구부터 정교한 뇌 영상 기술의 사용까지 매우 다양한 접근법이 존재한다.
- 상이한 연구 접근법에서 나온 결과 사이에 흥미로운 집합점이 나타난다. 예를 들어 리튬은 현재 사용 가능한 자살 방지 약물 중 가장 강력한 약제다. 이것은 리튬 사용과 관련된 구조적 뇌 변화 때문일 수 있는데, 이러한 변화는 자살 위험의 발달을 막는 역할을 할 수 있다.

- 그렇지만 여전히 많은 도전 과제가 남아 있다. 세로토닌 신경 전달계와 자살 행동 사이의 연관성은 생물학적 정신의학에서 아마도 가장 많이 반복적으로 검증된 발견이지만, 이러한 연관성을 어떻게 설명할 수 있는지는 불분명하다.
- 역학 연구는 자살 행동의 유전성이 상당하다고 지적하지만, 유전학 연구 결과는 전반적으로 실망스럽다.
- 전체적으로 볼 때, 자살 행동은 여러 유전적 요인과 환경적 요인의 상호작용으로 나타나는 복합적인 발현으로 보인다. 따라서 유전학 연구의 설계에는 아동기 역경과 같은 배경 위험 요인과 심리·사회적 스트레스와 같은 근접 위험 요인을 포함한 주요 환경 요인을 반드시 고려해야 한다. 예를 들어 자살 행동에 취약해지게 하는 유전적 변이와 신경생물학적 스트레스-반응 시스템의 기능 간 관계를 아동기 외상적 사건이 매개한다는 증거가 점점 많이 나타나고 있다.
- 자살 위험에 관한 우리의 지식을 획기적으로 향상하기 위해서는 하나의 특정한 신경생물학적 연구 접근법만으로 부족하다는 사실이 점점 더 명확해지고 있다. 자살 위험의 발달에 관여하는 근간의 기제를 철저히 이해하려면 이 장에서 설명한 다양한 접근 방식을 모두 활용할 필요가 있다. 그래야 적절한 예측과 치료를 이끌어낼 수 있다.

복습 문제

1. 자살 행동 연구에서 동물 모형의 주요 한계는 무엇인가?
2. 후생유전학적 효과란 무엇이며 자살을 설명하는 데 왜 중요한가?
3. 우리는 자살의 원인에 대해 유전 역학으로부터 무엇을 배울 수 있는가?
4. 자살 행동의 발생에 영향을 미치는 주요 환경 요인은 무엇인가?
5. 어떤 신경생물학적 경로가 이러한 영향을 설명하는 데 관련될 수 있는가?

더 읽을거리

Gilbert, P. & Allan, S. (1998). The role of defeat and entrapment (arrested flight) in depression: An exploration of an evolutionary view. *Psychological Medicine*, *28*, 585–98.

Preti, A. (2011). Animal models and neurobiology of suicide. *Progress in Neuro-Psychopharmacology and Biological Psychiatry*, *35*, 818–30.

Turecki, G. (2014). Epigenetics and suicidal behavior research pathways. *American Journal of Preventive Medicine*, *47*, S144–151.

van Heeringen, K. & Mann, J. J. (2014). The neurobiology of suicide. *Lancet Psychiatry*, *1*, 63–72.

04

치명적 신호

자살 행동의 분자신경과학

학습 목표

- ◦ 분자란 무엇이며 자살 행동에 어떻게 관여할 수 있는가?
- ◦ 자살 위험군의 스트레스-반응 시스템은 어떻게 잘못 작동하는가?
- ◦ 자살 행동에서 신경 전달의 이상은 어떤 역할을 하는가?
- ◦ 자살을 이해하는 데 후생유전학적 기제가 왜 중요한가?
- ◦ 뇌의 가소성은 무엇이며 자살 행동과 어떤 관련이 있는가?
- ◦ 톡소플라스마 감염은 자살과 어떤 관련이 있는가?

머리말

단백질은 생명의 기계장치이지만, 기능에 이상이 생기면 자살을 포함해서 조기 사망에 영향을 준다. 단백질 없이는 세포가 기능할 수 없다. 단백질은 원자가 결합해 형성한 큰 분자로, 화학 반응에 참여할 수 있는 화합물의 최소 단위다. 분자는 크기가 매우 다양하다. 예를 들어 산소(O_2)처럼 동일한 원자 2개로 이루어진 분자부터 수백수천 개의 분자가 사슬 형태로 결합해 상당한 길이의 단백질을 형성하는 경우까지 있다. 우리 뇌와 몸에는 약 2만 종의 서로 다른 단백질이 대사·성장·재생에 관여한다.

신호 전달은 분자의 주요 역할 중 하나이며, 분자신경과학은 뉴런이 어떻게 분자로 된 신호를 발현하고 이에 반응하는지 연구함으로써 뇌의 신경생물학을 밝히고자 한다. 매우 다양한 종류의 분자가 정보를 전달한다. 어떤 분자는 장거리로 신호를 운반하는 반면, 다른 분자는 이웃한 세포 사이에서 국소적으로 정보를 전달한다. 또한 신호 분자는 표적 세포에 작용하는 방식에서도 차이를 보인다. 일부 신호 분자는 세포막을 통과해서 세포 내부로 들어가 세포질이나 핵 내의 수용체에 결합할 수 있지만, 대부분은 표적 세포의 표면에 있는 수용체에 결합한다. 수용체는 신호를 수신하기 위해 특정 분자(해당 수용체의 "리간드")와 결합하는 단백질 분자다.

분자신경과학은 분자생물학과 유전학의 도구를 활용해 (후생)유전학이 신경생물학적 기능에 어떤 영향을 미치는지, 그리고 뉴런이 어떻게 정보를 주고받는지 다룬다. 이 장에서는 자살 행동에 관한 주요 분자 연구를 검토함으로써, 예를 들어 콜레스테롤, 성 호르몬, 세로토닌 같은 분자의 특성 변화가 자살 위험을 어떻게 증가시킬 수 있는지 분명히 밝히고자 한다. 각 범주의 분자에 대한 발견에 대하여 자살 행동과 관련된 변화 그리고 알려진 범위 내에서 (후생)유전학과 같은 신경생물학적 기제의 역할을 서술할 것이다.

4.1 스트레스-반응 시스템

2장에서 살펴봤듯이, 스트레스-취약 기질 모형은 스트레스 사건이 자살 행동에 기질적으로 취약한 사람에게 자살 행동을 촉발할 수 있다고 가정한다. 따라서 스트레스-반응 시스템은 자살 행동과 관련된 신경생물학적 요인을 찾을 때 그 핵심 후보다. 생물학적 및 심리학적 스트레스 요인에 적절히 반응하는 것은 생존에 필수적이며, 이러한 반응을 담당하는 여러 스트레스-반응 시스템은 서로 다르지만 연결돼 있다. 이 시스템에 존재하는 기능적 분자 수준의 문제는 자살에 따른 조기 사망의 위험을 높이기 때문에 실제로 생존에 영향을 준다. 자살 행동과 관련된 주요 시스템에는 시상하부-뇌하수체-부신(HPA) 축 시스템, 노르아드레날린(또는 노르에피네프린) 신경 전달 시스템, 폴리아민 시스템이 있다.

4.1.1 HPA 스트레스 시스템

스트레스는 시상하부에서 나온 호르몬[부신 피질 자극 호르몬 방출 호르몬(CRH)]의 순환계 유입을 통해 시상하부-뇌하수체-부신(HPA) 축을 활성화한다(그림 4.1 참조). 이어서 CRH는 CRH 수용체 1(CRHR1)을 뇌하수체에서 활성화함으로써, 부신 피질 자극 호르몬(ACTH)을 포함한 여러 호

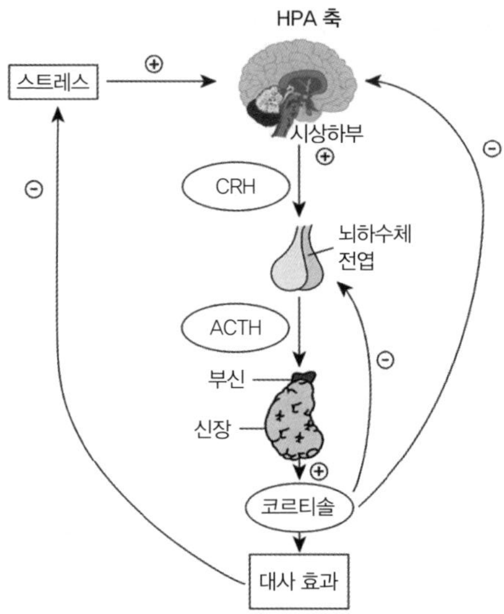

그림 4.1 시상하부-뇌하수체-부신(HPA) 축. 컬러 화보 6 참조.

르몬이 뇌하수체에서 분비된다. 전신 순환계에서 ACTH는 부신 피질로부터 코르티솔 분비를 유도한다. 이 코르티솔 호르몬은 에너지를 동원하고, 특정 신경 전달 물질의 작용을 강화하며, 염증 반응을 억제하고, 코르티솔 농도가 높을 때 이것과 결합하는 글루코코르티코이드 수용체(GR)를 활성화한다(Oquendo et al., 2014b). GR 자극은 포도당 수치를 높이고, 지질 분해를 촉진하며, 에너지 자원을 동원하고, 기억 저장 및 통합을 강화함으로써 유기체가 향후 유사한 사건에 대비하도록 한다. 미네랄코르티코이드 수용체(MR)는 더 높은 결합 친화력을 가진 수용체로(친화력은 수용체와 리간드 사이의 결합 강도를 의미), 기저 상태에서도 활성화해서 HPA 축의 긴장 상태를 유지한다. 코르티코스테로이드와 결합한 GR과 MR 수용체는 유전자 전사를 조절해서, 스트레스 요인의 추후 효과를 매개한다. 또한 코르티코스테로이드가 GR과 MR에 결합하면, 음성 피드백 기제가 작동함으로써 HPA 축의 스트레스 유도 활성화를 차단한다(Oquendo et al., 2014b).

코르티솔과 자살은 관련성이 있다. 1차 진료 환자 약 40만 명을 대상으로 한 대규모 연구에 따르면, 경구용 글루코코르티코이드 치료를 받은 환자는 똑같은 기저 질환이 있지만 글루코코르티코이드를 복용하지 않은 환자보다 치명적 및 비치명적 자살 행동의 위험이 거의 7배 높았다(Fardet et al., 2012). 그러나 HPA 축의 활성과 자살 행동 간의 관계를 살펴본 연구 결과는 일관되지 않다. 연구 결과에는 타액, 소변, 혈장 내 코르티솔 수치가 낮거나 높은 경우가 모두 있었는데, 이것은 오후 시간대의 코르티솔 감소 둔화와 아침 시간대 HPA 축의 활동 증가 때문이다(Lindqvist et al., 2008; Keilp et al., 2016; Mann & Currier, 2016; Reichl et al., 2016). 자살로 사망한 사람의 가족은 낮은 혈장 코르티솔 수치를 보이는데, 이 수치는 자살을 예측한다(Jokinen et al., 2010; McGirr et a., 2011). 최근 27개의 연구를 통합한 메타 분석에서는 자살 시도 이력이 코르티솔에 의미 있는 영향을 주지는 않았다. 그러나 연령에 따라 코르티솔과 자살 시도 간의 유의미한 관련성이 달라지는 것으로 나타났다. 연구 표본의 평균 연령이 40세 미만인 경우, 코르티솔 수치가 높을수록 자살 시도가 많아지는 정적(+) 상관관계가 있었고, 평균 연령이 40세 이상인 경우에는 코르티솔 수치가 낮을수록 자살 시도가 많아지는 부적(−) 상관관계가 있었다. 따라서 연령에 따라 달라지는 코르티솔 수치의 변화, 즉 HPA 축 활동의 변화는 자살 행동과 관련이 있어 보인다(O'Connor et al., 2016).

기저선의 활동 수준 측정보다 더 중요한 것은, 특정 스트레스 요인에 대한 스트레스 시스템의 반응성이 자살 행동과 관련해 변하는가이다. 서문에 나오는 발레리 이야기를 기억해보자. 그녀의 자살 행동은 화난 삼촌과의 대면이라는 사건으로 촉발했다. 실험실 스트레스 유도 과제나 HPA 축에 대한 약리학적 자극을 이용한 기능적 연구는 자살 행동과 관련된 스트레스-반응 시스템에 이상이 있음을 시사한다. 예를 들어 덱사메타손 투여 후에도 코르티솔의 수준이 떨어지지 않는 우울증 환자는 자살로 사망할 위험이 4배 이상 높았다(Mann et al., 2006; 덱사메타손 억제 검사는 3장에서 설명). 또한 실험실 기반 사회적 스트레스 자극〔가령 트리어 사회적 스트레스 검사(Trier Social Stress Test) 또는 마스트리히트 급성 스트레스 검사(Maastricht Acute Stress Test)〕에 대한 코르티솔 반응의 감소는 자해 경험자, 자살 시도자, 비자발 자해 행동을 하는 청소년, 자살로 사망한 사람의 가족, 기분 장애인 부모를 가진 자살 시도 자녀(죽고자 하는 의도를 가진 경우)에서 나타났다(McGirr et al., 2010; Kaess et al., 2012; Melhem et al., 2016; O'Connor et al., 2017; Plener et al., 2017). 펜플루라민 약물은 세로토닌 분비를 유발하고 재흡수를 억제함으로써 프로락틴과 코르티솔의 분비를 자극하는데, 훗날 자살 시도를 한 우울증 환자들은 이 약물에 대해 둔화한 코르티솔 반응을 보였다. 이러한 반응은 ACTH 또는 CRH 분비를 자극하는 세로토닌의 결핍과 일치하는 결과다(Keilp et al., 2010). 또한 사이버볼 패러다임(6장에서 자세히 논의)과 공개 연설 스트레스 검사를 결합한 연구 결과는 매우 흥미롭고, 사회적 배제가 자살 행동의 촉발 요인으로 작용한다는 점을 이해하는 데 중요한 시사점을 제공한다. 해당 연구에서 사이버볼 게임 중 소외(배제)를 경험한 여성은 공개 연설 중 코르티솔 분비량이 현저히 감소했다(Weik et al., 2017).

HPA 스트레스-반응 시스템에 관여하는 후보 유전자에 관한 연구는 상대적으로 적다. 유망한 후보 유전자 중 하나는 CRH 수용체 1 유전자(CRHR1)로, 이 유전자는 덱사메타손 자극에 대한 코르티솔 반응과 연관성이 있다. 또 다른 관련 요소는 GR과 그것의 샤페론(chaperone) 단백질인 FKBP와 SKA2인데, 이 둘은 GR이 핵으로 이동하는 과정에 관여한다(Mann & Currier, 2016). 분자 샤페론은 단백질이 제 기능을 수행하는 데 필요한 특정한 형태로 접히는 과정을 돕는 단백질로, 예를 들어 수용체에 결합할 수 있는 형태를 유지하게 해준다. 제대로 작동하지 못하는 GR 피드백 기제는 스트레스 반응의 조절 실패로 이어지고, 이것은 자살 행동과 같은 스트레스 관련 표현형의 중심 기제가 된다(Roy & Dwivedi, 2017). 생애 초기 경험은 HPA 스트레스-반응 시스템의 형성에 핵심 역할을 한다. 그 외에도 막을 가로지르는 단백질 이동에 관여하는 다양한 샤페론 단백질이 존재한다.

성인 자살 희생자에서 나타나는 부적응적 HPA 축 반응에 관한 분자 수준의 이해는, 생애 초기 역경(ELA)과 해마 내 GR 활동의 조절 실패 사이에 중요한 연결 고리가 있음을 시사한다. 쥐를 대상으로 한 연구에서는 어미 쥐의 양육 행동이 메틸화를 통해 HPA 축의 긴장 수준을 조절한다는 사실을 관찰했다. 최근에는 이런 사실이 사람에게도 나타났는데, 그 관찰은 자살한 사람의 해마 조직을 정상적인 대조군뿐 아니라 아동기 역경 유무에 따라 비교하는 연구를 통해 이루어졌다(Turecki, 2014b). 바로 이 지점에서 후생유전학이 중요한 역할을 한다. 단백질 접

텍스트 상자 4.1　후생유전학적 기제

메틸화(Methylation): 후생유전학적 변형 중 가장 많이 연구한 형태로, DNA 메틸전달효소(methyltransferase)가 사이토신 잔기에 메틸기를 결합함으로써, 유전자 발현 과정에서 정보 처리 방식에 중대한 변화가 일어난다.

히스톤 변형(Histone modification): 히스톤 단백질에 대한 번역 후 변형(posttranslational modification, PTM)으로, 히스톤은 DNA를 염색체 형태로 포장하는 역할을 한다. 이러한 히스톤의 PTM은 유전자 발현에 영향을 줄 수 있다.

기와 세포 내 위치 이동에 생긴 이상이 자살 행동의 유전성과 환경 간의 상호작용을 설명해줄 결정적 연결 고리가 될 수 있다.

후생유전학 연구는 유전자 발현이 외부 요인의 영향을 어떻게 받는지 탐구한다. 그리고 텍스트 상자 4.1과 4.2에서 보듯이, 후생유전학적 기제가 여럿 확인되었다.

외부 요인은 DNA 서열 자체를 변경하지 않고도 유전자 발현 방식을 변화시킬 수 있으며, 불리한 환경 영향을 포함한다. 예를 들어 7장에서 다루듯이 아동기 신체적·성적 학대와 같은 생애 초기 역경 노출 후 자살 위험이 증가하는 현상은 후생유전학적 효과로 설명할 수 있다. 이 경우 GR 유전자의 메틸화 수준은 학대 경험 없는 자살 사망자나 건강한 대조군보다 학대 경험 있는 자살 사망자에게서 유의미하게 높다

텍스트 상자 4.2 DNA 메틸화

DNA 메틸화는 사이토신 잔여물에 메틸기가 결합하는 현상을 말하며, 특히 사이토신 뒤에 구아닌이 오는 경우(CpG 이뉴클레오타이드)에 주로 발생한다. 전체 유전체 내 CpG의 약 70~80퍼센트가 메틸화돼 있다. 이러한 후생유전학적 표지는 전반적으로 전사 활동의 감소와 관련이 있지만, 예외적인 경우도 보고된다.

DNA 메틸화에 관한 대부분의 연구는 CpG 섬에 집중해 있다. CpG 섬은 CpG 밀도가 높은 짧은 염기서열 구간으로, 척추동물 유전자 중 약 절반에서 발견된다. CpG 섬은 프로모터 영역(promoter region)에 과대하게 존재한다. 이 부위는 메틸화 수준이 매우 낮아서, 주변 DNA와 전사 시작 지점이 둘러싸여 있지 않아 접근해서 전사할 수 있다. 대다수 연구는 DNA 메틸화 상태와 유전자 발현 수준 간의 연관성을 보고하고 있고, 여러 기제가 관여할 가능성이 있다. 특히 유전자 프로모터 영역에 있는 특정 CpG 이뉴클레오타이드의 메틸화는, 전사 인자와 같은 조절 단백질이 DNA에 결합해 유전자 발현을 촉진하는 능력을 저해한다. DNA 메틸화는 특히 뇌에서 매우 역동적인 기제로, 생리적이든 병리적이든 다양한 환경 요인에 신속히 반응할 수 있다. 진화적 관점에서 본다면, 뇌는 내적 자극과 환경 자극을 감지하는 특화된 기관이기 때문에, 후생유전학적 가소성에 특히 민감하도록 진화했을 가능성이 있다.

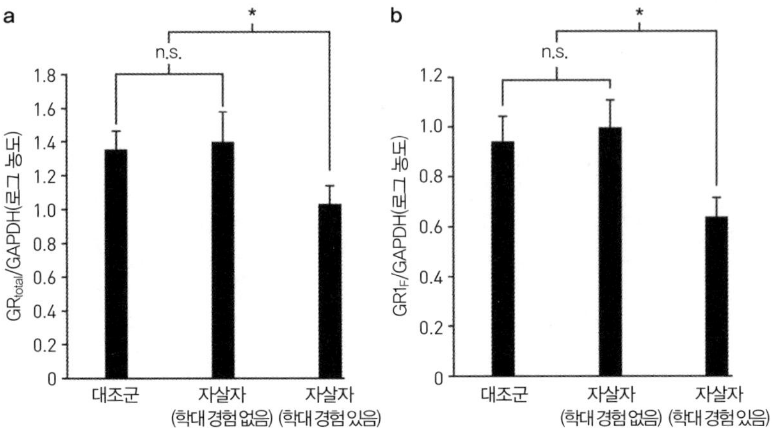

그림 4.2 해마 내 글루코코르티코이드 수용체 발현.

(a, b) 총 글루코코르티코이드 수용체(GR) mRNA(GR_{total})와 글루코코르티코이드 수용체 1_F($GR1_F$)의 평균±표준 오차(s.e.m.) 발현 수준. 대상자는 아동기 학대 경험이 있는 자살자 12명, 학대 경험이 없는 자살자 12명, 대조군 12명. 이상치로 분석에서 제외한 사례는 다음과 같다. 대조군 2명(n=2), $GR1_F$ 측정을 위한 아동기 학대 이력이 있는 자살자 1명(n=1), GR_{total} 측정을 위한 아동기 학대 이력이 있는 자살자 1명(n=1), GR_{total} 측정을 위한 학대 경험 없는 자살자 3명(n=3). *는 $P<0.05$로 통계적으로 유의미함을 나타냄. n.s.는 통계적으로 유의미하지 않음을 나타냄. 〔*Nature Neuroscience*, 12(3), 342-348, McGowan et al., "Epigenetic regulation of the glucocorticoid receptor in human brain associates with childhood abuse", copyright 2009. 맥밀란 출판사의 허가를 받아 재인용.〕

(McGowan et al., 2009). 그림 4.2 참조.

후속 연구에 따르면, 우울증으로 자살한 사람들이 보이는 GR 발현의 감소는 생애 초기 역경 경험의 유무에 따라 서로 다른 분자 경로를 거치는 것으로 보인다. 생애 초기 트라우마 이력이 있는 자살 사망자의 해마를 대상으로 한 전장 유전체 프로모터 DNA 메틸화 연구에서는 프로모터 영역이 저메틸화와 고메틸화 양상을 동시에 보이는 양방향 패턴이 나타났다(Labonté et al., 2012a). 따라서 생애 초기 트라우마 경험으로 생긴 메틸화의 변화는 이후 삶에도 계속 이어져, 아동기 때 학대를 경험한 사람의 자살 위험을 높이는 기제로 작용할 수 있다(Labonté et al., 2012b; Haghighi et al., 2014).

글루코코르티코이드 수용체(GR)의 기능적 반응 이상은 조절 장애를 보이는 HPA 축의 일부다. GR의 반응 이상은 세포 내 유전자 전사의 손상에 따라 다르고, 핵 내 구획(nuclear compartment)에서 전사 인자로서 GR의 가용성 저하 영향도 받는다. 이것은 FKBP와 SKA2 같은 샤페론 단백질이 관여하고 있음을 뜻하는데, FKBP와 SKA2는 GR이 전사 인자로 기능하는 핵으로 이동할 수 있도록 돕는 분자다(Roy & Dwivedi, 2017). FKBP5는 GR의 신호 전달을 억제하고, FKBP5의 염기서열 변이는 특히 생애 초기 역경을 경험한 사람의 자살 행동 위험을 높인다(Turecki & Brent, 2016). 실제로 FKBP5 내 유전적 변이는 스트레스에 노출된 이후 자살 위험을 결정하는 과정에서 생애 초기 역경과 상호작용한다(Mandelli & Serretti, 2016). SKA2 관련 자살 사망자는 그들만의 독특한 DNA 메틸화 특징을 보이는데, 이러한 특징은 주로 전전두엽 피질에서 GR 반응성 변화와 기능적으로 관련이 있다. 게다가 생존 집단의 말초 혈액 조직에서 얻은 관찰 결과 역시 자살 생각과 관련된 SKA2 후생유전학적 표지가 SKA2 자체의 발현에 유사한 기능적 영향을 준다는 점에서 뇌 조직에서 발견한 사실과 일치한다(Guintivano et al., 2014). 샤페론 단백질 관련 발견이 자살 행동 예측에서 어떤 의미를 갖는지는 9장에서 다룬다.

4.1.2 노르에피네프린 스트레스 시스템

스트레스는 HPA 축과 함께 노르에피네프린(NE) 스트레스-반응 시스템을 활성화한다. 이 활성화는 청반(locus coeruleus, LC)에서 시작해서 전뇌로 광범위하게 퍼져나가는 조밀한 신경 네트워크에서 NE 방출을 유도함으로써, 결과적으로 각성·경계심·불안을 증진한다(Oquendo et al., 2014b). NE 수용체는 대뇌 피질, 시상, 시상하부, 해마, 편도체, 기저핵 전반에 분포해 있다. NE의 신경 전달은 NE 수송체의 재흡수, 모노아민 산화효소(MAO)나 카테콜-O-메틸전달효소(COMT)의 이화 작용(생물의 조직 내에 들어온 물질을 분해해서 에너지원으로 사용하는 일—옮긴이)을 통해 끝난다. NE 스트레스 시스템이 자살 행동에 관여할 가능성은 주로 사후 연구를 통해 나왔지만, 그 결과는 일관되지 않다. 뇌척수액(CSF) 내 노르에피네프린의 대사산물 MHPG에 관한 연구 결과 또한 결정적이지 않다.

자살자의 사후 연구에서는 청반(LC) 내 노르에피네프린(NE) 뉴런 수가 적고, 전전두엽 피질에서는 베타 아드레날린 수용체의 결합이 증가하며, 알파2 아드레날린 수용체의 결합은 감소하는 것으로 나타났다. 그러나 폭력적인 방법으로 자살한 사람은 비폭력적인 방법을 사용한 자살자보다 베타 아드레날린 수용체의 수가 오히려 적다는 보고도 있다(Oquendo et al., 2014b). 또한 자살 관련해서 청반에서는 NE 수송체의 결합이 감소하지만, 시상하부에서는 이러한 차이가 보이지 않는다. 이와 같은 일관되지 않은 발견은 대뇌 피질의 노르아드레날린성 과활동을 반영하는 것일 수 있다. 이 과활동은 자살을 초래하는 스트레스에 대한 반응으로서 과도한 NE 분비 때문일 수 있고, 자살자가 보이는 NE 뉴런의 감소로 생긴 NE 고갈 때문일 수도 있다(Mann & Currier, 2016).

높은 활동성을 유발하는 모노아민 산화 효소 A(MAO-A) 유전자 다형성은 정신 질환이 없는 대조군보다 기분 장애를 가진 남성 자살자에게서 더 많이 나타나지만, 여성 자살자에게서는 이러한 경향이 보이지 않는다. 다만 MAO-A 및 MAO-B의 전반적인 활동 수준 자체는 자살과 직접적인 관련이 없어 보인다. COMT의 Val/Val 유전자형은 COMT가 노르에피네프린을 효율적으로 분해하도록 해준다. 이때 이 유전자형은 자살자들보다 건강한 생존 남성 대조군에게서 더 많은 경향을 보이지만, 여성에게서는 이러한 차이가 없다. 반면, Met/Met 유전자형은 남성 대조군에서 더 적어 자살에 대한 보호 효과를 가지는 것으로 보인다. 따라서 이러한 유전학적 연구는 자살 관련 노르에피네프린 기능 저하를 암시하는데, 이것은 만성 스트레스에 대한 반응에서 노르에피네프린 수준의 하향 조절에 따른 결과일 수 있다(Oquendo et al., 2014b).

4.1.3 폴리아민 스트레스 시스템

폴리아민은 두 개 이상의 아민기를 포함하는 작은 분자로, 단백질 활동의 조절뿐만 아니라 유전자 전사 및 전사 후 변형의 조절과 같은 다양한 기능을 수행한다(Turecki, 2014b). 대표적인 폴리아민에는 푸트레신, 스퍼미딘, 스퍼민, 아그마틴이 있다. 이들은 스트레스 자극 후 분비되는데, 폴리아민 스트레스 반응(PSR)이라 부르는 고유한 반응 패턴을 보인다. PSR은 직접적인 신경 자극이나 글루코코르티코이드 같은 호르몬 신호로 유발할 수 있고, 항불안제 약물이나 리튬 등 약리학적 조작을 통해 조절할 수 있다. PSR의 강도는 스트레스 요인의 강도와 비례해 증가한다. 스퍼미딘/스퍼민 N1-아세틸전달효소 1(SAT1)은 폴리아민의 분해 속도를 제한하는 효소다.

여러 연구는 자살로 사망한 사람의 대뇌 피질과 피질하 뇌 영역 그리고 자살 시도자의 말초 조직에서 폴리아민 시스템 구성요소의 mRNA 및 단백질 수준에서 변화가 있음을 보고한다(Turecki, 2014b). 특히 사후 연구는 SAT1 발현의 불충분한 조절을 일관되게 보여주고, 스퍼미딘과 푸트레신의 직접적인 정량 분석을 통해 이들 농도가 대뇌 피질 조직에서 증가해 있음을 보여준다. 그러나 SAT1 전체 유전자 염기서열 분석에서는, 자살 시도와 유의미한 관련성이 있는 변이나 영역을 확인할 수 없었고, 이전 연구에서 보고한 연관성을 뒷받침하는 증거도 찾지 못했다(Monson et al., 2016). 9장에서 더 자세히 다룰 예정이지만, SAT1 유전자의 혈중 발현 수준에 관한 장기 조사는 SAT1 발현의 변화가 자살 위험을 예측할 수 있음을 시사한다.

뇌에 있는 주요 폴리아민 관련 유전자는 후생유전학적 기제가 조절하고, 이들 중 일부 유전자에서 자살과 관련된 차등적인 후생유전학적 조절이 존재한다는 증거가 점차 쌓여간다(Fiori & Turecki, 2011). 또한 HPA 축과 폴리아민 시스템 간의 연관성에 대해서도 강력한 증거가 있다(Turecki, 2014b). 앞서 언급한 바와 같이, 생애 초기 사건이 HPA 활동을 후생유전학적으로 조절한다는 맥락에서 볼 때, 폴리아민 대사가 이러한 후생유전학적 변형에 영향을 미친다는 점은 매우 주목할 만하다. 더불어 폴리아민 시스템 구성요소를 암호화하는 유전자 역시 후생유전학적 과정이 조절한다는 증거 또한 점점 늘어나고 있다.

4.2 신경 전달

그림 4.3에서 보듯이, 신경 전달 물질은 시냅스를 통해 한 뉴런에서 다른 뉴런으로 신호의 전달을 가능하게 해주는 화학적 전달자다.

뇌에서는 150개 이상의 신경 전달 물질이 확인되었다. 자살 행동에 관한 우리의 이해와 관련된 신경 전달 물질에는 세로토닌, 도파민, 노르에피네프린(앞서 논의한 바 있음), 감마아미노부티르산(GABA), 글루타메이트가 있다. 일반적으로 신경 전달 물질은 두 가지 기본 유형으로 나

일반 신경 전달 물질 시스템

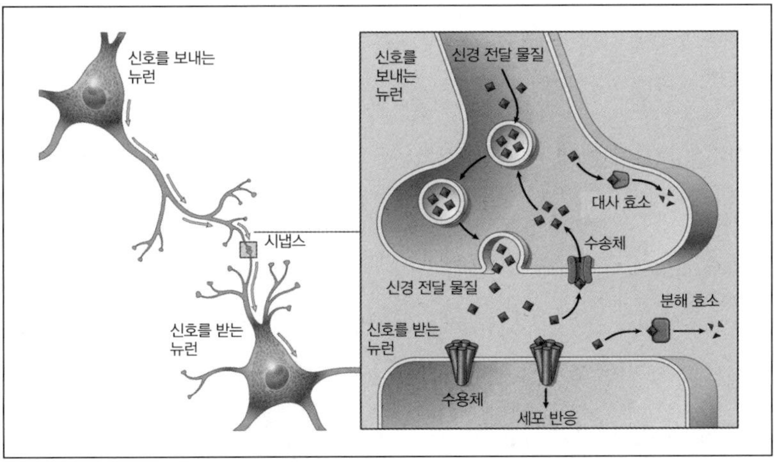

그림 4.3 신경 전달 시스템. 컬러 화보 7 참조.
출처: NIDA (NIH) public domain, via Wikimedia Commons.

뉘는데, 하나는 세로토닌과 GABA처럼 뇌를 진정하는 억제성 신경 전달 물질, 다른 하나는 도파민과 글루타메이트처럼 뇌를 자극하는 흥분성 신경 전달 물질이다.

4.2.1 세로토닌(5-HT)

세로토닌 또는 5-하이드록시트립타민(5-HT)은 진화적으로 매우 오래된 신경 전달 물질로, 인간을 포함한 식물과 동물 전체에 존재한다. 자살 행동과 관련해서 세로토닌 시스템의 변화는 생물정신의학 분야에서 가장 많이 반복해서 얻은 발견 중 하나다. 이렇게 오래되고 어디에나 존재하는 분자가 자살이라는 비교적 최근에 인간에게만 나타나는 독특한 현상에 어떻게 기여하는지는 아직도 수수께끼다. 이 주목할 만한 관계에 관한 가설적 설명은 8장에서 제시한다.

그림 4.4에 나타난 바와 같이, 배측 및 중간 솔기핵(raphe nuclei)의 세포체는 뇌 전체에 걸쳐 광범위한 세로토닌성 신경 분포를 제공한다. 7개의 5-HT 수용체 계열이 있으며, 그중 다수는 여러 하위 유형을 가지고 있다.

그림 4.5에서 보듯이, 시냅스 전 뉴런의 5-HT 수송체(5-HTT 또는 SERT)는 시냅스 간극에 있는 세로토닌을 제거해 신경 전달을 차단한다. 트립토판 하이드록실레이스(TPH)는 5-HT 합성 과정의 속도를 제한하는 효소인데, 인간에게는 두 가지 동형이 존재한다. 기본적으로 출생 후 뇌 바깥 조직에서 볼 수 있는 TPH1은 자궁 내 신경 발달과 관련이 있지만, TPH2는 뇌에 특화돼 있다. 5-HT 분해는 모노아민 산화 효소

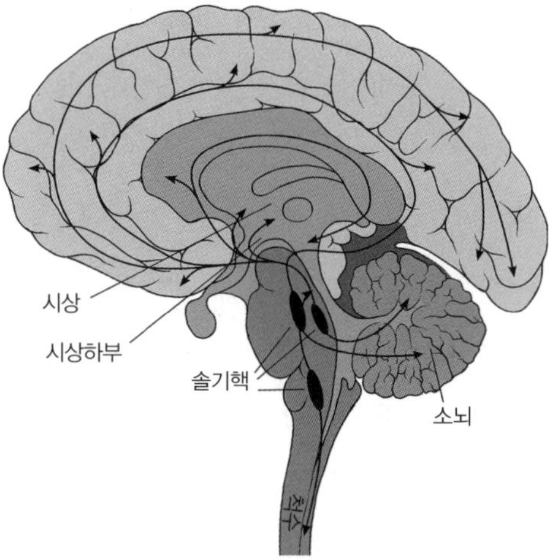

그림 4.4 세로토닌 신경 전달 시스템 (Lynch, 2010). 컬러 화보 8 참조.

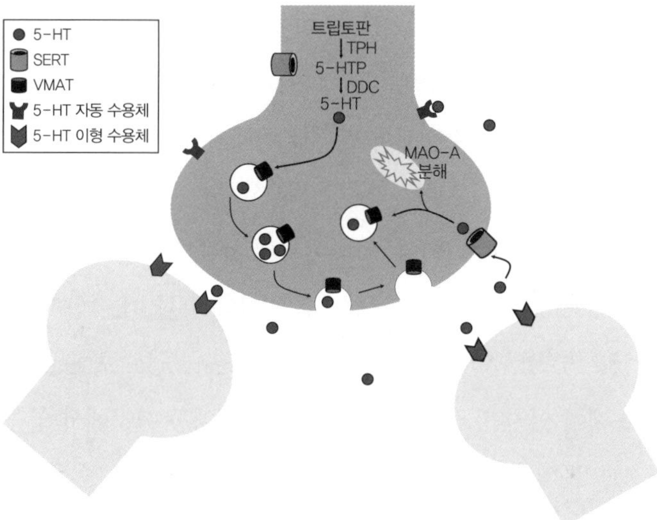

그림 4.5 세로토닌 신경 전달 (*Trends in Neurosciences*, 33(9), Daubert EA & Caudron BG, Serotonin: a regulator of neuronal morphology and circuitry, pp. 424-434, copyright 2010, 재인용). 컬러 화보 9 참조.

A(MAO-A)와 알데하이드 탈수소 효소의 산화 과정을 포함하며, 그 결과 만들어지는 대사물질이 5-하이드록시인돌 초산(5-HIAA)이다.

자살 행동과 관련된 세로토닌 기능의 변화는 뇌척수액(CSF), 말초 조직, 사후 뇌 조직, 생체 내 신경 영상(자세한 내용은 6장 참조) 그리고 분자 수준의 뇌 특성(기술적 논의는 3장 참조)을 포함한 다양한 연구가 입증해왔다. CSF 연구에서는 자살 시도자, 특히 폭력적인 방법을 사용했거나 치명성이 높은 시도를 한 경우, 5-HIAA 수치가 감소했다(Mann & Currier, 2016). 게다가 전향적 연구에 관한 메타 분석에서는, 주요 우울 장애를 겪고 있는 사람 중 CSF 내 5-HIAA 수치가 중앙값 이하인 집단이 그 이상인 집단보다 자살로 사망할 확률이 4.5배 높게 나타났다(Mann et al., 2006). 사후 뇌 조직 연구는 복내측 전전두엽 피질과 전측 대상회에서 국소적으로 5-HT 수송체 결합이 감소했음을 보여준다. 5-HT 뉴런의 수가 증가할수록 5-HT에 있는 TPH2 유전자의 발현과 단백질 수치는 증가하고, 5-HT 수송체의 발현과 단백질 수치는 감소하는데, 이것이 세로토닌(5-HT)의 전달을 촉진한다. 이러한 변화는 세로토닌 분비 감소에 대한 반응으로 나타나는데, 이것은 자살 사망자의 뇌간에서 보이는 낮은 5-HIAA/5-HT 비율 그리고 심각한 자살 시도자의 CSF에서 보이는 낮은 5-HIAA 농도에 잘 나타난다(Mann & Currier, 2016). 해석을 둘러싼 논쟁이 있지만, 치명적·비치명적 자살 행동 모두에서 입증된 것처럼 5-HT 분비 감소는 배측 핵에서 5-HT_{1A} 수용체가 증가했기 때문일 수 있다(Sullivan et al., 2015; Mann & Currier, 2016). 뇌 속의 세로토닌 활동을 조절하는 데 5-HT_{1A} 수용체가 중심 역할을 한다는 생각과 일치하게(Popova & Naumenko, 2013), 사후 연구와 신경 영상 연구에서 확인된 것처럼 $5\text{-}HT_{1A}$ 자동 수용체 수준의 상향 조절이 자살 행동과 관련된 세로토닌계 변화를 설명하는 데 핵심이라는 주장이 최근에 있었다(Menon & Kattimani, 2015). 이 수용체의 증가는 뇌에서 세로토닌을 더 많이 활용하려는 항상성 기제가 작동한 결과일 수 있다. 그 결과, 가령 세로토닌성 뉴런 수가 늘어나고 세로토닌 수송체의 결합은 줄어드는 식으로, 세로토닌 관련 활동이 증가한 것일 수 있다(Menon & Kattimani, 2015). 이 가설을 뒷받침하는 근거를 전향적 연구에서 찾을 수 있다. 우울한 사람을 2년간 추적하는 동안 솔기핵에서 $5\text{-}HT_{1A}$ 수용체 결합이 높을수록 이후 자살 생각이 더 많았고, 자살 행동의 치명성도 높았다(Oquendo et al., 2016). $5\text{-}HT_{1A}$ 자동 수용체 증가가 자살 위험의 발달에 관여하는 잠재적 중심 역할은 8장에서 다룰 자살 행동에 대한 계산신경과학 접근 맥락에서 더욱 자세히 논의할 것이다.

후보 유전자와 관련해서, TPH1과 TPH2 유전자가 자살 행동과 관련이 있다고 보고한 연구가 있지만, 모든 연구가 그렇지는 않다(Mann & Currier, 2016). 수용체 유전자는 자살 행동과 뚜렷한 관련성이 없어 보인다. 가장 많이 연구한 다형성(polymorphism) 중 하나는 5-HTT 또는 SERT 유전자의 상류 조절 영역(upstream regulatory region)에 관한 것이다. 세로토닌 수송체는 시냅스에서 세로토닌 신호를 조절하는 중요한 역할을 한다. 세로토닌 수송체의 유전자(SLC6A4)는 17번 염색체(17q11.2)에 위치한다. 이 유전자는 일반적인 기능성 프로모터 다형성(5-HTTLPR, rs4795541)을 가지는데, 이것은 짧은(S) 대립유전자와 긴(L) 대립유전자 두 가지로 이루어진다. 이 중 L 대립유전자는 S 대립유전자보다 유전자를 2~3배 더 효율적으로 전사한다고 알려져 있다. 비록 전부는 아니지만, 많은 연구가 전사 효율이 낮은 S 대립유전자와 자살 행동 간의 관련성을 보고한다(Mirkovic et al., 2016).

유전적 요인만으로는 자살 위험을 완전히 설명할 수 없어서, 여러 연구는 취약성 모형에 환경 요인을 포함시켜 5-HTT, 5-HTR_{1A}와 5-HTR_{2A} 그리고 TPH 유전자의 다형성 변이가 스트레스 생애 사건과 상호작용해서 자살 행동의 위험을 증가시키는지 조사해왔다(Antypa et al., 2013; Mandelli & Serretti, 2016). 특히 스트레스와 5-HTT 유전자 간의 상호작용이 자살 행동 발생에 미치는 영향은 캐스피(T. E. M. Caspi)와 동료들이 수행한 선구적 연구 이후 큰 주목을 받아왔다. 이 연구진은 스트레스 사건이 저발현형 5-HTT S 대립유전자를 가진 사람에게만 자살 시도 위험을 증가시킨다는 사실을 입증했다(Caspi et al., 2003). 모두가 그런 것은 아니지만, 대부분의 연구는 5-HTT S 대립유전자를 가진 사람이 두 개 이상의 스트레스 사건에 노출되었을 때 자살 위험이 증가한다는 결과를 확인했다(Mandelli & Serretti, 2016 참조). 특히 아동기 학대, 아동기 트라우마, 심각한 스트레스성 생애 사건에 노출된 사람 그리고 학령기 학대를 경험한 아동에게 큰 영향이 있었다. 비록 결과가 불일치하고, 심지어 한 연구는 정반대 결과—즉 L-L 유전자형을 가진 사람에게 자살 위험이 더 크다는 결과—를 보고했지만, 대다수 연구는 스트레스가 자살 행동 발생에 미치는 영향을 5-HTT 유전자형이 조절한다는 점을 뒷받침한다. 그러나 이 유전자-환경 상호작용 효과는 기존에 정신 문제를 지닌 맥락에 특화해서 자살 위험에 작용하는 것으로 보인다(Mandelli & Serretti, 2016). 5-HTR_{1A}와 5-HTR_{2A} 유전자 그리고 TPH1와 TPH2 유전자의 다형성이 스트레스성 생애 사건 노출 후의 자살 위험을 조절하는지 조사한 유전자×환경(G×E) 연구는 일관성 없는 결과를 보인다. 그러나 이러한 연구의 수 자체가 적기 때문에, 추가 연구가 분명히 더 필요하다.

4.2.2 글루타메이트/GABA

GABA와 글루타메이트는 각각 뇌에서 작용하는 주요 억제성 및 흥분성 신경 전달 물질이다. N-메틸-D-아스파르트산(NMDA) 수용체와 결합함으로써 글루타메이트 길항제로 작용하는 케타민이 자살을 억제하는 속성을 지닌 것으로 추정함에 따라(10장 참조), 자살 위험의 발달 과정에서 글루타메이트의 관여에 대한 관심이 지난 10년간 많이 증가했다. 그러나 자살로 사망한 사람들의 뇌에서 글루타메이트 수용체 결합(glutamate receptor binding)을 조사한 연구는 일관되지 않은 결과를 보고했다(Oquendo et al., 2014b). 글루타메이트 수용체와 GABA A 수용체를 부호화하는 유전자에 관한 증거는 점점 증가하고 있지만(Gray et al., 2015; Yin et al., 2016), 글루타메이트/GABA 체계가 자살 행동에 관여하는지를 다룬 유전 연구 결과는 일관성이 부족하다. 자살로 사망한 사람의 전뇌에서 GABA 농도 변화가 없다는 초기 연구 결과(Korpi et al., 1988)와 같은 맥락에서, 최근 분광법 연구(기술적 사항은 3장 참조)도 자살 행동과 관련된 전전두엽 피질 내 글루타메이트 및 GABA 수치에서 유의미한 차이를 발견하지 못했다(Jollant et al., 2017).

소수의 유전자×환경 연구는 글루타메이트 및 GABA와 관련이 있는 유전자 내 변이가 생애 초기 역경(ELA)의 노출과 연관성이 있는지 조사했지만, 유의미한 결과를 보고하지는 못했다(Mandelli & Serretti, 2016).

4.2.3 도파민

도파민의 합성은 복측 피개 영역(ventral tegmental area)과 흑질에서 L-도파(L-dopa)로부터 이루어진다. 도파민은 다섯 가지 하위 유형의 수용체와 결합하며, 모노아민산화효소(MAO)와 카테콜-O-메틸전달효소(COMT)를 통해 호모바닐산(homovanillic acid, HVA)으로 대사된다. 노르아드레날린성 및 아드레날린성 신경에 있는 도파민은 노르에피네프린으로 대사된다. 도파민은 기분, 동기, 공격성, 보상, 작업 기억, 주의력에 관여함으로써, 자살 행동의 분자 연구를 위한 핵심 후보다(Oquendo et al., 2014b).

하지만 수용체와 대사물질을 조사한 결과, 자살과 도파민 기능 변화의 연관성을 발견한 연구는 소수에 불과하다. 심리 부검과 신체 부검을 결합해서 선조체(striatum)의 도파민 결합을 조사한 한 연구에 따르면, 도파민 수용체 유전자와 수송체 유전자의 발현에서 나타나는 불균형이 생애 초기 역경과 무관하게 존재할 수 있다(Fitzgerald et al., 2017). 그러나 도파민 기능에 관한 연구 결과는 희소하고 서로 일치하지 않기 때문에, 자살 위험의 생체 지표로 도파민 기능을 규명하는 데에는 한계가 있다(Oquendo et al., 2014b).

4.3 신경 염증

치명적 및 비치명적 자살 행동의 발생률은 천식, 알레르기, 낭창, 다발성 경화증과 같은 염증성 및 자가 면역 질환에서 증가한다. 자살률이 봄철에 증가하는 현상(1장 참조)은 계절성 공기 중 알레르겐(aero-allergens) 증가로 인한 염증 반응 때문이라는 가설도 있었다(Brundin et al., 2015). 또한 전향적 용량-반응 관계에서 감염으로 입원한 사람이 자살로 사망할 위험이 증가하는데, 이러한 결과는 인과 관계의 가능성을 시사한다(Lund-Sorensen et al., 2016). 신경 영양 질환을 유발하는 병원체(예: 바이러스·박테리아·기생충 등) 중에는 병원성이 낮은 것이 있다. 이러한 병원체는 감염 이후에도 면역력을 가진 사람의 중추신경계 안에 비교적 조용히 거주한다(그래서 이 사람은 정상적인 면역 반응을 생성할 수 있다). 이러한 병원체로 톡소플라스마 곤디가 있다. 최근 누적된 연구 결과는 이러한 만성적이고 덜 심각한 감염이 숙주의 뇌 기능에 미치는 영향이 이전에 생각한 것보다 훨씬 더 클 수 있음을 보여준다. 이미 1장에서 언급했듯이, 톡소플라스마 곤디에 감염된 사람에게 자살 행동 위험이 유의미하게 증가함을 여러 연구가 지속적으로 입증하고 있다(Brundin et al., 2015). 이 기생충에 대한 혈청 양성 반응은 치명적 및 비치명적 자살 행동에 대한 상대적 위험을 거의 두 배 증가시킨다(Pedersen et al., 2012). 전체 자살의 약 10퍼센트가 심각한 감염의 영향 때문일 수 있으며(Lund-Sorensen et al., 2016), 전 세계 인구의 약 30퍼센트가 톡소플라스마 곤디에 감염돼 있다는 사실을 고려하면, 이러한 병원체의 기제는 자살 예방에 상당한 중요성을 지닌다고 볼 수 있다.

이러한 역학적 연구 결과 외에도, 최근에 증가한 분자 수준의 연구는 면역계와 사이토카인의 조절 이상이 자살 행동과 관련이 있음을 시사한다. 사이토카인은 크기가 작은 단백질로, 하나의 세포에서 분비되면 주변 세포의 행동에 영향을 미친다. 여기에는 인터페론(IF: 인체 내 바이러스 감염과 증식 억제 물질—옮긴이), 인터루킨(IL: 면역 담당 세포가 분비하는 면역 매개 물질—옮긴이), 종양 괴사 인자(TNF) 등이 있다. 이들은 수용체에 결합해서 작용하며, 특히 면역계에서 중요한 역할을 한다. 상당수의 연구 및 메타 분석은 자살 행동과 관련해 혈장, 뇌척수액(CSF), 뇌에서 IL과 TNF의 수준 변화를 보고한다(전체 개요는 Brundin et al., 2015 참조). 사이토카인에 관한 다소 이질적인 연구 결과 중에서 인터루킨-6(IL-6)의 상승은 일관되게 비치명적 및 치명적 자살 행동과 연관된 것으로 나타난다(Ganança et al., 2016).

트립토판 이화 작용의 키누레닌 경로(kynurenine pathway) 활성화는 자살과 염증을 연결하는 잠재적인 신경생물학적 기제다. 트립토판은 세로토닌의 전구체이기 때문에, 염증이 트립토판 이화 작용을 키누레닌 경로를 통해 붕괴시킴으로써 세로토닌 수치가 감소할 수 있다. 또한 트립토판 대사산물인 퀴놀린산(quinolinic acid)은 NMDA 수용체를 통해 신경세포의 글루타메이트 분비를 증가시킨다(Brundin et al., 2015). 활성화된 뇌세포〔미세아교세포(microglia)〕가 키누레닌 경로를 통해 트립토판을 퀴놀린산으로 신진대사함으로써, 세로토닌 고갈이 일어날 수 있다. 염증이 자살 위험군의 세로토닌 및 글루타메이트 신경 전달을 어느 정도 방해하는지는 더 규명할 필요가 있다. 어쨌든 우울증 상태에서 염증의 증가는 기저핵 내 글루타메이트 증가로 이어질 수 있는데, 이것은 자기 공명 분광법을 통해 측정한 바 있다(Haroon et al., 2016). 따라서 글루타메이트를 표적으로 하는 치료 전략(10장 참조)은 염증 수치가 증가한 우울증 환자에게 특히 효과적일 수 있다.

미세아교세포는 뇌 백색질에서 주요 면역 방어 기능을 가장 먼저 수행하는 세포로, 뇌 내부 환경 변화에 반응해 특정 기능과 형태를 가진 일련의 활성화 상태를 거쳐 작동한다. 이 세포는 사이토카인의 주요 생성자이기도 하다. 자살로 사망한 사람의 사후 뇌 연구는 미세아교세포 분포의 변화를 보여준다. 활성화된 미세아교세포 밀도의 배측-복측 간 정상적인 차이가 자살한 사람에서는 그 반대 양상을 보인다. 즉 배측보다 복측 전전두엽 백색질에서 더 높은 밀도가 나타나고, 면역 반응 세포의 밀도는 배측 전전두엽 백색질에서 더 높게 나타났다. 이러한 관찰 결과는 자살의 스트레스-취약 기질 모형(2장에서 설명)과 부합한다. 즉 격심한 스트레스 요인이 뇌의 반응 과정을 활성화해, 자살 위험이 있는 개인에게 자살 상태를 유발한다는 이론이다(Schnieder et al., 2014).

쿠르테(P. Courtet)와 동료들(2016)은 염증과 자살 행동 간의 관계를 설명하는 훌륭하고 포괄적인 모형을 제시하는데, 이 모형에는 지금까지 설명한 다양한 염증 관련 변화가 들어 있다. 이 포괄적인 스트레스-취약 기질 모형에 따르면, 아동기 학대와 톡소플라스마 곤디 감염, 수면장애는 몸 전체의 염증 상태를 유발해, 시상하부-뇌하수체-부신(HPA)축의 기능 이상을 촉진한다. 이처럼 덜 심각하고 만성적인 염증 상태는 해당 개인이 스트레스 요인에 노출될 때 전(前)방향(feed-forward) 사이클을 유도할 수 있다. 그다음 염증 상태는 인돌아민-2,3-이산소화효소(indoleamine-2,3-dioxygenase, IDO)의 활성화를 초래하고, IDO는 트립토판으로부터 키누레닌을 생성한다. 이어서 〔배외측 전전두엽 피질(DLPFC), 전측 대상회 피질(ACC) 그리고 배내측 시상(MDT)에 있는〕 미세아교세포 활성화는 키누레닌으로부터 퀴놀린산 생산을 늘리고 키누렌산(kynurenic acid) 생산을 줄인다. 그 결과 NMDA 자극의 증가를 가져온다. 또한 트립토판의 신진대사 증가는 세로토닌 고갈로 이어진다. 게다가 정신 질환이나 부정적 생애 사건 같은 스트레스 요인은 개인의 취약성과 상호작용해 자살 행동을 유도할 수 있다.

일부 자살 사례에서는 자가 면역의 근거가 있을 수 있는데, 세로토닌에 대한 항체가 주요 우울증 환자의 절반 이상에서 발견되고, 염증성 사이토카인 수치가 높은 우울증 환자 모두에게서 발견된다는 사실이 이러한 가능성을 뒷받침한다(우울증이 없는 집단에서는 10퍼센트 미만에서만 발견). 추정컨대 세로토닌을 표적으로 한 자가 면역 반응은 세로토닌 축색 또는 그 종말부를 손상해, 앞서 설명한 세로토닌 신경 전달의 결핍을 초래할 수 있다. 또한 이러한 가설은 배측-복측 뇌 영역 특이성과도 일치하는데, 자살과 관련된 세로토닌 수송체의 결핍은 주로 복측 전전두엽 피질 영역에서 나타나기 때문이다(Schnieder et al., 2014).

염증 가설은 자살 위험의 이해와 치료에 상당한 기여를 한다. 염증은 보상보다는 처벌에 대한 민감성을 증가시키는데, 이는 8장에서 다룰 자살 행동의 신경 계산 모형(neurocomputational model)의 핵심 구성요소다(Harrison et al., 2016). 또한 키누레닌 경로 관련 효소를 표적으로 하는 치료법은 자살 행동 관리에 유망한 새로운 치료 접근법이 될 수 있다(Bryleva & Brundin, 2017).

4.4 신경 영양 인자

뇌 가소성(plasticity, '형태가 바뀌는'이란 뜻의 그리스어 plastos에서 유래)은 뇌가 환경 변화에 적응하기 위해 스스로 자체 구조와 기능을 바꿀 수 있는 놀라운 능력을 의미한다. 뇌 가소성은 우리가 행동을 배우고 수정할 수 있는 능력처럼 정상적인 뇌 기능의 바탕을 이룬다. 그럼으로써 뇌세포는 서로 간에 새로운 연결을 만들거나, 자기의 형태를 재구성하고 변화할 수 있다. 가소성은 아동기에 가장 강력하지만, 평생 뇌의 기본 성질로 남아 있다. 신경 발생은 새로운 뇌세포를 만들어내는 과정을 말하며, 학습과 기억을 포함한 다양한 인간 기능을 뒷받침한다. 과거에는 신경 발생이 영유아기와 청소년기에만 이루어지고 성인이 되면 완전히 멈춘다고 생각했으나, 지금은 성인의 뇌에서도 새로운 신경세포가 만들어진다는 것이 밝혀졌다. 이는 곧 새로운 세포의 성장을 통해 뇌가 강해지고 나아질 수 있다는 의미다.

환경의 요구에 대한 구조적·기능적 적응은 시냅스 가소성과 신경 발생을 통해 일어나고, 이것은 신경 영양 인자(neurotrophins)가 조절한다. 4개의 확인된 신경 영양 인자 계열 중에서 뇌 유래 신경 영양 인자(BDNF)와 그 수용체인 트로포미오신 수용체 키나아제 B(TrkB)는 가소성의 핵심 매개체다. 연구자들은 BDNF와 TrkB의 변화가 자살로 생을 마감한 사람의 뇌에서 보이는 가소성 변화의 기저에 있다고 가정한다.

이러한 변화에는 배외측 전전두엽 피질 뉴런에서 피질 얇아지기, 우울증을 겪은 자살자의 치상회 과립 뉴런 수 감소가 있다. 이러한 부피 상실은 신경 발생의 감소, 세포자살(apoptosis)로 인한 뉴런 손실의 가속화 또는 수초가 없는 신경 섬유와 그 가지로 구성된 회색질 네트워크의 손실을 시사한다(Oquendo et al., 2014b). 일반적으로 자살자는 전전두엽 피질에서 BDNF 단백질 발현이 낮고, 전전두엽 피질과 해마에서 TrkB 수용체가 적으며, BDNF 및 TrkB mRNA의 수도 적다. 자살자의 전전두엽 피질과 해마에서 신경 영양 인자의 발현이 변하는데, 이것은 신경 발생의 손상을 보여주는 것이다(Oquendo et al., 2014b).

여성 자살자는 BDNF Val66Met(Val/Met 또는 Met/Met) 다형성을 가지고 있을 가능성이 더 높은데, 이 유전자는 낮은 BDNF 분비와 관련된 유전적 변이다. 후생유전학적 변화는 생애 초기 역경을 반영할 수도 있고, 또한 BDNF-TrkB 시스템의 기능 장애와도 관련이 있을 수 있다. 실제로 자살자들은 자살하지 않은 비교 대상자보다 BDNF 유전자의 DNA 메틸화 수준이 높고, 이에 대응해서 BDNF mRNA 수준은 낮다는 보고가 있다(Oquendo et al., 2014b). Trk 유전자 발현의 변화가 자살과 연관된다는 점은 많은 자료와 증거에 기초해서 사실로 알려져 있다(Almeida & Turecki, 2016). 특별한 유전자 다형성이 생애 초기 역경과 같은 스트레스성 생애 사건의 노출과 결합해 자살 행동의 위험을 증가시키는 것처럼, 유전자-환경 상호작용은 BDNF와 Trk 유전자가 자살 위험에 미치는 영향에서 중요한 역할을 할 수 있다(Mandelli & Serreti, 2016).

따라서 자살에서 신경 가소성의 역할에 관한 증거가 점점 더 늘어나고 있다. 흥미롭게도 신경 영양 인자와 염증 표지, 스트레스, 자살 위험 사이에는 부적(−) 상관관계가 존재하는 것으로 보인다. 즉 신경 영양 인자의 수준이 낮을수록 자살 위험, 스트레스, 염증 표지의 수준은 높아지는 것이다(Priya et al., 2016).

4.5 콜레스테롤과 지방산

콜레스테롤 수치와 자살 위험 간에 상관관계가 있을 수 있다는 생각은 콜레스테롤 저하 약물의 사용 이후 자살과 상해로 인한 사망률이 과도하게 증가하면서 처음으로 제기되었다(Hibbeln & Salem, 1996). 콜레스테롤 수치를 낮추는 집단에 무작위로 배정된 사람들과 대조군 사이에 자살·사고·폭력으로 인한 사망률에서 유의미한 차이가 없다는 메타 분석 결과(Muldoon et al., 2001; De Berardis et al., 2012)에도 불구하고, 이 주제에 관한 관심은 계속 이어졌다. 자살 시도자에 관한 이후 연구는 (전부는 아니지만) 대부분 낮은 혈청 콜레스테롤 수치가 우울증 및 기타 정신 질환을 지닌 사람의 (특히 폭력적인) 자살 행동과 관련성이 있음을 확인했다. 특히 콜레스테롤 수치가 (가장 높은 사분위 집단과 비교했을 때) 가장 낮은 사분위에 속한 남성의 자살 시도 위험은 7배, 여성은 16배 큰 것으로 보인다(Olié et al., 2011). 따라서 혈청 콜레스테롤 수치는 우울 증상을 지닌 환자에게서 자살 행동의 강력한 위험 요인이 될 수 있고, 자살 위험의 유용한 생체 지표로 활용할 수 있다(9장 참조).

엥겔베르그(H. Engelberg)는 콜레스테롤과 세로토닌 시스템을 연결하는 가설을 제시했다(Engelberg, 1992). 자살 위험을 높이는 세로토닌 전구체의 감소뿐 아니라 세로토닌 수용체와 수송체의 점도 및 기능 변화는 혈청 콜레스테롤 수치를 낮출 수 있다고 그는 가정했다. 이 가설은 자살 시도자에게서 혈청 총 콜레스테롤 수치와 뇌척수액(CSF) 내 5-HIAA 수치 간에 유의미한 정적(+) 상관관계가 있다는 연구 결과로 뒷받침되었다(Hibbeln et al., 2000; Jokinen et al., 2010).

다가불포화 지방산(PUFA, 주로 생선·옥수수·대두유에서 발견)의 불균형은 우울증과 자살 위험을 포함한 신경 정신 질환과 관련이 있다. 오메가-3(또는 "n-3") PUFA는 뇌 발달, 정신 건강 및 인지 기능에 필수적이다. 여러 연구는 오메가-3 PUFA 섭취 부족이 자살 행동에 영향을 줄 수 있다고 시사한다. 오메가-3 PUFA 수치는 자살 사망자에게서 매우 낮고, 자살 시도자도 비시도자보다 낮다(Haghighi et al., 2015 참조). 염증 촉진성인 오메가-6와 염증 방지성인 오메가-3 PUFA 간의 불균형은 자살 행동에 대한 염증 효과에 관여할 수 있다(Oquendo et al., 2014b). PUFA는 인체 내부에서 스스로 만들어지지 않기 때문에 반드시 음식을 통해 섭취해야 한다. 그러나 20만 명 이상을 대상으로 한 최근의 대규모 장기 전향적 동년배 연구는 섭취한 생선, 오메가-3 및 오메가-6 PUFA와 관련해서 자살 위험의 감소를 밝혀주지 못했다(Tsai et al., 2014). 인체는 LC-PUFA(긴 사슬 다가불포화 지방산)를 새로 만들 수 없어서 이것의 섭취가 PUFA 효과의 주요 결정 요인임은 분명하지만, PUFA의 효과에 영향을 주는 추가적인 생리학적 요인이 낮은 오메가-3 PUFA 수치의 임상적 효과를 매개할 수 있다. 최근의 한 후생유전학 연구는 오메가-3 PUFA 생합성(biosynthesis)과 관련된 유전자의 DNA 메틸화가 우울증 및 자살 위험과 관련이 있음을 보여준다. 장기적인 PUFA 불균형은 자살과 관련된 후생유전체 변화를 초래할 수 있다(Haghighi et al., 2015). 혈장 PUFA 수치, DNA 메틸화 그리고 자살 위험 간의 연관성은 질병 관련 후생유전체 표지를 영양 개입으로 조절할 수 있음을 함축한다.

4.6 성 호르몬

테스토스테론 농도의 차이가 1장에서 설명한 성별 간 자살 역학의 차이에 기여할 수 있는데도, 자살 행동에서 테스토스테론의 가능한 역할을 살펴본 연구는 놀라울 정도로 적다. 스트레스 반응과 테스토스테론 수치 간의 밀접한 관계 그리고 이 수치가 공격성 및 충동성과 상관관계를 가진다는 점을 고려할 때, 이 호르몬은 자살 행동의 핵심 생체 지표가 될 수 있다. 젊은 남성(그러나 여성은 아님) 자살 시도자의 뇌척수액(CSF)과 혈장 테스토스테론 수치는 같은 연령의 건강한 대조군보다 더 높다. 남성 자살 시도자의 경우, 뇌척수액의 테스토스테론/코르티솔 비율은 충동성 및 공격성과 유의미한 정적(+) 상관관계를 보인다(Stefansson et al., 2016).

여성 성 호르몬에 관한 연구 결과는 모호하다. 현재로서는 성 호르몬 수치의 변화가 자살 시도자 중 여성의 수적 우세 또는 임신 중 여성의(자살 시도는 제외하고) 낮은 자살률을 어느 정도 설명하는지 명확하지 않다. 일반적으로 자살 발생은 월경 주기에 따라 유의미하게 변하지 않는 것으로 보이지만, 자살 시도는 월경 전과 월경 기간에 상대적으로 더 흔하다.

4.7 신경 펩타이드

대인관계 스트레스는 자살 위험을 촉발하고, 사회적 지지는 자살을 막는 역할을 한다는 점을 고려할 때, 신경 펩타이드인 옥시토신(Oxytocin, OT)이 자살 위험 발달에 중요한 역할을 할 것이라는 데에는 충분한 근거가 있다. OT는 사회적 유대, 애착, 사회적 지지, 모성 행동, 신뢰에서 핵심 역할을 하고, 스트레스와 불안으로부터 지켜준다. 성인의 낮은 뇌척수액(CSF) OT 수치가 아동기 트라우마와 관련이 있다는 사실(Heim et al., 2009)은 중추신경계 OT 기능의 변화가 자살 행동과 같은 아동기 역경의 부정적 결과에 관여할 수 있음을 시사한다. 실제로 자살 시도자는 건강한 대조군에 비해 CSF의 OT 수치가 낮고, 이것은 자살 의도와 유의미한 상관관계를 보인다(Jokinen et al., 2012). NMDA 수용체 길항 작용은 OT가 뇌와 행동에 미치는 효과를 적어도 부분적으로 설명할 수 있다.

몇몇 다른 신경 펩타이드도 자살 행동과 관련이 있는 것으로 보인다. 특히 부신 피질 자극 호르몬 방출 인자(CRF), VGF, 콜레시스토키닌, 물질 P, 신경 펩타이드 Y(NPY)의 수치는 자살을 시도했거나 자살로 사망한 사람과 건강한 대조군 또는 다른 원인으로 사망한 사람 사이에 차이가 있다(Serafini et al., 2013). 이러한 신경 펩타이드의 정확한 역할은 아직 명확하지 않지만, 스트레스에 대한 반응과 정서 처리 모두에서 핵심 조절자로 기능한다는 점은 잘 입증돼 있다.

4장 요약

◦ 자살 행동과 관련된 분자 변화는 매우 다양한 방식으로 나타난다. 분자 특성은 개인

이 자살 행동에 취약하게 할 수 있고, 분자 변화는 자살 위기를 촉발할 수 있다.

◦ 분자 특성에 관한 연구는 자살의 역동성을 이해하는 데 크게 기여한다. 예를 들어 분자 연구는 생애 초기 역경이 이후 인생에서 스트레스 자극에 대한 행동 반응에 어떻게 영향을 미칠 수 있는지 후생유전학적 과정을 통해 밝혀냈다. 이것은 일반적으로 장기간(아마도 최소 20년 이상) 안정적으로 유지되는 과정이며, 유전자의 장기적 침묵에 관여한다.

◦ 후보 유전자 연구에서는 여러 유전자에서 나타나는 대뇌 피질의 DNA 메틸화 변화가 자살 행동과 관련이 있음을 보여준다. 메틸화 상태가 자살 행동의 임상적 생체 지표일 수 있다는 증거는 점점 증가하고 있으며, 자살 위험에 대한 후생유전학적 관리 접근은 장차 자살 예방에 있어 유망한 방법이 될 가능성이 크다.

◦ 상당수의 분자 변화는 상호의존적이며 유사한 과정에 관여하는 것으로 보인다. 염증, 세로토닌 감소, 글루타메이트 수준의 증가는 서로 관련성이 있으며, 염증 표지, 스트레스, 자살 위험도 서로 관련성이 있다. 낮은 콜레스테롤 수치가 자살 위험에 미치는 영향은 세로토닌 시스템을 매개로 설명할 수 있다. 세로토닌(5-HT) 수송체의 메틸화 증가는 스트레스 상황에서 코르티솔 분비 감소와 연관되는데, 이것은 세로토닌 기능과 HPA 축 사이에 관련성이 있음을 보여준다(Ouellet-Morin et al., 2013).

◦ 약물 작용의 분자 기제를 탐구하는 연구(10장 참조)는 자살 행동의 분자 기제에 관한 이해를 더욱 심화할 수 있다. 예를 들어 리튬은 뇌 유래 신경 영양 인자(BDNF)와 같은 신경 보호 인자를 상향 조절하며, 신경세포의 자살을 조절하는 인자를 하향 조절할 뿐만 아니라 도파민과 글루타메이트, GABA의 경로를 조절함으로써, 기분 안정 효과와는 별개로 자살 예방 효과를 발휘하는 것으로 보인다(Turecki, 2014b). 이러한 맥락에서 자살 행동은 특정 뇌 영역의 부피 감소와 관련이 있는데, 리튬 사용이 바로 그 뇌 영역의 부피 증가와 관련이 있다는 사실은 매우 고무적이다. 이에 대해서는

6장에서 다룬다.

복습 문제

1. 자살은 비정상적 상황에 대한 정상적 반응인가, 아니면 그 반대인가?
2. 뇌 가소성이란 무엇이며, 왜 자살 예방에 근본적으로 중요한가?
3. 유전자×환경 상호작용이란 무엇이며, 자살 위험에 어떤 영향을 줄 수 있는가?
4. 감염과 식습관은 자살과 어떤 관련이 있는가?
5. 생애 초기 역경(ELA)은 어떻게 성인기의 자살 위험을 증가시킬 수 있는가?

더 읽을거리

Black, C. & Miller, B. J. (2015). Meta-analysis of cytokines and chemokines in suicidality: Distinguishing suicidal versus non-suicidal patients. *Biological Psychiatry*, *78*, 28–35.

Roy, B. & Dwivedi, Y. (2017). Understanding epigenetic architecture of suicide neurobiology: A critical perspective. *Neuroscience and Biobehavioral Reviews*, *72*, 10–27.

van Heeringen, K. & Mann, J. J. (2014). The neurobiology of suicidal behaviour. *Lancet Psychiatry*, *1*, 63–72.

05

나는 생각한다, 그러므로 나는 원하지 않는다

자살 행동의 인지신경과학

학습 목표

- 자살 행동에 취약한 사람은 어떤 인지적 특성이 있는가?
- 자서전적 기억이란 무엇이며, 자살 행동과 어떤 관련이 있는가?
- 자살 스트룹 과제란 무엇이며, 왜 중요한가?
- 자살 행동과 관련된 인지 기능 장애의 잠재적 원인은 무엇인가?
- 인지신경과학이 자살 예방에 기여할 수 있는 세 가지 방법을 설명하라.

머리말

자살 예방의 핵심 질문은 다음과 같다. 왜 어떤 사람은 특정한 상황에서 자신의 생명을 끊고자 하고, 같은 상황에 놓인 다른 사람은 이와 달리 반응하며 아마도 도움을 구하려 할까? 이 장에서는 인지신경과학 연구가 이 질문에 어느 정도, 어떤 방식으로 답을 제시할 수 있는지 살펴본다.

인지(cognition)는 정보 처리("개념화하다", "알다" 또는 "인식하다"를 의미하는 라틴어 cognoscere에서 유래)로 정의할 수 있다. 외부 세계에 관한 정보를 처리하고 그 정보를 어떻게 사용할지 결정하는 것은 적응력을 높인다(Robinson et al., 2013). 반대로 이러한 정보 처리와 결정의 변화는 적응력을 약화해서 조기 사망을 초래할 수 있다. 인지 과학자들은 흔히 다음과 같이 구분한다. 즉 "뜨거운 인지(hot cognition)"는 정서적 정보(가령 감정적으로 긍정적인지 아니면 부정적인지)를 포함하는 반면, "차가운 인지(cold cognition)"는 정서적으로 중립적인 정보를 포함한다. 이 두 인지 범주 전체에 걸쳐 (1) 감각-지각 과정(자극의 초기 처리와 탐지), (2) 주의/통제(일부 자극에 주의를 기울이고 다른 자극은 무시하는 능력), (3) 기억(정보의 유지와 회상), (4) 실행 기능(복잡한 통합과 의사 결정 과정) 같은 구분이 이루어진다. 일반적으로 말해서 이러한 기능은 계통 발생상 "복잡성"이 증가하는 순서에 따라 나타난다. 즉 지각 과정은 주로 피질하 및 후부 피질 회로에서 빠르게 일어난다. 주의, 고차 학습, 실행 과정은 피질에서 처리한 정보를 점차 더 복잡하게 통합할 필요가 있다(Robinson et al., 2013). 이 네 가지 넓은 구분은 이 장의 위계적 구조를 형성한다. 가독성을 위해 참고문헌은 각 인지 범주별로 장 말미에 제시할 것이다. 텍스트 상자 5.1은 발레리(서문 참조) 사례에서 인지적 특성이 어떻게 자살 행동을 유도했는지 설명한다.

텍스트 상자 5.1 **인지와 자살: 발레리 사례**

2장에서 살펴봤듯이 특정 사회적 자극에 대한 민감성은 자살에 대한 취약성의 중요한 부분이다. 서문에 나오는 발레리 이야기는 겉보기에 사소한 대면이 어떻게 극단적인 결과로 이어질 수 있는지를 잘 보여주는 강력한 사례다. 삼촌의 화난 얼굴과 마주한 것이 그녀를 자살 시도로 내몰았다. 이러한 민감성은 이론적으로 주의, 지각, 기억 또는 기타 인지 기능의 변화로 생길 수 있다. 누군가가 패배를 암시하는 환경 자극에만 주의를 기울인다면, 그 환경은 실패자가 된 것 같은 두려운 감정을 불러일으키는 원천이 될 수 있다. 그러나 또 다른 사람은 전혀 다른 자극에 주목하면서 같은 환경을 다르게 그리고 위협적이지 않게 경험할 수 있다. 또는 특별한 사회적 자극에 대한 민감성은 과거의 부정적 경험에서 비롯되었을 수도 있다. 그러한 경험이 우리 기억 속에 저장돼 있기 때문이다. 또는 기억이 제대로 작동하지 않아서 특별한 자극에 대해 부정적 의미만을 기억하는 것일 수도 있다. 이것은 인지적 특성이 우리가 자기 자신, 세상, 미래에 대해 생각하는 방식에 어떻게 영향을 미칠 수 있는지를 보여주는 몇 가지 사례에 불과하다. 이러한 인지적 변화는 개인을 자살로 몰아갈 수 있으며, 인지 연구는 이러한 변화를 정량화하는 것을 목표로 한다.

5.1 감각 지각

지각(perception)이란 뇌가 감각 정보를 조직하고 해석해 의미를 부여하는 과정이다. 이것은 환경적·사회적 자극에 대해 비교적 즉각적이고 개인 내적인 반응을 불러일으키는 복합적인 과정이다. 본질적으로 "지각"이라는 용어는 환경에서 오는 자극에서 정보를 추출하는 것을 의미한다. 2장에서 설명했듯이 마크 윌리엄스는 매우 영향력 있는 "고통의 비명" 모형에서 "지각적 돌출" 개념을 언급하며, 이는 한 개인에게 매우 중요한 자극이 마치 그에게 달려드는 것처럼 느껴지는 현상을 말한다. 이것은 사람들이 북적이는 파티에서 멀리 떨어져 있어도 자기 이름을 들을 수 있는 능력(이른바 "칵테일 파티 현상")을 설명해준다. 이러한 현상은 자기에게 중요한 정보를 놓치지 않도록 하는 정상적인 지각 과정이며, 연구에 따르면 이것은 거의 온전히 비자발적으로 일어난다. 실패에 민감한 사람(또는 상황 때문에 그렇게 된 사람)에게 세상은 패배와 거절을 암시하는 측면으로 가득 차 있는 것처럼 보일 수 있다. 인생에서 스트레스 제거가 절실히 필요한 바로 그 순간에, 그들은 자신이 "실패자"임을 암시하는 자극으로 폭격을 맞는 셈이다.

자살 관련 지각 연구는 주로 시각적 지각, 특히 얼굴에 나타난 정서의 지각에 초점을 둔다. 1865년에 출간한 《인간과 동물의 정서 표현(Expression of Emotions in Man and Animals)》에서 찰스 다윈(Charles Darwin)은 처음으로 인간이 얼굴에 끌리는 현상을 진화론적으로 설명했다. 그는 극심한 공포나 흥분의 상황에서 얼굴 표정을 통해 중요한 사회적 단서가 표현된다고 주장했다. 이것은 얼굴이 우리의 사회적 소통에서 매우 중요한 요소임을 강력하게 시사한다. 따라서 정서가 담긴 얼굴에 대한 반응 연구는 자살 취약성의 구성요소 중 하나인 사회적 거절에 대한 반응성을 평가하는 데 활용할 수 있다(2장 참조).

5.2 주의

주의(attention)는 감각 지각과 같은 경험의 특정 부분에 집중하기 위해 들이는 노력의 양으로 정의할 수 있다. 지각과 주의는 모두 외부 자극과 관련된 정신적 과정을 의식적으로 통제하고 조절하는 능력에 기여하며, 지각은 환경을 이해하는 능력을, 주의는 지각한 자극에 집중하는 능력을 의미한다. 따라서 이 두 인지 기능은 모두 어떤 자극에 주의를 집중할지 선택하는 능력에 기여한다.

주의에 대한 정의는 매우 다양하지만, 윌리엄 제임스(William James)가 1901년 저서 《심리학의 원리(The Principles of Psychology)》에서 제시한 초기 정의는 주의의 기본 특징을 담고 있다. 제임스는 주의를 "동시에 여러 가능한 대상이나 사고의 흐름 중 하나를 명확하고 생생한 형태로 마음이 점유하는 것"이라고 정의했다. 즉 "주의"라는 용어는 선택 과정, 즉 정보와 사고의 선택을 가리킨다. 또는 제임스가 표현했듯이, "주의의 본질은 초점 맞추기와 의식의 집중이다. 이것은 다른 것을 효과적으로 다루기 위해 어떤 것에서 철수하는 것을 의미한다." 8장에서 우리는 주의에 대한 이 정의가 자살 생각과 자살 감정 발달을 이해하는 데 얼마나 중요한지 보게 될 것이다.

초록	파랑	노랑	파랑
파랑	빨강	노랑	빨강
노랑	노랑	초록	빨강
노랑	초록	파랑	노랑
초록	빨강	파랑	초록
파랑	노랑	파랑	빨강

그림 5.1 스트룹 검사. 컬러 화보 10 참조.

수행 지속 검사(continuous performance test, CPT)와 스트룹 검사(Stroop test, 그림 5.1 참조)는 자살 행동의 인지 연구에서 주의력을 측정하는 데 가장 일반적으로 사용하는 도구다. CPT는 참가자에게 반복적이고 지루한 과제를 제시해서 주의력 유지와 주의력 분산을 측정하는 검사로, 이 과제를 하는 동안 목표 자극에 제대로 반응하기 위해서는 일정 시간 동안 주의력을 유지해야 한다. 스트룹 검사는 선택적 주의력, 즉 특정 환경 자극에 반응하면서 다른 자극은 무시할 수 있는 능력을 평가한다. 스트룹 검사에는 여러 변형이 있지만, 모든 버전은 최소한 두 가지 하위 과제를 포함한다. 고전적인 스트룹 과제에서는 참가자에게 일련의 색깔 단어 중 제시한 색상을 식별하라고 요청한다. 이때 단어 중 일부는 색상 일치 조건(예: 빨간색으로 쓴 "빨강"이라는 단어)이고, 일부는 색상 불일치 조건(예: 파란색으로 쓴 "빨강"이라는 단어)이다.

언어 자극을 자동으로 읽음으로써 발생하는 인지적 간섭은 색상이 일치하는 단어의 평균 반응 시간에서 색상이 일치하지 않는 단어의 평균 반응 시간을 뺀 값으로 계산한다. 따라서 스트룹 효과는 사람들이 단어 자체보다는 잉크 색상을 말하는 데 겪는 어려움의 정도를 의미한다. 잉크 색상과 단어의 의미 사이에 간섭이 일어나기 때문에, 색상을 말하는 것은 단어를 읽는 것보다 더 많은 주의력을 요구한다. “정서 스트룹 검사”에서는 부정적 감정을 담은 단어의 색상을 말하는 데 보이는 참가자들의 반응을 관찰한다. 예를 들어 우울한 사람은 우울하지 않은 단어보다 우울한 단어의 색상을 말할 때 더 느리게 반응한다. 몇몇 연구에서는 “자살”, “죽음”, “장례식” 등 특별히 자살 관련 단어를 사용해서 자살 행동과 관련된 주의력 편향을 연구하기 위해 정서 스트룹 검사의 자살 특화 변형을 만들었다. 이 검사를 “자살 스트룹”이라고 부른다.

수행 지속 검사(CPT)를 통해 평가할 때, 주의력 유지와 주의력 분산에서 자살 행동과 연결된 어떤 결핍이 있는 것으로 보이지는 않는다. 그러나 스트룹 검사에서는 전혀 다른 양상이 나타난다. 우울증 환자의 수행 능력이 낮은 편이지만, 자살 행동 이력이 있는 사람은 그보다 더 나쁘다. 우울 관련 주의력 손상, 특히 간섭에 대한 취약성은 자살 행동 이력이 있는 사람에게서 더욱 두드러진다(Keilp et al., 2008). 게다가 이러한 결핍은 노골적으로 감정을 도발하는 자극이나 감정적으로 편향된 자극 없이도 분명하게 드러난다. 이것은 주의력 조절 기제 자체에 기능 이상이 있는 것이지, 특정 유형의 정서적 각성에 취약한 것이 아니라는 의미다. 그러나 정서 스트룹 검사를 이용한 좀더 최근 연구(메타 분석 포함)에서는 자살 관련 단어, 특히 자살 스트룹에서 “자살”이라는 단어의 간섭 효과가 나타났다. 이 효과는 자살 행동에 대한 예측 타당도가 높다. 따라서 일반적인 부정 정서 단어에 대한 편향이 아니라, 자살 관련 단어에 대한 주의력 편향은 자살 위험의 인지적 표지일 가능성이 크다.

5.3 기억

이론적으로 기억은 정보를 부호화(encode), 저장(store), 인출(retrieve)하는 능력인데, 이러한 기억의 특성은 자살 위험의 발달에 기여할 수 있다. 예를 들어 사람들은 인생에서 일어난 나쁜 일을 특히 더 잘 기억하기 때문에, 세상에 대한 부정적인 시각을 갖게 될 수 있다. 이런 이유로 기억에 관한 연구는 자살 행동 맥락에서 비교적 광범위하게 이루어졌으며, 단기 기억, 장기 기억, 자서전적 기억, 작업 기억과 같은 다양한 측면에 초점을 맞추었다. 수십 편의 연구가 이루어졌고, 여기에는 체계적 문헌 고찰과 메타 분석도 들어 있다. 특히 정신 질환과 자살 행동 이력이 있는 사람을 정신 질환 이력만 있는 사람과 비교하는 연구는 자살 행동에 대한 인지적 취약성을 이해하는 데 중요한데, 이 부분은 이 장에서 다룬다.

이러한 연구는 예를 들어 청각 언어 학습 검사(auditory verbal learning test)로 평가한 자살 행동이 단기 기억 기능의 결함과는 무관하다는 점을 보여준다. 반면 장기 기억에 관한 연구는 서로 다른 결과를 보여 명확한 결론을 내리기 어렵다. 자서전적 기억 역시 과거 경험에 대한 기억을 반영하는데, 이 기억은 특이한 개인적 사건의 회상을 포함한다. 자서전적 기억은 자서전적 기억 검사(autobiographical memory test, AMT)를 통해 평가한다. AMT에서는 긍정적 단어 5개(**행복한, 안전한, 관심 있는, 성공적인, 놀라운**)와 부정적 단어 5개〔**미안한, 화난, 서툰,** (정서적으로) **상처받은, 외로운**〕를 참가자에게 순차적으로 제시한다. 참가자는 각 단어에 대해 특이한 개인 기억을 1분 이내에 떠올려 말한다. 응답은 보통 오디오로 녹음한다. 이후 이 사건을 묘사한 세부 내용을 바탕으로 기억의 특이성을 평가한다. 지난 30년 동안 이루어진 연구와 최근의 메타 분석은 이 기억이 자살 행동과 관련이 있음을 보여준다. 즉 한 사건을 떠올리기보다는 사건의 범주를 일반화하거나 요약하는 경향에서 보듯이, 자살 시도 이력이 있는 사람은 자서전적 기억의 특이성이 떨어진다.

작업 기억에 관한 연구 결과는 서로 엇갈리지만, 과거에 자살을 시도한 사람은 동일한 임상적 우울 상태에 있더라도 자살을 시도하지 않은 사람에 비해 작업 기억 과제의 수행력이 떨어진다는 것을 메타 분석은 보여준다.

5.4 실행 기능

5.4.1 유창성

유창성의 특성에 관한 초기 연구는 1990년대 초로 거슬러 올라가고, 자살 행동과 관련해 실행 기능의 맥락에서 이루어졌다. 주목할 만한 연구 결과는 연구자들로 하여금 자살 행동과 관련된 유창성의 특성을 보다 깊이 연구하게 했다. 표준적인 유창성 과제는 참가자에게 하나의 의미 범주(동물 또는 과일과 같은 "범주 유창성")나 특정 글자로 시작하는 단어(F, A, S로 시작하는 단어와 같은 "문자 유창성") 안에서 고유한 단어를 1분 안에 가능한 한 많이 말하도록 요구한다. 각 과제에서 참가자의 점수는 고유하고 올바른 단어의 수로 결정한다. 미래 사고 과제(future thinking task, FTT)는 미래에 대한 인지 내용의 정서가(valence, 情緒價: 심리학에서 대상이나 상황, 사건에 부여하는 긍정적 또는 부정적 값—옮긴이)에서 개인차를 구체적으로 측정하기 위한 것이다. FTT를 실시할 때는 참가자에게 미래의 가능한 사건을 생각해보라고 분명하게 요구한다. 여기에는 참가자가 “바라는” 긍정적 사건과 “바라지 않는” 부정적 사건을 다 포함한다.

언어 유창성에 관한 연구 결과는 일관되지 않지만, 한 메타 분석에서는 자살 시도자들이 기분 장애 대조군에 비해 “동물” 범주에서 낮은 유창성 점수를 보였지만, FAS 문자 유창성 과제에서는 그렇지 않았다(Richard-Devantoy et al., 2014). 자살 시도자는 미래에 관한 생각과 관련해서 대조군에 비해 일반적으로 긍정적인 생각이 적지만, 부정적인 생각이 늘어나지도 않는다.

5.4.2 인지적 유연성

인지적 유연성은 복잡한 인지 특성 중 하나로, 서로 다른 개념 사이에서 사고를 전환하거나 여러 개념을 동시에 사고할 수 있는 능력이다. 이 능력은 전략적 계획, 조직적 탐색, 환경 피드백을 이용한 인지 세트의 전환, 목표 지향적인 행동 유도 그리고 충동적 반응의 조절과 같은 다양한 인지 과정을 포함한다. 위스콘신 카드 분류 검사(Wisconsin card sorting test, WCST. 그림 5.2)는 인지적 유연성을 측정하는 데 가장 일반적으로 사용하는 신경심리학적 검사다. 이 검사에서는 색상·개수·형태 측면에서 서로 다른 그림이 있는 카드를 참가자에게 제시한다.

참가자는 카드의 짝을 맞춰 분류하라는 말을 듣지만, 어떤 기준으로

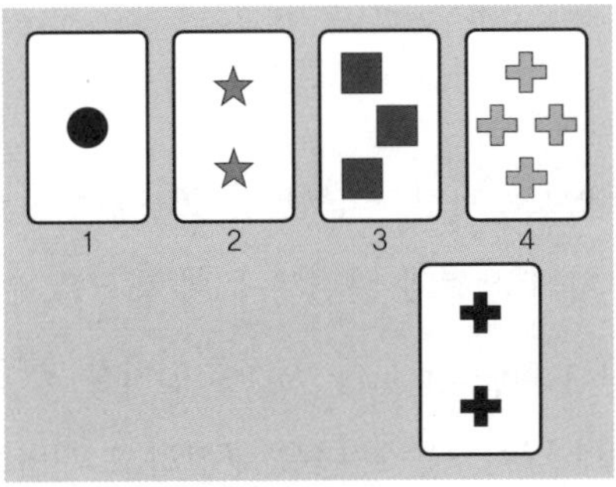

그림 5.2 위스콘신 카드 분류 검사: 컴퓨터 버전의 화면 사진. 컬러 화보 11 참조.

하라는 말은 듣지 못한다. 단지 각 분류가 옳은지 틀린지에 관한 정보만 받는다. 이 검사는 사용한 범주의 수, 시행 횟수, 오류 수, 반복 오류 수에 관한 숫자, 백분율, 백분위 등 심리 측정 점수를 산출한다. 이 검사는 특히 "세트 전환(set-shifting)", 즉 보상 조건이 바뀌는 상황에 대응해서 유연하게 사고를 전환할 수 있는 능력을 평가한다. 따라서 이 검사는 주의력, 작업 기억, 시각적 처리 등 여러 인지 기능에 달려 있다. 선추적 검사(trail making test, TMT)도 인지적 유연성을 평가하는 데 널리 사용하는 검사 중 하나다.

일반적으로 치명적 자살 시도 집단은 WCST 수행에서 자살을 시도하지 않은 집단, 덜 치명적인 자살 시도 집단, 건강한 대조군에 비해 우울증의 영향과는 무관하게 상당히 낮은 성과를 보인다. 자해를 포함한 덜 치명적인 자살 행동은 WCST 수행 저하와는 관련이 없다. 또한 현재 WCST로 측정한 인지 경직성은 자살 시도자에게만 향후 6개월간 자살 관념의 증가를 가져올 수 있다.

5.4.3 문제 해결

문제 해결은 일반적으로 가장 복잡한 신경인지 특성 중 하나라고 연구자들은 생각한다. 자살 행동과 관련해 문제 해결은 주로 수단-목표 문제 해결(means-ends problem solving, MEPS) 절차를 통해 연구해왔다. 이 검사는 목표를 향해 나아가는 수단을 구상하고 개념화하는 능력을 측정한다. MEPS는 10개 문항으로 이루어져 있으며, 각 문항은 참가자 자신이 문제 상황의 주인공이라고 상상하도록 요구한다. 참가자들은 주인공이 이 상황에서 주어진 목표를 달성하기 위해 문제를 성공적으로 해결하는 이야기를 만들어내야 한다. 그림 5.3은 MEPS에서 사용하는 문제 해결 상황의 예시다.

덜 일반적이긴 하지만 사회적 문제 해결은 사회적 문제 해결 검사(social problem-solving inventory)를 사용해서 평가한다. 이 도구는 적응적 문제 해결 차원(긍정적 문제 지향과 합리적 문제 해결)과 역기능적 차원(부정적 문제 지향, 충동성/부주의, 회피)을 측정한다.

일반 사람과 임상 표본을 대상으로 한 (사회적) 문제 해결에 관한 횡단·종단 연구는 문제 해결 능력이 부족한 경우 자살 관념과 자살 행

C씨 부인은 그날 막 이사 와서 아직 아무도 몰랐다. C씨 부인은 동네 친구를 사귀고 싶어 했다.

이 이야기는 C씨 부인이 많은 친구를 사귀고 이웃과 편안함을 느끼면서 끝난다.
당신은 C씨 부인이 동네에 도착하자마자 자기 방에 있는 장면에서 이야기를 시작한다.

그림 5.3 MEPS의 문제 해결 상황 예시.

동 등 자살 위험성이 증가한다는 명확한 증거를 제시한다. MEPS 연구를 좀더 면밀히 살펴보면, 자살 성향이 있는 사람은 적절한 수단을 적게 보고하고, 문제 해결 전략에서 수동적이며, 전략의 효과도 떨어진다는 점이 드러난다.

전반적으로 자살 행동은 문제 해결 전략을 더 적게 산출하고, 그 전략도 효과가 떨어지는 경향과 관련이 있다. 우울증 같은 정신 장애는 문제 해결 결함에 수동성 요소까지 더해짐으로써 이러한 결함을 악화하는 것으로 보인다. 문제 해결의 수동성이 오로지 자살 행동과만 독특하게 연관되는 것은 아니지만, 문제 해결 전략의 수가 적고 효과가 떨어지는 것과 결합할 때 자살 행동에 대한 취약성을 증가시키는 것으로 보인다. 따라서 문제 해결 능력의 저하는 취약 기질과 관련이 있어 보이며, 사회적 문제 해결 기술의 결함은 만성 스트레스에 노출된 개인이 자살 행동으로 기울어질 위험을 높일 수 있다.

강한 자살 의도를 가지고 자살을 시도한 고령자는 자살 생각이 없는 우울한 고령자보다 사회적 문제 해결 검사에서 삶의 문제를 더 위협적이고 해결 불가능한 것으로 인식하는 경향이 있다(Gibbs et al., 2009).

5.4.4 암묵적 연합

암묵적 연합 검사(implicit association test, IAT)는 자살을 결심한 사람이 자기를 죽음/자살과 암묵적으로 더 강하게 연합하는지 평가하는 데 사용할 수 있으며, 이러한 연합의 강도가 실제 자살 시도를 예측할 수 있는지도 확인할 수 있다. IAT는 의미 자극을 분류할 때 사람들의 반응 시간을 측정해, 자해나 삶 그리고 죽음/자살과 같은 다양한 주제에 대해 사람들이 무의식적으로 가지고 있으면서 정신적으로 자동으로 연상하는 내용을 평가한다(Greenwald et al., 2003).

참가자는 "죽음/자살 IAT"에서 **죽음**(예: **죽다, 죽은, 사망한, 생명 없는, 자살**)과 **삶**(예: **살아 있는, 생존하다, 살다, 번창하다, 숨쉬는**), 그리고 **나**(예: **나, 나 자신, 나의, 나의 것, 자기**)와 "내가 아닌 것"(예: **그들은, 그들을, 그들의, 그들의 것, 다른 사람**)을 지칭하는 자극을 분류한다(Nock & Banaji, 2007). 각 참가자가 **죽음**과 **나** 사이에 느끼는 상대적 연합 강도는 **삶/나** 구획에서보다 **죽음/나** 구획에서 더 빠르게 반응한 속도로 측정한다. 점수가 음수이면 삶과 자기(self) 사이의 연합이 더 강함을 의미한다. 종단 연구에 따르면, "죽음/자살 IAT"는 죽음/자살과 자기 사이의 암묵적 연합을 확인하게 해준다. 또한 이러한 연합 강도는 자살 시도자를 다른 정신 병리를 앓고 있는 환자와 구분하고 미래의 자살 시도를 예측하게 해주는 행동 표지다.

5.4.5 의사 결정

의사 결정은 가치와 선호를 바탕으로 여러 대안 중 특정 대안을 선택함으로써, 신념이나 행동 과정을 선택하는 인지적 과정이다. 아이오와 도박 과제(Iowa gambling task, IGT)는 의사 결정을 측정하는 데 가장 널리 사용하는 도구다. 이 과제는 지속적인 신체 피드백에 대한 감정적 처리, 작업 기억, 주의, 반응 억제, 계획, 규칙 탐지 등 다양한 인지 및 정서 기능을 요구한다. IGT는 즉각적인 보상과 지연된 처벌, 위험과 결과의 불확실성을 포함해 복잡한 실제 의사 결정의 여러 측면을 반영한

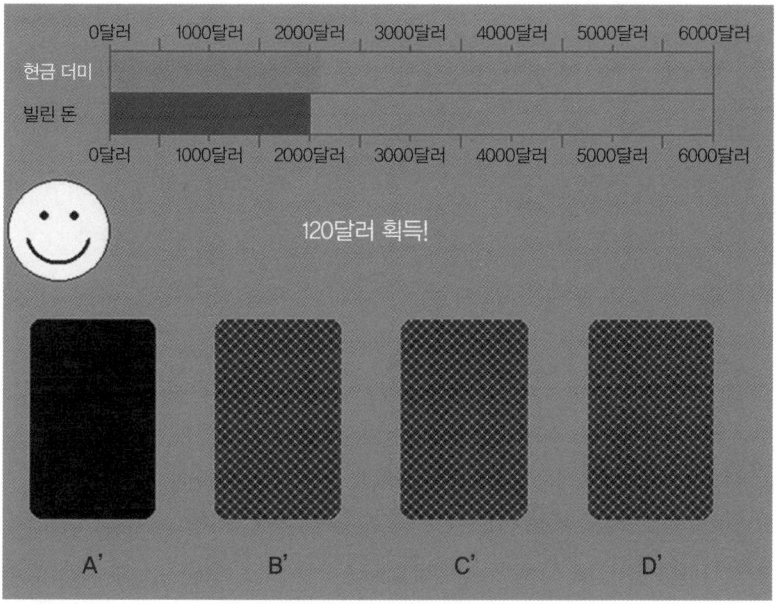

그림 5.4 아이오와 도박 과제: 컴퓨터 버전의 화면 사진. 컬러 화보 12 참조.

다. IGT는 A, B, C, D 네 가지 카드 더미로 이루어진 컴퓨터 기반 과제다. 참가자가 카드를 선택할 때마다 일정 금액의 가상 화폐를 지급한다. 그러나 이러한 보상 사이에는 확률적으로 발생하는 처벌(액수가 다른 금전적 손실)이 섞여 있다. 카드 더미 A와 B는 즉각적으로 큰 보상을 주지만, 장기적으로 보면 참가자에게 더 많은 금액을 빼앗기에 불리한 더미로 여겨진다. 반면 C와 D 더미는 작은 즉각적 보상을 주지만, 장기적으로 보면 더 많은 금액을 벌게 해 유리한 더미로 여겨진다. 한 게임은 총 100회의 카드 선택으로 이루어진다. 그림 5.4는 컴퓨터 기반 IGT의 화면 사진이다.

도박 과제의 순익 점수는 불리한 선택(카드 더미 A와 B)의 횟수를 유리한 선택(카드 더미 C와 D)의 횟수에서 빼서 계산한다. 따라서 순익 점수가 높을수록 과제 수행을 더 잘했다는 의미다. IGT에서 최적의 성적을 내려면, 참가자는 과제가 진행됨에 따라 각 카드 더미에 따른 결과를 학습하고 전략을 조절해서 주로 유리한 카드 더미를 선택해야 한다.

개별 연구, 체계적 문헌 고찰, 메타 분석 모두 의사 결정 결함이 자살 행동과 일관되게 연관됨을 보여준다. 이러한 결함은 기분 장애와 무관하게 나타나고, 우울 에피소드 이후에도 지속된다. 몇몇 연구에서는 폭력적인 자살 시도 이력이 있는 경우가 비폭력적인 시도보다 저조한 수행을 보인다고 한다. 특이하게도, 자살 시도자와 정서 장애 대조군은 건강한 대조군보다 과제의 결과 패턴(즉 어떤 선택이 더 큰 이득이나 손실을 주는지)을 이해하는 빈도가 낮다. 이해도는 건강한 대조군과 정서 장애 대조군에게서 더 나은 수행과 연관이 있지만, 자살 시도자에게는 그런 연관성이 없다. 자살 시도자는 자신이 알고 있는 것과 행동하는 것 사이에 괴리가 있다.

최근 연구는 성인 의사 결정 능력 검사(adult decision-making competence, A-DMC)를 사용해서 의사 결정 과정의 다양한 구성요소를 집중해서 다루었다. 첫째, 자살 시도자는 매몰 비용(sunk cost: 손실을 만회할 수 없는 행동을 중단하지 못하는 무능력)에 저항하지 못하는 경향이 있다. 즉 이미 만회 불가능한 투자에도 불구하고 실패하는 계획을 계속 고수한다는 것이다. 이러한 만회 불가능한 비용에 저항하지 못하는 현상은 일종의 함정으로 볼 수 있는데, 이것은 자살 시도자가 과거의 고통스러운 경험에 더 강하게 집중해 의사 결정한다는 점을 시사한다. 둘째, 자살 시도자는 프레이밍 편향에 취약하다. 이것은 문제를 더 높은 추상적 수준에서 개념화하지 못하는 것으로, 자살 위기 상황에서 대안적 해결책의 모색을 방해할 수 있다. 이 결과는 2장에서 설명했듯 자살 취약성에 대한 인지심리학 모형의 함정과 탈출 불가능성이라는 특성과도 일치한다.

기본적인 신경심리학적 기능(예: 주의)이 더 복잡한 신경심리학적 기능(예: 의사 결정 및 문제 해결)의 손상에 어느 정도 기여하거나 책임이 있는지는 명확하지 않다. 실제로 의사 결정 과정은 적절히 주의를 집중하고 그 기반이 되는 정보를 통제하지 못할 때 훼손될 수 있다(Keilp et al., 2008). 한 연구에서는 아이오와 도박 과제(IGT)에서 저조한 의사 결정 수행이 선택적 주의력 그리고 기억력 손상과 관련이 있음을 발견했다(Hardy et al., 2006). 선택적 주의력 수행의 저하는 자살 시도자에게서 공통으로 나타나는 "인지 경직성"의 바탕을 이룰 수 있다(Pollock & Williams, 1998). 더불어 (과잉 일반화된) 자서전적 기억과 (비효율적인) 문제 해결 전략 사이의 상관관계를 보여주는 연구도 있다(Pollock & Williams, 2001; Kaviani et al., 2003, 2004, 2005; Arie et al., 2008). 자서전적 기억과 미래 생각 간의 상관관계에 관한 증거도 나오고 있다. 윌리엄스(Williams, 1996)는 자살 위험 환자와 건강한 대조군이 과거의 사건을 회상하는 특이성의 정도가 미래를 상상하는 특이성의 정도를 결정하는지 조사했다. 자살 위험군은 과거와 미래 모두에 대해 상대적으로 일반적이고 추상적인 반응을 보였으며, 특이성 수준에서 과거의 기억과 미래 생각 간 상관관계는 두 집단 모두에서 나타났다. 최근의 신경 영상 연구에서는 과거와 미래 사건을 생각할 때, 매우 유사한 패턴의 뇌 활성화가 나타났다(Botzung et al., 2008). 따라서 신경심리학적 기능(또는 기능 장애)은 서로 군집하는 경향이 있다. 이러한 군집은 여러 신경심리학적 기능이 자살 행동의 바탕을 이루는 동일한 기질에서 나온 것일 수 있음을 시사한다. 다른 한편, 자살 시도자를 대상으로 한 연구는 의사 결정 변화가 인지적 통제(인지적 유연성, 인지적 통제, 작업 기억을 포함해서)와는 대체로 무관하며 주의력 결핍과도 관련이 없다고 제안한다. 왜냐하면 스트룹 검사 수행과 IGT 수행 간에 연관성이 없었기 때문이다. 하지만 go/no-go 과제의 오류(Westheide et al, 2008)나 스트룹 과제(Legris et al, 2012)를 사용해 자살 시도자의 의사 결정과 인지 억제를 살펴본 몇몇 연구는 IGT 순익 점수와 주의력, 작업 기억, 인지적 유연성 사이에 유의미한 상관관계를 보고했다. 또한 이 장에서 더 살펴보겠지만, 주의력 통제를 향상하는 개입이 의사 결정 능력을 개선할 수 있음을 보여주는 연구도 있다. 종합하면, 이러한 고찰은 IGT에 기초한 의사 결정과 주의력 통제 같은 인지 능력의 분리 가능성을 부분적으로만 뒷받침한다(Toplak et al, 2010).

그렇지만 이러한 분리 가능성은 (앞서 언급한) 자살 행동에 대한 신경인지 취약성이 두 개의 전혀 다른 해부학적 시스템 손상에 기초할 수 있다는 제안과 일치하는데, 여기서 하나의 시스템은 (복내측 전전두엽 피질과 연결된) 가치 기반 의사 결정을 처리하는 시스템이고, 다른 하나는 (배측 전전두엽 피질과 연관된) 인지 통제를 담당하는 시스템이다. 6장에서는 자살 취약성에 관한 기능적 및 구조적 신경해부학을 자세히 다루며, 신경인지 특성과 갖는 기능적 상관관계도 논의할 것이다.

종합하면, 자살 행동에 대한 취약성은 한편으로는 (IGT로 측정했을 때 의사 결정을 뒷받침하는) 가치 기반 및 동기 부여 과정의 변화, 다른 한편으로는 (유창성 검사와 스트룹 과제로 측정하는) 인지 통제 과정 변화의 결합에 따른 결과로 가정해볼 수 있다(Jollant et al., 2011). 인지 통제는 내부 목표에 따라 사고와 행동을 조율하는 기제를 의미하며, 과제 전환, 반응 억제, 오류 탐지, 반응 갈등, 작업 기억 등 다양한 기능을 포함한다(Richard-Devantoy et al., 2014).

이 인지 모형의 임상적 의미는 취약한 사람이 사회적 거절 신호와 같은 부정적 생애 사건에 더 강하게 가치를 부여하는 경향이 있다는 것인데, 이런 사건은 심각한 정신적 고통을 수반하는 강렬한 부정적 상태를 유발한다(1장 참조). 이러한 반응을 조절하는 데 겪는 어려움은 일부 선택지의 장기적 결과를 미리 상상하는 데 겪는 어려움과 결합해서 선택 가능한 범위를 제한하고, 그래서 자살을 이 고통스러운 상태에서 벗어날 유일한 방법으로 고려하게 만들 수 있다(Richard-Devantoy et al., 2014).

5장 요약

- 이 장은 80편 이상의 연구 자료를 검토하며, 주의력, 기억력, 그리고 미래 상황 유창성, 문제 해결, 의사 결정 같은 실행 기능을 포함하여 자살 행동 관련 인지 기능의 장애를 밝혀낸다.
- 최근 연구는 특히 가치 기반 의사 결정 과정에서 명확한 변화가 있음을 보여준다.
- 절망감은 자살 행동의 강력한 예측 인자로, 문제 해결과 언어 유창성의 결핍과 관련된다(여기서 결핍은 부정적인 미래 사건을 더 많이 떠올리는 경향이 아니라, 긍정적인 미래 사건을 떠올리는 능력의 저하와 관련이 있다).

◦ 주의력, 기억력, 유창성, 정신적 유연성의 결핍은 저위험 자살 행동보다 고위험 자살 행동에서 더 두드러지게 나타나며, (자해 행동의 결과로 이러한 결핍이 발생했다는) 정반대 인과관계는 가능성이 작다.

◦ (자살 행동과 인지 기능 장애 모두와 관련된) 제3의 공통 요인으로 지능 지수(IQ, 1장 참조)나 우울증이 그런 역할을 할 수 있다.

◦ 우울증과 관련해서, 우울 상태에서 스트룹 과제를 수행할 때 주의력 결핍을 반영하는 간섭 효과가 나타나거나 악화할 수 있다. 이 때문에 자살 위험은, 특히 자살 생각에 대한 주의를 추적하고 통제하는 데 겪는 어려움과 함께 커질 수 있다. 자서전적 기억과 관련해서는, 우울증이 개인의 자살 행동 취약성을 높이는 기제 중 하나가 기억의 손상일 수 있다. 문제 해결과 미래 유창성에 관한 연구 결과는 기분의 작은 변화가 결핍을 다시 불러올 수 있음을 시사한다. 중요한 임상적 함의는 작은 기분 변화가 절망감 증가와 문제 해결 능력 감소를 동시에 초래해 자살 위기를 촉진할 수 있다는 점이다.

◦ 방법론적 문제로는 (비)자살 행동의 정의가 명확하지 않고 표본 크기가 작다는 점이 있다.

◦ 그럼에도 불구하고 인지 결함은 자살 행동에 인과적 영향을 미칠 가능성이 있다. 종단 연구를 포함한 다양한 연구 집단에서 나온 일치된 결과와 생물학적 기울기(치명성이 높은 자살 행동일수록 결핍이 더 심함)의 존재가 이러한 가능성을 뒷받침한다.

◦ 인지 결함의 원인은 아직 명확하지 않으나 다음과 같은 요인이 있을 수 있다.

 -유전: 인지 기능의 유전성은 상당하다. 예를 들어 스트룹 과제 수행의 유전성은 최대 50퍼센트에 이른다. 자살자의 직계 가족은 WCST와 IGT 검사에서 자살 시도자와 유사한 인지 결함을 보이지만, 인지 통제 능력은 잘 유지함으로써 자살 행동으로부터 자신을 보호할 수 있다(McGirr et al., 2013; Hoehne et al., 2015).

- 불충분한 태아 성장: 자살 행동의 위험 요인으로 알려져 있으며, 뇌 발달 장애와 관련될 수 있어 자살 취약 기질의 자궁 내 결정 요인이 될 수 있다(1장 참조). 산모의 스트레스는 자녀의 주의력 결핍과 연관된다(Weinstock, 2008).
- 스트레스: 자살 행동을 촉발하는 공통 스트레스 요인인 패배 인식은 기억 기능을 저해한다(Johnson et al., 2008). 코르티솔 투여, 즉 우울한 자살자에게서 농도가 증가할 수 있는 스트레스 호르몬은 긍정적 단어 회상을 저해하는 반면, 부정적 단어 회상에는 영향을 미치지 않는다(Tops et al., 2004).

○ 인지 연구에서 중요한 결론 중 하나는 자살 위험 치료가 상태 의존적인 특성에만 집중해서는 안 된다는 점이다. 우울한 기분이 정상으로 돌아오면 절망감과 자살 위험이 사라질 수 있지만, 우울증이 재발하고 근본적인 신경심리학적 장애가 지속되면 언제든 다시 활성화할 수 있다. 윌리엄스와 동료들(2008)은 절망감을 줄이는 것만으로는 충분하지 않으며, 치료가 끝날 때 절망감이나 자살 관념 수준이 낮아졌다고 해서 근본적인 취약성이 치료되었다고 안심해서는 안 된다고 지적한다. 의사가 환자의 절망감 감소를 치료 성공의 신호로 착각하고, 인지 반응성과 같은 신경심리학적 손상이 변하지 않은 점을 간과할 위험이 있다. 따라서 치료 말미에 재발 예방 과제를 도입하는 것은 유망한 접근법이다(Brown et al., 2005). 이 과제의 목적은 이전 자살 시도와 관련된 생각과 감정을 자극하고, 환자가 자신의 문제에 적응적으로 반응할 수 있는지를 평가하는 것이다. 과제를 성공적으로 수행하면 치료의 종결을 정당화할 수 있다.

○ 인지 결함은 치료할 수 있다. 파록세틴이나 부프로피온 같은 항우울제는 우울증이 심한 자살 위험군에서 주의력과 기억력 영역의 인지 결함을 정상화할 수 있는데, 이는 우울증의 심각성 개선 여부와 상관없이 나타날 수 있다(Gorlyn et al., 2015). 마음챙김 명상은 과거와 미래에 대한 집착과 부정적 정서를 줄임으로써 만회 불가능한 비

용 편향에 대한 저항력을 높여 의사 결정 능력을 높일 수 있다(Hafenbrack et al., 2014). 따라서 이러한 개입은 주의 정보 처리 편향을 줄이고, 자살 위험군이 자살 대신 희망과 삶의 이유 같은 대안에 주의를 돌리도록 도울 수 있다.

복습 문제

1. 자살 행동과 관련된 주요 인지 결함을 설명하시오.
2. 자살 위험은 "뜨거운" 인지 영역과 "차가운" 인지 영역 중 어느 쪽 기능 장애와 관련이 있는가?
3. 우울 상태와 장기적인 인지 장애는 어떻게 상호작용해 자살 위험을 높일 수 있는가?
4. 주의력 통제를 강화하는 중재는 어떻게 의사 결정 능력을 향상할 수 있는가?
5. 자살 위험군이 가지고 있는 인지 결함의 세 가지 잠재적 원인을 제시하시오.
6. 인지 결함이 자살 행동의 치료와 예방에 어떤 함의를 가지는지 설명하시오.

더 읽을거리

Jollant, F., Lawrence, N. L., Olié, E., Guillaume, S. & Courtet, P. (2011). The suicidal mind and brain: A review of neuropsychological and neuroimaging studies. *The World Journal of Biological Psychiatry*, *12*, 319–39.

Richard-Devantoy, S., Berlim, M. T. & Jollant, F. (2014). A meta-analysis of neuropsychological markers of vulnerability to suicidal behavior in mood disorders. *Psychological Medicine*, *44*, 1663–73.

van Heeringen, K., Bijttebier, S. (2016). Understanding the suicidal brain: A review of neuropsychological studies of suicidal ideation and behavior. In R. C. O'Connor & J. Pirkis (Eds.), *The international handbook of suicide prevention* (2nd edition). Chichester: Wiley.

Williams, J. M. G. (2001). *Suicide and attempted suicide*. London: Penguin Books.

인지 범주별 참고문헌

지각

Seymour et al., 2016; Williams et al., 2015.

주의

Williams & Broadbent, 1986; Becker et al., 1999; King et al., 2000; Keilp et al., 2001; Marzuk, 2005; Harkavy–Friedman et al., 2006; Raust et al., 2007; Dombrovski et al., 2008; Keilp et al., 2008; Ohmann et al., 2008; Rüsch et al., 2008; Westheide et al., 2008; Malloy–Diniz et al., 2009; Cha et al., 2010; Keilp et al., 2013; Dixon–Gordon et al., 2014; Drabble et al., 2014; Keilp et al., 2014; Tsafrir et al., 2014; Chung & Jeglic, 2016; Steward et al., 2017.

기억

Williams & Broadbent, 1986; Williams & Dritschel, 1988; Evans et al., 1992; Sidley et al., 1997; Kaviani et al., 2003; Kaviani et al., 2004; Kaviani et al., 2005; Williams et al., 2005a; Williams et al., 2005b; Leibetseder et al., 2006; Sinclair et al., 2007; Williams et al., 2007; Arie et al., 2008; Johnson et al., 2008; Rasmussen et al., 2008; Rüsch et al., 2008; Westheide et al., 2008; Williams et al., 2008; Malloy-Diniz et al., 2009; Delaney et al., 2012; Keilp et al., 2013, 2014; Richard-Devantoy et al., 2014.

암묵적 연합 검사

Nock et al., 2010.

유창성

Bartfai et al., 1990; MacLeod et al., 1993; MacLeod et al., 1997; Audenaert et al., 2002; Conaghan & Davidson, 2002; Hunter & O'Connor, 2003; Tops et al., 2004; Hepburn et al., 2006; O'Connor et al., 2008; Williams et al., 2008.

정신적 유연성

McGirr et al., 2012; Miranda et al., 2013.

문제 해결

Sidley et al., 1997; Pollock & Williams, 1998; Pollock et al., 1998; Pollock & Williams, 2001; Kaviani et al., 2004; Pollock & Williams, 2004; Williams et al., 2005a; Arie et al., 2008; Nock et al., 2008; Gibbs et al., 2009; Oldershaw et al., 2009.

의사 결정

Jollant et al., 2005; Jollant et al., 2007; Oldershaw et al., 2009; Dombrovski et al., 2010; Clarke et al., 2011; Dombrovski et al., 2011; Martino et al., 2011;

Bridge et al., 2012; Chamberlain et al., 2013; Gorlyn et al., 2013; Jollant et al., 2013; Ackerman et al., 2015; Hoehne et al., 2015; Szanto et al., 2015; Richard-Devantoy et al., 2016c; Pustilnik et al., 2017.

치료와 예방

Hafenbrack et al., 2014; Gorlyn et al., 2015.

06

자살한 사람의 뇌 영상

시스템신경과학과 자살

학습 목표

- 주요 구조적·기능적 뇌 영상 기법을 설명하고, 이 기법이 자살 위험 발생 이해에 어떻게 기여하는지 보여준다.
- 자살 행동에 관여하는 전두엽-시상 회로의 주요 회색질과 백색질의 구성요소를 설명한다.
- 사이버볼(Cyberball) 게임이란 무엇인가? 이 게임을 이용한 신경 영상 연구로 자살 행동에 대해 무엇을 알 수 있는가?
- 의사 결정 장애와 자살 행동을 연결하는 기제는 무엇이며, 영상 연구를 통해 이 기제에 대해 무엇을 알 수 있는가?
- 자살 행동에서 나타나는 뇌의 구조적·기능적 변화의 가능한 원인은 무엇인가?

머리말

시스템신경과학은 앞서 인지신경과학 장에서 다룬 비교적 고차원적인 기능을 유발하는 신경 회로와 시스템의 기능에 집중한다. 주요 도구에는 양전자 방출 단층 촬영(PET)을 이용한 분자 영상 그리고 자기 공명 영상(MRI)을 이용한 기능적·구조적 영상 및 연결성 영상 기법이 있다. 시스템신경과학의 초점은 자살 행동에 관여하는 뇌 회로를 규명해, 자살 발생의 개인차를 초래하는 시스템 수준의 신경생물학적 기제를 이해하는 데 있다.

자살 발생의 개인차는 자살 예방에 큰 문제를 제기하는데, 시스템신경과학이 중요한 기여를 할 것으로 보인다. 특히 개인차는 위험 평가의 정확성과 치료 반응 예측에 한계를 초래하는데, 이 두 가지 한계는 효과적인 자살 예방을 가로막는 주요 장벽이다. 의사는 개인 수준에서 자살 행동의 발생을 예측할 수 없다. 종종 우울증 환자는 자살 생각에 매우 큰 두려움을 느끼고, 이런 생각이 실제 자살 행동으로 이어질지조차 예측하지 못하는 경우가 많다. 게다가 자살 위험이 높아 보이더라도, 그 근거가 부족해서 그 위험을 관리하는 일이 쉽지 않다. 예를 들어 치료에 대한 개인의 반응이 자살 위험의 감소 측면에서 어떠할지 예측할 수 없고, 약물 치료든 심리 치료든 이러한 개입이 오히려 자살 행동의 위험을 증가시킬 수 있다. 자살 위험의 감소 측면에서 치료에 대한 긍정적인 반응이 있더라도, 우리는 이러한 반응을 가져온 방법과 이유를 알지 못한다. 이 장에서는 자살 위험과 치료의 표적을 보여주는 생체 지표로 기능할 수 있는 뇌 회로와 시스템을 규명함으로써, 뇌 영상 기술이 효과적인 자살 예방의 장벽을 극복하는 데 기여할 잠재력을 논의할 것이다.

하지만 자살 위험에 관한 뇌 영상 연구에서 기대할 수 있는 것은 이보다 더 많다. 인지 연구(5장 참조)와 함께 신경 영상은 뇌를 들여다보는 창을 제공하며, 이를 통해 자살의 역동성이나 자살 행동으로 이어지는 인지 경로, 즉 자살하는 사람의 마음 구조에 대해 많은 것을 배울 수 있다. 인지 과정과 그 신경해부학적 기초에 관한 통합적 이해는 이러한 신경인지 경로를 밝히고, 8장에서 다룰 계산 모형과 같은 새로운 자살 위험 모형의 개발에 확고한 기반을 제공한다. 가독성을 높이기 위해 참고문헌은 장 끝에 뇌 영상 기법별로 정리해 수록할 것이다.

6.1 자살한 사람의 뇌 영상

6.1.1 자살 행동의 구조적 영상 연구

MRI(기술적 세부 사항은 3장 참조)를 이용한 자살 행동의 구조적 영상 연구는 주로 회색질과 백색질의 병변에 집중해왔다. 뇌 MRI 연구는 자살 행동과 관련해 일관되게 회색질 고강도(GMH)와 백색질 고강도(WMH)라는 이상 소견을 보여준다. 일반적으로 백색질 고강도는 혈류 공급 제한, 미엘린 수초의 손실 또는 변형(탈수초화), 출혈 또는 아교세포 비대 등 다양한 원인으로 발생할 수 있다. 그림 6.1은 자살 행동과 관련된 뇌실 주변 백색질 고강도(hyperintensities)의 예시다(Pompili et al., 2008).

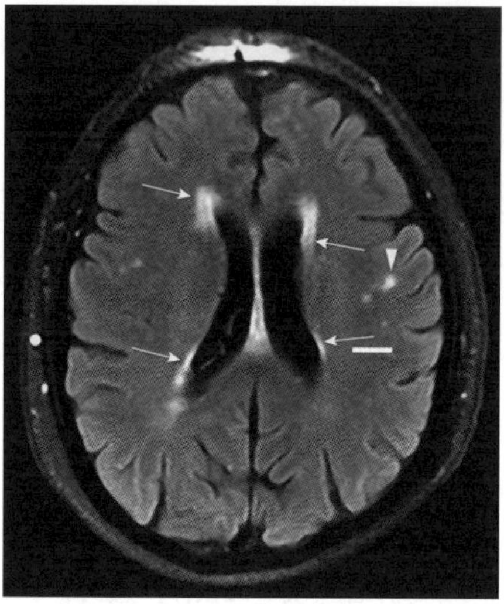

그림 6.1 뇌실 주변 백색질 고강도.

고강도는 일반적인 노화 과정에서 흔히 나타나지만, 고령의 자살 시도자는 고령 환자 대조군보다 더 많은 백색질 고강도(WMH)를 보인다. 또한 WMH의 존재는 우울한 아동과 청소년에게서 자살 시도 위험의 증가를 나타내준다. WMH는 연령대와 무관하게 자살 행동을 다룬 영상 연구에서 가장 반복해서 나오는 소견 중 하나다. 그러나 이러한 WMH 소견은 해석이 어렵고, 이에 대해서는 뒤에서 다룬다.

자살 행동과 관련해서 백색질의 구조적 특성은 확산 텐서 영상(DTI, 기술적 내용은 3장 참조)을 이용해 연구해왔다. 주요 발견은 왼쪽 내포(internal capsule)를 통과하는 전두엽-시상 회로, 왼쪽 안와 전두 백색질 그리고 시상에서 백색질 이상을 관찰한 것이다. 뇌 전체 DTI 데이터를 기반으로 한 상세한 경로 기반 공간 통계 분석(tract-based spatial statistical analysis)

의 개발을 통해 여러 측정치를 이용해 백색질 변화를 평가해왔다. 이 방법은 조현병, 공황 장애 등 정신적 문제를 가진 개인과 건강한 대조군을 비교해 자살 행동과 백색질의 상관관계를 연구하는 데 활용할 수 있다. 다양한 연구 대상 집단에서 결과는 놀랍도록 비슷한데, 자살 시도자는 비시도자에 비해 왼쪽 코로나(corona) 방사, 시상 방사, 내포 그리고 시상 상부 백색질에서 분할 비등방도(FA, 물 분자의 확산 방향성을 측정하는 FA는 백색질 섬유가 동일한 방향을 갖고 있는 정도를 반영하며, 구조적 연결성의 중요 지표로 온전하다. 기술적 세부 사항은 3장 참조)가 유의미하게 높게 나타난다. 자살 시도자는 왼쪽 내포, 시상 방사, 시상 상부 백색질 등 유사한 영역에서 축 확산율(axial diffusivity, AD)은 상당히 낮지만 평균 확산율(mean diffusivity, MD)은 정상으로 나타나, 이 영역에서 축색의 이상이 있음을 시사한다. 자살 시도자는 DTI 섬유 추적(fiber tracking) 분석에서 왼쪽 내측 전두 피질, 안와 전두 피질, 왼쪽 시상으로 투사되는 섬유 수와 왼쪽 내포전각(ALIC)을 통과하는 섬유 수가 자살 비시도자와 상당히 다르다(Jia et al., 2014).

이러한 발견은 전두엽-시상 회로의 구체적 변화에 대해 새로운 세부 정보를 제공한다. 이 회로에서 시상-피질 및 피질-시상 경로의 해부학적 이상이 신경 회로 기능 장애에 기여할 수 있으며, 이것이 행동 통제에 영향을 미쳐 우울증 환자의 자살 위험을 증가시키는 방식으로 작용할 수 있다. 이 시상-피질 회로가 자살 위험 발달에 미치는 구체적 역할은 8장에서 상세히 다룬다.

종합하면, 백색질 연구는 자살 행동과 관련해 다음과 같은 변화를 보여준다.

- 왼쪽 내포, 시상 방사, 코로나 방사 그리고 시상 상부 백색질에서 연결성 증가(분할 비등방도의 증가가 이를 보여줌)
- 왼쪽 안와 전두 피질과 양측 배내측 전두엽에서 연결성 감소(FA 감소 또는 섬유 경로 수 감소)
- 왼쪽 내포에서 시상과 안와 전두 피질로 투사하는 섬유의 평균 비율 감소

이런 발견은 전두엽·측두엽·두정엽에서 보이는 백색질 고강도와 일치한다. DTI 연구는 왼쪽 뇌 반구에서만 백색질 변화를 보여주지만, 그 의미가 아직 명확하지 않다는 점은 주목할 만하다. 연결성 증가는 정보 전달을 더 많이 빠르게 할 수 있어, 특정 감각 정보를 비정상적으로 두드러지게 만들거나 하향적 인지 통제를 강화할 수 있다(8장 참조).

이와 다른 연구는 피질 및 피질하 회색질 영역에 나타나는 형태 측정상의 차이에 집중함으로써 피질 두께와 부피를 살펴본다. 자살 행동과 관련해서 전전두엽 피질 영역의 부피가 감소하는데, 여기에는 안와 전두 피질, 복외측 전전두엽 피질, 내측 및 배내측 전전두엽 피질(전측 대상회 피질 포함) 그리고 배외측 전전두엽 피질이 포함된다. 이러한 차이는 단극성 및 양극성 기분 장애, 조현병, 경계선 성격 장애와 같은 정신과 진단과 무관하게 나타난다는 점을 주목할 만하다.

중요하게도, 10장에서 더 자세히 다루겠지만, 리튬 치료는 자살 시도자에게 나타나는 피질 부피 감소를 되돌리는 것으로 보인다. 피질 부피 감소는 섬엽·두정엽·측두엽·후두엽과 소뇌에서도 나타난다. 특히 오른쪽 배외측 전전두엽 피질, 섬엽피질, 상측 측두피질에서 뚜렷한 피질 위축(얇아짐)이 보인다. 반면 몇몇 연구에서는 하전두회의 백색질 부피

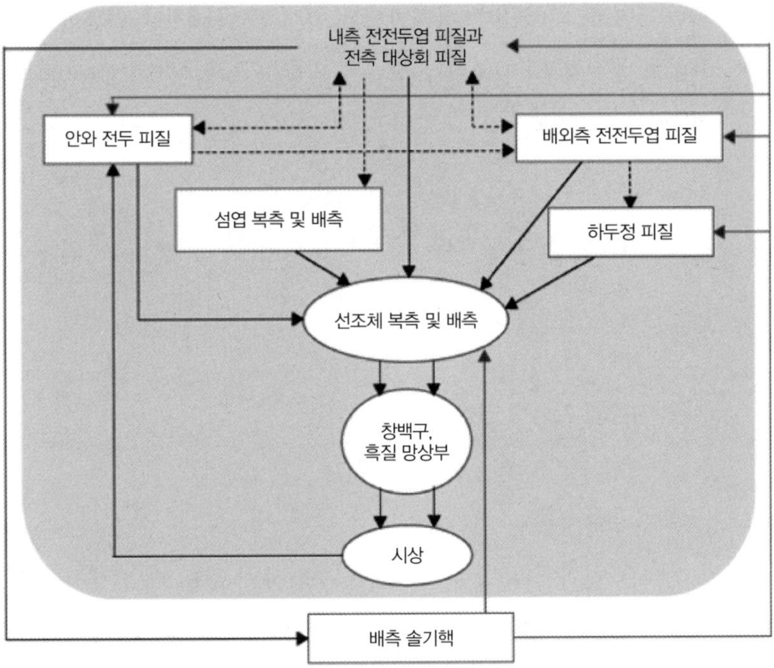

그림 6.2 전두엽-시상 회로와 자살 행동: 구조적 영상 연구의 결과 〔*The Lancet Psychiatry*, 1, van Heeringen K & Mann JJ, The neurobiology of suicide, 63-72, copyright 2014. 엘스비어(Elsevier) 출판사의 허가를 받아 재인용〕. 컬러 화보 13 참조.

증가와 측두피질 부피 증가를 보고하기도 한다.

자살 행동 이력이 있는 사람은 기저핵을 포함한 여러 피질하 핵의 부피가 감소한다. 시상에 관한 연구는 부피가 증가한 경우부터 감소한 경우까지 일관되지 않은 결과를 보여준다. 이러한 불일치는 세로토닌 수송체 유전자와 관련된 유전적 특성(ss 표현형에서 부피 증가. 4장 참조)과 항우울제의 영향과 관련이 있어 보인다. 최근 자살 시도자의 경우 오른쪽 해마의 부피가 감소했다는 보고가 있다. 편도체는 일부 연구에서 부피가 증가한 것으로 나타난다. 마지막으로, 전부는 아니지만 일부 연구에서는 왼쪽과 오른쪽 뇌 반구를 연결하는 뇌량의 후방 3분의 1 부위에서 부피 감소를 발견했다. 여기서 뇌량은 미엘린 수초로 이루어진 넓은 다발이다. 그림 6.2는 자살한 사람의 뇌를 비교한 구조적 영상 연구 결과를 요약한 것으로, 자살 행동과 관련된 시상-피질 회로의 변화를 보여준다.

6.1.2 자살 행동의 기능적 영상 연구

6.1.2.1 휴지기 영상

휴지기 영상은 참가자가 명시적 과제를 수행하지 않을 때 발생하는 뇌 영역 간 상호작용을 평가하는 기능적 뇌 영상 방법이다. 이 휴지기 뇌 활동은 뇌의 혈류 변화나 대사 활동 변화를 통해 관찰하고, 이는 fMRI, PET 또는 SPECT로 측정할 수 있다. (기술적 세부 사항은 3장 참조.) 외부 자극에 의한 과제가 없는 상태에서도 뇌 활동은 존재하기 때문에, 모든 뇌 영역은 자발적인 변동을 보인다. 휴지기 접근법은 기능적 연결성, 즉 기능적 특성을 공유하는 뇌 영역 간 연결성을 포함해서 뇌의 기능적 조직을 탐색하는 데 유용하다.

우울증이 있는 고위험 자살 시도자는 저위험 자살 시도자와 비교할 때, 복측과 내측 및 측면 전전두엽 피질에서 상대적으로 저조한 뇌 활동을 보인다. 이런 차이는 세로토닌 수용체 작용제인 펜플루라민 투여 후 더욱 커지고, 자살 시도의 치명성과 상관관계가 있다. 또 다른 PET 연구에서는 위약(placebo) 투여 후 자살 비시도자와 비교해서 시도자는 오른쪽 배외측 전전두엽 피질에서 뇌 활동이 낮고, 복내측 영역에서는 높았다. 펜플루라민 복용 후에는 상대적으로 활동이 떨어진 영역이 커진다. 이러한 세로토닌 관련 발견은 4장에서 설명한 신경 전달 물질 세로토닌의 관여를 확인해준다. 따라서 자살 행동 이력과 관련된 구체적인 뇌 영역의 포도당 대사 변화는 세로토닌 기능 변화와 관련이 있고, 자살 위험의 최저에서 최고까지 연속적인 범위 내에서 다양하게 변화한다.

자살 시도자의 휴지기 fMRI는 왼쪽 소뇌의 연결성 증가와 오른쪽 상두정엽('설전부')의 연결성 감소를 보여준다. 또 다른 fMRI 연구에서 자살 시도자는 비시도자와 비교해서 오른쪽 상측두회에서 활동이 상대적으로 증가하고, 오른쪽 복내측 전두회에서는 활동이 떨어졌다.

뇌의 단일 광자 방출 컴퓨터 단층 촬영(SPECT)에 따르면, 촬영 후 자살한 사람의 운동피질, 뇌량, 슬하부 대상회 그리고 전배측 피질에서 휴지기 활동이 우울증 환자나 건강한 대조군보다 상대적으로 낮게 나타났다. 활동 저하가 뚜렷한 뇌 부위는 측좌핵으로, 복내측 전전두엽 피질과 좌우 피각까지 확장한다.

PET 촬영(이 연구 방법에 관한 자세한 내용은 3장 참조)을 이용해서 휴지기 뇌 활동을 측정한 결과, 구체적인 자살 계획이 있는 우울증 환자는 단순 자살 생각만 하는 환자보다 오른쪽 중전두회와 오른쪽 하두정소엽(브로드만 영역 10과 39)의 뇌 활동이 낮았다. 우울증 환자의 자살 계획은 의사 결정과 선택, 특히 탐색 행동에 관여하는 뇌 영역의 활동 감소와 연관된 것으로 보인다. 이 부분은 8장에서 자세히 다룬다.

신경약리학적 특성은 PET와 SPECT 같은 기능적 뇌 영상 기법을 이용해 뇌 영역과 연결할 수 있다. 그중에서도 세로토닌 신경 전달 시스템에 관한 연구가 가장 많다. 세로토닌 수송체에 관한 PET 연구는 중뇌에서 결합 감소를 보여준다. 5-HT_{2A} 수용체 결합에 관한 연구 결과는 엇갈린다. 자살 시도자와 비시도자는 전전두엽 피질과 뇌간의 솔기핵에서 5-HT_{1A} 수용체 결합에는 차이가 없지만, 솔기핵 수용체 결합은 치명성이 높은 자살 시도자가 치명성이 낮은 시도자보다 45퍼센트 더 많다. 100명의 우울증 환자를 대상으로 한 2년 추적 PET 연구에서 솔기핵 5-HT_{1A} 결합이 높을수록 이 기간에 치명적 자살 행동을 할 가능성이 큰 것으로 예측되었다. 탐색적 분석에서는 섬엽, 전측 대상회, 배외측 전전두엽 피질에서 5-HT_{1A} 결합도 치명성 예측과 관련이 있음을 시사한다. 따라서 솔기핵 5-HT_{1A} 결합 잠재력이 클수록 2년 동안 더 치명적인 자살 행동이 나타날 가능성이 높다. 이 효과는 세로토닌 신경세포의 발화와 분비 감소를 통해 나타날 수 있다.

뇌 특정 부위의 세로토닌 합성은 PET와 α-(^{11}C)-메틸-L-트립토판 포획법을 이용해 연구할 수 있다. 건강한 대조군과 비교할 때, 치명성이 높은 자살 시도자는 안와 전두 피질과 복내측 전전두엽 피질에서 세로토닌 합성이 감소한 것으로 나타났다. 이들 부위에서 α-(^{11}C)-메틸-L-트립토판 포획 정도는 자살 의도와 부적(−) 상관관계를 보인다. 따라서 전전두엽 피질에서 세로토닌 합성이 낮으면 치명성이 높은 자살 행동의 문턱이 낮아질 수 있다.

6.1.2.2 분광법

3장에서 설명했듯이 분광법은 MRI를 이용해 글루타메이트, 감마아미노부티르산(GABA), N-아세틸아스파테이트(NAA), 크레아티닌, 미오이노시톨 같은 분자의 농도를 측정한다. 자살 시도자의 왼쪽 해마에서는 NAA/크레아티닌 비율이 건강한 대조군과 비교해서 감소한 것으로 나타났다. 그러나 우울한 사람의 대조군이 없어 이 결과는 자살 행동에 대한 신경생물학적 취약성보다는 우울 상태를 더 반영하는 것으로 보인다. 또 다른 분광법 연구에서는 자살 시도자와 우울증 대조군 간에 오른쪽 배측 전전두엽 피질에서 글루타메이트, GABA, NAA를 포함한 9종 분자 농도에 차이가 없었다. NAA가 자살 위험에 미치는 잠재적 역할은 위험 요인의 맥락 속에서 그리고 백색질 이상의 가능한 원인에 관한 논의에서 추후 다룰 예정이다.

6.1.3 자살 위험 요인에 관한 영상 연구

1장에서 설명했듯이 자살 행동은 근접 위험 요인과 배경 위험 요인의 상호작용 결과다. 근접 위험 요인, 즉 자살 행동 위험 증가와 관련된 상태 의존적 특성에는 우울증, 조현병, 약물 사용 장애와 같은 정신 장애가 있다. 그러나 이러한 장애를 겪는 대다수는 자살 행동을 보이지 않기 때문에, 자살 위험과 관련해 이들 장애의 특이성은 제한적이다. 따라서 이 장에서는 이러한 장애에 관한 영상 자료는 검토하지 않는다. 하지만 정신적 고통과 절망감 등 다른 상태 의존적 특성은 자살 행동 위험의 증가와 더 구체적으로 연관된다. 자살 행동과 관련이 있는 이러한 상태 의존적 임상 요인에 관한 영상 연구는 자살 위험 평가 및 치료에 도움을 줄 수 있으므로 이후에 검토할 예정이다. 배경 위험 요인에는 공격성, 충동성 같은 성격 특질에 기초한 특성과 감정 처리 및 의사 결정 장애가 포함될 수 있다. 영상 연구는 자살 시도자 연구에서 이러한 자살 위험의 잠재적 표지를 다루어왔다.

6.1.3.1 정신적 고통

자살 시도 직전과 시도 중에 경험한 정신적 고통을 묘사한 개인적 기록을 읽는 것은 뇌 반응을 유발함으로써, 이 강렬한 정서 경험에 관여하는 뇌 영역을 평가하는 데 사용할 수 있다. 정신적 고통이나 실제 자살 행동과 같은 자살 에피소드를 회상하는 것은 중립적 활동과 비교할 때 전전두엽 피질(브로드만 영역 6, 10, 46)의 비활성화와 관련된다. 이것은 fMRI 스캔시 대비 감소로 드러난다. 하지만 자살 행동의 회상은 정신적 고통과 비교할 때 내측 전전두엽 피질, 전측 대상회 피질, 해마에서 활동 증가와 관련이 있다. 이런 결과는 자살 행동을 유발하는 정신적 고통이 외상성 스트레스와 같은 특성을 지니며, 전두 피질 활동 감소와 연관됨을 시사한다. 그러나 정신적 고통에 대한 자살 행동 반응과 계획은 전전두엽 피질 활동 증가와 관련이 있어, 목표 지향적 자살 행동이 정신적 고통 감소와 연결됨을 보여준다. 정신적 고통 수준이 높은 우울증 환자와 낮은 우울증 환자를 비교한 SPECT 연구에서는 정신적 고통 수준이 높은 집단이 벡의 우울증 척도 자살 항목 점수가 높고, 오른쪽 배외측 전전두엽 피질, 후두엽, 하전두회 그리고 왼쪽 하측두회에서 상대적으로 증가한 뇌 활동을 보인다. 분광법 연구에서는 정신적 고통 수준이 전전두엽 피질 영역의 NAA 농도와 부적 상관관계가 있음을 보고한다.

6.1.3.2 통증과 정서 조절

수많은 연구는 정서 조절이 비자살 자해(NSSI)의 흔한 동기임을 보여준다. 그러나 고통스럽고 따라서 혐오스러운 신체적 자극이 어떻게 즐겁고 강화하는 자극이 되어 반복적인 행동이 되는지는 아직 명확하지 않다. 또한 NSSI에서 흔히 나타나는 것처럼, 고통스러운 자극이 그것을 경험하는 사람에게 어떻게 "안도감(relief)"이라는 주관적 느낌을 촉발하는지도 명확하지 않다. 통증과 보상 처리의 신경 회로를 구성하는 요소는 일부 겹친다. 격심한 신체적 통증은 중뇌수도주변회(PAG), 시상, 섬엽, 선조체, 소뇌, 전측 대상회 피질(ACC)을 포함하는 경로를 활성화한다. 보상 처리 신경 회로는 복측 피개 영역(VTA), 측좌핵(NAc), 흑질, 안와 전두 피질(OFC) 같은 영역의 활성화를 포함한다. 또한 고통이나 보상을 주는 자극에 대한 정서 조절은 섬엽, OFC, ACC, 기타 전전두엽 피질 영역과 편도체-피질 연결을 통해 이루어지고, 이 연결은 정서와 통증 조절에 모두 중요하다(Osuch et al., 2014).

고통스러울 정도로 차가운 자극은 비자살 자해(NSSI)를 하지 않은 사람과 비교해서 이러한 행동을 한 사람에게 더 큰 주관적 안도감을 주는데, 이것은 실험자가 아니라 본인이 직접 자극을 가할 때 나타난다. (보상을 시사하는) 이 안도감은 NSSI 집단에서 스스로 가한 차가운 자극의 고통 정도와 유의미한 상관관계가 있다. fMRI는 NSSI 집단이 대조군보다 오른쪽 중뇌, 편도체, 해마곁회, 하전두회, 상측두회, 안와 전두 피질에서 더 큰 반응을 보인다는 점을 보여준다. 시상, 배측 선조체, 설전부를 포함해서 보상/통증 관련 부위에서 반응과 안도감 사이의 상관관계는 NSSI 환자에게서 더 크다. 또한 오른쪽 안와 전두 피질과 전측 대상회 피질 간 기능적 연결성이 NSSI 청소년에게서는 감소하는데, 이것은 정서적 행동에 대한 신경 조절에 결함이 있을 가능성을 시사한다. 따라서 NSSI 집단에서는 스스로 가하는 고통이 보상과 연관되지만, 비NSSI 집단에서는 그렇지 않아 보인다.

흥미롭게도 실험자가 팔뚝에 절개 자극을 가했을 때, (과제가 유발한) 주관적 및 객관적 스트레스는 건강한 대조군보다 경계선 성격 장애를 지닌 사람(이들은 NSSI를 자주 보임)에게서 많이 감소했다. 휴지기 fMRI 결과, 절개 자극 후 경계선 성격 장애 집단에서는 편도체 활성화가 감소하고, 상전두회와 기능적 연결성이 정상화되었다. 절개 후 스트레스 수준과 편도체 활동의 감소는 NSSI가 경계선 성격 장애 환자의 정서 조절에 영향을 미친다는 가정을 뒷받침하며, 이 환자들이 내적 긴장을 줄이기 위해 자해를 활용하는 이유를 이해하는 데 도움이 된다.

6.1.3.3 절망감

몇몇 영상 연구는 절망감과 관련된 뇌의 요인, 특히 세로토닌계 이상과의 연관성을 조사했다. SPECT와 선택적 5-HT$_{2A}$ 수용체 리간드를 사용해서, 자살 시도자와 정상 대조군의 전두 피질에서 5-HT$_{2A}$ 수용체 결합 지수를 측정할 수 있다. 이 지수는 수용체의 밀도와 리간드에 대한 친화도를 나타낸다(기술적 내용은 3장 참조). 절망감 수준은 벡의 절망감 척도를 통해 신뢰성 있게 측정할 수 있어, 5-HT$_{2A}$ 수용체 결합 지수와 절망감 간 관련성을 연구할 수 있다. 건강한 대조군과 비교해서 자살 시도자는 전두엽 5-HT$_{2A}$ 수용체 결합 잠재력이 상당히 낮은데, 이것은 수용체 밀도가 낮고 절망감 수준이 높음을 시사한다. 자살 시도자 집단에서는 절망감과 결합 지수 간 유의미한 상관관계가 있었다. 따라서 낮은 중추 세로토닌 기능과 절망감은 상호 연관된 현상으로, 이것이 자살 행동 가능성을 높이는 것으로 보인다.

PET는 우울증 동안 뇌의 세로토닌 수용체 결합과 부정적인 역기능적 태도 간의 관계를 측정하는 데 사용할 수 있다. 역기능적 태도는 자기 자신과 세상, 미래에 대해 부정적으로 편향된 가정과 신념을 의미하며, 역기능적 태도 척도(dysfunctional attitudes scale, DAS)를 통해 신뢰성 있게 측정할 수 있다. 세로토닌이 역기능적 태도의 발달에 미치는 역할에 관한 초기 연구는 세 가지 주요 결과를 제시했다. 첫째, 건강한 참가자에게 세로토닌 분비를 선택적으로 유도하는 d-펜플루라민 투여 후 역기능적 태도가 감소한다. 둘째, 주요 우울 에피소드 동안 높은 수준의 역기능적(더 비관적이고 절망적인) 태도는 대뇌 피질에서 높은 5-HT_2 수용체 결합 잠재력과 관련이 있다. 셋째, 주요 우울 에피소드를 겪는 환자 중 역기능적이며 비관적이고 절망적인 태도가 높은 집단은 건강한 피험자에 비해 대뇌 피질에서 5-HT_2 결합 잠재력이 더 높다. 따라서 특정 뇌 부위의 5-HT_2 결합 잠재력 크기는 세포 밖의 세로토닌 농도 저하와 극도의 부정적인 역기능적 태도에 대한 취약성을 나타낼 수 있다.

6.1.3.4 충동성

백색질 무결성, 충동성, 자살 위험 간의 관련성은 확산 텐서 영상(DTI)을 이용해 측정할 수 있다. 이러한 연구는 (백색질 내 섬유 밀도, 축색 직경, 수초화 정도를 반영하는) 분할 비등방도(FA) 값이 현재의 자살 생각과 상관이 있음을 보여준다. 또 다른 DTI 연구에서는 자살 시도 이력과 관련해 왼쪽 안와 전두 백색질에서 FA 값이 낮았는데, 이것은 운동 충동성 수준과 관련된다.

SPECT와 단일 아민 수송체 리간드 ^{123}I-β-CIT를 이용해 세로토닌 수송체(5-HTT)와 도파민 수송체(DAT)의 결합 잠재력을 측정할 수 있다. 자살 시도자는 오른쪽 하부 안와 전두 피질, 양측 측두피질, 중뇌, 시상, 양측 기저핵 그리고 왼쪽 소뇌 반구에서 높은 충동성과 낮은 5-HTT 결합 잠재력 간에 유의미한 상관관계를 보인다.

6.1.3.5 공격성

자살 행동과 관련해서 공격성과 연결되는 신경 요인에 관한 연구는 거의 없다. 치명성이 높은 자살 시도자에게서는 기본적으로 정서 조절 및 충동적-공격적 행동과 연관된 전전두 영역이 공격성과 관련이 있다. 반면 치명성이 낮은 자살 시도자의 공격성은 공감, 사회적 수용, 협력에 관여하는 변연계 영역과 관련된다. 치명성이 높은 자살 시도는 죽으려는 주관적 의도가 특징인 반면, 치명성이 낮은 시도는 일반적으로 대처 전략으로 여겨지고, 이것은 때로 의사소통 제스처를 포함할 수 있다.

6.1.3.6 사회적 스트레스에 대한 민감성

졸랑 등(2008)은 한 중추적인 연구에서 fMRI를 처음으로 사용해 자살 행동에 대한 취약성의 기능적인 신경생물학적 이상을 조사했다. 이들은 현재 기분이 안정된 상태의 남성을 대상으로, 주요 우울 장애 및 자살 행동 이력이 있는 집단과 주요 우울 장애만 있고 자살 행동은 없는 집단(정서 비교 집단) 그리고 건강한 남성 대조군에 분노한 얼굴, 행복한 얼굴, 중립적 얼굴을 보여주면서 뇌 활동을 측정했다. 자살 시도자는 중립적 얼굴 대비 분노한 얼굴에 반응할 때 오른쪽 측면 안와 전두 피질(브로드만 영역 47)에서 정서 비교 집단보다 상대적으로 활동이 더 크고, 오른쪽 상전두회(영역 6)에서는 활동이 감소하는 양상을 보였다.

자살 시도자는 분노한 얼굴과 행복한 얼굴에 대해 비자살 성향 환자와 다르게 반응하는데, 이것은 타인의 반감에 대한 높은 민감성, 부정적 정서에 따라 행동하는 높은 경향성 그리고 약간 긍정적인 자극에 대한 주의력 감소를 시사한다. 이러한 신경 활동 패턴과 인지 과정은 우울증 이력이 있는 남성의 자살 행동에 대한 취약성을 보여주는 표지일 수 있다. 분노한 얼굴에 대한 특이한 민감성은 안와 전두 피질에서 유사하게 비교적 높은 반응을 보인 다른 자살 시도자 표본에서도 나타났다. 서문의 발레리 이야기에서 분노한 얼굴의 역할은 타인의 반감 신호가 어떻게 자살 행동을 촉발할 수 있는지 보여주는 강력한 사례다.

후속 fMRI 연구에서는 청소년 자살 시도자, 정서적 대조군, 건강한 지원자를 대상으로 두 차례 정서 처리 과제(행복과 분노)에서 중립 감정, 약한 감정, 강한 감정의 얼굴 형태에 대한 신경 반응성을 조사했다. 50퍼센트 강도로 분노한 얼굴에 대해 자살 시도자는 정서 대조군보다 전측 대상회-배외측 전전두엽 피질, 1차 감각 피질, 측두피질에서 유의미하게 더 큰 활동을 보였고, 건강한 지원자보다도 1차 감각 피질에서 더 큰 활동을 보였다. 분노 처리 과제 중 중립 얼굴에 대해서는 자살 시도자가 정서 대조군보다 방추회에서 유의미하게 낮은 활동을 보였다. 또한 자살 시도자는 행복 처리 과제에서 100퍼센트 강도의 행복한 얼굴에 대해 건강한 지원자보다 1차 감각 피질에서, 행복 처리 과제의 중립 얼굴에 대해서는 전측 대상회와 왼쪽 내측 전두회에서 상당히 낮은 활동을 보였다. 심리생리학적 상호작용 분석에서는 50퍼센트 강도로 분노한 얼굴에 대해 자살 시도자는 전측 대상회-섬엽 기능적 연결성이 정서 대조군 및 건강한 지원자보다 유의미하게 낮았다. 많은 주요 발견이 배측 전측 대상회에서 나왔는데, 이러한 발견은 자살 시도자가 50퍼센트 강도로 분노한 얼굴에 대해 비시도자보다 더 주의를 기울인다는 것을 시사한다. 배측 전측 대상회는 주의력 처리, 정서 처리, 정서의 중요성 판단, 정서 반응 생성 및 조절을 담당한다. 또한 자살 시도자는 전측 대상회 피질 영역에서 양측 후방 섬엽으로 가는 기능적 연결성이 비시도자에 비해 낮다. 50퍼센트 강도로 분노한 얼굴에 대한 반응으로, 자살 시도자의 배측 전측 대상회와 기타 피질 영역의 활동 증가 및 이 부위와 섬엽 간 기능적 연결성 감소는 이러한 얼굴 자극에 대한 주의력을 조절하고 그 자극의 중요성을 처리하며, 상황에 맞는 행동 반응을 선택하는 데 비효율적인 전략을 구사하고 있음을 의미한다. 자살 시도자의 경우 50퍼센트 강도로 분노한 얼굴에 대한 반응으로 다른 집단과 비교할 때 주의력 통제 회로의 활동이 증가하고 전측 대상회-섬엽 기능 연결성이 감소한 것은, 이들이 약한 강도의 분노한 얼굴에 대한 주의력을 조절할 때 주의력 통제 신경 회로를 비효율적으로 활용한다는 의미다. 이것은 자살 위험의 잠재적인 생체 지표가 될 수 있다.

여러 연구는 사회적 스트레스 요인에 노출된 후 정서를 동반한 전측 대상회의 활동 증가가 청소년기 자살 시도 위험의 증가를 나타낼 수 있다고 제시한다.

사회적 거절에 대한 민감성은 사이버볼 과제와 fMRI를 이용해 연구할 수 있다. 사이버볼은 실험실 환경에서 사회적 배제감을 유발하기 위해 널리 사용하는 실험 도구다. 참가자들은 가상의 공 던지기 게임을 하면서 두 명의 실제 상대와 경쟁한다고 믿지만, 실제로는 컴퓨터가 조작하는 상대다. 보통 참가자들이 전체 공 던지기의 3분의 1을 받는 "포함" 조건과, 더 이상 공을 받지 못하는 "배제" 조건이 있다.

건강한 청소년과 성인을 대상으로 배제 조건을 포함 조건과 비교할 때, fMRI는 전섬엽과 복외측 전전두엽 피질(vlPFC), 내측 전전두엽 피질(mPFC)에서 활성화 증가를 보여준다. 비자살 자해(NSSI) 행동을 보이는 청소년은 NSSI가 없는 우울증 청소년과 비교할 때 mPFC와 vlPFC에서 상대적으로 더 큰 활성화를 보이지만, 배척받는다는 주관적 느낌은 두 집단이 동일하다. 이 결과는 우울증만 있는 청소년과 비교할 때 NSSI를 보이는 우울증 청소년이 사회적 배제의 처리와 관련된 뇌 영역에서 다르게 반응함을 시사한다. 자살 행동 이력이 있는 여성을 대상으로 한 사이버볼 게임 연구에서는 우울 에피소드 횟수, 약물 복용, 기분 장애 유형, 사회 공포증을 통제한 후 포함 조건 대비 배제 조건에서 왼쪽 섬엽과 상변연회의 차이가 감소했다. 따라서 안정된 기분 상태에 있는 여성 자살 시도자는 통증 내성 및 사회 인지와 관련된 영역에서 사회적 배제에 대한 뇌 반응이 손상된 것으로 보인다. 이러한 발견은 자살 시도자에게 사회적 지각과 관련한 지속적인 뇌 기능 장애가 있음을 시사한다.

6.1.3.7 의사 결정

자살은 미래의 어떤 보상도 희생하더라도 견딜 수 없는 고통에서 벗어나기 위한 행위로 볼 수 있다(Dombrovski et al., 2013). 이러한 결과에 대한 잘못된 추정이 자살 행동을 하게 만드는가? 행동 연구에서 많은 자살 시도자는 도박 및 확률 학습 과제에서 기대 보상을 잘못 평가한다. 5장에서 논의했듯이, 강화 학습 과제나 아이오와 도박 과제(IGT)를 사용한 인지 연구는 의사 결정 장애와 자살 행동 간의 연관성을 보여준다. 신경 영상 기법은 이러한 장애의 신경인지 기제를 더 깊이 이해하는 데 쓰이며, 효과적인 치료법 개발에 도움을 줄 수 있다.

자해 행동을 하는 청소년은 금전적 보상 과제에서 보상 예상시 선조체(피각), 편도체, 안와 전두 피질 영역의 활성화가 대조군보다 적게 일어난다. 따라서 자해 청소년은 중추신경계 보상 기능 장애를 보인다.

고령의 우울증 자살 시도자는 고령의 우울증 자살 비시도자와 비우울증 대조군에 비해 피각 회색질 복셀(voxel) 수가 적다. 피각 회색질 복셀 수가 적은 자살 시도자는 상대적으로 지연 회피(어떤 보상이나 결론을 얻는 데 시간 지연을 싫어하고 불편해하는 심리—옮긴이)가 아니라 지연 할인(미래의 보상 가치가 시간 경과에 따라 감소하는 현상—옮긴이)이 더 강하게 나타난다. 강화 학습 과제를 이용한 보상 학습 연구에서는 자살 시도자의 의사 결정이 실제 자살 행동 프로필과 일치하는 것으로 나타났다. 특히 부실하게 계획한 자살 시도 이력이 있는 사람은 지연된 보상보다 즉각적 보상을 단기적으로 선호하는 경향을 보인다. 반면 신중하게 계획한 자살 시도 이력이 있는 사람은 큰 보상을 기다리는 의지력이 강해 지연 만족 능력에서 온전함을 보인다. 자살 시도 이력(특히 계획이 부실한 시도)은 정서 처리, 목표 설정, 동기 부여, 자기 통제 기능에 관여하는 상변연 피질, 특히 복내측 전전두엽 피질(vmPFC)에서 예상 보상 신호의 약화와

연령 표준화 자살률 (인구 10만 명 대비), 남녀, 2015

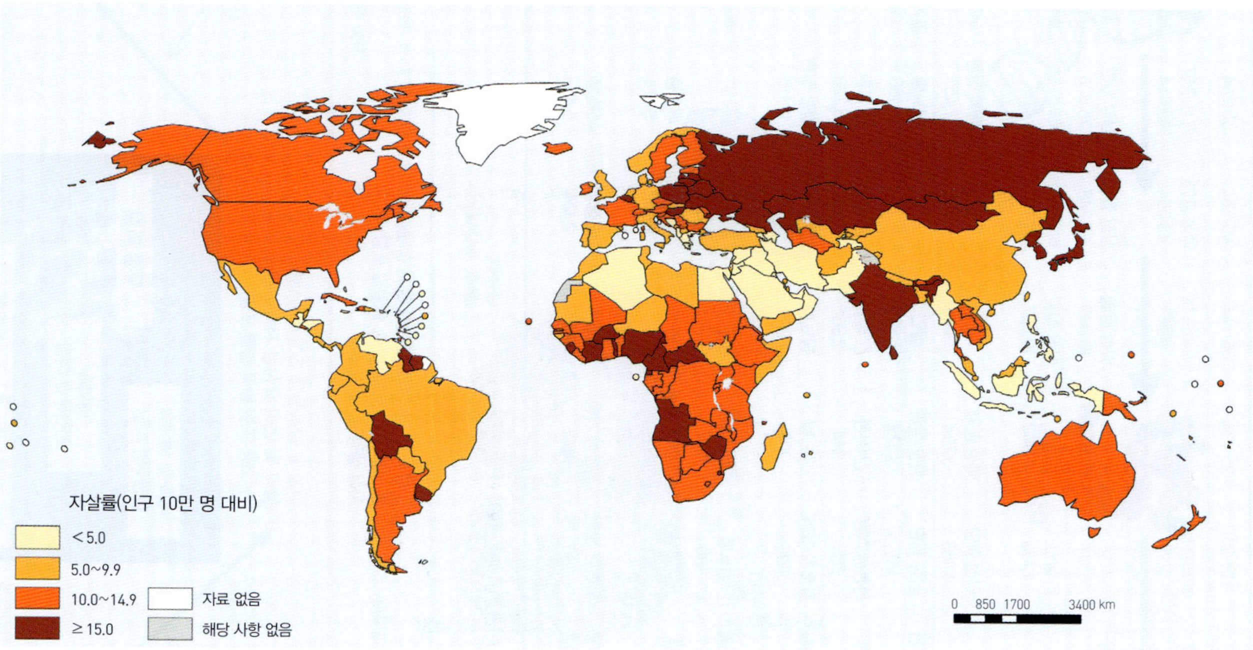

이 지도에서 보이는 경계와 이름, 사용한 표기는 국가, 영토, 도시나 지역, 또는 그 당국의 법적 지위, 또는 그 국경이나 경계의 구분과 관련해서 WHO의 의견을 나타내는 것은 아니다. 지도에서 점선은 아직 완전히 일치하지 않을 수 있는 대략적인 경계선을 나타낸다.

자료 출처: WHO
지도 제작: Information Evidence and Research (IER) WHO

World Health Organization

화보 1 전 세계 자살률.

화보 10 스트룹 검사.

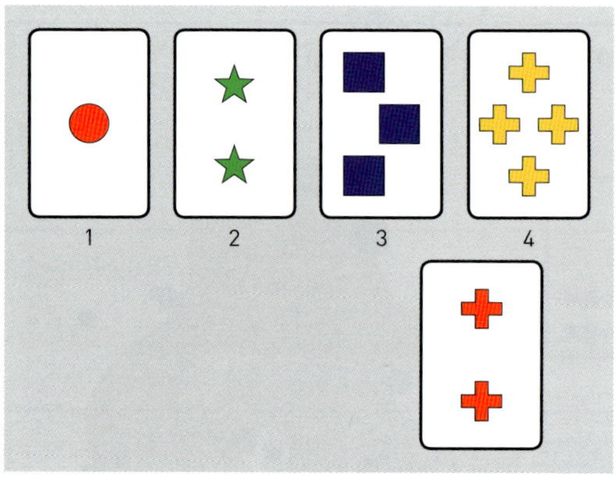

화보 11 위스콘신 카드 분류 검사: 컴퓨터 버전의 화면 사진.

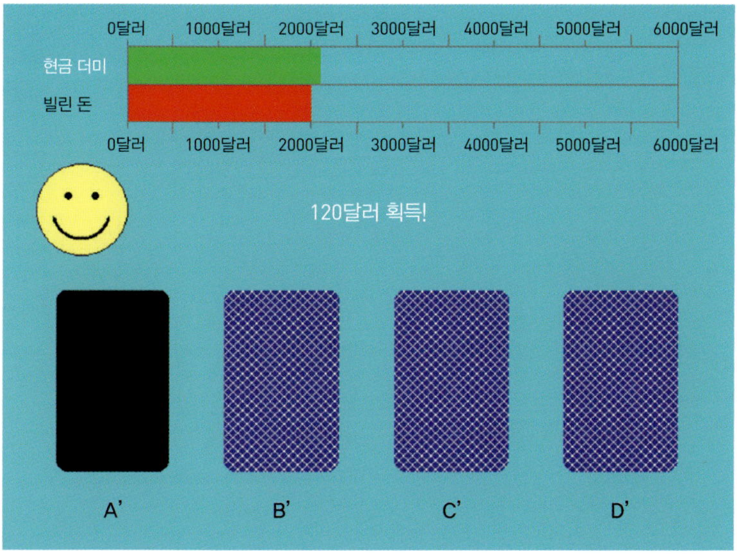

화보 12 아이오와 도박 과제: 컴퓨터 버전의 화면 사진.

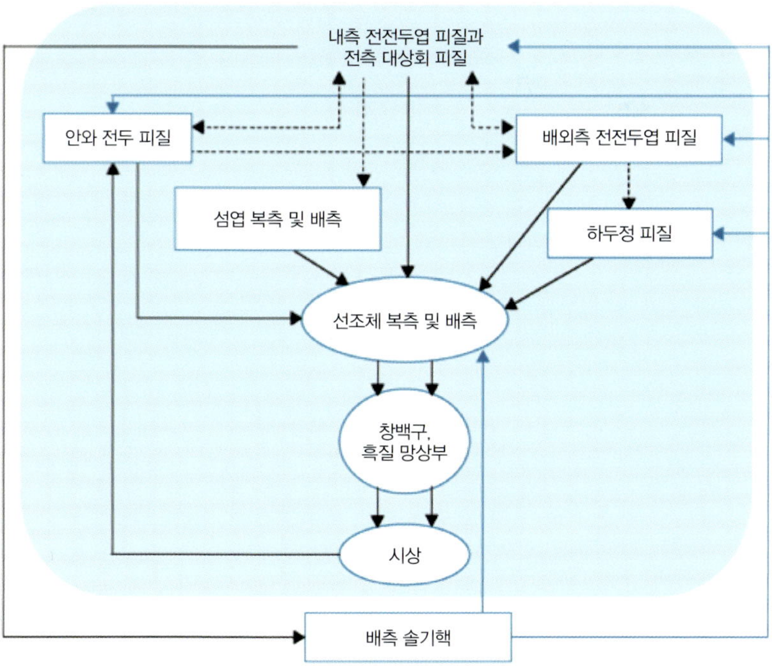

화보 13 전두엽-시상 회로와 자살 행동: 구조적 영상 연구의 결과 (van Heeringen & Mann, 2014).

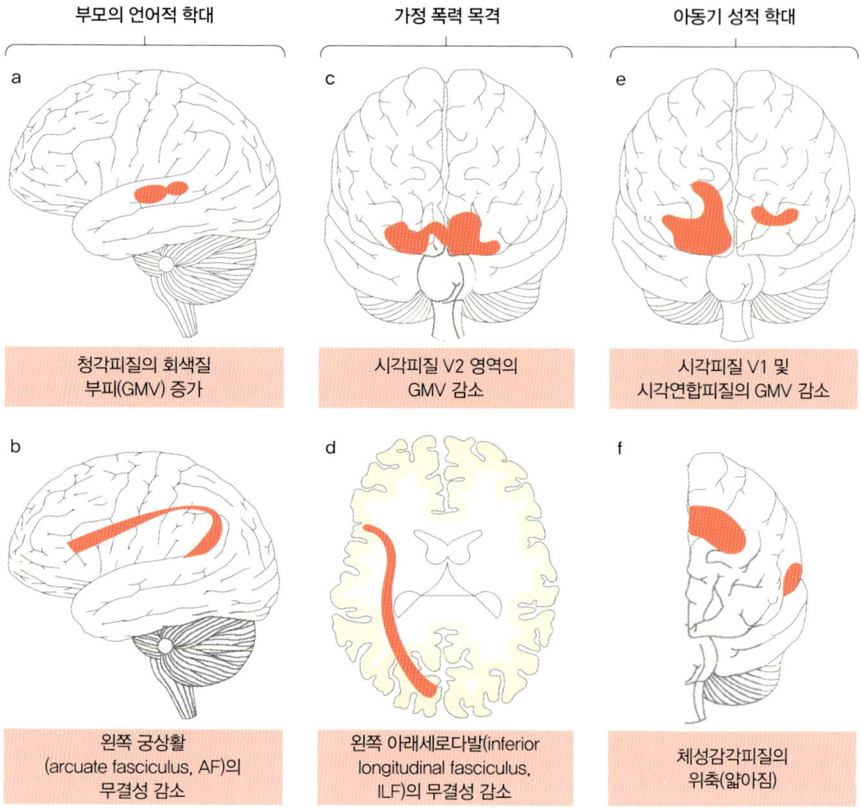

화보 14 아동기 학대가 뇌 구조와 연결성에 미치는 영향 (Teicher et al., 2016).

관련된다. 따라서 충동성과 계획성이 부족한 자살 시도는 상변연 피질, 특히 vmPFC의 가치 신호 변화와 병행한다. 후속 fMRI 연구는 첫째, 높은 사전 숙고는 즉각적 보상의 가치 증가에 대한 배외측 전전두엽 피질 반응 감소와 병행한다. 이 결과는 사전 계획한 자살 행동 이력을 가진 개인에게는 즉각적 보상이 덜 매력적이라는 행동 연구 결과(5장 참조)와 일치한다. 둘째, 자살 시도자는 먼 미래 보상에 대해 둔화된 해마곁 반응을 보인다. 이러한 발견은 자살자가 보이는 미래 예측 장애의 신경적 기초를 보여주며, 이는 자살 위기 상황에서 대안적 해결책 모색을 방해할 가능성이 있음을 함축한다.

종합하면, 이러한 발견은 뇌가 시간 요인을 의사 결정에 통합하는 방식에서 보이는 뚜렷하게 상이한 변화가 자살 행동으로 이어지는 서로 다른 인지 경로를 나타낼 수 있음을 시사한다.

5장에서 논의했듯이, 자살 행동에 대한 취약성과 관련된 의사 결정 능력 저하의 신경적 기초는 아이오와 도박 과제(IGT)와 fMRI를 통해 더 깊이 연구할 수 있다. 현재 우울하지 않은 남성 집단 중 일부는 자살 행동 이력이 있는 자살 시도자였고, 다른 일부는 자살 행동 이력이 없는 정서 대조군이었다. 이들은 fMRI 촬영 중 IGT 수정본을 수행했다. 해당 과제와 연관성 있는 기능적 관심 영역(region of interest, ROI)은 같은 과제를 수행한 15명의 건강한 남성 대조군의 수행을 통해 독립적으로 정의했다. 정서 대조군과 비교할 때 자살 시도자는 (1) 도박 과제 수행 능력이 떨어졌고, (2) 위험 선택 대비 안전 선택을 할 때 왼쪽 측면 안와 전두 피질과 후두피질의 활성화가 감소했으며, (3) 승리와 패배 간 대비에서는 차이를 보이지 않았다. 불확실한 상황에서 위험에 대한 정보 처리의 변화는 왼쪽 측면 안와 전두 피질 기능 장애와 관련이 있는데, 이것으로 자살 시도자가 보이는 의사 결정 결함을 설명할 수 있다. 이러한 인지 및 신경 과정의 손상은 위험에 처한 사람을 식별하기 어렵고 특정 치료법이 부족한 분야에서 미래 예측 표지와 치료의 표적이 될 수 있다. 이러한 결과는 의사 결정과 정신병리학에서 안와 전두 피질의 역할에 관한 깊이 있는 이해를 가능하게 해준다.

또 다른 자살 시도자와 정서 대조군 표본을 대상으로 이전과 똑같은 방식으로 수행한 연구에서는 같은 결과가 나오지 않았다. 자살 시도자는 위험 선택 대비 안전 선택을 할 때 왼쪽 배외측 전전두엽 피질의 반응이 상대적으로 낮았고, 승리 대비 패배 상황에서는 주로 오른쪽 전측 대상회 피질, 안와 전두 피질, 배외측 전전두엽 피질의 반응이 높게 나왔다. 이러한 차이는 관련 뇌 영역의 해부학적 정의에서 오는 차이나 연구 대상의 특성 차이 때문일 수 있다. 통합해서 해석하면, 복측과 배측 전전두엽 피질 모두에서 결과의 가치를 적절하게 평가하지 않음으로써, 자살 시도자가 배외측 전전두엽 피질에서 장기적인 위험을 부적절하게 평가할 가능성이 있다고 볼 수 있다.

자살 행동과 관련된 의사 결정 과정의 변화 가능성은 청소년을 대상으로 한 아이오와 도박 과제(IGT)와 fMRI 연구에서도 다룬다. 놀랍게도 자살 시도자는 비시도자와 비교할 때 IGT 수행에서 우수한 성과를 보이며, 비시도자나 건강한 대조군보다 저위험 선택을 더 많이 하는 것으로 나타났다. 저위험 선택시 비시도자 대조군은 건강한 대조군보다 왼쪽 해마와 중간 측두엽의 활성화가 높지만, 자살 시도자는 그렇지 않았다. 고위험 선택시 자살 시도자는 오른쪽 시상에서 활성화가 낮고, 저위험 선택시에는 왼쪽 꼬리핵에서 활성화가 높았다. 따라서 IGT 수행 시 비시도자는 건강한 대조군과 차이가 있지만, 자살 시도자는 그렇지 않다. 위험 상황에서 학습과 관련된 신경 회로의 기능 이상은 청소년의 주요 우울 장애 위험과 연관될 수 있지만, 자살 시도 위험과는 무관할 수 있다. 이 결과와 함께 자살 시도자의 상대적으로 더 나은 과제 수행 능력을 종합하면, 청소년 자살 시도자는 비시도자보다 인지 기능 저하가 덜하다는 것을 함축한다. 앞서 논의한 청소년 자살 시도자의 인지 기능 연구 결과도 함께 고려할 때, 청소년기의 자살 시도는 인지 과제(위험 상황에서 반응 억제 및 의사 결정)를 지원하는 신경 회로의 비정상적 활동과는 무관할 수 있다. 따라서 청소년기의 자살 시도 위험과 주요 우울 장애 위험은 서로 다른 신경 기제가 작동할 가능성이 있다. 예를 들어 자살 시도 이력이 있는 성인 남성을 통해 입증했듯이, 정서 처리를 지원하는 신경 회로가 자살 행동을 동반한 우울증과 단순 우울증을 구분하는 역할을 할 수도 있다.

6.1.3.8 인지 통제와 반응 억제

5장에서 설명했듯이, 자살 시도자는 연령에 상관없이 인지 통제 능력의 저하를 보인다. 인지 억제(cognitive inhibition)는 인지 통제의 주요 구성요소로, 관련 없는 자극의 처리를 제한하는 적극적인 억제 기제를 의미한다. 자살 시도자의 인지 억제력 결핍은 정서적·인지적 반응에 대한 부적절한 조절의 근원일 수 있다. 인지 억제는 go/no-go 과제를 통해 측정할 수 있으며, 건강한 사람에게서는 대상회-전두엽-두정엽 신경 회로가 이러한 역할을 담당한다. 우울한 청소년 자살 시도자는 우울한 청소년 대조군 및 건강한 대조군과 비교해서 정확성 면에서는 유사한 수준의 수행을 보인다. 뇌 활성화 측면에서 자살 시도자는 건강한 대조군과 마찬가지로 과제 수행 중 오른쪽 전측 대상회의 활성화가 우울한 대조군보다 낮다. 예상과 달리 청소년의 자살 행동은 반응 억제 회로의 비정상적 신경 활성화와 무관하고, 자살 시도자는 추가 신경 회로 동원 없이도 과제를 잘 수행하는 것으로 보인다. 이런 발견의 의미는 아직 명확하지 않다. 성인을 대상으로 한 유사한 연구에서는 하전두회, 시상, 안와 전두 피질, 두정 피질과 관련된 인지 억제의 결핍이 자살 행동에 대한 취약성보다는 우울 상태와 더 연결됨을 보여준다. 이러한 결과는 우울증 관련 인지 억제의 결여가 자살 행동에 대한 취약성과 관련된 성격 특질과 같은 인지적 변형에 더해져서 자살 행동 위험을 증가시킬 수 있음을 시사한다.

6.2 시스템신경과학 접근법을 통해 우리는 자살 행동에 관해 무엇을 알 수 있는가

자살 행동에 관한 구조적 영상 연구에서 나온 전체적인 그림은 다음과 같다.

- 전두 피질에서는 회색질 부피가 감소하는 반면 백색질 부피는 증가한다.
- 선조체에서는 피질하 회색질 부피가 감소하고, 시상 부피에 관한 결과는 일치하지 않는다.

- 연결성은 왼쪽 백색질 경로, 특히 내포전각(ALIC)과 시상 방사에서 증가하지만, 시상과 안와 전두 피질로 투사하는 섬유의 평균 비율은 감소한다. 반면 왼쪽 안와 전전두엽과 양측 배내측 엽에서는 연결성이 감소한다.

기능적 영상 연구는 5장에서 설명했듯이 자살 행동에 대한 취약성이 신경인지와 관련한 다양한 신경생리학적 변화와 연관되어 있음을 보여준다. 더 구체적으로 살펴보면, 우선 이 연구는 자살 행동이 자극에 대한 중요성 부여 과정에 이상이 있어 타인의 반감 신호에 과도한 중요성을 부여하고, 위험한 선택에는 충분한 중요성을 부여하지 않는 것과 관련이 있음을 입증한다. 둘째, 전전두-선조체 네트워크의 변화는 서로 다른 결과를 가져오는 대안의 가치를 인식하는 데 생기는 변화와 관련되는데, 이 때문에 의사 결정 과정에서 추상적이고 지연된 보상보다 즉각적인 보상을 선택하는 경향이 나타날 수 있다. 타인의 반감 신호를 지각한 후 견딜 수 없는 정서적 고통이 발생하면, 더 나은 미래 가능성을 고려하지 않고 즉각적인 고통 완화를 선택할 수 있다. 시간에 따른 보상 할인의 장애는 자살 행동에 대한 취약성에 중요한 역할을 할 수 있다. 세로토닌 신경 전달 시스템이 이 지연 할인 과정을 조절하는 데 관여하기 때문이다. 이것은 자살 시도자에게서 보이는 전전두엽 피질 세로토닌 기능 장애와 절망감 수준 간의 입증된 연관성을 설명할 수 있다. 보상 할인 장애 외에도, 의사 결정에 미치는 부정적 정보의 영향력이 상대적으로 증가하는 것도 이와 관련될 수 있다. 8장에서는 이러한 해석이 자살 행동을 구조적·기능적 뇌 영상 결과(6장) 및 신경인지 연구 결과(5장)와 연결하는 매력적인 기회를 어떻게 제공하는지 계산 모형을 통해 살펴볼 것이다.

몇 가지 방법론적 문제를 해결해야 하는데, 이러한 문제가 연구 결과와 해석에 영향을 미칠 수 있기 때문이다. 영상 촬영과 분석 기법의 차이 때문에 서로 다른 연구 결과를 비교하는 데는 어느 정도 한계가 있다. 방사성 리간드는 결합의 특이성에서 서로 달라, 많은 연구에서 견고한 통계 절차를 사용하는데도 이를 통해 발견한 결과의 해부학적 위치 지정이 종종 부정확하다. 표본 크기가 작으면 집단 간 차이를 규명할 가능성이 줄어들거나, 생물학적 이질성 때문에 개인차를 과장할 수 있다. 이러한 상황에서 3000명 이상의 우울증 환자 자료를 포함한 최근 메타 분석에서는 자살 계획 또는 시도가 있는 집단이 두개골 내 부피가 약 3퍼센트 작았으나, 특정 뇌 부피 측정에서는 차이가 없었다(Renteria et al., 2017). 다른 잠재적 편향은 (가령 건강한 대조군이나 정신 질환 대조군 같은) 비교군의 부재 때문일 수 있다. 많은 연구에서 자살 행동을 보이는 대상자와 대조군은 인구통계학적 변수, 동반하는 여러 정신적 질환, 관련 질환의 성격·중증도·만성도, 치료 여부, 위험 및 보호 요인의 노출과 같은 잠재적 편향 요인이 일치하지 않는다. 연구 결과의 일반화 가능성은 남성 또는 여성만 포함하거나 조현병 같은 특정 질환 환자만 포함하는 경우 한계가 있을 수 있다. 많은 연구가 관심 영역(ROI) 접근법을 사용해 미리 정의한 영역만 살펴본다. 마지막으로, 대다수 연구에서는 영상 평가가 행동 이력(behavioral history)과 독립적으로 이루어지지 않아 이러한 이력의 영향을 받을 수 있다.

이러한 방법론적 문제를 고려할 때, 이 장에서 검토한 연구 결과는 자살 행동이 그림 6.2에 나타난 전두엽-선조체-시상 네트워크의 변화와 관련이 있음을 시사한다.

자살 분야 이외에서 이루어진 최근 신경과학 연구는 이 네트워크가 정서 처리와 인지 통제 과정에서 중요한 역할을 한다는 것을 명확히 보여주었다. 이것은 자살 행동을 이해하는 데도 중요하다. 즉 자극에 대한 중요성 부여와 다양한 결과 선택지에 대한 가치 인식과 관련된 과정이다. 주의력은 이러한 과정에서 중심 역할을 하는데, 이는 자살 행동과 관련해 잘 증명된 주의력 결핍(5장 참조)에서도 확인할 수 있다. 주의력 통제의 세 가지 개별 측면은 각각 별개의 뇌 영역과 연결된다(Petersen & Posner, 2012). 여기에는 전두 두정 피질과 시상에서 "경계심(alerting)", 양측 두정엽에서 "지향(orienting)", 상전두회와 방추회에서 "실행 통제(executive control)"가 있다. 전측 대상회 피질은 이 세 가지 측면 모두에 관여하는 것으로 보인다(Petersen & Posner, 2012). 검토가 이루어진 상당수 연구는 이러한 주의력 통제 과정과 그 신경생물학적 기저 변화가 자살 행동과 밀접한 관련이 있음을 시사한다.

경계심에 관해서는 5장에서 "칵테일 파티 현상"을 논의했는데, 여기서 자살 위험군에서 나타나는 분노한 얼굴에 대한 주의력 증가와 행복한 얼굴에 대한 주의력 감소의 신경생물학적 요인(상관물)이 명확히 드러났다. 이러한 발견은 자살 위험군이 특별한 주의력 특성으로 인해 환경 내 긍정적인 요소를 발견하는 데 상대적으로 큰 어려움을 겪고 있음을 시사한다(Jollant et al., 2008). 이러한 발견은 자살 시도자에게서 나타나는 주의력 결핍과 특정 사회적 자극에 대한 민감성을 연결한다. 이 취약성 개념은 자살 행동의 계산 모형(8장)에서 더 자세히 설명할 것이다. 지향 결핍은 예를 들어 즉각적 만족에서 지연된 만족으로 주의를 전환하는 문제를 설명할 수 있다. 이 장에서 검토한 상당수 연구는 자살 행동과 관련해 주의력 통제 결핍과 그 신경해부학적 상관물을 증명한다. 주의력 통제는 주의력 편향과 반비례 관계에 있으며, 주의력 편향은 개인이 정서적으로 부정적인 정보를 정서적으로 긍정적인 정보보다 우선 처리하도록 만들 수 있다.

자살 행동과 관련된 뇌 부피 변화의 원인에 대해서는 아직 추정만 할 뿐이다. 일반적으로 지금까지 확인한 뇌 영역의 회색질과 백색질 부피 변화의 원인은 밝혀졌다. 이 책 도입부의 여러 장에서 설명했듯이, 이러한 원인 중 상당수는 자살 행동의 스트레스-취약 기질 모형에서 중요한 역할을 한다. 회색질과 백색질의 부피 감소 원인에는 신경 염증(Zhang et al., 2016), 급성 및 누적 스트레스(Ansell et al., 2012), 생애 초기 스트레스, 아동 학대 및 방임(Coplan et al., 2010; Van Dam et al., 2014; Walsh et al., 2014; Philip et al., 2016) 그리고 유전적 요인(Kremen et al., 2010)이 있다. NAA(자살 행동에 관한 분광법의 발견을 다룬 6.1.2.2 참조)는 미엘린에 들어 있는 아세틸기의 원천이며, 그 조절 이상이 백색질 무결성 변화의 원인일 수 있다. 신경계 발달 및 미엘린 형성과 연관된 NTRK1〔신경 영양성 티로신 수용체 키나아제 1(neurotrophic tyrosine receptor kinase 1)의 약자로, 신경세포 성장에 중요한 역할을 하는 수용체 단백질 Trk-A(트로포미오신 수용체 키나아제 A)를 만든다—옮긴이〕 유전자(4장 참조)의 유전적 변이는 건강한 연구 참가자들의 분할 비등방도를 예측하는 요인으로도 밝혀졌다(Tkachev et al., 2007).

아동기 학대가 신경에 미치는 영향은 유전적 조절이 가능한 것으로 추정된다. 예를 들어 모두는 아니지만 일부 연구에서 세로토닌 수송체 프로모터 영역의 다형성이 발견되었다(Walsh et al., 2014). 뇌 부피의 유전 가능성 추정치는 40퍼센트에서 80퍼센트 이상까지 다양하며, 일반적으로 전체 뇌나 뇌엽 같은 구조물보다는 더 작은 뇌 구조물의 유전성 추정치가 낮다(하나의 구조물이 다른 구조물보다 유전성이 높은지에 관한 추정은 신중하게 해석해야 한다)(Strike et al., 2015). 많은 관심을 받은 후보 유전자는 뇌 유래 신경 영양 인자(BDNF)와 카테콜-O-메틸전달효소(COMT)로, 이들은 인지 및 정서 처리와 관련이 있다. NTRK3 같은 신경 영양 수용체 유전자는 결함 없는 백색질 유지에 중요하다(Braskie et al., 2013). 특히 자살자 사후 연구에서는 시상베개(pulvinar)핵에서 시상핵 부피가 커지는 현상이 나타났는데, 이 현상은 세로토닌 수송체 유전자 ss형과 관련이 있다(Young et al., 2008). 시상베개는 변연계를 통해 사회적 위협(예: 얼굴 표정의 정서)에 관한 정보를 처리하며, 고통에 대한 정서적 반응과 부정적 결과에 대한 주의에 관여하는 전측 대상회 피질로 정보를 전달한다(Young et al., 2008). 시상베개 관련 주의 과정은 8장에서 논의할 자살 행동의 계산 모형에서 중심 역할을 한다. 세로토닌 수송체 결합은 꼬리핵과 창백구의 크기와도 상당한 상관성이 있다(Vang et al., 2010). 이 몇 가지 예는 분명 세로토닌 수송체가 특별히 자살 행동과 관련된 뇌 영역의 크기를 결정하는 데 역할을 한다는 것을 보여준다. 현재까지 전장 유전체 연관 연구(GWAS, 3장 참조)는 뇌 형태에 대한 유전자의 영향을 추가로 밝히지는 못하고 있다(Strike et al., 2015).

백색질과 회색질 부피 변화의 원인이 서로 겹치는 것으로 보이기 때문에, 백색질과 회색질 이상이 동시에 발생하는 것은 놀라운 일이 아니다. 백색질 고강도 부피는 설상회 및 양측 해마 회색질 부피와 부적(−)

상관관계를 보인다. 또한 백색질 고강도 부피는 왼쪽 전방 피각, 뇌량하, 측좌핵, 전방 꼬리핵, 안와 전두 피질, 전섬엽, 전두극의 회색질 혈류와도 부적 상관관계를 가진다(Crane et al., 2015). 따라서 여러 백색질 및 회색질 이상이 공존하는 것으로 보인다.

중요하게도 장기 리튬 치료는 자살 행동과 연관이 있으면서 부피가 감소한 뇌 부위, 즉 배외측 전전두엽 피질, 안와 전두 피질, 전측 대상회 피질, 상측 두피질, 두정 후두 피질, 기저핵의 회색질 부피를 증가시키는 것으로 보인다(Benedetti et al., 2011). 항우울제 치료는 주요 우울증 환자의 시상과 백색질 부피를 정상화하는 것으로 보인다(Young et al., 2008; Zeng et al., 2012).

회로 변화, 특히 그림 6.2에서 제시한 전두엽-시상 네트워크의 변화가 자살 행동에 대한 취약성과 관련해 어떤 의미가 있는지는 아직 명확하지 않다. 우리가 살펴본 확산 텐서 영상(DTI) 연구는 주로 자살 위험군의 뇌 왼쪽 반구, 특히 내포전각(ALIC)을 통과하는 백색질 섬유에서 연결성의 증가를 보여준다. 이때 ALIC를 통과하는 이 경로는 주로 시상-피질 회로를 포함한다. 이와 같은 과도한 연결성은 무관한 자극에 과도하게 주목하거나 중요성을 부여하는 것을 반영한다고 여겨진다(Toranzo et al., 2011). 특히 전방 시상 방사와 내측 전뇌 다발은 ALIC를 통해 서로 가까이 지나가지만, 자살 관련 백색질 변화는 전방 시상 방사와 관련이 있는 반면, 내측 전뇌 다발과는 무관해 보인다. 이 두 백색질 경로가 전달하는 정보의 종류에서 차이는 명확해지고 있다. 내측 전뇌 다발은 보상 회로의 핵심 구조이지만, 전방 시상 방사는 주로 부정적 정보를 전달하며 슬픔과 정신적 고통에 관여한다(Coenen et al., 2012). 두 번째로 일관되게 보이는 연결성 이상은 비자살 자해(NSSI) 및 자살 행동과 관련이 있으며, 왼쪽 하전두회와 특히 전측 대상회 피질 간 연결을 포함한다. 8장에서 논의할 이 연결은 부정적 정보의 처리에서 중요한 역할을 한다. 왼쪽 하전두회의 기능 장애는 부정적 정보에 직면했을 때 자신의 신념을 조정하려는 경향을 강화하는 것으로 보인다(Sharot et al., 2012).

종합하면 자살 행동과 관련해 관찰한 백색질 변화는 부정적 정보에 대한 과도한 중요성 부여에 상당히 기여하는 것으로 보인다. 부정적 정보에 대한 중요성 부여는 8장에서 설명할 자살 행동의 계산 모형의 핵심 요소다. 치료에 관한 함의, 예를 들어 뇌 자극 치료 관련 내용은 10장에서 다룬다. 원인과 관련해서 생애 초기 스트레스는 왼쪽 전두엽-시상의 과연결성을 예측한다(Philip et al., 2016). 이것은 발달기에 받는 영향의 잠재적 중요성을 가리키는데, 이 내용은 7장에서 자세히 논의한다.

6장 요약

- 100여 건의 뇌 영상 연구가 자살 행동 이력이 있는 사람의 뇌 구조와 기능 변화를 보고하고 있다.
- 일반적으로 구조적 회색질 변화는 전전두엽 피질 영역 부피 감소와 피질하 핵 부피 증가를 포함한다.
- 구조적 백색질 변화는 (주로 왼쪽에서) 피질과 피질하 뇌 영역, 예를 들어 전전두엽 피질과 시상 간 연결성 장애를 드러낸다.

◦ 기능적 뇌 장애는 얼굴 표정 인식, 의사 결정 등 인지 과제 수행 중 연결성과 활성화의 변화를 포함한다.

◦ 종합하면 자살 행동은 주의 과정과 의사 결정을 담당하는 전두엽-선조체-시상 네트워크의 변화와 관련이 있다.

◦ 이러한 변화의 잠재적 원인은 유전 및 생애 초기 역경으로, 이것은 7장에서 논의하는 발달 장애로 이어질 수 있다.

더 읽을거리

van Heeringen, K. & Mann, J. J. (2014). The neurobiology of suicide. *The Lancet Psychiatry*, *1*, 63–72.

van Heeringen, K., Bijttebier, S., Desmyter, S., Vervaet, M. & Baeken, C. (2014). Is there a neuroanatomical basis for the vulnerability to suicidal behavior? A coordinate–based meta–analysis of structural and functional MRI studies. *Frontiers in Human Neuroscience*, *208*, e824.

신경 영상 범주별 참고문헌

자살 행동의 구조적 영상 연구

Ahearn et al., 2001; Ehrlich et al., 2004; Ehrlich et al., 2005; Monkul et al., 2007; Pompili et al., 2007; Aguilar et al., 2008; Pompili et al., 2008; Rusch et al., 2008; Hwang et al., 2010; Matsuo et al., 2010; Vang et al., 2010; Benedetti et al., 2011; Cyprien et al., 2011; Goodman et al., 2011; Serafini et al., 2011; Spoletini et al., 2011; Wagner et al., 2011; Dombrovski et al., 2012; Mahon et al.,

2012; Nery-Fernandes et al., 2012; Soloff et al., 2012; Giakoumatos et al., 2013; Lopez-Larson et al., 2013; Jia et al., 2014; Olvet et al., 2014; Sachs-Ericsson et al., 2014; Bijttebier et al., 2015; Colle et al., 2015; Kim et al., 2015; Besteher et al., 2016; Gosnell et al., 2016; S. J. Lee et al., 2016; Y. J. Lee 2016.

자살 행동의 기능적 영상 연구

Audenaert et al., 2001; Meyer et al., 2003; Oquendo et al., 2003; Lindstrom et al., 2004; Cannon et al., 2006; Leyton et al., 2006; Ryding et al., 2006; Soloff et al., 2007; Li et al., 2009; Willeumier et al., 2011; Marchand et al., 2012; Fan et al., 2013; Miller et al., 2013; Nye et al., 2013; Sublette et al., 2013; Sullivan et al., 2015; Yeh et al., 2015; Oquendo et al., 2016; S. Zhang et al., 2016; Jollant et al., 2017; van Heeringen et al., 2017.

자살 위험 요인에 대한 영상 연구

Keilp et al., 2001; Meyer et al., 2003; van Heeringen et al., 2003; Lindstrom et al., 2004; Ryding et al., 2006; Jollant et al., 2008; Keilp et al., 2008; Jollant et al., 2010; Reisch et al., 2010; van Heeringen et al., 2010; Dombrovski et al., 2011; Jollant et al., 2011; Pan et al., 2011; Yurgelun-Todd et al., 2011; Dombrovski et al., 2012; Mahon et al., 2012; Dombrovski et al., 2013; Pan et al., 2013a; Pan et al., 2013b; Osuch et al., 2014; Soloff et al., 2014; Olié et al., 2015; Reitz et al., 2015; Richard-Devantoy et al., 2015; Sauder et al., 2015; Groschwitz et al., 2016; Richard-Devantoy et al., 2016a; Vanyukov et al., 2016; Jollant et al., 2017; Olié et al., 2017.

07

“내 끝에 내 시작이 있다”
자살 행동에 대한 신경 발달 관점●

학습 목표

- ◦ 생애 초기 경험은 어떻게 훨씬 이후의 삶에서 자살 행동으로 이어지는가?
- ◦ 후생유전학이란 무엇인가?
- ◦ 아동기 학대를 경험한 사람이 보이는 뇌 변화는 적응적인 것으로 해석할 수 있는가?
- ◦ 유전자는 사람들을 생애 초기 역경의 영향에 더 취약하거나 덜 취약하게 만들 수 있는가?

● “내 끝에 내 시작이 있다”라는 표현은 다음에서 인용한 것이다. T. S. Eliot (1940), “East Coker”, *New English Weekly & the New Age: A Review of Public Affairs, Literature and the Arts*, 16, no. 22, March 21.

머리말

배경 위험 요인은 어떻게 훨씬 이후의 삶에서 자살 위험을 높일 수 있을까? 부모의 특성이나 생애 초기 역경 경험이 수십 년 후 스스로 생을 마감하도록 결정하게 만드는 기제는 무엇일까? 다시 말해 취약 요인은 어떻게 생겨나고, 어떻게 한참 뒤에 드러날 수 있을까? 이 장에서는 신경과학이 자살 예방에 매우 중요한 이러한 흥미로운 질문의 답을 찾는 데 상당히 기여하고 있음을 보여줄 것이다. 우리가 개입할 수 있는 취약 요인을 신뢰성 있게 평가할 수 있다면, 피해가 발생하기 전에 자기 파괴적 행동을 예방할 수 있다.

3장에서 살펴봤듯이, 일관된 유전 역학 자료는 자살이 특정 가족에 몰리는 이유의 일부를 설명하는 유전적 변이가 존재하며, 이 변이는 정신 장애의 가족력과는 부분적으로 무관함을 가리킨다(Turecki et al., 2012). 하지만 자살 위험에서 점점 그 중요성이 커지고 있는 또 다른 배경 위험 요인이 있다. 바로 생애 초기 역경(ELA)이다. ELA는 자살 위험에 가장 강력한 영향을 미치는 배경 위험 요인이다(Brezo et al., 2007; Fergusson et al., 2008). 신경과학 연구는 ELA가 뇌에 심각한 상처를 남겨, 자살 행동에 대한 취약성을 유발하거나 키우는 파괴적인 결과를 명확히 보여준다.

7.1 생애 초기 역경: 문제의 본질과 범위

생애 초기 역경은 흔한 현상이지만 그에 관한 서로 다른 정의 탓에 발생 빈도 추정치도 차이가 난다. 서구 사회에서 아동 학대의 추정 유병률은 10~15퍼센트다. 세계보건기구(WHO)의 21개국 대상 세계 정신 건강 조사는 5만 2000명의 응답자 중 거의 40퍼센트가 생애 초기 역경을 경험했고, 그중 아동기 신체적 학대(CPA)가 부모 사망(12.5퍼센트)에 이어 두 번째로 흔한 형태라고 보고했다(8퍼센트). 방임은 4.4퍼센트, 아동기 성적 학대(CSA)는 1.6퍼센트로 흔하지는 않지만 매우 파괴적인 생애 초기 역경이다(Kessler et al., 2010). 그러나 CSA의 실제 발생률은 수치심과 낙인 때문에 보고된 수치보다 훨씬 높을 가능성이 크다. 더욱이 개념 정의의 차이가 미치는 영향도 매우 크다. 미국에서는 각 주마다 아동 학대와 방임에 관한 정의가 다르며, 이는 연방법을 토대로 한다. 하지만 대부분의 주에서 방임, 신체적 학대, 심리적 학대, 성적 학대를 네 가지 주요 유형으로 인정한다. 아동 학대 예방 및 처리에 관한 법은 최소한 아동 학대와 방임을 다음과 같이 정의한다. "부모나 보호자의 최근 행위 또는 부작위로 인한 사망, 심각한 신체적 또는 정서적 손상, 성적 학대나 착취가 발생하는 경우, 또는 심각한 손상의 임박한 위험을 초래하는 행위 또는 부작위."

일반적인 아동 학대, 특히 아동기 성적 학대(CSA)는 전 세계적인 주요 문제임을 22개국 65개 연구 결과를 통합한 메타 분석(Perada et al., 2009)으로 알 수 있다. 이 메타 분석의 주요 결과는 텍스트 상자 7.1에 나와 있다.

텍스트 상자 7.1 **아동기 성적 학대를 포함한 생애 초기 역경에 관한 전 세계 자료**

- 남성의 약 8퍼센트, 여성의 약 20퍼센트가 전 세계적으로 18세 이전에 성적 학대를 겪는 것으로 추정된다.
- 아동기 성적 학대의 최고 유병률은 아프리카에서 나타나며 34.4퍼센트다.
- 유럽, 미국, 아시아는 각각 9퍼센트, 10퍼센트, 24퍼센트의 유병률을 보인다.
- 여성에 관해서는 7개국이 5분의 1 이상의 유병률을 보고했는데, 호주 38퍼센트, 코스타리카 32퍼센트, 탄자니아 31퍼센트, 이스라엘 31퍼센트, 스웨덴 28퍼센트, 미국 25퍼센트, 스위스 24퍼센트다.

미국에서는 아동 보호 서비스 기관이 2015년에 약 720만 명의 아동 학대 의혹을 포함해서 추정치 440만 건을 접수했다. 학대 및 방임 의혹 신고의 5분의 3은 전문가들이 했다. 이 중 5분의 1에 해당하는 아동이 실제 피해자로 확인되었다. 피해 아동의 80퍼센트 이상은 부모가 단독으로 또는 다른 사람과 함께 학대를 가했다. 피해자의 3분의 1 이상은 어머니가 단독으로, 5분의 1은 아버지가 단독으로 학대한 경우이며, 다른 5분의 1은 부모 양쪽 모두에게 학대를 받았다. 13퍼센트의 아동은 부모가 아닌 다른 사람에게 학대를 당한 경우다(미국 보건복지부, 2017).

캐나다에서는 성인 인구의 32퍼센트가 아동기 때 신체적 학대, 성적 학대 그리고 친밀한 파트너의 폭력을 경험한 것으로 나타났다(Afifi et al., 2014).

생애 초기 역경과 부정적인 정신 건강 결과 사이에는 강한 연관성이 있다(Lutz & Turecki, 2014). 초기 발달 시기의 학대는 정신 병리와 그 임상 경과의 심각성을 예측하는 가장 강력한 요인 중 하나로, 조기 발병, 치료 반응 저하, 동반 질환 증가, 만성적인 의료 서비스 이용 등을 포함한다. 생애 초기 역경은 비만, 성격 장애, 우울증, 약물 사용 장애, 공격성과 폭력 그리고 자살 행동과 강하게 연결돼 있다.

7.2 생애 초기 역경과 자살 행동

7.2.1 역학 연구

자살 행동을 보이는 사람의 다수는 생애 초기 역경(ELA) 이력이 없지만, 10~40퍼센트의 적지 않은 소수는 그런 이력이 있다(Turecki et al., 2012). 이와 비슷하게 ELA 이력이 있는 대부분의 사람은 자살 행동을 보이지 않지만, 그 위험은 많이 증가한다. 아동기 성적 학대(CSA)의 피해자는 일반 사람보다 자살할 가능성이 거의 20배 높다. 상대적 위험도는 여성 피해자가 남성 피해자보다 높고, 자살하는 CSA 피해자는 사망 시점이 30대인 경우가 많다(Cutajar et al., 2010). 추가 역학 자료는 일반 사람과 임상 인구 그리고 심리 부검 연구에서 확인할 수 있다. (기술적 세부 사항은 3장 참조.)

아동기의 성적 학대, 신체적 학대, 정서적 학대, 방임은 지역 사회, 임상, 고위험 집단 표본 전반에서 자살 행동과 관련성이 있다. 이러한 역경 사건은 비치명적 및 치명적 자살 행동의 주요 원인으로, 예를 들어 177개 연구에서 6만 5000명 이상을 대상자로 한 아동기 성적 학대 후 자살 행동 발생 분석(Maniglio, 2011)을 포함한 다수의 연구와 문헌 고찰에서 입증되었다. 대부분의 연구에서 인구 통계, 정신 건강, 가족 그리고 또래 관련 변인과 같은 잠재적 교란 변수를 통제한 후에도 이러한 연관성은 유의미하게 남아 있다(문헌 고찰은 Miller et al., 2013 참조). WHO 세계 정신 건강 조사에 따르면, 자살 행동 위험은 ELA의 횟수가 증가할수록 오즈 비율(odds ratio: 사건 B가 있을 때 사건 A가 발생할 확률을 B가 없을 때 A가 발생할 확률로 나눈 값—옮긴이)이 1에서 6까지 증가하며, 이는 평생 정신 장애 여부와 무관하게 나타난다(Bruffaerts et al., 2010).

질병통제예방센터(CDC)가 후원한 아동기 역경 경험(adverse childhood experience, ACE) 연구에 따르면, 한 가지 이상의 학대 관련 ELA 경험은 자살 시도에 관한 인구 기인 위험도(population attribut-able risk, PAR)의 67퍼센트를 차지한다(Dube et al., 2003). 여기서 PAR은 전체 인구 집단이 ACE에 전혀 노출되지 않았을 때 나타날 수 있는 자살 시도 발생률 감소를 의미한다. 여섯 가지 이상의 ELA에 노출된 사람은 평균 수명이 20년 단축되는 것으로 나타났다(Brown et al., 2009).

성별, 나이, 학대 빈도, 가해자의 신분, ELA 유형이 ELA와 자살 행동 간의 연관성에 영향을 미치는 것으로 보인다. 아동기 성적 학대(CSA)와 이보다는 덜한 아동기 신체적 학대(CPA)의 경우, 자살 시도와의 연관성은 여성보다 남성에게서 더 강할 수 있다(Miller et al., 2013). 전체 인구 수준에서 CSA 유병률은 여성에게서 훨씬 높아, CSA로 인한 자살의 질병 부담은 여성에게 더 클 가능성이 높다. 계산에 따르면 여성 자살 행동의 약 20퍼센트가 CSA 노출에 기인할 수 있으며, 남성에서는 약 10퍼센트가 CSA 노출에 기인할 수 있다. 개인 수준에서는 자살이라는 결과를 피하려면 CSA를 경험한 젊은 남성에게 더 많은 주의가 필요할 수 있다(DeVries et al., 2014).

ELA와 자살 위험 증가 간의 관계가 전 생애에 걸쳐 지속됨을 보여주는 연구는 점점 늘고 있다(Sachs-Ericsson et al., 2013). 특히 브뤼파르츠(R. Bruffaerts)와 동료들(2010)은 더 넓은 의미의 ELA(CPA, CSA, 부모 상실, 재정적 역경, 질병 포함)가 어린 시절 자살 시도와 가장 강한 연관성을 가지며, 청소년기와 젊은 성인기에는 감소하다가 중년 이후에 다시 증가한다는 것을 발견했다. 청소년기에는 최초 노출 시점이 자살 행동 발생에 영향을 미치지 않았다(Gomez et al., 2017).

학대의 빈도와 가해자의 신분에 따라 자살 위험은 달라진다(Turecki et al., 2012). 직계 가족 구성원의 학대는 확대 가족 구성원이나 관련 없는 사람의 학대보다 자살 행동 위험을 높인다. 이것은 실제 신체적 또는 성적 경험보다는 학대와 관련한 심리적 트라우마가 평생 자살 행동의 위험 증가에 영향을 미친다는 점을 시사한다. 가까운 가족 구성원은 발달 과정에서 주요 지지원이고 건강한 애착 패턴, 환경 자극에 대한 적절한 정서 조절, 스트레스 회복력을 제공하는 데 필수적이다. 따라서 부모, 보호자 또는 기타 가까운 친척이 가한 반복적인 학대 경험은 적대적이고 신뢰할 수 없는 환경임을 알려주는 신호다. 이에 유기체는 스트레스에 대한 반응과 관련된 뇌 네트워크 같은 핵심 반응 시스템을 조정함으로써 이러한 환경에 적응하려 할 수 있다(뒤의 논의 참조). WHO 세계 정신 건강 조사에 따르면, CSA와 CPA는 ELA 이후 특히 청소년기 동안 자살 행동의 발생과 지속에서 가장 강력한 위험 요인으로 일관되게 나타난다(Bruffaerts et al., 2010). ELA의 다양한 형태가 자살 행동에 미치는 영향을 조사한 연구는 자살 행동을 설명하는 데 CSA가 CPA나 방임보다 상대적으로 더 중요할 수 있음을 시사한다. 7개의 종단 연구와 2개의 쌍둥이 연구 자료를 사용해 CSA 영향만을 분리해서 살펴본 메타 분석에서 CSA 피해자의 자살 행동에 대한 추정 오즈 비율은 약 2.5로 나타났다(Devries et al., 2014).

7.2.2 심리 부검 연구

아마도 가장 큰 규모의 심리 부검 연구(기술적 세부 사항은 3장 참조)는 200건 이상의 자살 사례를 다루었으며, 이 연구는 생후 첫 10년 동안의 여러 위험 요인이 조사한 모든 자살자에게 공통으로 나타남을 보여준다. 예를 들어 약 40퍼센트는 생후 첫 10년 동안 신체적 또는 성적 학대 피해자다(Séguin et al., 2007, 2014). 이 중요한 연구 자료는 자살 경로에 관한 두 가지 발달 모형을 추가로 밝혀준다. 첫 번째 경로는 자살자의 40퍼센트가 경험하는 것이다. 여기에 속하는 이들은 매우 이른 시기(0~4세)에 역경에 시달리며, 많은 발달상의 어려움이 매우 빠르게 쌓여 시간이 지나면서 역경의 괴로움이 커진다. 역경의 예로는 부모의 알코올 남용, 신체적 또는 성적 학대, 방임, 부모와의 갈등이 있다. 이후 거주지 변화와 자살로 이끄는 정신 병리의 발달이 뒤따른다. 분명히 이 경로를 따르는 모든 사람이 이 모든 역경을 경험하는 것은 아니지만, 대부분 역경의 괴로움이 빠르게 증가하며, 80퍼센트가 20~24세에 자살로 생을 마감한다. 두 번째 경로는 자살자의 60퍼센트에 해당하며, 매우 이른 시기(0~4세)에 유사한 역경의 괴로움을 겪지만, 전체 생애 동안 대체로 낮거나 중간 수준의 역경에 노출된다. 20~24세 이후에 역경의 괴로움이 급격히 증가하며, 자살은 역경의 괴로움이 여전히 다소 중간 수준이거나 낮은 시점에서 발생한다. 참가자의 55퍼센트가 첫 자살 시도에서 사망한다는 점도 주목할 만하다.

심리 부검을 통해 수집한 정보는 초기 위험 요인(신체적·성적 학대, 방임, 갈등)부터 청소년기에 나타나는 요인(행동 장애, 사회생활과 학교생활의 어려움)과 젊은 성인기에 나타나는 요인(연인과의 이별, 자살 시도)까지 이어지는 순차적 어려움을 밝혀준다. 첫 번째 경로에 속하는 자살자는 삶의 거의 모든 영역에서 역경을 경험하며 매우 젊은 나이에 생을 마감한다. 이는 발달 과정 초기에 이러한 유형의 문제와 위험을 지닌 개인을 조기에 선별하고, 약한 강도의 개입과 강한 강도의 개입이 필요한 사람을 변별하는 일의 중요성과 어려움을 다시금 보여준다.

조사한 자살자의 60퍼센트를 차지하는 두 번째 경로에 속하는 사람들은 자살 관련 공통 요인에 노출되지만 생애 내내 역경의 괴로움은 상대적으로 낮다. 어떤 경우에는 초기 성적 학대가 장기적인 부부 폭력으로 이어지지만, 학업이나 직업과 같은 다른 삶의 영역은 손상되지 않을 수 있다. 이 두 번째 경로는 시간이 지나면서 서서히 쇠퇴하는 양상을 보이며, 기분 장애 같은 정신 장애를 동반하며 악화한다. 삶의 과정에서 사건이 누적되고 정신 건강 문제가 점점 더 많은 고통과 역경을 초래하면서, 절망감에 저항하는 이들의 능력은 무너진다. 역경에 따른 괴로움이 심하지 않은 사람은 임상의, 동료, 때로는 가까운 친척 눈에 잘 띄지 않을 수 있다. 이 집단의 경우 과제는 이들이 정신 건강 서비스를 제때 이용할 수 있도록 돕는 것이다(Séguin et al., 2014).

7.3 생애 초기 역경과 자살 행동을 연결하는 신경생물학적 기제

ELA 때문에 생기는 일련의 신경생물학적 변화가 자살 행동 증가를 설명할 수 있다는 증거는 점점 늘고 있다. 이러한 변화는 안정적인 인지적·정서적·행동적 특성(이른바 표현형)으로 나타날 수 있다. 예를 들어 초기 부적응 도식과 인지 왜곡(예: 파국화, 과잉 일반화, 이분법적 사고, 절망감), 부적응적 대처 전략, 정서 조절 결함 등이다. 이러한 표현형의 신경생물학적 기저는 분자 수준과 시스템 수준의 변화를 포함한다.

7.3.1 분자 변화

7.3.1.1 염증 표지

아동기 트라우마를 경험한 성인은 HPA 축 기능 이상과 관련된 전신성 염증 상태를 보이며(Tyrka et al., 2013), C-반응성 단백질(CRP), 피브리노겐, 친염증 사이토카인 수준이 증가한다(Coelho et al., 2014). 4장에서 설명했듯이, 이러한 염증 표지는 뇌 구조와 기능에 대한 염증 영향 경로를 통해 자살 행동의 위험 증가와 연결된다. 뇌 구조 측면에서 보면 ELA는 미세아교세포 활성화와 BDNF 같은 신경 영양 인자 감소 등에 영향을 미친다. 이러한 영향은 신경세포 복구 감소, 신경 발생 감소, 글루타메이트 활동 증가로 이어져 세포자살에 기여할 수 있다. 이러한 기제는 자살 행동과 연관된 구조적 뇌 변화(예: 회색질 부피 감소, 6장 참조)를 이해하는 데 매우 중요하며, ELA와 자살 행동 간 연관성의 매개체일 가능성이 있다(뒤의 논의 참조). 기능적 관점에서는 염증이 특히 부정적 정보에 대한 민감성을 증가시키는 것으로 보이며, 이는 8장에서 상세히 다룰 자살 행동의 계산 모형에서 중요한 요소다(Harrison et al., 2016).

7.3.1.2 유전학

자살 행동과 유전자의 연관성을 다룬 연구 결과가 서로 일치하지 않는 이유는 부분적으로 환경적 특성의 차이 때문일 수 있다(Mann & Currier, 2016). 따라서 자살 행동의 주요 환경 위험 요인으로 ELA의 중요성을 입증하는 상당한 문헌이 이 분야를 유전자-환경 상호작용 연구로 이끈 것은 놀랍지 않다(Nemeroff, 2016). 특정 유전자 다형성이 ELA라는 환경 위험 요인과 상호작용해 자살 위험을 매개하는지 규명하려는 연구는 몇 가지 주목할 만한 결과를 도출했다.

자살과 유전자-환경의 상호작용과 관련해 아동 학대 이력, 세로토닌 수송체 유전자형, 물질 사용 장애 환자의 자살 시도 간 연관성을 조사한 보고서에 따르면, 발현 수준이 낮은 유전자형을 가진 사람이 아동 학대를 많이 경험했을 때 자살 시도가 늘어나는 결과를 보여준다(Roy et al., 2007). 하지만 이후 연구는 유전자형이나 유전자-환경 상호작용과 자살 시도의 연관성을 찾지 못했다(Coventry et al., 2010). 또 다른 연구는 우울증 환자 중 아동 학대를 경험한 사람에게서 5-HT 수송체 유전자의 반대 변이인 II 유전자형과 ELA 간 상호작용이 자살 행동 위험을 높인다고 보고했다(Shinozaki et al., 2013). 이 결과를 종합하면, 자살 행동에 대한 상호작용 효과는 기존에 정신 장애가 있는 상황에 특정해서 나타날 가능성이 있다. 1A 및 2A 수용체 유전자, TPH1 및 TPH2 유전자와 같이 서로 다른 세로토닌 유전자를 다룬 유전자-환경 상호작용 연구 역시 일관되지 않은 결과를 보였다(개요는 Mandelli & Seretti, 2016 참조).

자살 행동에 관여하는 또 다른 신경생물학적 시스템, 예를 들어 스트레스-반응 시스템 및 신경 영양 인자 관련 유전자들의 상호작용 효과가 존재할 가능성이 있다. CRH 수용체 1 유전자와 ELA 간 상호작용 효과에 관한 연구 결과는 엇갈리지만, 초기 트라우마 경험자 중 일부 유전 변이가 자살 행동 위험성을 낮출 수 있다는 보고도 있다(Ben-Efraim et al., 2011). 염증 과정에도 관여하는 스트레스 관련 유전자 FKBP5의 변이는 ELA와 상호작용해 자살 행동 위험을 높이는 것으로 나타났다(Roy et al., 2010, 2012). 중요하게도 FKBP5 TT 유전자형은 아동기 학대를 경험한 대상자에게 뇌 피질하와 피질의 감정 처리 영역에서 광범위한 구조적 변화를 유발하기 쉽다. 이는 뒤에서 자세히 다룬다(Grabe et al., 2016).

신경 영양 인자와 관련해서는 NTRK2 유전자의 일반적인 변이가 초기 외상에 노출된 사람의 자살 행동 위험을 높이는 것으로 보인다(Murphy et al., 2011).

7.3.1.3 후생유전학

후생유전학적 과정은 ELA가 장기간에 걸쳐 신경생물학적으로 체화되는 데 중요한 매개체로 부상하고 있다(Lutz & Turecki, 2014). "후생유전학"은 유전자의 발현을 시간에 따라 조절하도록 유전체를 프로그램화하는 화학적·물리적 과정을 의미한다. 3장에서 자세히 설명했듯이, 후생유전학적 과정은 DNA 염기서열의 변화 없이 정보를 전달한다. 후생유전체는 발달·생리·환경 신호에 반응한다. 따라서 후생유전학은 환경이 유전체를 어떻게 조절하는지 설명하며, 후생유전학적 기제는 생애 전반에 걸쳐 초기 환경 요인의 영향을 설명하는 데 적합하다. 이 절에서는 ELA 연구 분야에서 가장 큰 관심을 받은 후생유전학적 표지인 DNA 메틸화에 초점을 맞춘다(Lutz & Turecki, 2014). 무엇보다도 핵심은 스트레스-반응 시스템과 신경 영양 인자의 후생유전학이다.

ELA는 스트레스 조절에 관여하는 신경 회로를 변화시켜 행동에 장기적인 영향을 미친다고 알려졌다. ELA가 HPA 축 활동에 미치는 효과는 다음 요인의 영향을 받지만, 여기에만 국한되지는 않는다.

- ELA의 유형과 횟수, 첫 ELA 경험 연령, 만성성
- 성인기의 사회적 지지 및 외상적 사건의 존재
- 주요 정신 장애의 가족력
- 유전자 및 후생유전학 요인 (Nemeroff, 2016)

쥐를 대상으로 한 획기적인 연구에서 생후 첫 주 동안 어미가 새끼를 핥고 털을 다듬는 행동(licking and grooming, LG)의 빈도가 스트레스에 대

한 행동적·내분비적 반응을 조절하는 유전자 발현을 프로그램화한다는 사실이 밝혀졌다(Turecki et al., 2012). 가장 강력한 효과 중 하나는 해마에서 글루코코르티코이드 수용체(GR)의 유전자 발현과 관련된다. LG가 높은 어미의 새끼는 LG가 낮은 어미의 새끼보다 해마에서 GR 발현이 증가하고 스트레스 반응이 더 완만하다(Liu et al., 1997). 어미의 행동은 새끼의 GR 유전자 관련 뉴런 특화한 프로모터가 후생유전학적으로 변화하는 것과 연관성이 있다. 구체적으로 어미의 LG가 증가하면 프로모터 메틸화가 감소하고 해마에서 GR 발현이 높아진다(Weaver et al., 2004). 따라서 어미 보살핌의 질적 차이는 후생유전학적 상태를 직접 조절하며, 그래서 유전자 전사가 지속적으로 영향받는다(Turecki et al., 2012). 쥐의 부모-자식 상호작용 모형에서 관찰한 행동적·분자적 변화는 인간에게 보이는 ELA 이력과 연결된 행동적·신경생물학적 변화와 중요한 유사점이 있다(Turecki et al., 2012). LG가 낮은 어미에게서 자란 새끼는 경미한 스트레스에 대해 행동적 반응 및 HPA 축 반응이 증가한다. 인간에게는 이러한 효과가 아동 학대 경험자가 보이는 HPA 기능 장애와 관련이 있다(Heim et al., 2010). 4장에서 자세히 설명했듯이, 이러한 기능 장애는 자살에 대한 취약성 증가와 밀접한 관련이 있다.

ELA가 인간 유전체의 후생유전학적 상태에 미치는 영향에 관한 증거는, 자살로 사망하고 ELA 이력을 가진 사람의 사후 해마에서 GR 유전자 메틸화 상태를 조사한 연구에서 처음으로 나왔다(그림 4.2 참조; McGowan et al., 2009). 이런 사람은 정상 대조군 및 ELA 이력이 없는 자살자와 비교할 때, 해마에서 전체 GR 그리고 쥐의 해마에 있는 엑손(exon: 진핵생물의 mRNA 정보 배열—옮긴이)과 일치하는 GR 엑손 변이체의

mRNA 발현 수준이 감소한 것으로 나타났다.

이 발견은 이후 자살자의 뇌에 있는 GR 유전자의 다른 전사체로 확장되었다(Labonté et al., 2012b). 해마에서 나타난 이 광범위한 영향과는 사뭇 대조적으로, HPA 축 조절에 중요한 또 다른 뇌 부위인 대상피질에서는 DNA 메틸화나 GR 발현의 변화가 보이지 않았다. 따라서 ELA에 대한 후생유전학적 적응은 특정 뇌 영역에서만 나타나는 것으로 보인다.

추가 연구는 다양한 형태의 ELA에 노출된 사람의 말초혈액 표본에서 GR 프로모터 메틸화 형태로 나타나는 후생유전학적 효과를 입증했다(개요는 Nemeroff, 2016와 Turecki, 2016 참조). 경계선 성격 장애, 우울증, 외상 후 스트레스 장애(PTSD) 등 ELA 이력과 연관된 대규모 집단에서, 아동기 성적 학대(CSA)는 말초혈액에서 GR 프로모터 DNA 메틸화 증가와 연관돼 있었다(Perroud et al., 2011). 게다가 아동 학대의 심각성은 메틸화 수준과 정적(+) 상관관계를 보였다. 또 다른 연구에서 티르카(L. Tyrka)와 동료들(2012)은 GR 유전자의 DNA 메틸화 상태를 조사해서, ELA 이력이 있는 대상자의 순환 백혈구에서 GR 유전자의 메틸화가 증가했음을 입증했다. 또한 GR 메틸화 수준 증가는 HPA 축 과민성의 표지(4장 참조)인 덱사메타손 억제 검사에서의 민감성 감소와 연관성이 있었다. 이것은 말초 조직의 GR 메틸화와 HPA 축 활동 간에 기능적 연관성이 있음을 시사한다. 말초 조직에서 얻은 이러한 결과는 자살한 사람에 관한 사후 연구에서 관찰한 결과와 일치한다. 그러나 왜 그리고 어떻게 ELA가 일부 조직(해마, 혈액 내 백혈구)에서는 GR 메틸화 상태에 영향을 미치지만, 다른 조직(대상피질)에서는 영향을 미치지 않는지 아직 불명확하다.

HPA 축의 활동은 GR의 부적(−) 피드백 외에도 여러 기제가 조절한다. 세포 내 수준에서 FKBP5는 GR의 리간드 결합 및 GR-리간드 복합체의 핵 내 이동을 억제하는 샤페론 단백질로, 스트레스-반응 시스템의 중요한 조절자 역할을 한다(4장 참조). FKBP5 유전자에는 여러 글루코코르티코이드 반응 요소가 존재해, 글루코코르티코이드가 FKBP5 발현을 촉진하고 이는 세포 내 단기 음성 피드백 고리로 작용한다. 앞서 설명한 바와 같이 FKBP5의 유전적 다형성은 ELA 이력과 상호작용해 성인기의 자살 시도를 예측한다(Roy et al., 2010). 후속 연구에 따르면 FKBP5 유전자의 기능적 다형성은 성인기 스트레스 관련 정신 장애의 발병 위험을 높인다. 이러한 위험 증가는 FKBP5의 기능적 글루코코르티코이드 반응 요소에서 아동기 트라우마로 생긴 특정 대립유전자의 DNA 탈메틸화 때문이다. 이러한 탈메틸화는 스트레스에 의존하는 유전자 전사를 증가시키며, 이어서 스트레스 호르몬 시스템의 장기적 기능 이상 그리고 면역세포 및 스트레스 조절과 관련된 뇌 영역의 전반적인 기능 변화로 이어진다(Klengel et al., 2013). 따라서 환경에 대한 장기적 반응을 매개하는 분자 기제가 점점 더 명확해지고 있다.

신경 영양 인자, 특히 뇌 유래 신경 영양 인자(BDNF) 유전자와 그것의 고친화성 수용체인 티로신 수용체 키나제 유형 B(TRKB)에 관한 중요한 후생유전학적 발견도 보고되었다. 4장에서 설명했듯이 BDNF는 광범위한 영역에서 발현하는 신경 영양 인자로, 기존 뉴런의 생존을 지원하고 새로운 뉴런의 성장과 분화, 시냅스 생성, 시냅스 기능 및 가소성을 촉진한다. 어미의 학대는 성체 쥐의 전전두엽 피질에서 BDNF mRNA 발현을 감소시키는데, 이는 BDNF 유전자 프로모터 특정 부위의 과메틸화와 연관된다(Turecki, 2016 참조). 흥미롭게도 이러한 특정 부위 과메틸화는 발달 양상을 따르는 것으로 보이는데, 한 프로모터의 과메틸화는 학대 직후에 발생하는 반면, 다른 프로모터의 메틸화는 점진적으로 증가해 성체기에 이르러서야 유의미하게 변화된 수준에 도달한다.

후생유전학적 BDNF 변화와 자살 행동 간의 연관성을 알아보기 위해 BDNF의 메틸화 상태를 사후 뇌 조직과 말초 백혈구에서 평가할 수 있다. 자살자 뇌의 베르니케(Wernicke) 영역에서 메틸화가 대조군보다 유의미하게 증가하는 것으로 나타났다(Keller et al., 2010). 경계선 성격 장애 환자의 백혈구에서 BDNF 유전자 메틸화 상태를 연구한 결과, BDNF 프로모터의 말초 DNA 메틸화 수준은 ELA 횟수가 많을수록 증가하는 것으로 나타났다(Perroud et al., 2013). 우울증 환자의 자살 행동 이력 또한 BDNF 프로모터 메틸화 증가와 연관된다(Kang et al., 2013). 특히 메틸화 수준은 치료 중 자살 생각의 개선 가능성을 예측하는데, 메틸화가 클수록 개선 가능성이 작은 것으로 나타났다.

따라서 혈액 내 BDNF DNA 메틸화는 자살 위험의 조기 발견을 위한 생체 지표로 충분히 활용할 수 있으며, 이에 대해서는 9장에서 더 자세히 다룬다.

하지만 그뿐 아니라 스트레스-반응 시스템의 후생유전학적 변화는 심리 치료의 영향을 받을 수 있다. 4주간 집중 인지 행동 치료(변증법적 행동 치료)를 받은 경계선 성격 장애 환자는 BDNF 메틸화가 유의미하게 감소했으며, 이러한 변화는 우울감 점수, 절망감 점수, 충동성 변화와 유의미한 상관관계를 보였다(Perroud et al., 2013). 마찬가지로 FKBP5 DNA 메틸화 변화도 인지 행동 치료 반응과 연관된다. 증상 심각도가 가장 많이 감소한 사람은 치료 중 DNA 메틸화 비율이 감소하는 반면, 증상 개선이 거의 없거나 전혀 없는 사람은 DNA 메틸화 비율이 증가한다(Roberts et al., 2015).

앞서 논의했듯이 세로토닌은 ELA 경험과 이후 행동을 연결하는 매개자 역할을 하며, 정신 건강이나 질병의 개인차를 만들어낸다. 유전적 변이, 후생유전학적 변화 또는 항우울제 약물에 따른 5-HT 신호 전달의 변형은 일부 사람을 환경적 역경에 굴복하도록 만들고, 다른 사람들은 유리한 환경에서 혜택을 누릴 수 있도록 하는 발달 경로를 설정한다. 몇몇 연구는 ELA, 특히 아동기 성적 학대가 5-HT 수송체 유전자 프로모터 영역의 DNA 메틸화와 연관된다고 제안한다(개요는 Turecki, 2016 참조). 5-HT2A 수용체 유전자의 메틸화는 자살을 생각하는 사람의 백혈구에서 증가하는 것으로 보이지만, 자살자의 전전두엽 피질에서는 유의미한 감소가 나타나지 않았다(De Luca et al., 2009). 따라서 5-HT는 유전적 변이(앞선 논의 참조)와 후생유전학적 변화 모두를 통해 ELA와 자살 행동 사이를 연결하는 매개자 역할을 할 수 있다. ELA 이후 5-HT 시스템의 후생유전학적 프로파일을 조사할 때 유전자형 고려는 필수적이다. 프로모터 영역의 메틸화 증가는 l 대립유전자를 가진 사람에게서 해결하지 못한 외상 위험을 증가시키는 반면, 두 개의 짧은 대립유전자를 가진 사람에게서는 반대 양상이 나타난다(Van IJzendoorn et al., 2010).

ELA가 자살 행동에 미치는 영향이 특정 유전자의 후생유전학적 변화에 국한하지 않고 전체 유전체에 영향을 미칠 가능성도 있다. 여러 전장 유전체 연관 연구(GWAS)는 ELA의 후생유전학적 조절 효과를 보여주었다(Turecki, 2016 참조). 이러한 연구는 현재 말초 조직에서 ELA 및 자살 행동과 관련된 전장 유전체 수준의 DNA 메틸화 변화를 보여주기 시작했다. 라봉테(M. Labonté)와 동료들(2012b)은 자살자의 사후 해마 조직에서 아동기 학대 이력과 관련된 전장 유전체 프로모터 DNA 메틸화 변화를 처음으로 보고했다. 총 362개의 프로모터가 학대 집단에서 차등적으로 메틸화되었다. 즉 248개는 과메틸화, 114개는 저메틸화되었다. 주목할 점은 메틸화 변화가 주로 신경 가소성 관련 유전자와 뉴런에서 발생한다는 것이다. 또한 복측 전전두엽 피질 내 DNA 메틸화 수준에 관한 추가 GWAS 연구에서는 DNA 메틸화가 생애 전반에 걸쳐 증가하지만, 자살자는 대조군에 비해 메틸화된 부위 수가 8배 많았는데, 이것은 정상 노화에서 보이는 메틸화 증가를 훨씬 초과하는 수준이다(Haghighi et al., 2014).

7.3.2 시스템 매개체

ELA가 뇌의 구조와 기능, 연결성 또는 네트워크 구조에서 나타나는 변화와 갖는 연관성은 180편 이상의 논문에서 확인되었다. 여러 검사실과 인구 집단에서 특정 뇌 부위(예: 성인의 해마, 전측 대상회 피질)와 경로(예: 뇌량)의 변경이 아동기 학대와 일관된 연관성이 있었다. 따라서 ELA와 뇌 변화 간의 연관성은 강력하게 뒷받침되고 있다.

구조적 자기 공명 영상을 이용한 다수의 연구에서 ELA를 경험한 사람의 회색질과 백색질 부피를 면밀히 조사한 결과, ELA는 전측 대상회피질(ACC), 안와 전두 피질, 해마, 꼬리핵의 부피 감소와 관련이 있었다(Nemeroff, 2016). 최근 메타 분석에서는 전전두엽 피질, 해마, 해마곁회, 선조체, 안와 전두 피질를 포함한 여러 뇌 영역에서 ELA 피해자의 회색질 부피가 광범위하게 감소했다고 보고했다(Lim et al., 2014). 흥미롭게도 대부분의 연구에서 편도체의 부피 변화는 없었다.

백색질과 관련해서 가장 일관된 발견은 뇌량의 변화로, 이러한 변화의 특징은 중간 시상면 영역의 부피 감소 또는 확산 텐서 영상(DTI) 검사에서 분할 비등방도의 감소(무결성 저하)라 할 수 있다(기술적 세부 사항은 3장 참조)(Teicher & Samson, 2013). 동물 자료에서 내포전각(ALIC; 그림 6.2 참조)은 발달 과정 중 초기 스트레스의 영향을 받아 ALIC의 분할 비등방도가 유의미하게 감소한다(Coplan et al., 2010). 전체 뇌 기반 연결성(GBC), 즉 뇌의 각 복셀이 다른 복셀과 갖는 연결성은 대규모 뇌 네트워크 동기화에서 병리적으로 한정되거나(가령 GBC 감소) 확대될(가령 GBC 증가) 수 있다. GBC 연구에 따르면 아동기 트라우마의 심각성으로 왼쪽 시상의 과연결성을 예측할 수 있으며, 그렇기에 이는 ELA 노출의 생체 지표로 볼 수 있다(Philip et al., 2016).

기능적 뇌 영상 연구는 ELA가 자살 행동으로 이어지는 과정을 이해하는 데 기여할 수 있다. ELA 노출과 관련된 주요 발견 중 하나는 기본 모드 네트워크(default mode network, DMN)에서 휴지기 기능적 연결성(resting state functional connectivity, RSFC)이 감소한다는 점이다. 또 다른 주요 발견에는 ELA를 경험한 대상자에게서 왼쪽 편도체와 전두엽 영역 간 통합 감소와 같은 감정 처리 네트워크의 장애가 있다. 집행 기능 네트워크 내 RSFC 변화도 ELA와 관련이 있다. 즉 배외측 전전두엽 피질(DLPFC)의 연결성은 ELA 심각성과 부적(−) 상관관계를 보인다. 또한 이 연결성은 RSFC와 연결되는데, RSFC는 이보다 더 강한 부적 상관관계를 DLPFC 및 DMN과 가지고 있다. 이것은 건강한 기능과 연관된 내적 관계의 악화를 시사한다. 또한 ELA는 중요도 네트워크 영역과 해마 간 RSFC 감소뿐 아니라, 편도체와 DMN 간 부적 연결성의 감소와도 연관성이 있다(Philips et al., 2016 참조).

앞 장에서 살펴봤듯이, 정서를 드러낸 얼굴 표정에 노출된 후 뇌 활성화를 fMRI로 조사한 연구는 자살 행동의 신경학적 기초를 이해하는 데 크게 기여했다. fMRI 연구는 아동기 트라우마의 수준이 높을수록 오른쪽 각회, 극상회, 중측두회, 외측 후두 피질을 포함하는 뇌 영역에서 부정적인 얼굴에 대한 뇌 반응이 긍정적인 얼굴에 비해 더 강력하게 차이가 난다는 것을 보여준다. 아동기 트라우마 경험자는 부정적인 얼굴을 더 부정적으로, 긍정적인 얼굴을 덜 긍정적으로 인식하는 경향이 있다(Aas et al., 2017). 따라서 ELA 노출에 따른 기능적 뇌 변화는 자살 행동과 관련된 변화와 겹치는 부분이 있고, 이것은 자살 행동의 인지적 변화를 반영할 수 있다(5장 참조). 부정적 자극에 대한 주의 배분 변화와 부정성 편향 증가 등이 그러한 변화다.

영상 연구 결과와 ELA에 관해 언급해야 할 마지막 세 가지 문제는 연령에 따른 뇌 구조 변화의 유도 및 출현 그리고 ELA 유형의 영향이다. 뇌 발달에서 CSA 노출에 민감한 시기가 존재하는 것처럼 보인다. 해마 부피는 3~5세와 11~13세에 CSA와 관련해서 감소하며, 특히 CA3 부위의 피라미드 세포 가지치기와 치아회의 신경 발생에 영향을 준다. CSA 경험자는 9~10세에 뇌량 부피가 감소하며, 14~16세에는 전두 피질 부피가 감소한다. 이처럼 아동기 학대의 영향에 대해 뇌 부위별로 특유의 취약 시기가 존재한다(Andersen et al., 2008; Pechtel et al., 2014). 학대가 뇌 기능에 미치는 영향은 학대에 노출된 직후 바로 나타나지 않을 수도 있다. 예를 들어 해마 회색질 부피 감소는 ELA 이력이 있는 성인에게서 보고되지만, 학대받은 아동에게는 나타나지 않는다. 이러한 패턴의 결과는 초기 스트레스가 해마에 미치는 영향이 사춘기에서 성인기로 넘어가는 시기에 처음 나타난다는 실험 연구 결과와 일치한다. ELA 노출과 신경생물학적 변화 사이의 시간 지연은 특히 중요할 수 있는데, 이는 노출과 자살 행동 사이에도 유사한 시간 지연이 존재하기 때문이다.

그림 7.1에서 보듯이 학대 유형에 따른 영향은 매우 뚜렷하다. 부모의 언어적 학대는 청각 영역의 변화와 관련이 있으며, 가정 폭력을 목격하는 것은 시각 영역의 변화와 연관된다.

아동기 성적 학대에 대한 노출은 얼굴 인식에 관여하는 시각피질 일부의 회색질 감소와 생식기에서 오는 촉각을 처리하는 체성감각피질 일부의 위축(얇아짐)과 관련된다(Teicher et al., 2016). 이 놀라운 현상은 밝혀진 뇌 변화가 단순히 ELA 노출 후의 손상일 뿐만 아니라, 환경적 위협에 대한 적응으로도 볼 수 있음을 시사한다. 이에 대해서는 뒤에서 더 자세히 논의한다.

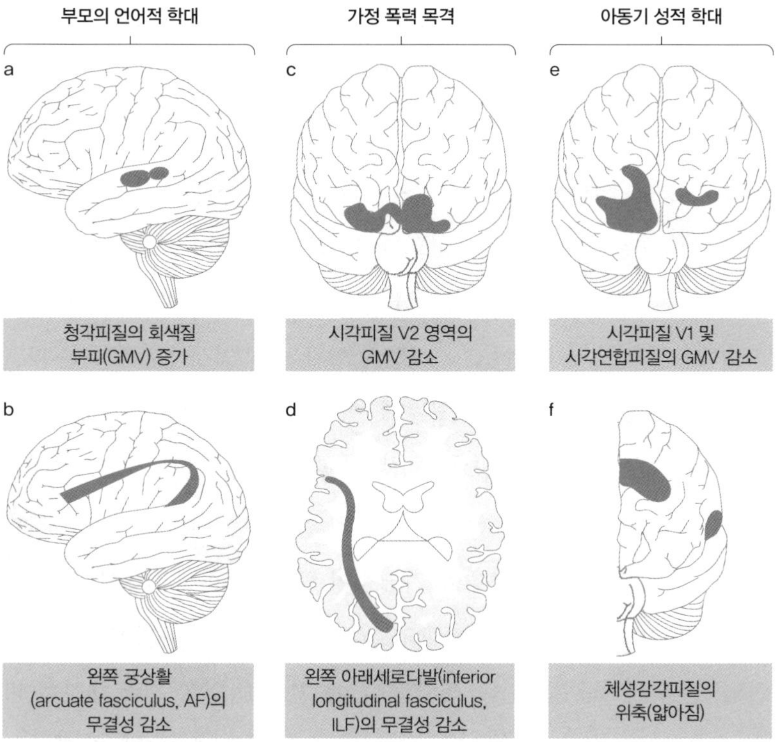

그림 7.1 아동기 학대가 뇌 구조와 연결성에 미치는 영향 (*Nature Reviews Neuroscience*, Teicher et al., The effects of childhood maltreatment on brain structure, function and connectivity, copyright 2016. 맥밀란 출판사의 허가를 받아 재인용). 컬러 화보 14 참조.

7.3.3 영상유전학

앞서 설명한 분자 및 뇌 시스템 변화에 더해, 영상유전학 접근은 이들 간의 가능한 관계를 제시한다. 달리 말해 ELA에 노출되면, 유전자 특성이 특정 뇌 시스템의 변화를 쉽게 초래할 수 있다. 최근 연구는

FKBP5 유전자형의 상호작용 효과에 관한 증거를 제공한다. 4장과 앞서 설명한 바와 같이, FKBP5 유전자는 HPA 축 민감성과 활동을 조절하는 주요 요인이다. 즉 코르티솔은 글루코코르티코이드 반응 요소를 활성화해 FKBP5 유전자 발현을 유도하고, FKBP5는 다시 GR과 결합해 코르티솔에 관한 GR 친화도를 감소시키며, 활성화한 GR이 세포핵으로 이동하는 양을 줄인다. FKBP5 유전자의 높은 발현을 유도하는 T 대립유전자는 상대적인 GR 저항과 연관된다. 앞서 논의했듯이 ELA는 HPA 축 기능 이상을 초래하는데, 특히 TT 유전자형을 가지고 있으면서 유전적으로 그러한 성향이 있는 사람에게 그렇다. 동물 모형에서 발견한 결과에 기초할 때, 과도한 코르티솔 반응은 신경 가소성을 저해하고 구조적 뇌 변화를 촉발할 가능성이 있다. 구조적 뇌 영상 연구에서는 아동기 학대를 경험한 FKBP5 TT 대립유전자 보유자에게서 양측 섬엽, 상과 중 측두회, 양측 해마, 오른쪽 편도체, 양쪽 전측 대상회 피질의 회색질 부피가 감소한 것으로 나타났다. 이 결과는 아동기 학대를 경험한 사람의 경우 FKBP5 TT 유전자형이 감정을 처리하는 뇌 영역인 피질하와 피질에서 광범위한 구조적 뇌 변화를 쉽게 일으킨다는 가설을 뒷받침한다(Grabe et al., 2016).

사후의 신체 조직도 아동기 역경의 후생유전학적 효과를 연구하는 데 사용할 수 있다. 이에 따르면 아동기 학대 이력은 희소돌기아교세포 유전자의 DNA 메틸화에서 특정 유형의 세포 변화 및 전측 대상회 피질에서 미엘린 관련 전사 프로그램의 전반적인 장애와 연관성이 있다. 이러한 효과는 아동기 학대 이력이 없는 우울증 자살자에게는 나타나지 않는다. 아동기 학대 이력이 있는 성인 자살자는 전측 대상회 피질에서 직경이 작은 축색 주변의 미엘린 수초 두께가 선택적으로 유의미하게 감소한 것으로 나타났다. 이러한 발견은 아동기 학대가 희소돌기아교세포의 후생유전학적 재프로그램화를 통해 대뇌 연결성의 근본 특징인 대뇌 피질의 미엘린 형성을 장기적으로 방해할 수 있음을 시사한다(Lutz et al., 2017).

7.4 "내 끝에 내 시작이 있다": 생애 초기 역경의 지연된 치명적 결과

이 장에서 설명한 방대한 정보는 성적·신체적 학대와 같은 생애 초기 역경(ELA)이 초래하는 파괴적이고 잠재적으로 치명적인 결과를 반영한다. 역학 연구 결과는 ELA 노출 후 자살 행동 위험이 유의미하게 증가함을 명확히 보여주며, 이제 우리는 이 치명적 연관성을 매개하는 기제를 이해하기 시작했다. 자살 행동을 보이는 사람 중 최대 40퍼센트가 ELA를 경험했다. ELA 노출과 관련된 분자 요인 및 뇌 시스템 요인은 자살 행동과 상당 부분 겹친다. 그래서 ELA의 신경생물학적 후유증 연구는 자살 위험의 발달을 이해하는 데 기여한다. 분자 변화에서 겹치는 부분으로는 스트레스-반응 시스템과 세로토닌 신경 전달 시스템의 관여가 있다.

뇌 시스템 변화에서 겹치는 부분으로는 뇌량 크기 감소, 전전두엽 피질 회색질 부피 감소, 시상-피질 간 과연결성이 있다. 그러나 아동기 성적 학대 이후 나타나는 해마의 부피 감소는 잘 입증되었지만, 자살 행동과 관련이 있다는 결과는 흔하지 않다. 이러한 불일치는 연령의 조절 효과로 설명할 수 있다. 즉 해마의 부피 감소는 주로 매우 어린 나이에 성적 학대 노출 후 나타나지만, 자살 행동은 오히려 9~10세경 뇌량이 영향을 받는 시기 이후의 성적 학대와 더 관련이 있을 수 있다. 기능적 뇌 변화에서 겹치는 부분의 경우, 분노한 얼굴 표정에 대한 반응성 증가는 ELA 이후에 나타나며 자살 행동과 연관돼 있다. 이러한 반응성이 ELA와 자살 행동 간의 연관성, 특히 분노와 공격성으로 이루어진 ELA를 겪은 사람에게서 보이는 연관성을 설명하는지는 앞으로 밝혀야 할 문제다.

이러한 중복 요인의 표현형 발현은 추가 연구가 필요하지만, 신경생물학적 변화와 신경인지 변화의 상호작용 때문에 생긴 특정 스트레스 요인에 대한 민감성이 그런 표현형에 속할 수 있다. ELA가 심리적 스트레스 요인에 대한 시상하부-뇌하수체-부신(HPA) 축의 반응에 미치는 영향은 트리어 사회적 스트레스 검사를 이용한 일련의 연구로 검증되었다(개요는 Teicher & Samson, 2013 참조). 처음에는 아동기 성적 학대나 신체적 학대 이력이 있는 여성의 경우 스트레스 상황에서 코르티솔 반응이 증가한다는 보고가 있었지만, 이후 연구에서는 ELA를 경험한 성인에게서 코르티솔 반응이 오히려 둔화하는 현상을 더 많이 보여준다. 따라서 일부 사람은 증가한 코르티솔 반응을 보일 수 있는데, 이것은 싸움/도주 반응 강화와 일치한다. 반면에 다른 일부는 반응 둔화를 보일 수 있는데, 이것은 얼어붙어 꼼짝 못 하는 반응과 일치한다. 이처럼 상반된 반응 양상은 ELA의 유형과 시기뿐 아니라 유전자 특성에도 영향받을 수 있다. 예를 들어 (부정적 감정을 줄이기 위한) 재평가 능력은 BDNF

Val66Met 유전자형과 ELA 간 상호작용의 영향을 받는데, Met 대립유전자를 가진 ELA 노출자는 재평가 능력이 가장 낮지만, ELA 비노출자는 가장 높은 재평가 능력을 보인다. 따라서 BDNF Val66Met 다형성은 ELA와 정서 조절 능력 간의 연관성을 조절하는 역할을 한다(Miu et al., 2017).

ELA 유형과 관련해서 밴 오든(K. Van Orden)과 동료들(2010)은 신체적 고통이나 신체 손상과 관련된 ELA 경험이 고통에 대한 둔감화 및 그 결과인 치명적 자살 행동을 위한 후천적 능력과 독특하게 연결될 수 있다는 가설을 제시한다(후천적 능력이 중요한 역할을 하는 자살의 대인관계 이론은 2장 참조). 실제로 성적 접촉이나 성관계를 포함해서 침해가 심한 성적 학대를 경험한 청소년은 학대 경험의 맥락에서 성적 접촉을 경험하지 않거나 그러한 학대를 받지 않은 청소년보다 자살 시도 이력이 있을 가능성이 높다. 또한 연구에 따르면 남자아이가 여자아이보다 성적 학대 과정에서 더 심한 고통과 상해를 경험할 가능성이 크다. 이것은 아동기 성적 학대와 자살 시도 간의 연관성이 남자아이에게서 더 강하게 나타나는 이유를 설명하는 데 도움이 될 수 있다(Miller et al., 2013 참조).

ELA와 자살 행동 간 연관성이 매우 다양한 연구 설계와 집단을 대상으로 한 수많은 연구로 입증되었다는 사실은 ELA가 자살 행동에 인과적 영향을 미친다는 점을 시사한다. 그런데도 대안적인 해석도 제시되었다(개요는 Teicher et al., 2016 참조). 예를 들어 사람들의 뇌 구조나 기능의 변경은 그들을 성적 학대와 자살 행동 모두에 취약하게 만들 수 있다. 학대받은 많은 아동은 외견상 명백하거나 보고된 머리 부상 없이도 뇌 손상을 보이고, 이러한 아동은 그 신경학적 결함 때문에 가족 구성원으로부터 더 쉽게 성적 학대를 당할 수 있다는 주장도 있다. 이러한 추론을 따르면서 자살 행동과 연결된 신경해부학적 변화가 입증된 점을 고려할 때, 신경학적 손상은 이후의 삶에서 자살 행동에 관한 취약성을 초래할 수 있다. 이런 해석은 개별 사례에서는 가능할지 몰라도, 대다수 사례에서 ELA와 자살 행동 간 연관성을 설명하기는 어려워 보인다.

ELA와 자살 행동을 매개하는 분자 및 뇌 시스템의 변화가 ELA 때문에 생긴 손상인지 아니면 적응 기제인지는 훨씬 덜 명확하다. 스트레스는 뇌, 특히 발달 중인 뇌에 해롭다. 스트레스가 유발하는 글루코코르티코이드 스트레스-반응 시스템의 프로그램화와 스트레스가 유발하는 신경 전달 물질의 방출은 민감한 시기에 유전적으로 취약한 사람의 신경 발생, 시냅스 과생산과 가지치기, 미엘린 형성 등 기본 과정에 영향을 미친다. 이러한 영향은 해마, 편도체, 신피질, 소뇌, 백색질 경로와 같이 스트레스에 특히 취약한 특정 뇌 부위를 겨냥한다. 뇌 구조는 (1) 생후의 장기적인 발달, (2) 글루코코르티코이드 수용체의 고밀도, (3) 일정 정도의 생후 신경 발생 중 하나 이상의 특징을 가질 때 ELA 영향에 특히 취약하다(Teicher & Samson, 2016).

대안적 관점은 뇌가 초기 스트레스에 잠정적으로 적응적 방식으로 변화한다는 것이다. 여기서 "적응적(adaptive)"이라는 의미는 변화가 환경에 대한 경험 의존적 반응이지, 단순히 일반적인 스트레스가 유발한 손상이 아니라는 뜻이다. ELA와 관련한 많은 발견은 신경 가소성에 기초한 적응 반응으로 해석할 수 있다. 이러한 반응에는 언어적 학대를 경험한 아동의 청각피질과 궁상활 변화, 가정 폭력을 목격한 대상자의 시각피질과 시각-변연계 경로 변화, 성적 학대를 당한 여성의 체성감각피질 내 생식기 표상 영역의 위축(얇아짐) 등이 있다. 또한 정서를 드러낸 얼굴 표정에 대한 편도체 반응 증가와 예상되는 보상에 대한 선조체 반응 감소도 접근-회피 상황에서 회피 쪽으로 기울어지게 하는 적응으로 해석할 수 있다. 이 경우 정신 병리는 뇌가 변화를 통해 생존하고자 한 세계와 이후 발달 단계에서 마주하는 실제 세계 간의 불일치 때문에 발생할 수 있다(Teicher & Samson, 2016). 이 두 가설은 상호 배타적이지 않다. 적응 반응을 촉발하는 유형의 노출이 있을 수 있고, 너무 끔찍해서 뇌를 비적응적으로 손상하는 경험도 있을 수 있다. 또한 신경전달, 스트레스 반응, 뇌 발달에 관여하는 분자의 발현에 영향을 주는 다형성이 일부 개인을 초기 경험의 긍정적·부정적 영향 모두에 더 취약하게 만들 가능성도 크다(Teicher & Samson, 2016).

발달 과정은 미래 세상에서의 위치를 예측하게 한다. 생애 초기 경험은 뇌가 세상의 청사진을 만드는 데 기여하는데, 이 청사진은 청소년기나 성인이 되어 실제 세상에서 살아가는 데 적합할 수도 있고 그렇지 않을 수도 있다. 예를 들어 5-HT 수송체 유전자의 대립유전자 변이와 직접적으로 관련되거나 초기 역경 경험을 통해 나타나는 세로토닌 기능의 발달 변화는 양육 환경에 대한 긍정적 반응을 증폭하는 동시에 부정적 정보에 대한 민감성도 키울 수 있다. 특히 5-HT 신호 전달의 발달 변화는 특히 시상-피질 축색 경로에 영향을 미치는 것으로 보인다(Brummelte et al., 2017). 주목할 점은 부정적 정보에 대한 민감성과 시상-피질 간 소통이 다음 장에서 다룰 자살 행동의 계산 모형에서 중요한 역할을 한다는 것이다.

7장 요약

- 역학 연구는 ELA 노출 후 자살 행동 위험이 증가함을 명확히 보여준다.
- 이 파괴적인 영향은 나이, 성별, 노출 시점과 빈도, 가해자의 신분과 유전자 특성에 따라 다르다.
- 스트레스-반응 시스템, 염증, 신경 영양 인자를 포함한 분자의 변화는 ELA와 자살 행동의 관계를 매개한다.
- ELA는 DNA 염기서열 변화 없이 후생유전학적 기제를 통해 유전자 발현을 변화시킬 수 있다.
- ELA는 정서 조절과 의사 결정을 방해하는 구조적 및 기능적 뇌 변화를 통해 자살 행동 위험을 높일 수 있다.

복습 문제

1. 역학 연구를 통해 ELA와 자살 위험의 관계에 대해 무엇을 알 수 있는가?
2. 자살 행동의 동물 모형은 없지만, 이러한 동물 모형으로 초기 환경이 스트레스에 대한 반응을 프로그램화해서 인간의 자살 행동을 촉발하는 방식에 대해 무엇을 알 수 있는가?
3. 생애 초기 역경 이후 성인기 자살 위험 증가는 어떤 후생유전학적 기제로 설명할 수 있는가?
4. 생애 초기 역경에 노출된 뒤에 이어지는 뇌 구조와 기능의 변화는 어떻게 적응적 역할을 할 수 있는가?

더 읽을거리

Nemeroff, C. B. (2016). Paradise lost: The neurobiological and clinical consequences of child abuse and neglect. *Neuron*, *89*, 892–909.

Teicher, M. H. & Samson, J. A. (2013). Childhood maltreatment and psycho-pathology: A case for ecophenotypic variants as clinically and neurobio-logically distinct subtypes. *American Journal of Psychiatry*, *170*, 1114–33.

(2016). Enduring neurobiological effects of childhood abuse and neglect. *Journal of Child Psychology and Psychiatry*, *57*, 241–66.

Turecki, G. (2016). Epigenetics of suicidal behaviour. In W. P. Kashka & D. Rujescu (Eds.), *Biological aspects of suicidal behaviour*. Basel, Karger.

Turecki, G., Ernst, C., Jollant, F., Labonté, B. & Mechawar, N. (2012). The neuro-developmental origins of suicidal behavior. *Trends in Neurosciences*, *35*, 14–23.

08

나는 예측한다, 그러므로 나는 존재할 수 없다

자살 행동의 예측 부호화 이론

학습 목표

- 건강한 사람의 낙관 편향을 뒷받침하는 뇌 과정은 무엇인가?
- 신념 교정(belief updating)이란 무엇이며, 우리의 믿음에 대한 확실성이 어떠한 영향을 주는가?
- 오래전부터 어디에나 있는 신경 전달 물질인 세로토닌은 인간에게만 해당하는 비교적 현대의 현상인 자살과 어떤 연관성이 있는가?
- 자살 행동의 예측 부호화 이론에서 시상의 중심적 역할은 무엇인가?
- 신경 자극은 미래에 대한 우리의 믿음을 어떻게 변화시킬 수 있는가?

머리말

뇌 기능에 대한 우리의 이해는 최근 수십 년간 엄청나게 넓어졌다. 그렇지만 신경과학은 자살 행동 관련 인지적·발달적·시스템적 접근법 등 이전 장들에서 다룬 서로 다른 접근법에서 나온 발견을 통합할 수 있는 뇌 기능 모형을 여전히 모색 중이다. 예측 부호화(predictive coding) 가설은 이러한 통합 모형을 제공할 가능성이 크다. 이 모형에서는 틀린 신념(false belief)의 생성과 그것이 행동에 미치는 결과가 핵심 주제다. 절망감은 자살 위험을 극적으로 증가시키는 틀린 신념의 한 예로, 자살 행동의 예측 부호화 모형은 새로운 통찰과 절실히 필요한 치료 및 예방의 새로운 길을 제시할 수 있다.

이 장에서는 자살 행동의 계산적 예측 부호화 모형을 설명할 것이다. 이 모형은 앞에서 다룬 인지, 신경 영상, 신경생물학, 발달, 신경심리학 연구 결과를 통합할 수 있다. 이 모형은 자살에 관한 새로운 이해를 제공하며, 결과적으로 자살 예방을 위한 새로운 접근으로 이어진다.

이전 장들과는 달리, 여기서는 순수하게 이론적이고 가설적인 관점을 다룬다. 예측 부호화에 기초한 최근 통찰을 활용해, 자살 행동을 사회적 맥락 속 개인의 선택으로 이해하려는 시도다. 예측 부호화는 뇌에서 이루어지는 메시지 전달에 대한 하나의 은유로, 정신 질환의 핵심 특징인 틀린 신념의 생성과 유지 문제를 다룬다(Friston et al., 2014). 자기 자신과 세상, 미래에 대한 틀린 신념은 자살 생각과 자살 행동의 핵심이기 때문에, 이러한 신념의 변화가 자살 예방에 매우 중요하다. 예측 부호화 연구의 최근 발견은 이러한 신념이 어떻게 형성되고, 뇌 구조 및 기능 이상과 어떻게 연관되며, 어떻게 변화할 수 있는지에 관한 이해를 제공한다.

8.1 예측 부호화와 자살 행동

앞에서 보았듯이, 자살 행동의 이해와 자살 위험의 탐지 및 치료를 위해 여러 이론적 틀이 개발되었다. 이러한 틀은 견고하고 증거에 기초하며, 주로 신경생물학적 또는 심리학적 배경을 바탕으로 발전해왔다. 그러나 현재 신경생물학적 특성과 심리학적 특성을 통합할 수 있는 자살 행동의 통합 모형은 없다. 예를 들어 4장에서 자살 행동과 세로토닌 신경 전달의 변화 사이의 연관성이 생물·정신의학 분야에서 가장 많이 반복적으로 발견한 결과 중 하나임을 살펴보았다. 세로토닌은 식물과 동물에도 존재하는 신경 전달 물질로, 최소 7억 년 이상의 진화 역사를 가진 것으로 추정한다. 그렇다면 우리는 이렇게 어디에나 존재하고 진화적으로 매우 오래된 신경 전달 물질이 인간에게만 해당하는 비교적 현대의 현상인 자살 행동 발생에 미치는 영향을 어떻게 이해할 수 있을까?

사람들은 자기 자신과 미래, 세상에 대한 관점을 가지고 있다. 인지심리학에서는 이러한 관점을 도식 또는 사고 패턴으로 설명하지만, 예측 부호화 모형에서는 이것을 예측 또는 (선행) 신념으로 설명한다. 사람은 일상생활에서 자기가 인지하는 것에 기초해서 세상과 미래, 자기 자신에 대한 신념을 교정해서 조정한다. 즉 하향식(top-down) 신념과 상향식(bottom-up) 감각을 통한 (정보) 입력을 비교하고, 이 둘 사이에 불일치가 발생하면 이것은 예측 오류(prediction error)를 알려주는 신호다. 피질 활성화(예: 6장에서 자살 행동에 대한 기능적 신경 영상 연구에서 설명한 것)는 기존 신념과 새로운 지각 정보 간 불일치, 즉 예측 오류의 발생을 반영한다. 이 예측 오류는 두 가지 방법으로 최소화할 수 있다. 하나는 자기의 신념을 교정해서 조정하는 것이다. 다른 하나는 세상에서 물러나 자기 속으로 숨어들거나 세상으로부터 도피하는 등 감각을 통한 입력을 약화하는 것이다. 신념 교정과 관련이 있는 신경생물학적 요인도 점점 더 밝혀지고 있다. 신념을 교정하는 과정에서 문제가 발생하면, 정반대의 지각적 증거에도 불구하고 틀린 신념이 만들어져 지속할 수 있다.

이 장의 중심 가설은 자살을 겉보기에는 단순한 하나의 이상(abnormality), 가령 신념의 확실성과 감각 기관을 통해 들어온 맥락적 정보의 확실성 간 불균형으로 설명할 수 있다는 것이다. 좀더 구체적으로, 자살 위험은 특정 예측에 대한 확실성의 증가(그 결과 신념을 교정할 수 없게 됨) 그리고 특정 감각 정보에 대한 확실성의 상대적 (아마도 보완적) 증가와 연관된다고 가정한다. 이러한 연관성은 자살 위험군이 예를 들어 긍정적 정보에는 둔감하고 패배 신호에는 과민하게 반응하며, 긍정적 결과를 고려하지 못해 미래에 대한 부정적 예측을 바꾸지 못하고 절망에 빠지는 이유를 설명할 수 있다. 예측 부호화 이론은 틀린 예측과 관련된 자살 행동을 설명하는 데 매우 적합하다. "predict(예측하다)"라는 단어의 의미는 라틴어에서 유래하는데, pre(앞에)와 dicere(말하다)의 합성어로 "미래에 일어날 일을 단언하다"라는 뜻이다(Friston, 2012). 잘못된 추론은 절망감이라는 신념의 형태를 띤 틀린 예측으로 쉽게 이어질 수 있으며, 이는 자살 행동의 중요한 위험 요인이다. 최근 예측 부호화 모형은 자폐증(Lawson et al., 2014), 조현병(Horga et al., 2014), 기능성 신체 증상(Edwards et al., 2012) 등 다양한 분야에서 발달해왔다. 예측 부호화 접근법은 자살 행동의 발달에 새로운 통찰을 제공하고 있어서, 자살 위험 예측과 치료에 상당히 기여할 것으로 기대한다.

예측 부호화 이론은 들어오는 감각 정보를 예측하기 위해 뇌가 지속적으로 세상에 대한 모형을 생성한다고 말한다. 뇌의 정보 처리 관점에서, 세상에 대한 예측 모형은 상위 피질 영역에서 만들어지고, 피드백 연결을 통해 위계적으로 하위 감각 영역으로 전달된다. 반대로, 전(前)방향 연결은 들어오는 감각 정보를 전달하며, 예측된 정보와 실제 감각을 통한 입력 사이에 불일치가 있을 때 오류 신호를 보낸다. 예측 오류는 현재의 "내부" 세상 모형이 "외부" 세상을 설명하는 데 부족함을 알리는 중요한 신호다. 예측 오류가 발생하면 시스템은 이 신호를 어떻게 처리할지 결정해야 한다. 어떤 오류는 불확실한 환경에서 발생하는 잡음 같은 쓸모없는 오류일 수 있지만, 다른 예측 오류는 매우 심각하게 받아들여 세상에 대한 모형을 교정해야 한다. 예측 오류는 감각을 통한 입력의 변경(행위) 또는 예측의 변경(지각)을 통해 처리할 수 있다. 행위는 예측 오류를 최소화하기 위해 입력 정보를 선택적으로 모집해서 자신의 예측에 부합하도록 한다. 예를 들어 세상에서 물러나 자기 속으로 숨어드는 방식이 이에 해당한다. 반면 지각은 선행 신념을 교정해서 더 나은 하향식 예측을 제공함으로써 예측 오류를 최소화하는 과정이다.

지각 과정은 두 가지 특성, 즉 감각 정보의 정서가(valence) 그리고 선행 신념 및 감각 정보의 상대적 정확성의 영향을 받는다. 새로운 정보가 긍정적인지 부정적인지는 신념을 얼마나 변화시킬지 결정하는 데 중요하다. 일반적으로 건강한 사람은 불리한 정보보다 유리한 정보에 반응해 신념을 많이 바꾸는 경향이 있는데, 이것은 의사 결정에서 정서의 근본적 역할과 정보의 상대적 중요성을 보여준다(Sharot et al., 2011; Sharot & Garrett, 2016). 하향식 신념이 상향식 감각 증거에 비해 얼마나 영향을 미치는지는 선행 신념과 감각 정보에 부여한 정확성에 따라 달라진다. 정확성은 신념이나 상향식 정보와 관련된 확신 또는 확실성에 해당한다. 감각 정보의 정확성이 높으면, 더 강한 확신을 부여하는 감각 채널의 "볼륨"을 키움으로써 상향식 예측 오류의 영향력을 증가시킨다. 반대로 선행 신념의 정확성이 높으면, 이러한 신념에 대한 지각을 편향시켜 신념의 교정을 방해한다. 상향식 감각 정보에 부여한 정확성과 선행 신념의 균형은 선행 신념을 얼마나 교정할 수 있고 교정할 필요가 있는지를 결정한다. 자기 자신과 세상 또는 미래에 대해 부정적 신념이 있으면 긍정적 맥락의 영향에 둔감해질 수 있다. 예를 들어 미래에 대한 부정적 신념이나 예측은 시간이 지나고 치료가 효과적이라는 긍정적 정보를 접하며 바뀔 수 있지만, 심각한 자살 위험군은 그러지 못해 높은 절망감을 보일 수 있다. 예측 부호화 가설에 따르면, 이것은 정확성(또는 확실성) 추정의 불균형 때문이다. 부정적 신념은 상대적으로 높은 정확성을 유지하는 반면, 긍정적 정보에 대한 정확성 추정은 낮은 것이다. 따라서 정확성 추정은 이 과정에서 특히 중요하며, 부적절한 정확성 추정은 틀린 추론을 쉽게 만들고 지속할 수 있다(Adams et al., 2014). 피질 이상은 추론 위계 구조의 상위 수준에서 정확성을 감소시키고, 감각을 통한 입력에 편향을 일으켜 선행 신념을 더 쉽게 교정하도록 할 수 있다. 유사하게 뇌의 이상은 감각을 통한 입력의 정확성을 감소시켜, 이러한 감각 정보의 지각이 신념의 교정으로 이어질 가능성을 제한할 수도 있다.

정확성은 신념에 대한 신념, 즉 자기 자신과 세상, 미래에 대한 자기 생각의 타당성에 대한 신념이다. 정확성의 교정은 예측의 교정만큼 중요하다. 주의는 뇌가 정확성 추정을 최적화하는 과정으로 이해할 수 있다. 주의는 정확성을 높임으로써 선행 신념이나 감각을 통한 입력에 부여하는 가중치를 증가시킨다. 이 말은 주의가 정확하거나 중요한 정보를 전달하는 채널을 선택하고, 처리 과정의 예상 정확성을 사용해 지각 추론을 최적화한다는 제안과 동일하다(Feldman & Friston, 2010). 이 장 후반부에서 잠재적인 신경 조절 기제에 대해 논의할 때 이 내용으로 다시 돌아올 것이다.

신경, 뉴런, 신경생물학의 신념 교정 기제에 대한 통찰이 빠르게 증가하고 있다. 신념 교정은 왼쪽 하전두회(IFG)와 양측 상전두회(SFG)에서 긍정적 정보에 대한 예측 오류의 신경 부호화, 그리고 오른쪽 IFG와 오른쪽 하두정소엽(IPL)에서 부정적 정보에 대한 예측 오류의 신경 부호화를 통해 이루어지는 것으로 여겨진다. 정상적인 정신 건강은 오른쪽 IPL에서 부정적 정보에 대한 신경 부호화의 상대적 약화와 관련이 있다(Garrett et al., 2014). 신념이나 감각을 통한 입력의 내재적 긍정성 또는 부정성을 의미하는 정서가는 신념의 교정에 영향을 미친다. 이것은 전전두엽 피질처럼 복잡한 인지 기능을 담당하는 뇌 영역과 선조체와 같은 정서의 핵심 구조가 밀접하게 상호작용하고 연결돼 있음을 전제로 한다. 이 전제는 신경 영상에서 발견한 사실을 통해 분명하게 뒷받침된다. 즉 왼쪽 IFG와 감정 조절에 관여하는 왼쪽 뇌 영역 간 백색질 연결성이 강할수록, 건강한 사람에게서 유리한 정보에 대한 신념 변화는 크지만, 불리한 정보에 대한 신념 변화는 적게 나타난다(Moutsiana et al., 2015).

건강한 사람은 바람직하지 않은 정보에 대해 상대적으로 낮은 가중치를 두는 것으로 보이는데(Sharot & Garrett, 2016), 이것은 해당 정보의 정확성이나 확실성의 부호화가 감소했음을 시사한다. 정확성 신념과 관련해서는 복내측 전전두엽 피질과 전두극 피질의 활동 및 이들 간 연결 강도가 정확성 신념의 추정과 관련된 것으로 나타났다(De Martino et al., 2013; McGuire et al., 2014). 추가 연구는 피질 영역 간 관계를 조절하고 주의력 통제에 관여하는 시상핵인 시상베개가 "정확성 조절(precision engineering)"을 담당하는 피질-시상 회로에 특별히 관여함을 시사한다(Kanai et al., 2015). 따라서 정확성 통제에서 복제 원리(replication principle)를 뒷받침하는 실증적 증거가 있다. 즉 두 피질 영역 간의 모든 직접적인 연결에는 중계 뉴런을 포함하는 시상핵을 통과하는 병렬적·간접적 피질-시상 경로가 존재한다(그림 8.1 참조).

중계 뉴런은 시상의 기능적 단위이며, 이 세포는 드라이버(driver)와 조절자(modulator)라는 두 가지 일반적인 구심성 입력(afferents)을 받는다. 드라이버 입력은 정보의 주요 전달 통로로 여겨진다. 반면 조절자 입력은 드라이버 입력을 처리하는 방식을 수정한다. 조절자는 시상 세포가 전달하는 신호를 미세 조정하고, 세포 및 시냅스 기제를 조절해 정보 전달 확률(이른바 정보 통제)을 제어한다. 1차 중계는 피질하에서 오는 드라이버 입력(예: 시상핵으로 들어오는 시각 정보)을 받지만, 고차 중계(시

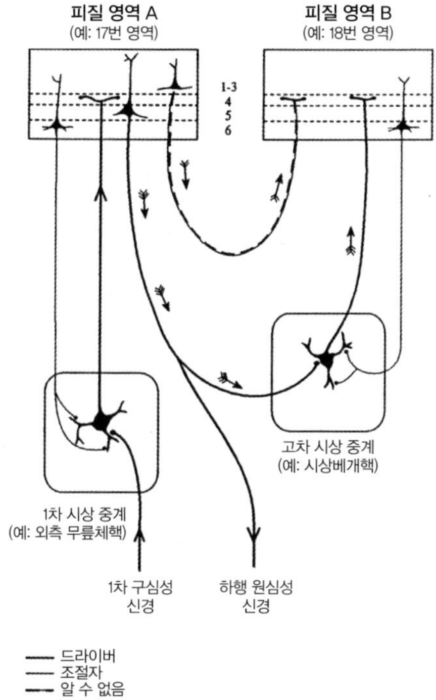

그림 8.1 피질과 시상 경로를 나타내는 도식 (Sherman & Guillery, 1998).
두 개의 시상핵이 있으며, 왼쪽은 1차(first-order, FO) 중계, 오른쪽은 고차(higher-order, HO) 중계다〔중계(relay)는 신호를 받아 다른 곳으로 전달하는 신경세포나 신경 회로를 뜻한다—옮긴이〕. 1차 중계는 피질하의 출처로부터 상승 경로를 통해 드라이버 입력(driver input)을 근위 수상돌기에서 받지만, 고차 중계는 피질 5층에 있는 세포로부터 드라이버 입력을 받는다. 1차 중계는 드라이버 입력(굵은 선)을 피질 영역 A의 4층으로 보내며, 같은 피질 영역 A는 작은 단말기를 가진 조절자 입력(얇은 선)을, 6층에서부터 동일한 1차 시상핵에 이르기까지, 시상 중계 세포의 원위 수상돌기로 되돌려 보낸다. 결국 피질 영역 A는 5층에서 고차 시상 중계로 드라이버 입력을 보내고, 고차 중계는 시상-피질 축색(드라이버로 표시)을 피질 영역 B로 보내며, 피질 영역 B의 6층에서 고차 중계로 조절자 입력을 되돌려 받는다. 피질 영역 A가 영역 B에 영향을 미칠 수 있는 경로는 두 가지다. 첫째는 작은 화살표와 굵은 선으로 표시한 드라이버 경로인 시상 경유 경로다. 둘째는 작은 화살표로 표시한 직접적인 피질 간 경로("전방향" 경로)다. 〔Copyright (1998) National Academy of Sciences, U.S.A.〕

상베개핵, 후내측 핵 또는 내측 배측 핵)는 피질 5층에서 오는 드라이버 입력을 받아 피질-시상-피질(또는 시상 경유) 회로에 참여한다. 복제 원리에 따르면, 직접적 피질 간 연결은 시상을 경유하는 경로와 나란히 존재하며, 시상 회로는 직접적인 피질 간 경로에서는 불가능한 방식으로 정보를 조절하거나 통제할 수 있다(Sherman, 2016). 따라서 고차 중계 신경에서 정확성의 부호화는 시상-피질 투사를 통해 대뇌 피질 간 소통의 이득을 조절함으로써 이루어질 수 있다. 시상베개핵 영역의 뉴런은 선택적으로 주의를 쏟는 특성을 보여, 주의를 기울이지 않은 자극보다는 행동적으로 중요한 자극에 더 강하게 반응한다. 따라서 병렬적인 피질-시상 경로에서 정확성 추정이라는 개념은 주의와 정확성이라는 겉보기에 이질적인 측면을 통합한다(Kanai et al., 2015). 다시 말해서 기능적 피질 연결성의 시상 증폭은 주의력 통제를 유지하는 데 이바지할 수 있다(Schmitt et al., 2017).

정확성 추정의 신경약리학에 대한 이해가 증가하고 있다(Adams et al., 2014). 시냅스 후 이득은 시냅스 후 출력에 미치는 시냅스 전 입력의 영향을 조절한다. 이것은 NMDA 수용체와 같은 수용체의 활성화와 세로토닌(5-HT) 같은 고전적 신경 조절자 수용체의 활성화로 결정된다. 감각을 통한 입력의 정확성은 피질-시상 신경세포의 NMDA 흥분 작용을 통해 조절되는 반면, 시상 세포에 대한 억제 작용은 주로 GABA성 시냅스를 통해 이루어진다(Crandall et al., 2016). 강력한 자살 방지 효과가 있는 것으로 보이는 NMDA 수용체의 길항제 케타민(자세한 내용은 이후 논의 및 10장 참조)은 시상-피질 간 소통의 흥분-억제 균형에 영향을 줌으로써 이러한 효과를 발휘할 수 있다.

단일 감각 사건을 넘어, 적응적 지각과 행동은 가능한 여러 환경 사건의 정확성 변동을 정확히 추정하는 데 기반을 둔다. 따라서 5-HT 같은 고전적 신경 조절자는 시간에 따른 환경의 변동성을 추적할 수 있고, 이 정보는 선행 신념 대비 상향식 증거에 부여해야 할 가중치를 전체적으로 조절한다(Lawson et al., 2015). 앞서 언급했듯이, 불확실한 환경에서 오는 이러한 상향식 정보로부터 발생하는 예측 오류는 정확성 추정치를 줄임으로써 신념 교정으로 이어질 가능성이 상대적으로 낮다.

5-HT 이상과 자살 행동 간의 잘 입증된 연관성(4장 참조)을 고려할 때, 이 장의 맥락에서 5-HT가 정확성 추정에 미치는 역할을 자세히 살펴보는 것은 특히 중요하다. 하지만 안타깝게도 이 부분에 대한 이해는 아직 불완전하다. 5-HT 기능의 초기 이론(Deakin & Graeff, 1991)과 부합하는 오늘날의 설명은 행동 억제에 초점을 맞춘다. 이때 생각은 한 신념 상태에서 다음 신념 상태로 이어지는 행동으로 볼 수 있으며, 5-HT는 부정적 결과로 이어질 것으로 보이는 연쇄적 사고를 직접적이고 반사적으로 억제한다(Dayan & Huys, 2008). 부정적 결과를 유발하는 생각은 (5-HT가 매개하는 파블로프식 반사적인) 철회 반응을 일으키고, 결국 이 반응은 그러한 생각을 종결시킨다. 이처럼 혐오스러운 상태를 초래하는 생각을 제지하려는 자연스러운 경향은 사람들을 정신 병리로부터 보호하는 기능을 할 수 있다("세로토닌 지지대"; Montague et al., 2012). 반면 이런 억제 기능이 제대로 작동하지 않으면 부정적 생각을 강화할 수 있다(Crocket & Cools, 2015). 따라서 5-HT는 신념의 교정이 부정적 방향으로 이루어지는 것을 억제할 수 있으며, 5-HT가 낮아지면 긍정적 정보보다 부정적 정보에 상대적으로 더 주의를 기울여 부정적 인지 편향이 생길 수 있다(Dayan & Huys, 2008). 부정적 예측 오류에 대해 주의가 부여하는 가중치는 5-HT 기능과 관련될 수 있으며, 여러 연구는 5-HT

가 주의력 통제를 통해 조절 역할을 한다는 점을 뒷받침한다. 5-HT 활동 감소와 스트룹 간섭(Stroop interference) 감소 사이의 연결은 주의력 조절 강화를 통해 이루어지는 것으로 추정된다(Scholes et al., 2007). 격심한 트립토판 결핍은 뇌의 5-HT 수치를 감소시키는 것처럼 보이고, 억제 조절 기능의 저하를 통해 부정적 정보의 중요성을 증가시킬 수 있다(Hitsman et al., 2007). 억제 기능의 감소와 정보에 대한 토닉 피질 통제(tonic cortical gating)의 개선이 이러한 연관성의 기저를 이루는 기제일 수 있다. 반대로, 세로토닌 작용 환각제는 피질-시상 회로의 통제에 영향을 미쳐, 상향식 신호 전달은 부정확해지고, 하향식 처리를 유지하거나 오히려 강화하는 현상을 유발한다(Corlett et al., 2009). 따라서 5-HT 기능 감소는 하향식 조절의 정확성에 비해 부정적 정보의 정확성을 높이고 통제를 강화함으로써, 그런 정보가 행동에 미치는 동기적 영향을 증대할 수 있다.

왜곡된 파블로프식 행동 억제는 파블로프식 도구적 전이(Pavlovian-instrumental transfer, PIT)를 통해 훨씬 더 해로운 영향을 미칠 수 있다. 즉 단순히 부정적 생각을 강화할 뿐 아니라 선택과 행동의 결과에도 영향을 준다. 보통 파블로프식 혐오 단서는 부정적 결과로부터 물러서는 것을 목표로 하는 행동을 활성화한다. 이 PIT 효과가 마음속 의사 결정 나무의 가지치기와 관련이 있음을 점점 더 많은 증거가 보여준다. 목표 지향적 행동의 선택은 가능한 미래 상황 중에서 가지치기할 것을 탐색하는 과정을 통해 이루어지는데, 이것은 "나무 탐색(tree search)"으로도 알려져 있다(Daw et al., 2005). 이 나무는 정서가에 따라 가지치기가 이루어지며, 심사숙고해서 부적절한 의사 결정의 하위 가지를 제거한다. 건강한 사람은 부정적 결과에 직면할 때 가지치기 경향이 증가한다는 것이 명확해지고 있다(Huys et al., 2012). 따라서 행동 억제는 나무의 부정적인 부분을 가지치기하는 것과 연결될 수 있다. 이것은 건강한 사람의 특징인 낙관 편향(optimistic bias)을 반영한다. 반면 행동 억제가 손상되면 부적응적 가지치기가 발생해, 부정적 경로를 충분히 제외하지 못하는 상황이 발생할 수 있다(Dayan & Huys, 2008).

따라서 정서가는 내적 고려와 선택에 영향을 미치지만, 최근 연구 결과는 이 과정에서 정확성이나 확실성의 역할을 보여주며, 특히 미래에 대한 신념(또는 예측)의 정확성이 관여한다는 것이다. 나무 탐색처럼 가능한 미래 상황의 탐색은 장기적 결과에 대한 예측에 기초하는데, 장기적 예측은 순차적으로 이루어지는 각 행동의 즉각적 결과에 대한 단기 예측을 연결함으로써 이루어진다. 사람들은 선택지의 기대 가치에 대한 상대적 불확실성에 따라 전략적으로 탐색할 수 있다(Badre et al., 2012). 부정적 예측(신념)의 확실성(정확성)이 높으면 대안 전략을 탐색하지 않을 수 있다. 이것은 자살 시도자들이 신경심리학적 과제에서 보여주는 집착 반응과 대안 전략 부족(즉 신념 교정 부족)을 설명할 수 있으며, 이는 뒤에서 자세히 다룬다. 전두극 피질(FPC)은 상대적 불확실성의 변화를 추적하고, 그럼으로써 인지적 가지치기 과정을 인도한다(Badre et al., 2012; Hyafin & Koechlin, 2016). 뇌는 기존 신념의 확실성(또는 정확성)을 이용해 새로운 관찰이 신념 교정에 미치는 영향을 조절하며, 기존 신념의 상대적 정확성은 후두 두정 피질과 함께 FPC의 신경 활동과 정적(+) 상관관계를 갖는다(McGuire et al., 2014). 이 기능적 연결 패턴은 두정엽의 정확성 추정에 대한 기여와 일치한다. 기존 신념에 대한 상대적 불확실성은 복내측 전전두엽 피질(vmPFC)과 내측 측두엽의 신경 활동과 부적(−) 상관관계를 보인다. 이것은 이 영역에서 보고된 주관적 확신의 효과와 일치한다(De Martino et al., 2013; McGuire et al., 2014).

세로토닌 감소는 선택적으로 부정적 PIT, 가령 혐오 자극이 목표 지향적 행동에 미치는 동기적 영향을 강화한다(Hebart & Glätscher, 2015). 파블로프식 혐오 단서는 복내측 전전두엽 피질과 꼬리핵 사이의 연결성을 조절한다. 즉 목표 지향적 접근 반응에 대한 불쾌한 파블로프식 부정적 억제가 강할수록, 혐오 자극이 주어지는 동안 복내측 전전두엽 피질과 꼬리핵 사이의 연결성이 감소한다(Geurts et al., 2013). 따라서 5-HT 신경 전달 기능이 손상되면, 아마도 복내측 전전두엽 피질과 꼬리핵 사이의 연결성 증가를 통해 부정적 정보가 목표 지향적 행동에 미치는 동기적 영향이 커질 수 있다.

8.2 정확성, 정서가, 자살 위험

이 장의 목표는 선행 신념 및 그러한 신념의 정서가와 관련해서 환경 정보 입력의 정확성 추정에서 보이는 결함으로 자살 행동에 대한 취약성을 설명하는 것이다. 첫째, 자기 자신과 세상, 미래에 대한 부정적 (선행) 신념이 비교적 아주 정확하면, 이러한 신념으로 인해 긍정적 정보에 무감각해진다고 가정한다. 그러한 긍정적 정보의 예로는 시간과 치료가 갖는 잠정적으로 유익한 효과와 희망을 들 수 있다. 둘째, 신경생물학(4장과 6장 참조)과 인지심리학(5장 참조)의 자살 행동에 대한 취약성 모형에서 설명했듯이, 부정적 감각 정보의 입력이 비교적 아주 정확하면, 사회적 혐오 자극에 대한 민감성이 증가한다. 그러한 감각 정보의 정확성을 낮추지 못하면, 패배 신호와 같은 부정적인 사회적 입력 정보에 대한 예측 오류를 억제하고 맥락을 고려해서 적합하게 해석하는 데 실패할 수 있다.

만약 우리가 상호작용과 생존에 필요한 세상의 모형을 교정하지 못하고, 사회적 혐오 입력 이후의 예측 오류를 최소화하지 못한다면, 우리는 이 세상(으로부터의 입력)을 회피하고 "어둡고 조용한 방으로" 물러날 수도 있다(Friston et al., 2012). 신념의 교정과 그에 따른 예측 오류의 최소화는 신념과 사회적 입력에 부여한 상대적 정확성에 달려 있다. 자살 행동에 대한 취약성 관련 정확성 왜곡 가설은 기존의 심리학적 및 신경생물학적 자살 행동 이론들을 뒷받침하는 많은 실험 결과를 수용할 수 있다. 다음 절에서는 이러한 연구 결과와 이론을 다룬다.

8.3 자살 관련 시스템, 분자 및 인지 변화를 자살 행동의 예측 부호화 설명으로 통합하기

8.3.1 뇌 시스템 변화

6장에서 검토한 뇌 영상 연구는 자살 행동과 관련된 전두엽-시상 네트워크의 변화를 확인해준다. 구조적 뇌 변화는 회색질 부피에서도, 시상-피질 경로를 포함한 피질(하) 영역 간 백색질 연결에서도 나타난다.

앞서 설명했듯이, 긍정적 정보에 대한 신념 교정과 왼쪽 하전두회(IFG) 연결성 사이의 관련성을 고려할 때, 자살 시도자의 왼쪽 IFG 연결성 감소는 긍정적 정보에 대한 신념 교정의 감소와 밀접한 관련이 있을 수 있다(Bijttebier et al., 2015). 특히 신경 자극을 통해 왼쪽 IFG 연결성을 높이면 우울증 환자의 절망감이 감소하는데, 이것은 10장에서 더 자세히 다룬다(Baeken et al., 2017). 앞서 언급했듯이, 구조적 뇌 영상을 사용해서 확인한 시상-피질 네트워크의 결함은 주의 및 정확성 추정에서 병렬적 피질-시상 경로의 역할과 일치한다. 상당수 연구는 피질-시상 회로의 손상이 자살 행동과 관련이 있음을 입증했다(6장 참조). 주목할 점은, 사후 연구에서 자살자의 시상 부피가 증가했으며(다른 원인으로 사망한 우울증 환자에게서는 나타나지 않은 결과), 특히 세로토닌 수송체 유전자의 ss 유전자형을 가진 사람에게서는 시상베개핵이 관련돼 있었다. 이 ss 유전자형을 가진 사람은 시상베개핵 신경세포 수와 부피가 약 20퍼센트 증가한 것으로 나타났다(이 표현형과 자살 행동 간 연관성은 4장 참조; Young et al., 2007; 2008).

피질 반응은 일반적으로 정확성을 과대 추정한 예측 오류의 지표로 여겨진다(Friston, 2005). 기능적 영상 연구는 자살 행동과 관련된 사회적(혐오) 자극에 대한 피질 반응을 조사했다. 앞서 설명한 대로, 부정적 정보의 정확성을 낮추지 못하는 것은 오른쪽 안와 전두 피질의 활동 증가와 관련이 있다고 예상되는데, 자살 시도자가 혐오 감정이 드러난 얼굴에 노출된 후 수행한 fMRI 연구에서 실제로 이러한 결과가 나타났다(예: Jollant et al., 2008). 특히 추측 과제 수행 중 전두부 전기 활동을 측정한 EEG(뇌파 검사)에서 자살 행동이 없던 부모의 자녀와 인구통계학적·

임상적으로 비슷한 자살 시도자 자녀를 비교할 때 손실에 대한 신경 반응이 증가했다(이득에 대한 반응에서는 이러한 증가가 나타나지 않았다). 따라서 부정적 정보에 대한 신경 반응의 증가는 자살 위험의 가족 내 전달 경로 중 하나일 수 있다(Tsypes et al., 2017).

8.3.2 분자 변화

8.3.2.1 세로토닌

세로토닌(5-HT) 신경 전달 시스템의 변화와 자살 행동 간 관계는 생물·정신의학 분야에서 가장 반복해서 나온 발견 중 하나다(자세한 개요는 4장 참조). 그 발견에는 세로토닌 합성 능력의 향상을 나타내는 지표가 있다. 이러한 지표에는 감소한 세로토닌 활성 수준에 대한 반응으로 추정되는 솔기핵 내 5-HT 및 세로토닌성 신경세포 증가, 감소한 활성 수준에 대한 항상성 적응으로 추정되는 복내측 전전두엽 피질(vmPFC)과 전측 대상회 영역에서 세로토닌 수송체 결합 결손이 있다. 5-HT의 대사산물인 5-HIAA 수준에 관한 연구는 자살 행동과 연관된 세로토닌 손상이 합성보다는 신경 전달과 관련이 있음을 시사한다(Oquendo et al., 2014b). 이 결과에 관한 해석은 논쟁의 여지가 있다. 뇌 세로토닌 활성 조절에서 세로토닌-1A(5-HT_{1A}) 수용체의 중심적 역할을 제안한 입장과 일치하게(Popova & Naumenko, 2013), 사후 및 신경 영상 연구에서 입증한 5-HT_{1A} (자가)수용체의 상향 조절이 자살 행동과 관련된 세로토닌계 변화를 설명하는 데 핵심 역할을 한다는 제안이 최근에 나왔다(Menon & Kattimani, 2015). 이 수용체의 상향 조절은 중추 세로토닌 생체이용률을 높이기 위한 항상성 상향 조절 기제와 연관될 수 있으며, 이것은 예를 들어 세로토닌성 신경세포 증가와 수송체 결합 감소로 나타나는 세로토닌 활성의 보상적 증가를 설명할 수 있다(Menon & Kattimani, 2015). 최근의 전향적 연구가 이 가설을 뒷받침하는데, 우울증 환자를 2년간 추적 관찰한 결과 솔기핵 내 5-HT_{1A} 수용체 결합 지수가 높을수록 이후 자살 관념이 증가하고 자살 행동의 치명성도 커진다는 것이 확인되었다(Oquendo et al., 2016). 5-HT_{1A} 시스템은 전전두엽 피질의 기능, 특히 주의력에 관여한다.

8.3.2.2 신경생물학적 스트레스 반응

자살 행동은 신경생물학적 스트레스-반응 시스템인 시상하부-뇌하수체-부신(HPA) 축의 이상과 관련이 있다(자세한 논의는 4장 참조). 실험실의 스트레스 자극에 대한 코르티솔 반응성을 다룬 연구는 코르티솔 분비의 감소와 증가 모두를 보여주어 상반된 결과를 내놓았지만, 스트레스에 대한 코르티솔 반응 저하는 자살 행동에서 (유전될 수 있는) 취약 기질 요인으로 보인다(McGirr et al., 2011; O'Connor et al., 2017). 이것은 글루코코르티코이드 수용체를 포함한 코르티코이드 수용체의 감수성 변화, 특히 글루코코르티코이드 수용체의 감수성 감소로 설명할 수 있다(Oquendo et al., 2014b). 다수의 연구는 뇌 조직 내 글루코코르티코이드 수용체 유전자 메틸화라는 후생유전학적 변화가 트라우마 경험 및 정신 병리와 관련이 있음을 보여준다(4장과 7장 및 그림 4.2 참조).

8.3.2.3 GABA와 글루타메이트

여러 연구는 자살자의 전두극 피질에서 GABA A 수용체 유전자 발현의 후생유전학적 감소를 보여준다(Poulter et al., 2008; Yin et al., 2016). 글루타메이트와 관련해서 일부 연구는 자살자의 전전두엽 피질에서 NMDA 수용체 결합 감소를 발견했으나, 뇌 부위 내 글루타메이트 수치는 자살자와 비교 대상자 간에 명확한 차이를 보이지 않는다(Oquendo et al., 2014b). 글루타메이트성 기능 장애가 자살에 관여한다는 것은 글루타메이트 길항제인 케타민의 잠재적 자살 방지 효과로 뒷받침되지만, 글루타메이트성 변화가 자살에 미치는 역할은 아직 명확하지 않아 추가 연구가 시급하다.

8.3.3 인지 변화

연구, 체계적 문헌 고찰, 메타 분석은 신경심리학적 기능 장애와 자살 행동 간의 연관성을 보여준다(개요는 5장 참조). 특히 미래에 대한 생각, 주의력 통제, 의사 결정에서 나타나는 결함이 자살 행동 이력과 관련이 있음을 입증한다.

8.3.3.1 미래에 대한 생각

절망감의 특징은 미래에 대한 부정적 생각의 우세보다는 미래에 대한 긍정적 생각의 저하다(MacLeod et al., 1993; O'Connor et al., 2008; O'Connor & Nock, 2014). 애매모호한 상황을 긍정적으로 해석하지 못하는 것은 절망감에 영향을 미쳐 자살 관념을 예측하게 한다(Beard et al., 2017; Beevers & Miller, 2004). 절망감은 우울증과 무관하게 자살 행동을 예측하며, 자살 생각을 설명하는 데 우울증보다 더 중요해 보인다(Beck et al., 1993; O'Connor & Nock, 2014).

미래에 대한 기대의 긍정적 또는 부정적 내용이 중요한 역할을 할 뿐만 아니라, 그 정확성—또는 특정한 결과가 일어날 확률—도 영향을 미치는 것으로 보인다. 불가피성의 결정적 역할은 이미 절망감에 대한 초기 정의에서 강조해왔다(Andersen et al., 1992). 10년도 더 지난 후, 매클라우드(C. MacLeod)와 동료들(2005)은 자살 시도자가 자신의 부정적 예측이 실제로 일어날 가능성이 높다고 평가한 정도는 절망감 수준과 정적(+) 상관관계가 있음을 보여주었다. 또한 비관적 확실성은 왜 과거 자살 시도 이력이 미래의 자살 행동 위험으로 이어지는지 그 이유를 설명해주는 것으로 보인다(Krajniak et al., 2013). 이러한 발견은 긍정적 미래 예측의 정확성이 정서가 관련 특성(긍정·부정 여부)을 넘어 자살 위험 발달에 고유하게 기여함을 시사한다. 사르갈스카(M. Sargalska)와 동료들(2011)은 비임상 집단에서 자살 관념과 관련해 미래 기대의 인지적 내용을 더 자세히 조사했다. 그들에 따르면, 긍정적 결과가 없으리라는 확실성은 단순한 긍정적 또는 부정적 결과에 대한 비관주의 효과를 넘어 자살 관념을 예측하게 한다. 따라서 특히 부정적 예측의 확실성(또는 정확성)이 절망감 수준을 결정하는 것으로 보인다.

8.3.3.2 주의력 통제

패배 신호 같은 감각 정보의 입력에 대한 민감성이 자살 행동에 대한 취약성에서 어떤 역할을 하는지 연구한 지는 20년이 넘었다. 마크 윌리엄스는 자살 시도자를 대상으로 정서 스트룹 과제(EST)를 이용해서 패배자 신호 자극의 "지각적 돌출"을 이미 입증했다(Williams, 2001). 5장에서 설명했듯이(그림 5.1도 참조), 이 과제에서 피험자는 컬러 잉크로 인쇄한 일련의 단어를 보고, 단어의 의미가 아닌 단어 색깔을 가능한 한 빠르고 정확하게 말해야 한다. 단어의 의미가 도드라지면 색깔을 말하는 데 방해가 된다. EST는 자살 도식을 사용하는 사람이 자살 관련 자극에 느리게 반응하는 것은 해당 자극의 중요성 증가 때문이라는 가정에 기초한다. 최근의 횡단 연구와 종단 연구, 정서 스트룹 검사의 메타 분석은 자살 관련 단어, 특히 "자살"이라는 단어에 대해 방해 효과와 이에 따른 주의력 편향이 있음을 보여준다. 자살 스트룹 검사는 임상 및 비임상 집단에서 자살 행동을 예측하는 데 상당한 타당성을 가진다(Cha et al., 2010; Chung & Jeglic, 2016).

8.3.3.3 의사 결정

연구와 문헌 고찰, 메타 분석은 자살 시도자가 아이오와 도박 과제(IGT) 같은 의사 결정 과제에서 우울증 환자나 건강한 비교 집단에 비해 유의미하게 낮은 수행을 보인다는 것을 일관되게 보여준다(문헌 고찰과 메타 분석은 Richard-Devantoy et al., 2014 참조). IGT는 즉각적 보상과 지연된 처벌, 위험, 결과의 불확실성 등 복잡한 실제 상황의 의사 결정 요소를 포함한다. 자살 시도자는 과제 수행 내내 학습에 실패하는 것으로 보이며, 과제의 첫 번째 블록과 마지막 블록에서 비슷한 비율로 불리한 카드를 선택한다. 이 반복된 결과에 대한 해석은 불분명하다. 자살 시도자는 강화 이력, 즉 과거 경험을 통합하지 못하고 현재 상태에 크게 의존해 의사 결정을 하는 것일 수 있다. 대안적 해석에 따르면, 앞서 언급한 것처럼 자살 시도자가 IGT 과제에서 보이는 고집스레 반복하는 응답과 대안적 전략의 부재(즉 신념 교정의 부족)는 부정적 예측의 확실성(정확성) 때문일 수 있다. 결과적으로 대안 전략 탐색이 줄어들 수 있다.

8.4 자살 행동의 예측 부호화 설명

앞에서 제시한 계산적 틀은 사람들이 불확실하고 역동적인 환경에서 생존하기 위해서는 선행 신념과 감각 정보의 증거를 최적으로 통합하는 것이 중요하다고 설명한다(Adams et al., 2013). 정확성은 각 정보원에 대한 상대적 확실성을 의미하므로, 이를 정확하게 인식하는 것은 이러한 통합에 필수적이다. 자살 행동의 예측 부호화 가설은 정확성을 왜곡한 부호화가 생존을 방해해서 때 이른 자발적 죽음을 초래할 수 있다고 시사한다. 자살은 선행 신념과 감각 정보 입력 간 상대적 정확성의 불균형에 따른 결과로 개념화된다. 특히 자살 관련 신념은 자기 자신과 세계, 미래에 대해 부정적으로 편향된 신념으로 여겨지며, 이러한 신념은 정확하다는 과신 속에 유지됨으로써 긍정적 정보에 무감각해진다. 자살에 대한 취약성은 미래에 대한 신념에서 긍정적 정보를 통합하는 능력의 부족과 관련이 있어 보인다. 이러한 통합 능력의 부족은, 선행 신념이 교정되지 않는 한, 긍정적 정보의 중요성과 선행 신념의 중요성 사이의 불균형을 반영한다. 자살하겠다는 마음 상태는 패배 신호 같은 부정적 감각 정보의 정확성 증가(또는 약화 감소)를 통해 부정적 생애 사건으로 촉발할 수 있다. 감각 정보 입력의 정확성 증가는 보상적일 수 있는데, 이것은 관련된 감각 정보가 충분한 중요성을 얻어 상위 인지 통제 기제에 종속되지 않도록 보장하기 때문이다. 따라서 자살 위험은 선행 신념과 상황적 입력의 정확성 부호화에서 나타나는, 정서가에 의존하는 불균형의 관점으로 공식화할 수 있다.

자살 행동에 대한 정확성 왜곡 가설은 뇌가 예측하는 맥락에서 발생하는 잘못된 추론에 기초한다. 하지만 우리는 파블로프식 도구적 전이, 낙관 편향, 나무 탐색에서 가지치기 같은 개념도 함께 참조했다. 이런 경험적 개념은 앞으로 몇 년 안에 잘못된 추론이라는 공식 내에서 조정될 가능성이 있다. 예를 들어 정서가는 능동적 추론 환경에서 사전 선호의 관점으로 공식화해왔는데, 이것은 세계의 숨겨진 상태에 대한 믿음과 개인이 추구해야 할 정책을 조정할 때 낙관 편향을 요구한다. 더 나아가 가지치기와 탐색 개념도 예측 모형 선택 및 능동적 추론 모형 맥락에서 고려할 수 있다(Friston et al., 2015). 현재 계산정신의학에서 도입한 공식 모형은 자살 위험에 노출된 사람의 선택 행동에 적용하여 위 가설의 구체적 주장을 검증하는 데 유용하게 활용할 수 있다.

8.4.1 자살 행동 이해를 위한 시사점

자살 행동의 예측 부호화 설명은 아직 직접적으로 연구가 이루어지지 않았기에 가설 수준에 머문다. 그러나 자살 행동에 관한 신경심리학·신경생물학·신경영상학의 실험 결과는 전반적으로 이러한 설명을 뒷받침하는 편이다. 예측 부호화 설명은 이 다양한 연구 결과를 통합하고 이해하는 귀중한 기회를 제공한다. 예를 들어 이 설명 틀은 수백만

년 전부터 존재하며 식물·동물·인간 모두에 광범위하게 분포하는 신경 전달 물질인 세로토닌의 기능 변화와 인간에게만 나타나는 비교적 현대의 현상인 자살 간의 연관성을 이해하는 데 흥미로운 방법을 제시한다. 세로토닌은 부정적 예측을 행동 억제와 (파블로프식으로) 연결하는 데 핵심 역할을 한다. 기본 아이디어는 단순한 유기체조차도 강력하고 미리 정해진 행동 프로그램을 갖도록 진화했다는 것이다. 이 프로그램에 따라 부정적 결과에 대한 예측은 선천적으로 준비된 회피 반응을 유발한다. 이런 파블로프식 반응은 환경과 최적의 상호작용을 할 수 있도록 유기체를 준비시키는 데 유용하다. 가령 철회(withdrawal) 행동이 그런 반응이다. 5-HT(세로토닌) 기능 저하는 하향식 통제의 정확성에 비해 부정적 정보가 더 쉽게 통과하게 함으로써, 부정적 정보가 행동에 미치는 동기적 영향을 증가시킬 수 있다. 역기능적 억제는 의사 결정 나무를 부적응적으로 가지치기함으로써 선택 행동에 영향을 미칠 수 있다. 이 가설은 (세로토닌계 같은) 신경생물학적 역기능이 어떻게 부정적 정보의 동기적 영향을 증가시키고, 이러한 영향의 종식을 목표로 하는 행동을 재정의함으로써 자살 행동의 동기적·의지적 요소에 어떻게 영향을 미치는지 설명할 수 있다. 결국 자살 위험군의 "반응 공간(response space)"이 넓어져서, 부정적이고 자기 파괴적인 반응까지 아우르는 것으로 보인다(Spence, 2009). 마치 자살 위험군이 이 공간의 어둡고 부정적인 부분에 머무는 것처럼 말이다. 반면 자살 성향이 없는 사람은 (행동 억제 덕분에) 그 공간에 들어가지 않는다. 이번 장에서는 자살 위험군의 반응 공간 제약을 결정할 수 있는 신경해부학적·신경생물학적·인지적 특성을 설명했다. 하지만 이런 제약은 고정된 것이 아니어서, 심리 치료나 약물 치료 같은 개입을 통해 충분히 변화할 수 있다.

8.4.2 치료 및 예방을 위한 시사점

자살 행동의 이 계산 모형 가설에서 정확성과 정서가가 중심 역할을 한다고 제시하는 만큼, 이 부분을 겨냥한 개입이 자살 예방에서 중요한 역할을 할 수 있다. 뒤에서는 세 가지 잠재적 접근법을 각각 신경생물학적, 신경심리학적, 기능적인 신경해부학적 관점에서 논의한다.

자살 위험에 대한 케타민의 상당히 유익한 효과는 케타민이 NMDA 수용체를 차단(하향식 예측에 관여하는 것으로 추정)하고 AMPA 수용체를 강화(상향식 신호 전달에 관여)하는 효과 때문일 가능성이 크다(Den Ouden et al., 2012; Whalley, 2016). 케타민의 유익한 효과는 감각 정보의 증거와 하향식 신념 간 상대적 정확성의 불균형을 회복시키기 때문일 수 있다(Vinckier et al., 2016).

주의력이 정확성을 결정한다는 점을 고려하면, 주의력 편향의 변화나 주의력 결핍의 개선이 자살 행동에 대한 취약성을 줄이는 데 중요할 수 있다. 자살 특유의 주의력 편향을 수정하려는 개입은 이 편향이나 자살 관념에 별다른 영향을 미치지 않는 것으로 보이지만, 예비 자료에서는 자살 위험 요인에 대한 마음챙김 기반 인지 치료(mindfulness-based cognitive therapy)의 긍정적 효과가 스트룹 간섭 감소와 관련이 있음을 시사한다(Cha et al., 2016; Chesin et al., 2016).

경두개 자기 자극술(TMS)은 정확성 추정에 영향을 주어 신념 교정을 바꿀 가능성이 있다. 오른쪽 하전두회(IFG) 활동에 TMS 간섭을 가하면, 건강한 사람은 긍정적 정보의 정확성이 증가해 더 낙관적으로 변하는 것으로 보인다. 건강한 사람은 TMS를 받지 않은 상태에서 스스로 평가한 것보다 미래에 좋은 일이 일어날 확률을 더 높게 판단한다(Sharot, 2012). 반면 왼쪽 IFG에 TMS를 적용하면 낙관 편향이 사라지고, 추정치가 지나치게 비관적인 사고와 비슷해진다(Sharot et al., 2012). 또한 TMS는 시각 과제를 수행하면서 시각피질에 적용할 때 정확성의 변화를 유도하는 등 하위 위계 수준에서 감각의 정확성을 바꿀 수도 있다(Rahnev et al., 2012). 배외측 rTMS(반복적 경두개 자기 자극술)는 위약 자극과 비교할 때 자살 관념의 심각성을 줄이는 데 뚜렷한 효과가 없어 보인다(Desmyter et al., 2016). 하지만 배외측 rTMS는 절망감 수준의 감소와 관련이 있는데, 특히 왼쪽 IFG 연결성 증가와 함께 나타난다(Baeken et al., 2017). TMS가 자살 위험군에게서 감각 정보의 입력과 선행 신념의 정확성에 얼마나 영향을 미칠 수 있는지는 아직 밝혀져야 하며, 이를 위해서는 위계적 뇌 부위 간 연결에 영향을 줄 수 있는 회색질과 백색질 변화도 함께 고려해야 할 문제다.

8.4.3 추가 연구를 위한 시사점

이러한 정확성 왜곡 가설은 임상, 행동, 약리학, 신경심리학, 신경 영상 그리고 계산 모형 기법을 활용해 검증할 수 있는 가설을 생성할 수 있다(Lawson et al., 2014). 여기서 신경 자극이 중요한 역할을 할 수 있다. 예를 들어 정확성 추정에서 전두극 피질의 역할을 고려할 때, 이 부위에 대한 자극이 선택 행동에 영향을 미쳐 더 불확실한 대안을 선택하게 할 가능성이 있다. 실제로 오른쪽 전두극 피질에 대한 양극성 경두개 직류 자극술(tDCS)은 신경 흥분성을 증가시켜 정확성 부호화를 높이고, 개인이 더 탐색적인 선택을 하도록 만든다(Beharelle et al., 2015). 여기서 가치 기반 선택의 정확성은 전두극 피질과 두정 피질 간의 동시적 소통에 달린 것으로 보인다. 경두개 교류 자극술(tACS)을 통한 진동 비동시화(oscillatory desynchronization)는 가치 기반 선택의 정확성에 특별한 영향을 미친다(Beharelle et al., 2015). 자살 위험군의 정확성 평가와 선택 행동에 미치는 국소 신경 자극의 효과는 반드시 연구가 필요하다. 이러한 연구는 시상-피질 네트워크 내 주의력 통제 기제로서 진동 동시화를 표적으로 삼을 수 있으며, 우울증과 통증에 관여하는 시상-피질 리듬 장애 같은 결함도 함께 다룰 수 있다.

8장 요약

- 역경의 시기에 삶과 생존의 역동성은 성장 과정에서 습득하고 유전적 준비성을 기반으로 구축한 신념의 교정을 필요로 하며, 이는 변화하는 환경에 적응하기 위해서다.
- 신념의 교정은 신념과 환경에 관한 정보의 정서가와 상대적 정확성(또는 확실성)의 영향을 받는다. 건강한 사람은 부정적 정보보다 긍정적 정보에 대해 더 쉽게 신념을 교정하는 경향이 있으며, 이는 정서가에 기반한 정확성 추정의 영향으로 보인다.
- 자살 행동은 정서가 기반 정확성 추정의 결함에 따른 결과로 설명할 수 있다. 첫째, 자살 위험군은 자기 자신과 세상, 미래에 대한 부정적 선행 신념을 부당하게도 정확하다고 생각해서 지킴으로써 긍정적 정보에 무감각해진다. 둘째, 높은 정확성 추정은

특정 부정적 감각 정보(예: 패배 신호)의 완화를 방해한다.

- (예를 들어 세로토닌) 신경 조절과 정확성의 암묵적 부호화에 비교적 단순한 결함이 있을 때, 세상과 상호작용하는 데 필요한 내부 모형을 제대로 형성하지 못할 수 있다는 가설이 있다.
- 이 가설의 핵심은 행동 억제력 결함에 있으며, 이는 신념을 부정적인 방향으로 교정하게 해서 결과적으로 행동 선택에 과도한 영향을 미친다.
- 이 개념적 모형은 인지, 신경 영상, 신경생물학 연구 결과를 통합할 중요한 기회를 제공하며, 자살 위험의 치료와 예방에 시급한 새로운 방향을 제시한다.

더 읽을거리

Dayan, P. & Huys, Q. J. M. (2008). Serotonin, inhibition, and negative mood. *PLoS Computational Biology*, *4*(2): e4.

Dayan, P. & Seymour, B. (2009). Values and actions in aversion. *Neuroeconomics*, 175-91.

Friston, K. J., Stephan, K. E., Montague, R. & Dolan, R. J. (2014). Computational psychiatry: The brain as a phantastic organ. *The Lancet Psychiatry*, *1*, 148-58.

Spence, S. A. (2009). *The actor's brain: Exploring the cognitive neuroscience of free will*. Oxford: Oxford University Press.

09

예측할 수 없는 것을 예측하기

자살 예측에 대한 신경과학의 기여

학습 목표

◦ 개인 수준에서 자살 행동을 예측할 때 문제점과 가능성을 이해한다.

◦ 생체 지표란 무엇이며, 자살 예측에서 왜 특히 중요한지, 어떤 신경생물학적 특성이 자살 행동의 생체 지표로 작용할 수 있는지 학습한다.

◦ 정확한 생체 지표를 개발하기 위한 적절한 연구 접근법을 파악한다.

◦ 소셜미디어 등 빅데이터를 활용한 통계적 접근의 기회와 한계를 이해한다.

머리말

우울증을 앓는 사람은 자해하거나 자살할까 봐 두려워 때때로 병원을 찾는다. 이들이 두려워하는 이유는 자살 생각이나 소망이 실제로 자살 행동으로 이어질지 자신조차 예측할 수 없기 때문이라는 점이 대화를 통해 드러난다. 지도교수의 지도를 받는 과정에 있는 정신과 수련의들은 응급실 근무시 자살 위험을 평가하는 일이 가장 어려운 과제 중 하나라고 자주 말한다. 특히 많은 자살 위험군이 자살하고 싶다는 소망을 말하지 않기 때문에 더욱 어렵다고 한다. 이들은 도움을 받고 싶지 않아서가 아니라, 진짜로 죽고 싶어서 말하지 않는 경우가 많다. 자살 위험 추정이 매우 어렵다는 점은 현재 사용 가능한 예측 도구의 한정된 유용성, 실수 발생시 그 결과의 심각성과 극명하게 대비된다. 자살 예측 도구와 설문지의 효능 연구에서 드러난 전반적인 그림은 예측 정확성이 단지 우연보다 약간 나은 수준이라는 것이다. 다시 말해 자살 위험이 있는지 판단하는 일이 동전 던지기와 별 차이가 없을 수도 있다는 뜻이다.

"예측"이라는 주제는 8장과 논리적으로 연결되는데, 8장에서는 자살 위험군이 자기 자신과 세상, 미래에 대한 신념(예측)을 교정하는 과정에서 어떤 정보를 활용하거나 활용하지 않는지, 그리고 이러한 정보가 어떻게 자살 행동에 동기를 부여할 수 있는지를 다루었다. 9장에서는 보건 의료 종사자들이 환자의 자살 위험에 대한 자기의 신념이나 예측을 교정하기 위해 고려할 정보의 종류를 다룬다. 이 장에서는 자살 행동의 예측에서 나타나는 여러 문제점을 살펴보는 한편, 신경과학 관점에서 가능성과 기회를 함께 제시하고자 한다.

9.1 자살 행동의 예측

사실 자살 행동을 예측하기 어렵다는 것은 놀라운 일이 아니다. 자살의 기저율은 낮다. 삶의 가치가 없다고 많은 사람이 생각할 수는 있지만, 자살을 생각하는 사람은 많지 않다. 실제로 자해나 자살 행동을 하는 사람은 아주 적고, 그중에서도 소수만이 실제로 죽으려는 의도로 그렇게 행동한다. 게다가 자살 위험군은 수치심과 금기 때문에, 특히 도움이 아니라 죽기를 원하기 때문에 자기의 생각과 감정을 말하려 하지 않는다. 세계보건기구(WHO)는 정신 장애나 기타 위험 요인을 가진 10세 이상의 모든 사람에게 최근 한 달 안에 자해 생각이나 계획이 있었는지 질문해야 한다고 권장한다. 그러나 설령 그렇게 물어본다 하더라도, 자살 위험군은 자살 생각과 소망이 있다는 사실을 부인할 수 있다. 한 연구에서는 결국 자살로 사망한 사람 중 거의 80퍼센트가 마지막 언어 소통에서 자살 생각을 부인한 것으로 나타났다(Busch et al., 2003). 보건 의료 종사자들은 보통 우울한 사람에게 자살 생각을 묻기 꺼린다. 자살에 관한 이야기가 자살 행동의 문턱을 낮출까 봐 두려워하기 때문이다. 그러나 자살에 관해 이야기하는 것이 자살 행동으로 이어진다는 과학적 증거는 없다(Dazzi et al., 2014). 반대로 자살 생각과 감정에 대해 질문하는 것은 자살 생각과 동반할 수 있는 사회적 고립감과 두려움을 줄일 기회가 될 수도 있다. 자살 생각을 이야기함으로써 자살 위험의 심각성을 판단하고, 자살 행동 발생을 예측하는 데 필요한 정보를 수집할 수 있다.

여기서 중요한 질문은 다음과 같다. 자살 행동을 신뢰할 수 있는 방

		조건 존재 여부	
		실제로 위험 있음	실제로 위험 없음
	양성	진짜 양성(A)	가짜 양성(B)
검사 결과			
	음성	가짜 음성(C)	진짜 음성(D)

민감성 = A/(A+C)
특이성 = D/(B+D)

양성 예측치(PPV) = A/(A+B)
음성 예측치(NPV) = D/(C+D)

그림 9.1 민감성-특이성 도식.

식으로 예측하려면 어떤 정보가 필요한가? 자살에 대한 최적의 예측 모형은 탐지하지 못한 자살을 의미하는, 이른바 가짜 음성(false negative: 이 문맥에서는 실제 자살 의도가 있는 사람을 그런 의도가 없다고 잘못 판단하는 것—옮긴이)을 최소화하기 위해 높은 민감성(sensitivity: 자살 의도가 있는 사람을 제대로 가려내는 정도—옮긴이)을 필요로 한다. 그리고 덜 중요하지만 가능하다면 가짜 양성(false positive: 실제 자살 의도가 없는 사람을 그런 의도가 있다고 잘못 판단하는 것—옮긴이)의 횟수를 줄이기 위한 높은 특이성(specificity: 자살 의도가 없는 사람을 제대로 가려내는 정도—옮긴이)도 필요하다. 가짜 양성이 많으면 한정된 자원을 과도하게 소모할 수 있기 때문이다(Mann et al., 2006). 관련 용어의 정의는 그림 9.1에서 확인할 수 있다.

자살 예방의 맥락에서 가능한 한 많은 사례를 놓치지 않기 위해 민감성을 최대화하는 것이 중요하다. 그러나 이런 접근은 특이성이 매우 높지 않다면, 자살하지 않을 사람들까지 과도하게 포함하는 가짜 양성 문제를 초래할 수 있다. 자살 예측에서 주요한 문제점 하나는 대부분의 자살 위험 요인을 선별 검사로 활용할 때 특이성이 낮다는 점이

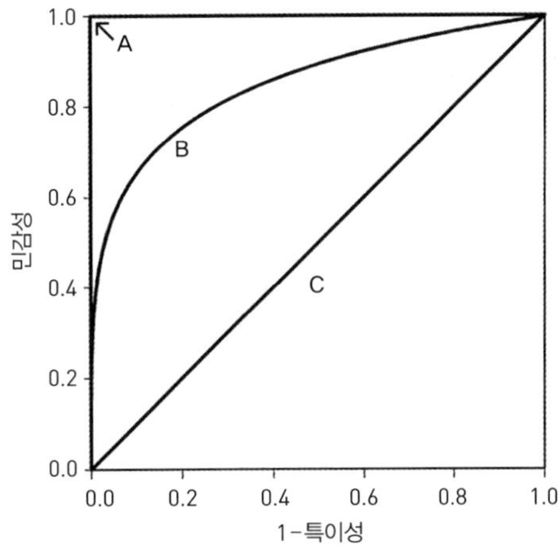

그림 9.2　ROC 곡선.

〔곡선 A: 매우 우수한 예측 모델. 민감성도 높고 가짜 양성 비율도 낮음(이상적인 모델에 가까움). 곡선 B: 중간 수준의 예측력(어느 정도 예측 가능하지만 완벽하지 않음). 곡선 C: 무작위 예측 수준(동전 던지기 같은 수준으로 예측력 없음)—옮긴이.〕

다. 그 결과 가짜 양성 사례가 상당히 많아진다. 이처럼 낮은 특이성과 낮은 자살 기저율이 결합하면, 개별 위험 요인의 양성 예측치(positive predictive value: 위험하다고 판단한 사람 중에서 실제로 위험한 비율—옮긴이)는 매우 낮아진다. 따라서 자살 위험을 나타내는 지표가 임상적으로 유용하려면, 민감성과 특이성이 모두 90퍼센트 이상이어야 하며, 동시에 강력한 예측력을 보여야 한다.

그림 9.2는 수신자 조작 특성(receiver operating characteristic, ROC) 곡선이라고 하는데, 탐지 한계 및 선별 능력에 대한 통계적 관계를 나타낸다. 그래프의 곡선은 민감성과 특이성 사이에 존재하는 본질적인 상호 절충(trade-off)을 시각적으로 보여준다. 그림 9.2의 곡선 A는 완벽한 민

감성을 가지고 있어 가짜 양성이 전혀 없는(100퍼센트 특이성) 검사를 반영한다.

곡선 아래 면적(area under the curve, AUC)의 결정은 서로 다른 검사들을 비교하게 해준다. 곡선 아래 면적이 클수록(최대값 1.0), 검사는 더 정확하다(민감성과 특이성 모두 더 우수). AUC 값의 범위는 0.5(그림 9.2의 곡선 C: 판별 능력 없음)에서 0.9~1(곡선 A: 매우 정확)까지다.

자살 위험을 평가한 37개의 동년배 종단 연구(자세한 정의는 1장 참조)는 임상적인 자살 관련 변수를 기반으로 40년에 걸쳐 이루어졌으며, 30만 명 이상의 대상자 중 3000명 이상이 자살로 사망한 자료를 포함한다. 이 연구에 관한 메타 분석은 고위험군과 자살 사망 사이에 통계적으로 강한 연관성이 있음을 보여준다. 그러나 자살 위험 범주화의 민감성에 관한 메타 분석에 따르면, 전체 자살의 약 절반은 저위험군에서 발생할 가능성이 높음을 보여준다. 또한 양성 예측치(PPV)에 관한 메타 분석 결과는 고위험군 환자의 약 95퍼센트는 실제로 자살하지 않을 것임을 시사한다(Large et al., 2016). 비치명적 자살 시도 이후 자살을 예측하기 위해 위험 요인과 위험 척도를 활용한 연구를 체계적으로 검토한 결과, 이러한 접근은 잘못된 안도감을 줄 수 있고, 치료 결정의 근거로 사용하기에 적절하지 않다(Chan et al., 2016).

다음 절에서는 위험 예측에 대한 신경과학적 접근 방식이 생체 지표의 식별을 통해 자살 예방에 기여할 수 있는지 다룬다.

9.2 생체 지표

"생체 지표(biomarker)"라는 용어는 "biological marker"의 합성어로, 특정 상태를 객관적으로 나타내는 지표를 의미하며, 반복해서 정확하게 똑같이 측정할 수 있다. 이론적으로 생체 지표는 보건 의료 종사자들이 자살 행동을 예측하는 데 도움을 줄 수 있다. 앞선 여러 장에서 자세히 논의했듯이, 자살 행동의 위험 요인으로 제시된 다양한 신경생물학적 특성이 존재한다. 그림 9.3은 현재까지 확인한 생체 지표 개요이며, 이

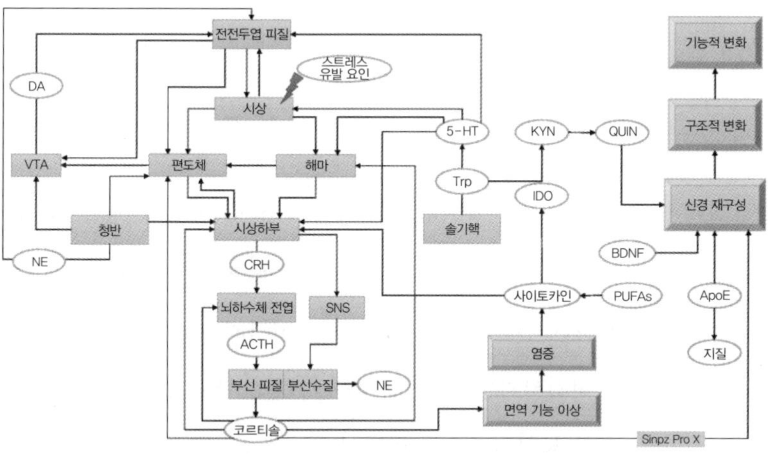

그림 9.3 자살 행동과 연관된 생체 지표 간 연결 모형 〔*Current Psychiatry Reports*, Biomarkers of suicide attempt behavior: towards a biological model of risk, 19(6), 2017, Sudol K & Mann JJ. 스프링어(Springer) 출판사의 허가를 받아 재인용〕. 5-HT: 세로토닌, ACTH: 부신 피질 자극 호르몬, ApoE: 아포지단백 E, BDNF: 뇌 유래 신경 영양 인자, CRH: 부신 피질 자극 호르몬 방출 호르몬, DA: 도파민, IDO: 인돌아민 2,3-이산소화 효소, KYN: 키누레닌, NE: 노르에피네프린, PUFAs: 고도 불포화 지방산, QUIN: 퀴놀린산, SNS: 교감신경계, Trp: 트립토판, VTA: 복측 피개 영역.

들이 뇌의 구조적 변화 및 기능적 시스템 변화와 어떻게 관련될 수 있는지 보여준다.

그러나 대부분의 연구는 횡단 연구이기 때문에 식별한 특성은 신경생물학적 관련 요인일 뿐, (인과적) 위험 요인으로 보기에는 한계가 있다. 또한 종단 연구에서 도출한 결과 중 상당수는 상충하는 결과를 보이기도 했다. 이러한 불일치를 해결하려면 신경생물학적 요인이 자살 행동을 예측하는지를 조사한 종단 연구 대상의 메타 분석을 활용할 수 있다. 다음 절에서는 자살 위험의 생체 지표 관련 연구 중에서 가능한 한 종단 연구 및 메타 분석 연구의 결과물을 정리해 제시한다.

9.2.1 단일 생체 지표

9.2.1.1 인지적 생체 지표

5장에서 논의했듯이, 암묵적 연합 검사(IAT)는 특정 주제에 대한 개인의 무의식적 신념이나 특정 행동에 대한 동기를 측정하는 인정받는 심리 검사다. 컴퓨터 화면으로 (자살 행동과 관련된) 이미지 또는 중립적인 이미지를 보여주고, 피검사자는 그 이미지가 자기와 관련이 있다고 생각하는지 키를 눌러 반응한다. 이 과제에서 반응 시간은 피검사자의 자살 행동 성향을 측정하는 지표가 된다. 정신과 응급실에 내원한 환자를 대상으로 한 동년배 연구는 피검사자의 말로 드러난 의도나 임상의의 판단과는 무관하게, 검사 시점으로부터 3개월 또는 6개월 이내의 자살 행동을 죽음/삶 IAT 검사로 예측할 수 있음을 보여준다. 이 IAT 검사의 민감성은 50퍼센트, 특이성은 81퍼센트, 양성 예측치(PPV)는 32퍼센트,

음성 예측치(NPV)는 90퍼센트였다. 자살 행동 이력, 정신병적 증상을 동반한 우울증, 교육 수준 같은 다른 변수와 함께 사용하면, IAT의 예측 정확성이 더 높아진다는 점도 특기할 만하다(Nock et al., 2010; Randall et al., 2013).

9.2.1.2 신경생물학적 생체 지표

자살 행동의 스트레스-취약 기질 모형(2장 참조)에 기초한 첫 번째 메타 분석은 세로토닌 기능 장애(취약 기질의 존재를 보여주는 지표)와 HPA 축 기능 장애(격심한 스트레스 반응의 지표)에 관한 종단 연구를 포함했다. 뇌척수액 5-하이드록시인돌 초산(CSF 5-HIAA; 4장 참조)과 기분 장애 환자(일반 인구보다 자살 기저율이 더 높은)의 덱사메타손 억제 검사(DST; 역시 4장 참조)에 관한 25개 종단 연구 결과를 메타 분석한 결과, 자살 예측에 대한 오즈 비율이 각각 4.5와 4.7로 나타났다. 따라서 낮은 CSF 5-HIAA 집단과 DST 비억제자 집단은 높은 CSF 5-HIAA 집단과 DST 억제자 집단보다 자살 위험이 4배 이상 높다. DST나 CSF 5-HIAA 중 적어도 하나의 양성을 요구하는 예측 모형은 민감성 88퍼센트, 특이성 28퍼센트를 보이며, 양성 예측치는 10퍼센트다(Mann et al., 2006). 민감성 88퍼센트는 예를 들어 자살 기저율이 5퍼센트인 1000명의 표본에서 약 20건 중 18건의 자살을 탐지할 수 있다는 의미로 매우 좋은 결과다. 그러나 이러한 성공의 "비용"은 특이성이 28퍼센트일 경우 705명을 자살 위험군으로 잘못 판단함으로써 불필요하게 강도 높은 예방 치료를 제공해야 한다는 점이다(Mann et al., 2006). 뒤에서 살펴보겠지만, 이 두 가지 신경생물학적 측정치를 결합해 사용하면 예측치는 상당히 달라진다.

표 9.1 메타 분석으로 연구한 신경생물학적 요인

- 혈액 관련 요인: 포도당, 콜레스테롤, 혈청 트립토판 비율, 혈장 옥시토신
- 뇌척수액 대사물질: 세로토닌, 도파민, 옥시토신, 노르에피네프린, 코르티솔 방출 호르몬, DHEA
- 사이토카인: 단핵구 유인 단백질-1, 종양 괴사 인자-α, 혈관 내피 성장 인자, 인터루킨-10
- 유전자: 세로토닌 합성(트립토판 하이드록실레이스 효소 유전자), 세로토닌 수송체 및 수용체 다형성
- 호르몬 자극/검사: DST 비억제(또는 억제 감소), 펜플루라민 자극 검사
- 분자 결합: 혈소판 세로토닌 〔3H〕 파록세틴 결합
- 영양소: 혈청 콜레스테롤 수치, 오메가-3 및 오메가-6 단일 불포화 지방산, 포화 지방산 섭취 및 혈청 수치
- 말초 생리학: 수축기 혈압, 폐 기능 검사

표 9.1에서 보듯이, 더 최근의 메타 분석은 다수의 신경생물학적 요인에 관한 종단 연구 결과를 활용한다. 이 분석은 이러한 신경생물학적 요인이 향후 자살 시도 또는 자살 사망과 약한 연관성이 있거나 대부분 관련이 없다는 사실을 보여준다. 오직 두 가지 특정 신경생물학적 요인만이 유의미했는데, 바로 사이토카인과 어류 기름 영양소의 낮은 수치다. 그러나 이 두 요인을 각각 다룬 연구 하나씩만 이 메타 분석에 포함되었다. 또한 주목해야 할 점은, 뇌척수액 속 세로토닌 대사물질과 덱사메타손 억제 검사에 관한 메타 분석은 각각 2.15와 1.75의 유의미한 오즈 비율을 보였지만, 출판 편향 분석에서 평균 이하의 결과를 보이는 연구가 빠져 있음을 확인했고, 보정한 오즈 비율은 유의미하지 않았다. 이 메타 분석은 검토한 신경생물학적 요인 중 어떤 것도 자살로부터 보호하는 효과가 있다는 근거를 보여주지 못했다(Chang et al., 2016).

이러한 발견의 함의는 신경생물학적 요인을 개별적으로 연구하면 그 요인이 향후 자살 행동 위험을 실질적으로 증가시키거나 감소시키지 않을 수 있다는 점이다. 예를 들어 CSF 세로토닌 대사물질에 관한 분석은 자살 사망에 대한 오즈 비율 2.15를 보여준다(출판 편향을 고려하기 전 기준). 그러나 1년 동안 자살 사망에 대한 절대적 위험으로 따졌을 때, 낮은 CSF 세로토닌 대사물질 수치는 자살 위험을 인구 100명당 0.013명에서 0.028명으로 높이는 정도에 그치므로, 임상적 예측에서 개선 효과는 한계가 있다. 그러나 이러한 결과를 해석할 때 무엇보다 중요한 점은, 대부분의 연구가 매우 긴 추적 관찰 기간을 가지고 있고, 요인을 성격 특질 수준에서 측정하며, 위험 요인을 개별적으로만 검토한다는 사실이다. 다른 여러 위험 요인(예: 다른 신경생물학적 요인, 스트레스성 생애 사건, 낮은 사회적 지지, 과거 자해 이력, 절망감)의 맥락에서 특정 신경생물학적 요인의 갑작스러운 변화는 몇 시간이나 며칠, 몇 주 동안 자살 위험이 많이 증가하는 것과 관련될 수 있다. 이러한 발견은 신경생물학적 위험 요인을 짧은 시간 간격으로, 다른 잠재적 위험 요인들과 함께, 상태 기반 방식으로 조사하는 연구의 필요성을 부각한다(Chang et al., 2016). 뒤에서 우리는 임상적 위험 요인의 유무와 관계없이, 신경생물학적 특성의 조합이 가지는 예측 가치에 초점을 맞춘 연구 사례를 살펴볼 것이다.

자살 예방 차원에서 생존한 사람의 표적 기관인 뇌에 직접 접근하는 것은 특히 비현실적이며, 뇌의 대체 체액이라 할 수 있는 뇌척수액조차도 혈액에 비해 일상적 활용이 어렵다. 물론 혈액은 뇌는 아니지만, 혈액에는 다양한 조직에서 수렴적 접근을 확인할 수 있는 공통의 신경생물학적 기제, 환경적 영향 및 약물 효과가 들어 있다. 질병 위험에 관한 혈액 기반 생체 지표의 식별은, 특히 암과 심혈관 질환 분야에서 예방과 치료의 정밀화 및 개인화를 목표로 하는 중요한 의학 연구 영역으로 부상하고 있다(Niculescu et al., 2015a).

우리는 4장에서 자살 행동에 관한 유전학 연구가 자살 행동에 관여하는 여러 유전자를 밝혀냈다는 사실을 살펴보았다. 예를 들어 세로토닌 수송체 유전자의 대립유전자(ss, sl, 또는 ll 유전자형 등) 분포를 평가하는 유전자 검사는 자살 위험을 평가하는 데 유용할 수 있다. 이러한 검사는 생애 초기에도 할 수 있기에, 어린 나이부터 자살 위험을 추정할 수 있어 더욱 유용하다. 그러나 스트레스-취약 기질 모형을 고려할 때, 유전자 특성 자체보다는 유전자 발현의 생체 지표가 자살 위험으로 이어지는 유전자-환경 상호작용을 더 잘 반영한다고 예상할 수 있다. 르니쿨레스쿠(H. Le-Niculescu)와 동료들(2013)은 다음과 같은 대상자의 혈액 속 유전자 발현을 살펴보면서 "자살 성향"에 대한 생체 지표를 연구했다.

1. 자살 생각을 하거나 하지 않은 생존 남성 양극성 장애 환자. 차등적으로 발현하는 유전자 목록 중에서 관련 유전자를 수렴적 기능 유전체학 접근을 통해 식별했다.
2. 자살자. 생존 중인 양극성 장애 환자 집단에서 식별한 혈액 기반 생체 지표의 발현 수준이 실제로 변화하는지를 동년배의 자살 사망자 집단에서 확인했다.
3. 양극성 장애 및 정신병을 지닌 생존 집단. 최상위 생체 지표인 SAT1(스퍼미딘/스퍼민 N1-아세틸전달효소 1)의 혈중 수치로 과거의 자살 관련 입

원 이력과 미래의 입원 가능성을 알아낼 수 있음을 입증했다.

세 개의 다른 유전자(PTEN, MARCKS, MAP3K3)의 발현도 유사하지만 상대적으로 약한 효과를 보인다. 이러한 과거 및 미래의 입원 관련 자료를 종합하면, SAT1(그리고 그보다는 덜하지만 PTEN, MARCKS, MAP3K3)은 자살 성향의 생체 지표일 수 있다. 4장에서는 SAT1을 폴리아민 스트레스-반응 시스템의 맥락에서 논의했다. 여성을 대상으로 한 유사한 연구에서는 BCL2, PIK3C3, GSK3B 유전자의 발현 감소가 향후 자살 성향으로 인한 입원을 정확히 예측한다(Levey et al., 2016). 이러한 유전자는 항세포자살과 신경 영양의 효과를 가지며, 자살 예방 효과가 있다고 알려진 기분 안정제 리튬의 표적인데, 리튬은 이러한 유전자의 발현과 활동을 증가시킨다. 게다가 일주기 시계(circadian clock) 유전자는 최상위 생체 지표 중에서 지나치게 많다. 특히 PER1 유전자(자살 성향에서 발현 증가)와 CSNK1A1 유전자(발현 감소)는 향후 입원을 정확히 예측한다. 일주기 시계의 이상은 기분 장애와 관련이 있고, 수면 이상은 자살과 연관된 것으로 알려져 있다. 오메가-3 지방산인 도코사헥사엔산(DHA) 신호 전달 경로는 검증한 생체 지표 중 가장 많이 나타나는 생물학적 경로 중 하나다. 이 경로는 오메가-3 지방산이 가지는 잠재적 치료 및 예방 효과를 고려할 때 주목할 만하다. 이 여성 대상 연구에서 확인한 최상위 생체 지표 중 일부는 남성 대상 연구와 유사한 방향의 발현 변화(증가 또는 감소)를 보였지만, 일부는 반대 방향의 변화를 보여주었다. 이는 생물학적 맥락과 성별 간 자살 성향의 차이가 중요한 문제임을 시사한다.

이후 진행한 연구에서는 SAT1, PTEN, MAP3K3, MARCKS 유전자의 혈중 발현 수준 그리고 12주 동안 항우울제 치료 중 자살 관념에 대한 경험 변화를 조사했다. 그 결과 자살 관념이 증가하거나 항우울제 치료가 시작됐는데도 해당 네 가지 유전자의 발현에는 유의미한 변화가 나타나지 않았다(Mullins et al., 2014). 집단 간 비교에서도 치료와 관련해 자살 성향이 있는 환자와 없는 환자 사이에서 유전자 발현에는 차이가 없었다. 이 독립적인 연구는 앞서 르니쿨레스쿠와 동료들(2013)이 제안한 생체 지표의 타당성을 뒷받침하지 않는 것으로 보인다(앞서 논의한 내용 참조). 동일한 개인 내에서 치료 기간 중 서로 다른 시점에서 유전자 발현을 비교하는 방식은, 유전체와 기타 환자 고유의 요인이 미치는 영향을 제거할 수 있는 강력한 연구 설계다. 그러나 이 두 연구에서 사용한 표본은 성별과 정신 장애 유형이 다르기 때문에, 연구 결과의 차이는 적어도 부분적으로는 이러한 차이로 설명할 수 있다. 귄티바노(J. Guintivano)와 동료들(2014)은 자살과의 연관성을 확인하기 위해 세 개의 사후 뇌 집단에서 뉴런과 아교세포 핵을 분리해 각각 전장 유전체 수준의 DNA 메틸화 분석을 수행했다. 검증은 사후 전전두엽 피질 조직과 세 개의 생존 집단에서 얻은 말초 혈액을 대상으로 이루어졌다. 연구에서는 이러한 메틸화 분석이 유전자 발현, 스트레스와 불안, 타액 내 코르티솔과 갖는 기능적 연관성을 평가했다. DNA 메틸화 스캔 결과, 사후 뇌 집단의 SKA2 유전자 영역에서 자살이 후생유전학적 및 유전적 요인과 가산적 연관성이 있었다. 이 발견은 세 개의 생존 집단의 혈액 내 자살 관념에서도 나타났다. SKA2 유전자 발현은 자살 사망자에게서 유의미하게 낮았고, 이것은 유전적 및 후생유전학적 변이와 관련이 있었다. 타액 코르티솔 수치 분석 결과, SKA2의 후생유전학적 및 유전적 변이가 코르티솔 억제에 영향을 미칠 수 있었다. 이것은 SKA2 변이가 글루코코르티코이드 수용체의 전사 활성화(transactivation)에 관여하는 역할과 일치하는 것이다. 4장에서 설명했듯이, SKA2는 글루코코르티코이드 수용체의 세포 내 이동에 관여하는 샤페론 단백질로 알려져 있다. 이번 연구에서는 SKA2가 불안 및 스트레스와 유의미하게 상호작용해, 전체 자살 행동 그리고 자살 관념에서 자살 시도로 이어지는 진행 과정의 약 80퍼센트를 설명할 수 있음이 밝혀졌다. 따라서 이러한 유전자 발현 결과는 SKA2가 유전적 및 후생유전학적 표적임을 뒷받침하며, 치명적 또는 비치명적 자살 행동의 병인에 관여함을 보여준다. 유전적 및 후생유전학적 효과가 자살 행동 및 유전자 발현에 미치는 영향을 개별적으로 분석한 결과는 DNA 메틸화가 위험을 초래하는 주요 요인일 수 있음을 시사한다(Guintivano et al., 2014).

이러한 가설적 해석은 후속 연구 결과로 뒷받침된다. 해당 연구에서는 기존에 연관성이 있다고 밝혀진 SKA2 유전자의 DNA 메틸화 수준이 현재의 자살 생각과 행동의 발생률을 예측한다는 사실이 밝혀졌으며, 이러한 사실은 자살의 정신의학적 위험 요인을 모형에 포함한 후에도 유의미하게 유지되었다. 한편, 메틸화와 연관성 있는 SNP의 유전적 변이는 조사한 자살 표현형 중 어느 것과도 관련이 없는 것으로 나타났다. 따라서 이 연구는 SKA2 메틸화 수준이 임상에서 하는 증상 면담으로는 파악하지 못하는 자살 위험의 일정 부분을 설명한다고 확인해주었으며, 이것은 SKA2가 자살 위험의 생체 지표로서 가지는 잠재적 유용성에 관한 추가 근거를 제공한다(Sadeh et al., 2016).

또 다른 연구에서는 SKA2 DNA 메틸화만을 사용해 자살 행동을 예측하는 모형을 개발했다(Clive et al., 2016). 해당 연구 결과의 해석은 소규모이자 편향된 연구 표본과 같은 여러 방법론적 문제 때문에 제한을 받지만, 연구자들은 여러 집단의 뇌, 타액 그리고 혈액 DNA 메틸화 자료를 이용해 스트레스 상태에 관한 후생유전학적 생체 지표를 만들었다. 이 연구에서는 코르티솔이 수행하는 조직 간 후생유전학적 재프로그램화 그리고 기존에 보고한 SKA2 자살 생체 지표와의 상호작용을 분석하는 통계적 접근 방식을 사용해, 여러 집단에서 일관되게 자살을 예측하는 생체 지표를 도출했다. 이 생체 지표는 여러 조직에서 나타나는 것으로, 혈액과 타액 표본 모두에서 자살 행동을 예측할 수 있으며, 전전두엽 피질 뉴런에서 자살과 연관된 검출법에 기초한다. 이 결과는 다음과 같은 모형과 일치한다. 즉 자살과 관련된 HPA 축의 조절 장애는 순환하는 코르티솔의 과잉 생성을 유발하고, 이 때문에 여러 조직에서 DNA 메틸화 변화가 발생하며, 이러한 변화가 뇌에서 DNA 메틸화 작용을 통해 행동 변화를 일으킨다는 것이다. 동시에 이러한 메틸화 변화는 말초 조직에 측정할 수 있는 흔적을 남기며, 이를 통해 생체 지표 기반으로 자살 관념과 자살 행동을 예측할 수 있게 해준다.

자살 관념을 가진 우울증 환자는 건강한 대조군과 비교할 때, 말초 단핵 세포에서 스트레스 관련 유전자(BDNF, FKBP5, NR3C1)의 DNA 과메틸화 및 발현 감소를 보인다. 반면 자살 관념이 없는 우울증 환자는 건강한 대조군과 유의미한 차이를 보이지 않는다. 또한 자살 관념을 가진 우울증 환자와 그렇지 않은 우울증 환자 간에도 차이가 나타나지 않았는데, 이것은 표본 수가 비교적 적었기 때문일 가능성이 크다. 이러한 발견은 우울증 및 잠재적으로 자살 행동에 있어서, 스트레스 관련 유전자의 후생유전학적 변화가 중요함을 강조한다(Roy et al., 2017).

9.2.2 생체 지표 결합

1장에서 명확히 드러났듯이, 자살에는 하나의 단일한 설명이나 원인만 존재하지는 않고, 자살 행동의 위험을 높이는 다양한 인과적 요인이 상호작용한다. 따라서 자살 행동을 예측하는 하나의 단일 예측 변수만 사용할 때 특이성이 낮게 나타나는 것은 놀라운 일이 아니다. 이러한 개별 위험 요인의 낮은 특이성 문제는 위험 요인을 조합해 사용하면 완화할 수 있다. 이때는 각각의 추가적인 위험 요인이 의미 있는 새로운 위험 정보를 제공하고, 위험 추정을 교정할 수 있어야 한다(이를 선행 신념이나 예측의 순차적 교정이라고 한다. 8장 참조). 이를 실현하려면 선택한 위험 요인 사이에 어느 정도 독립성이 있어야 한다.

스트레스-취약 기질 모형(2장 참조)은 상태 의존적 특성과 취약 기질 관련 특성 간의 상호작용 결과로 자살 행동이 발생한다고 설명하는 근거 기반 모형으로, 이러한 결합식 접근법과 잘 부합한다. 인구 집단에서 스트레스 위험 요인의 분포는 취약 기질 위험 요인의 분포와 대체로 무관하다고 생각하므로, 전체 자살 위험은 (대체로) 독립적인 위험 범주들로 나눌 수 있다.

9.2.2.1 신경생물학적 지표 결합

연구자들은 각 범주에 대해 후보 생물학적 지표를 제안해왔으며, 세로토닌 기능 장애는 취약 기질의 존재를 나타내는 지표이고, HPA 축 기능 장애는 급성 스트레스 반응을 나타내는 지표라고 생각했다(Mann et al., 2006). CSF 5-HIAA 또는 덱사메타손 억제 검사(DST)를 사용하는 예측 모형은 자살 행동의 임상적 예측에서 제한적인 개선을 보이지만(이전 논의 참조), DST와 CSF 5-HIAA를 "그리고(AND)" 조건으로 결합한 예측 모형은 예측 특이성을 명확히 높인다. 생물학적 검사를 결합하거나 순차적으로 적용하면, 특이성은 DST 단독 사용시 55퍼센트에서 DST와 CSF 5-HIAA 결합시 88퍼센트로 증가한다. 그러나 이 모형은 더 높은 특이성을 달성하고 가짜 양성 수를 38명에서 10명으로 줄이지만, 민감성은 38퍼센트로 급감해 8명의 자살자 중 5명을 찾아내지 못한다.

이후 진행한 한 전향적 연구에서는 임상적으로 접근할 수 있는 스트레스-반응 시스템과 세로토닌 시스템의 장애를 측정하는 지표, 즉 DST와 공복시 혈청 콜레스테롤 수치를 사용했다. 이 연구는 비정상적인 DST 결과를 지닌 사람들은 추적 관찰 기간에 자살로 사망할 가능성이 유의미하게 높다는 사실을 확인했다. 또한 연령을 공변량(covariate: 종속 변수에 영향을 미칠 수 있는 독립 변수 이외의 변수로, 통계 분석에서 종속 변수와 독립 변수의 관계를 더 정확하게 파악하기 위해 통제하는 변수—옮긴이)으로 포함할 경우, 낮은 콜레스테롤 수치는 이후 발생하는 자살과 연관이 있었다. 이 결과는 연령에 적절한 임계값을 적용해 혈청 콜레스테롤 농도를 DST 결과와 결합할 경우, 자살 위험에 대해 임상적으로 유용한 추정치를 제공할 수 있음을 시사한다(Coryell & Schlesser, 2007).

9.2.2.2 임상 및 신경생물학적 지표 결합

르니쿨레스쿠와 동료들(2013)은 앞서 논의한 유전자 발현 조사 외에도, 양극성 장애 집단의 자살 행동을 예측하기 위해 다차원적 접근을 사용했다. 저자들은 두 개의 단순한 시각 아날로그 척도를 이용해 기분과 불안에 관한 정보를 SAT1 생체 지표의 발현 수준에 순차적으로 추가했다. 이들은 점점 더 복잡해지는 모형(SAT1, SAT1+불안, SAT1+불안+기분)을 사용해, 자살 행동으로 인한 향후 입원을 예측하는 정확성을 조사했다. 자살 성향과 관련된 향후 입원 예측의 정확성이 SAT1을 단독 사용할 때는 낮고, SAT1과 불안, 기분을 모두 포함하면 높아진다는 점을 저자들은 이러한 방식으로 보여주었다. 다시 말해 저자들은 유전적 요인과 임상적 요인을 결합함으로써 자살 성향과 관련된 입원 예측 능력을 실질적으로 높였다.

후속 연구에서 니쿨레스쿠와 동료들(2015b)은 혈액 표본에서 얻은 RNA 생체 지표를 앱(app) 형태로 새롭게 개발한 설문과 함께 사용했다. 이 접근법을 통해 다양한 정신 질환으로 진료를 받는 환자 중에서 누가 유의미한 자살 관념을 경험할 것인지 약 92퍼센트의 정확성으로 예측할 수 있었다. 양극성 장애 환자를 대상으로 했을 때는 그 정확성이 98퍼센트에 달했다. 또한 생체 지표와 앱의 결합은 검사 이후 1년 이내에 어떤 환자가 자살 성향으로 입원할지도 정확하게 예측했다(전체 진단 집단에서 71퍼센트, 양극성 장애에서는 94퍼센트). 앱 중 하나는 기분과 불안 수준을 평가하고, 다른 하나는 신체 및 정신 건강, 중독, 문화적 요인, 환경 스트레스를 포함한 삶의 문제에 대해 질문한다. 어느 앱도 당사자에게 자살을 생각하고 있는지 묻지 않는다. 앱으로 구현한 이 설문만으로도 유의미한 자살 생각의 발현을 80퍼센트 이상의 정확성으로 예측할 수 있었다. 이 연구에는 몇 가지 제한점이 있어서 추가 연구가 필요하다. 첫째, 이 연구에 참여한 모든 참가자는 남성이었다. 또한 이 연구는 정신과 진단을 받은 사람을 대상으로 했기 때문에, 정신 질환 진단을 받지 않았을 때 이 생체 지표가 얼마나 잘 작동하는지는 알려지지 않았다.

자살 행동 예측의 정확성 향상에서 (후생)유전학적 정보와 임상 자료의 결합이 유익하다는 또 다른 사례는 SKA2 유전자에 관한 연구에서 나왔다(Kaminsky et al., 2015). 이 연구자들은 SKA2 메틸화가 아동기 외상 질문지(CTQ) 점수와 상호작용해, 타액과 혈액에서 평생 자살 시도를 70~80퍼센트의 정확성으로 예측함을 보여주었다. 또한 이 상호작용은 DST 이후 코르티솔 억제를 매개하는 것으로 나타났다(3장 참조). 종합적으로 이러한 연구 결과는 SKA2의 후생유전학적 변이가 스트레스에 대한 HPA 축의 조절 장애를 통해 자살 행동에 대한 취약성을 매개한다는 것을 시사한다.

9.3 예측 불가능한 것을 예측하기?

자살 위험 평가라는 개념은 논쟁의 여지가 많고, 자살 연구에서 오랫동안 활발히 논의한 주제다. 국가 차원의 자살 예방 지침은 위험 평가를 위한 권고 사항을 제공하지만, 널리 수용된 표준 진료 지침은 아직 존재하지 않는다. 또한 위험 평가란 무엇인가도 중요한 질문이다. 위험 평가는 종종 위험 평가 도구나 척도와 동일시되지만, 가장 기본적인 수준에서 위험 평가는 개인에게 자살 생각과 계획에 대해 질문하는 접촉 행위를 의미한다(Bolton et al., 2015). 이러한 평가를 수행할 때는 임상의와 환자의 협력과 치료의 관계가 중요하다. 응급실에서 단 한 번의 정신 건강 평가만으로도 반복적인 자살 행동의 위험이 줄어든 것으로 나타났으며, 단기적으로는 최대 40퍼센트까지 감소할 수 있다(Kapur et al., 2013).

앞 절에서 소개한 정교한 연구의 흥미로운 발견에도 불구하고, 자살 위험 평가는 여전히 중대한 도전 과제로 남아 있다. 초기의 한 종단 연구에서는 고위험으로 예측된 사례 중 96퍼센트가 가짜 양성이었고, 자살한 사람의 절반 이상이 저위험군에 속해 있었기 때문에 가짜 음성이었다(Pokorny, 1983). 포코르니(A. D. Pokorny)는 압도적인 가짜 양성 사례 수 때문에 자살 위험 평가는 실행 불가능하다고 주장했는데, 이 주장은 1983년 당시보다는 오늘날 덜 타당할 수 있지만 이후 시행한 여러 종단 역학 연구에서도 유사한 결과가 거듭 보고되었다. 이러한 상황은 위험을 식별하고 관리하는 모형을 기반으로 발전해온 정신 건강 서비스 체계에 큰 도전이다. 이에 따라 위험 수준 계층화에 기초한 개입 설계를 시도하기보다는, 모든 환자에게 적절하고 개별화된 표준 치료를 제공하는 것이 바람직하다는 제안이 나온다. 즉 모든 개인이 정신 질환에 대해 적시에, 개개인에 맞춰, 고품질 치료를 받을 수 있어야 한다는 것이다(Nielsen et al., 2017).

예측 문제는 자살 행동이나 정신의학에만 국한하지 않고 의학 전반에서 흔한 문제다. 자살학(suicidology) 분야가 아닌 연구에서도 고무적인 결과를 내놓고 있다. 예를 들어 프레이밍햄 위험 점수(Framingham risk score)는 심혈관 질환의 위험을 평가하는 데 널리 사용하는 도구다. 이 책의 주제에 더 가까운 사례로는 양극성 장애 예측에 관한 연구가 있다. 자살 행동에서처럼 가족력은 양극성 장애의 강력한 예측 요인이다. 따라서 양극성 장애의 위험은 양극성 장애 환자의 자녀에게서 증가한다. 그렇지만 관련 가족과 임상의는 특정 개인의 위험을 수치로 예측함으로써, 그에 맞춰 모니터링 빈도와 개입 전략의 시점을 조정하고자 한다. 양극성 장애 환자의 자녀에 관한 동년배 종단 자료를 이용해, 개인 수준에서 양극성 스펙트럼 장애 발병 위험을 예측하는 "위험 계산기(risk calculator)"가 개발되었고, 곡선 아래 면적(AUC) 값이 0.76으로 보고되어 좋은 판별력을 지닌 것으로 나타났다(9.1절 및 그림 9.2 참조). 이는 의학의 다른 영역에서 임상적으로 사용하는 위험 계산기에 견줄 만한 수준이다(Hafeman et al., 2017).

이 장에서 검토한 연구 결과는, 양극성 장애 위험 계산기와 마찬가지로, 자살 행동 예측의 정확성은 다양한 정보원을 함께 사용할 때 높아진다는 점을 시사한다. 그보다 한 단계 더 나아간 접근은 정확한 예측 모형을 가능하게 하는 빅데이터 활용이다(Passos et al., 2016). 빅데이터는 방대한 양의 복잡한 측정값을 의미하는 포괄적인 용어다. 유전체학(genomics) 및 그와 다른 오믹스(omics) 분야(생물학에서 특정 유형의 생체 분자 전체 집합을 총체적이고 대규모로 연구하는 학문 분야로, 전사체학·단백질학·후생유전체학·지질체학 등이 있다—옮긴이) 이상으로, 빅데이터는 임상 정보, 사회인구학적 정보, 행정 자료, 분자 및 환경 정보, 심지어 소셜미디어 정보까지 포함할 수 있다. 패턴 인식으로도 알려진 기계 학습은 변수 간 상호작용 패턴을 식별함으로써 빅데이터를 분석하는 데 쓰이는 다양한 기법을 나타낸다. 주로 평균적인 집단 수준의 결과를 제시하는 기존 통계 방법에 비해, 기계 학습 알고리즘은 다양한 위험 요인을 통합해 개인 수준에서 임상 결과를 예측하거나 위험 수준을 분류하는 도구를 만들어낼 수 있다. 예를 들어 유전자 발현 생체 지표와 임상 정보를 통합해 주요 정신 질환 전반에 걸쳐 개인 수준에서 자살 위험을 예측할 수 있는 평가 도구를 개발할 수 있다. 앞에서 소개한 르니쿨레스쿠와 동료들(2013)의 연구는 이러한 생체 지표와 임상 정보를 함께 사용할 때 AUC 0.92의 매우 높은 정확성을 보여주었다. 기계 학습을 활용한 추가 연구는 "생각지표(thought marker)"라고 부르는, 언어적 및 비언어적 의사소통 같은 동적 특성을 활용하기도 한다. 기계 학습과 자연어 처리는 과거를 회고하는 자살자의 유서, 뉴스그룹, 소셜미디어(트윗, 문자 메시지, 웹 포럼, 블로그 등)에서 자살 관련 표현의 차이를 성공적으로 식별해낸다(연구 개요는 Pestian et al., 2017 참조). 또한 자살 위험군과 대조군을 대상으로 한 면담을 활용해 자살 관련 생각지표가 이후 자살 행동을 예측하는지 연구하고 있으며, 여기에는 음향적 특징(목소리와 운율)과 언어적 특징(단어 및 단어 쌍의 식별)이 포함된다. 기계 학습 알고리즘은 이들 특징을 기반으로 자살 위험군과 정신 질환군, 건강한 대조군으로 이루어진 집단에서 자살 위험군을 자동으로 식별하도록 훈련할 수 있다. 특히 음향적 특성은 자살 위험군과 정신 질환군을 구분할 때 가장 유용하며, 실제 자살 위험을 평가할 때 가장 유의미한 부분이다(Pestian et al., 2017). 이러한 연구에서 AUC는 0.85~0.90 범위로, 탁월한 예측 정확성을 보여준다.

신경 영상 자료에 대한 기계 학습의 적용은 최근 몇 년 사이 방향이 바뀌어, 현재는 개별 질환 경과 및 예후 예측에 점점 더 많이 활용한다. 자살 예측과 관련해 주목할 만한 발견은 우울증 연구에서 정서가 담긴 얼굴에 대한 신경 반응 같은 fMRI 특성을 활용해 개인의 경로를 예측할 수 있으며(자살 행동 관련 연구 결과는 6장 참조), 그 정확성이 73퍼센트로 유망하다는 점이다(Schmaal et al., 2015). 기계 학습의 적용 여부와 관계없이, 계산 신경 영상 전략은 개별 환자의 예후 예측에서 큰 잠재력을 지닌다(Stephan et al., 2017). 엄청난 수요를 충족지 못하는 상황을 고려할 때, 이러한 접근은 자살 행동을 개별 수준에서 정확히 예측할 수 있는 능력을 높이기 위해 시급히 필요하다.

기계 학습이 한계를 갖고 있음은 말할 필요도 없다. 자료는 보통 다른 목적으로 수집하기 때문에, 자살 예측의 경우처럼 관계적·사회적 특성 같은 관련 변수가 빠져 있을 수 있다. 그렇지만 이 장에서 살펴봤듯이 자살 예측의 정확성을 높일 여지는 매우 크며 시급한 과제다. 인공지능(AI)은 인간 전문가보다 "더 똑똑"하다고 입증될 수도 있다(Chen & Asch, 2017). 그러나 어떠한 기계도 자살을 막을 수는 없다. 사람들이 스스로 목숨을 끊지 않도록 돕는 것이 우리를 인간답게 만드는 것이다.

9장 요약

- 자살 행동 예측은 자살 예방에서 매우 중요한 요소이지만, 보건 의료 종사자에게 가장 어려운 과제 중 하나다.
- 특별히 개발한 척도와 도구를 사용하더라도, 예측 정확성은 겨우 우연 수준보다 조

금 나은 정도일 수 있다.

◦ 생체 지표는 자살 행동의 예측자로 매우 유망한 가능성을 보이며, 기저의 취약성을 감지할 수 있다.

◦ 인지적 생체 지표로서 암묵적 연합 검사(IAT)는 종단 연구에서 양호한 예측 정확성을 보인다.

◦ 일부 단일 유전자 생체 지표, 특히 SAT1과 SKA2 유전자는 자살 예측에서 유망한 결과를 보여준다.

◦ 생체 지표와 임상적 특성의 결합은 자살 행동 예측의 정확성을 현저히 높인다.

◦ 매우 우수한 예측 정확성을 보이는 다양한 정보원을 활용한 빅데이터와 기계 학습의 활용과 함께, 자살 예측의 미래는 이미 시작되었다.

복습 문제

1. 자살 행동 예측이 어려운 이유를 세 가지 제시하시오.
2. 자살 위험 평가의 정확성은 왜 사용하는 정보원이 많아질수록 높아지는지 이유를 설명하시오.
3. 인지적 생체 지표가 무엇인지 설명하고, 자살 위험에 대한 인지적 생체 지표의 예를 제시하시오.
4. 위험 계산기란 무엇이며, 개인 수준에서 자살 위험을 예측하는 이런 도구를 개발하려면 어떤 종류의 연구 자료가 필요한가?
5. 기계 학습을 자살 예측에 활용할 때 그 가능성과 한계점은 무엇인가?

더 읽을거리

Bolton, J. M., Gunnell, D. & Turecki, G. (2016). Suicide risk assessment and intervention in people with mental illness. *British Medical Journal*, *351*, h4978.

Chen, J. H. & Asch, S. M. (2017). Machine learning and prediction in medicine—beyond the peak of inflated expectations. *New England Journal of Medicine*, *376*, 2507–9.

Mann, J. J., Currier, D., Stanley, B., Oquendo, M. A., Amsel, L. V. & Ellis, S. P. (2006). Can biological tests assist prediction of suicide in mood disorders? *International Journal of Neuropsychopharmacology*, *9*, 465–74.

Niculescu A. B., Levey, D., Le-Niculescu, H., Niculescu, E., Kurian, S.M. & Salomon, D. (2015). Psychiatric blood biomarkers: Avoiding jumping to pre-mature negative or positive conclusions. *Molecular Psychiatry*, *20*, 286–8.

10

자살 위험 치료

신경과학 측면

학습 목표

- 자살 위험과 관련해 항우울제의 이점과 위험성을 이해한다.
- 리튬이 강력한 항자살 약물로 여겨지는 이유는 무엇인가?
- 케타민은 자살 예방에서 왜 중요한 역할을 할 수 있는가?
- 신경 자극 기법의 개념과 자살 예방에서의 역할을 설명한다.
- 심리 치료 효과의 신경과학적 기초는 무엇인가?
- 생물학적 치료와 심리학적 치료 접근법의 구분은 왜 더는 유효하지 않은가?

머리말

모든 자살 위험군의 자살을 막아줄 수 있는 약물은 존재하지 않는다.

오히려 약물은 자살 위험을 높일 수 있으며, 사람들은 처방받은 약을 과다복용하는 방식으로 자살 수단으로 사용할 수도 있다. 마찬가지로, 자기 파괴 행동을 막아주는 말이나 심리 치료 개입도 없다. 약물과 마찬가지로 심리 치료 역시 자살 위험을 오히려 높일 수 있다. 예컨대 자살하지 않겠다는 서약서 같은 개입은 보건 의료 전문가에게 안도감을 줄 수 있지만, 자살 충동에 압도된 사람이 스스로 목숨을 끊지 않게 막아주지는 못한다. 이 장에서는 신경과학의 관점에서 자살 위험 치료의 문제점과 가능성, 기회를 검토한다. 초점은 신경 자극 같은 흥미로운 혁신을 포함한 신경생물학적 치료에 맞춘다. 아울러 생물학적 치료와 심리학적 치료 접근법의 구분은 더는 유효하지 않다는 점도 분명히 밝힐 것이다. 신념과 목표의 교정(8장 참조) 같은 학습 및 하향식 과정은 심리 치료의 성공에 결정적으로 중요하며, 동시에 이러한 과정은 뇌의 신경 기능과 시냅스 가소성의 주요한 작동 기제이기도 하다.

10.1 약물 치료

영국에서 실시한 "정신 질환자의 자살 및 살인에 관한 국가 기밀 조사"(2014)에 따르면, 다수의 자살 사망자 중 거의 절반이 자살하기 12개월 이내에 향정신성 약물을 처방받은 것으로 나타났다. 가장 흔하게 처방받은 약물은 항우울제였다〔선택적 세로토닌 재흡수 억제제가 25퍼센트, 삼환계 항우울제(tricyclic antidepressant, TCA)가 12퍼센트, 기타 항우울제가 12퍼센트〕. 벤조디아제핀 계열 약물(19퍼센트)과 기타 수면제 및 항불안제(14퍼센트)도 흔했다. 영국에서는 독극물로 자살한 사례 중 20퍼센트가 항우울제와 관련이 있었다. 이처럼 약물과 자살 예방 사이의 관계는 단순하지 않다.

10.1.1 항우울제

1장에서 살펴봤듯이, 자살의 최소 50퍼센트는 우울 에피소드와 함께 발생하며, 따라서 우울증을 적절히 치료하면 자살 위험이 자동으로 감소하리라 예상할 수 있다. 그러나 항상 그런 것은 아니고, 항우울제가 자살 행동에 미치는 영향은 수십 년 동안 논쟁거리였다. 이러한 영향을 다룬 역학 및 임상 연구는 매우 많고, 그 결과는 종종 상충한다. 관련 연구에는 역학 연구, 임상 연구, 무작위 대조 시험(randomized ontrolled trial, RCT)이 있다(역학 및 임상 연구의 개요는 Brent, 2016; Tondo & Baldessarini, 2016 참조).

역학 연구에 따르면, 미국과 유럽 국가에서는 항우울제의 판매량이나 처방 건수가 증가할수록 자살률이 낮아졌다. 그러나 이 현상은 다른 모든 국가나 지역에서 일관되게 나타나진 않는다. 플루옥세틴(프로작), 에스시탈로프람(렉사프로) 같은 선택적 세로토닌 재흡수 억제제(SSRI)의 판매와 자살률 사이에는 반비례 관계가 있으며, 특히 25세 미만에서 상관관계가 가장 강했다(Ludwig & Marcotte, 2005). 미국 내 카운티 단위 분석에서도 SSRI 처방 건수와 자살 건수 사이에 반비례 관계를 확인했다(Gibbons et al., 2005). 이 관계는 SSRI 처방에만 해당하며, 전체 항우울제 처방 중 더 오래되고 선택성이 낮은 삼환계 항우울제 비율이 높을수록 자살률도 높았다. 1990년부터 2000년까지의 기간에는 항우울제 처방률이 1퍼센트 증가할 때마다 자살률이 인구 10만 명당 0.23명 감소한 것으로 나타났다(Olfson et al., 2003). 우울증 환자 대상의 대규모 동년배 연구나 사례-대조군 연구는 일관성 없고 결론 내리기 어려운 결과를 보여준다. 여러 동년배 임상 연구를 비체계적으로 검토한 결과, 항우울제를 복용하는 우울증 환자의 비치명적 및 치명적 자살 행동 위험이 40퍼센트에서 81퍼센트까지 감소한 것으로 나타났다(Rihmer & Gonda, 2013). 핀란드의 한 관찰 연구는, 항우울제 복용 중 자살 시도 위험은 39퍼센트 증가하지만, 자살률은 항우울제를 복용하지 않은 기간에 비해 32퍼센트 감소한다고 보고했다(Tiihonen et al., 2006). 항우울제 복용을 시작하기 전 한 달 동안의 자살 시도 위험은 복용 기간 중 위험보다 약 2.5배 높다(Simon, 2006).

역학 연구 간의 불일치는 적어도 일부는 연령 효과로 설명할 수 있다. 약 2만 5000명의 우울증 청소년을 대상으로 한 성향 점수 매칭 연구(즉 치료받게 되리라 예측하는 모든 특성을 고려한 연구)에서는 항우울제를 복용하기 시작한 집단에서 자살 시도 위험이 증가하지 않았으며, 치료 기간이 길수록(180일 이상) 짧은 치료 기간(55일 이하)에 비해 자살 시도 위험이 감소하는 보호 효과가 나타났다(Valuck et al., 2004). 핀란드에서 1만 5000명 이상의 입원한 자살 시도자를 대상으로 한 전향적 추적 연구에 따르면, SSRI를 복용한 청소년과 성인 모두에서 자살 시도율은 증가하지만, 자살률은 감소했다(Tiihonen et al., 2006).

관찰 연구는 자살 생각이나 행동을 주로 우발적인 사건 또는 부정적인 이차 결과로 기록하기 때문에, 이러한 연구는 항우울제가 자살 생각과 행동에 미치는 영향에 대해 일정 부분 정보를 제공한다. 그러나 이러한 결과를 해석하기는 어렵다. 무작위 대조군이 없는 상황에서는, 항우울제가 자살 위험이 더 클 것으로 추정되는 중증 환자에게 더 자주 처방되었을 가능성이 높기 때문이다. 무작위 대조 시험이야말로 항우울제 치료가 자살 위험에 미치는 영향을 가장 잘 알려줄 수 있지만, 개별 시험의 수와 약물 노출 기간은 제한적이며, 자살 같은 관련 사건은 상대적으로 드물다. 더욱이 이러한 위험의 규명은 자살 결과에 관한 우발적이고 수동적으로 얻은 불분명한 평가에 근거하며, 대개는 잠재적 자살 위험이 있는 피험자를 제외하려는 노력을 거친 뒤에 이루어진다(Tondo & Baldessarini, 2016). 미국 식품의약국(FDA)에 등록된 항우울제의 무작위 위약 대조 시험을 메타 분석한 결과, 25세 미만 참가자에게서는 자살 생각과 비치명적 자살 행동 위험이 증가하지만, 더 연령이 높은 집단에서는 항우울제 사용이 자살 위험에 대한 보호 효과를 나타냈다(Stone et al., 2009). 청소년을 대상으로 한 27회의 항우울제 무작위 대조 시험을 메타 분석한 연구에서는, 자살 사건 발생률이 위험 차이 0.7퍼센트포인트만큼 증가해(즉 약물 투여군의 자살 사건 발생률이 위약 투여군보다 0.7퍼센트포인트 높음), 자살 사건이 1.7배 증가한 것으로 나타났다(Bridge et al., 2007). 반면 항우울제를 복용한 우울증 청소년 가운데 우울 증상이 호전된 경우는 자살 사건을 경험한 경우보다 11배 많았으며, 강박 장애나 불안 장애가 있는 청소년에게서는 이익-위험 비율이 더욱 높았다. 청소년 우울증에 관한 무작위 대조 시험을 종합한 코크란 리뷰(Cochrane review)에 따르면, 최신 항우울제를 처방받으면 자살 관련 사건의 위험이 비슷하게 증가하는 것으로 나타났다(오즈 비율 1.58). 하지만 자살 관련 사건을 겪은 청소년보다 증상이 뚜렷이 호전된 청소년이 약

경고: 자살 성향과 항우울제 약물 사용

항우울제는 주요 우울 장애(MDD) 및 기타 정신 질환에 관한 단기 연구에서 위약 대비 아동·청소년·청년에서 자살 생각 및 행동(자살 성향)의 위험을 증가시키는 것으로 나타났다. 〔약물 명칭 삽입〕 또는 기타 항우울제의 아동·청소년·청년 대상 사용을 고려하는 사람이라면 누구나 이러한 위험을 임상적 필요성과 균형을 맞추어야 한다. 단기 연구에서는 24세 이상 성인에게서 항우울제가 위약보다 자살 위험을 증가시키지 않았으며, 65세 이상 성인에서는 오히려 자살 위험을 감소시켰다. 우울증 및 기타 정신 질환은 그 자체로 자살 위험 증가와 관련이 있다. 모든 연령대의 환자가 항우울제 치료를 시작할 때 임상 증상 악화, 자살 성향 또는 이상 행동 변화에 대해 적절히 모니터링하고 면밀히 관찰해야 한다. 가족과 보호자는 이러한 세밀한 관찰 및 처방자와의 긴밀한 소통 필요성에 대해 충분히 안내받아야 한다.

그림 10.1 블랙박스 경고.

4.5배 더 많았다고 보고되었다(Hetrick et al., 2012).

항우울제를 투여한 청소년에게서 비치명적 자살 행동이 증가했다는 보고에 따라, FDA는 2004년에 자살 사건의 위험성에 관한 이른바 "블랙박스 경고"를 모든 항우울제에 부착하도록 결정했다(그림 10.1 참조). 흥미롭게도 이 경고의 도입은 하나의 자연 실험으로 볼 수 있다(Brent, 2016). 이 경고 이전과 이후를 비교해보면, 미국뿐 아니라 네덜란드와 캐나다, 영국에서도 청소년에 대한 항우울제 처방이 감소했고, 동시에 우울 장애 진단율, 우울 장애 치료를 위한 진료 횟수 역시 감소했으며, 이들 국가 중 영국을 제외한 모든 나라에서 자살률이 증가했다(연구 개요는 Brent, 2016 참조). 또한 역학 자료는 1999년부터 2010년까지 10~34세 인구의 자살률이 점진적으로 증가했음을 보여주는데, FDA 경고 발표 시점을 전후로 갑작스러운 변화는 관찰되지 않는다는 점에서, 실제 자살률이 FDA 권고 이후 변화했다는 명확한 근거는 부족해 보인다

(MMWR, 2013). 그럼에도 FDA는 항우울제 치료에 수반하는 작은 위험성과 그 치료가 지닌 입증된 효과 사이에서 균형을 맞춰야 할 필요성을 분명히 인식하고 있었다. 2007년에 확대 발표된 블랙박스 경고문은 우울증 그 자체도 자살 위험 증가와 관련이 있다는 사실을 명시했다. 그렇다면 이 선의의 경고는 과연 그 목적을 달성했을까? 즉 임상의들에게 약물의 위험성을 교육하면서도 적절한 우울증 치료를 포기하지 않도록 하는 목적 말이다(Friedman, 2014). 전체적인 자료를 보면, 치료받지 않은 우울증이 초래하는 이환율(morbidity)과 사망률의 위험이 항우울제 치료가 수반하는 작은 위험보다 훨씬 더 크다. 확대된 블랙박스 경고가 발표된 지 10년이 지난 지금, 이 경고를 완전히 철회할 만한 충분한 근거가 존재한다.

항우울제가 (비치명적) 자살 행동의 위험을 증가시킬 수 있는 이유는 아직 명확히 밝혀지지 않았다. 항우울제가 효과적이지 않아 기저의 우울증이 더 진행되는 경우를 우선 고려해볼 수 있다. 하지만 약물 효과가 입증된 임상 시험들에서도 항우울제는 (비치명적) 자살 행동의 증가율과 관련이 있다. 따라서 약물 효과가 없다는 것만으로는 항우울제가 위약 대비 자살 위험성과 연관되는 현상을 충분히 설명하기 어려우며, 여러 다른 기제가 제시되었다(표 10.1 참조; Reeves & Ladner, 2010).

이전에 설명한 예측 부호화 모형을 바탕으로, 또 하나의 추가 기제를 제안할 수 있다. 환자의 예측이나 기대감은 임상 시험 결과에 상당한 영향을 미칠 수 있으며, 이러한 기대감을 조절하는 것은 임상 치료의 중요한 부분이다. 기대는 심리적 및 신경생물학적 과정의 한 종류로, (정신과) 치료에서 관찰되는 호전의 일부를 설명할 수 있다(Rutherford

표 10.1 항우울제 치료시 자살 행동 위험 증가에 관여할 수 있는 기제

- 증상의 불균형한 호전(우울한 기분은 지속된 채 행동만 활력 있는 경우)
- 양극성 장애 맥락에서 인식되지 않은 혼재성 에피소드
- 안절부절 못함과 좌불안석
- 역설적인 우울증 악화
- 자극성 항우울제로 인한 불면증
- SSRI로 유도된 뇌파 검사(EEG) 세타파(theta power)와 알파파(alpha power) 결합의 좌우 비대칭성
- 충동성을 동반한 경계선 성격 장애
- BDNF의 급격한 감소/TrkB 경로의 기능 장애(4장 참조)
- 유전적 요인(예: 5-HT 운반체 유전자 다형성)
- 항우울제의 긴 반감기

et al., 2010; 그림 10.2 참조).

그림 10.2는 우울증 치료시 기대감 효과 모형을 보여준다(Rutherford et al., 2010). 우울증에서는 전전두엽 피질의 병리적 기능 저하, 변연계 활동 증가 그리고 이들 영역 간 연결성 이상이 보인다. 현재까지 밝혀진 근거에 따르면, 항우울제 약물은 이러한 병리적 변화를 정상화하고 전전두엽 피질과 피질하 영역 간의 기능적 연결성을 증가시키는 작용을 할 수 있다. 예를 들어 효과적인 항우울제 치료시 편도체 활성 감소가 나타나며, 이는 재평가 후 부정적 정서의 약화 정도를 예측한다. 이 모형은 다음과 같이 예측한다. 즉 기대감이 높을수록 이러한 뇌 영역에서 치료적 개선이 더 클 것이며, 그 결과 부정적 환경 자극에 대한 과도한 민감성과 긍정적 자극에 대한 반응성 감소라는 우울증 환자의 특성을 역전시켜 우울 증상을 개선한다는 것이다(Rutherford et al., 2010).

항우울제 임상 시험의 메타 분석 결과에 따르면, 위약 반응률은 높

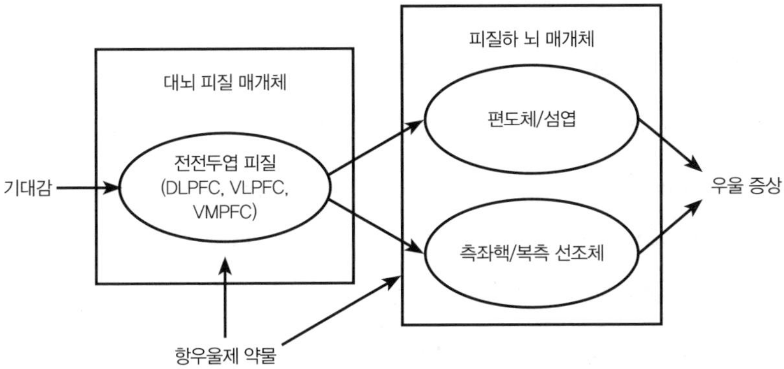

그림 10.2 항우울제와 기대감: 뇌 매개체 〔Rutherford et al., 2010. 벤담 사이언스 출판사(Bentham Science Publishers)의 허가를 받아 재인용〕. (DLPFC: 배외측 전전두엽 피질, VLPFC: 복외측 전전두엽 피질, VMPFC: 복내측 전전두엽 피질—옮긴이.)

으며(일반적으로 약 30퍼센트), 실제 약물과 위약 간의 반응률 차이(일반적으로 약 10퍼센트)보다 큰 경우가 많다. 같은 약물이라도 공개적으로 투여할 경우(즉 참여자가 자신이 약을 복용한다는 사실을 아는 경우) 약물이나 위약을 무작위 대조 설계(즉 활성 약물을 받을 확률이 50퍼센트인 조건)로 제공할 때보다 더 큰 항우울 효과를 나타낸다(Rutherford et al., 2017). 위약 치료에서 많은 개선 효과는 기대감과 관련해 활성화된 신경생물학적 과정에 기인하는 것으로 보이며, 치료적 개선에 대한 기대감이 클수록 정신 질환 증상도 더 크게 호전된다. 특히 우울증에서 이러한 경향이 두드러진다. 일부 우울증 환자는 기대감 효과에 더 민감한 경향을 보이는데, 예를 들어 기저 우울증 점수가 높을수록 위약 반응은 감소한다. 또한 초기에(아마도 효과적인 치료가 시작되었다는 기대감 덕분에) 상당한 호전을 경험한 우울증 환자는 기대감이 줄면 증상이 다시 악화할 가능성이 높다.

자살 성향 우울증 환자와 비자살 성향 우울증 환자는 기대감 효과 측면에서 차이를 보인다는 가설을 세울 수 있다. 기대란 미래에 대한 신념이며, 기대에 기반한 위약 효과는 온전한 인지 기능이 있어야만 발생한다(Rutherford et al., 2014). 8장에서는 자살 위험군이 일반적으로 긍정적 정보에 영향받지 않으며, 자살이란 긍정적 정보를 활용해 자기 자신과 세상, 미래에 대한 신념을 변화시키지 못하는 것과 관련이 있다는 가설을 소개했다. 이러한 무력함의 임상적 표현은 절망감이며, 이는 기대감의 한 형태다. 그리고 높은 절망감 수준은 우울증 환자의 가장 강력한 자살 예측 요인 중 하나다. 반대로, 희망은 위약 효과의 핵심 요소이며, 이는 긍정적 기대감을 반영한다. 따라서 자살 성향이 있는 우울증 환자일수록 긍정적 기대감의 효과에 덜 영향받을 수 있다. 이러한 점을 고려할 때, 치료적 기대감의 최적화는 우울증 및 자살 성향 환자의 임상 치료에서 유용한 기법으로 연구해볼 필요가 있다(Rutherford et al., 2014).

부정적 및 긍정적 효과의 측면에서 항우울제 간의 차이를 비교한 연구는 몇 가지 흥미로운 결과를 도출했다. 일반 개원의 진료 기록 데이터베이스를 활용해 20만 명 이상의 환자(20~64세)를 대상으로 한 대규모 관찰 연구에 따르면, 자살 및 자살 시도 또는 자해 비율은 SSRI와 삼환계 및 관련 항우울제를 복용하는 동안 비슷한 수준이었으나, 미르타자핀·트라조돈·벤라팍신을 복용한 사례에서는 더 높았다(Coupland et al., 2014). 다만 이러한 관찰 연구에서는 선택 편향이나 역인과관계의 가능성이 항상 존재한다는 점에 유의해야 한다. 한편, 자살 위험 환자를 대상으로 진행한 한 임상 무작위 대조 연구에서는 SSRI가 노르아드레날린-도파민성 약물보다 더 나은 항우울 효과가 있었고, 자살 관념 감소에도 더 큰 효과를 보였다. 그리고 이 치료적 이점은 아주 심각한 자살 관념을 가진 환자에게서 가장 크게 나타났다(Grunebaum et al., 2012).

10.1.2 기분 안정제

치프리아니(A. Cipriani)와 동료들(2013)이 발표한 체계적인 문헌 고찰 및 메타 분석의 최신 자료에 따르면, 리튬은 단극성과 양극성 기분 장애를 지닌 사람들의 자살 위험을 낮추는 데 효과적인 치료제다. 리튬은 기분 장애의 재발을 줄임으로써 항자살 효과를 발휘할 수 있지만, 다른 추가적 기제도 고려해야 한다. 신경생물학적 연구는 리튬이 세로토닌, 노르아드레날린, GABA 그리고 도파민 같은 신경 전달 물질, 코르티솔 스트레스 호르몬 시스템, 이노시톨 대사 같은 이차 전달 시스템, 글리코겐 합성효소 키나제 3(GSK-3) 등에 미치는 영향에 초점을 맞춰왔다. 가장 일반적인 가설은 리튬이 신경세포 내 다양한 영향을 통해 충동성과 공격성을 낮춘다는 것이다. 리튬은 세로토닌 작용성을 통해 신경 전달 물질 수준에서 세로토닌 결핍을 상쇄할 수 있다(Lewitzka et al., 2015). 더 최근 연구는 리튬이 세포자살을 억제하고, 그 결과 신경 발생을 촉진하는 효과에도 주목하고 있다. 실제로 장기 치료 목적의 리튬 사용은 자살 행동과 관련해 회색질 부피가 감소하는 뇌 영역에서 회색질 부피 증가와 연관성이 있으며, 이는 자살 위험을 감소시킬 수 있는 효과다(Benedetti et al., 2011).

많은 연구가 리튬의 항자살 효과에 대한 근거를 제시하지만, 이러한 연구에는 주목할 만한 몇 가지 제한점이 있다. 리튬 치료의 필수 조건이 복용을 충실히 지켜야 한다는 점이기 때문에, 여러 연구는 선별된 환자군을 대상으로 조사를 진행했다. 이 환자들은 장기 치료에 잘 적응하거나 전문적인 환경에서 치료받는 등 보호 요인을 갖출 수 있다. 반면 (처방을 잘 따르지 않은) 다른 환자들은 이러한 보호 요인이 없을 수 있다. 그러나 관찰 연구에서는 오랜 치료 기간 이후라도 리튬 복용을 중단하면 자살 위험이 상당히 증가한다는 결과가 나타났다. 이러한 현상은 금단 효과(withdrawal effect)로 보기 어렵다(Lewitzka et al., 2015).

리튬의 잘 입증된 항자살 효과는 1장에서 언급했듯이 세계 각지에서 식수의 리튬 농도와 자살률 사이의 부적(−) 상관관계 발견으로 더욱 분명해진다. 고찰한 연구에 따르면, 식수 내 리튬 평균 농도는 약 0.01mg/L 수준으로 보고되며, 이는 예를 들어 300mg 리튬카보네이트 정제 한 알에 들어 있는 리튬의 양에 맞추려면 수천 리터의 식수를 마셔야 하는 정도의 극소량이다. 이처럼 극히 낮은 수준의 리튬이 자살 위험을 낮출 수 있다는 설명은 아직은 추정에 불과하다. 그러나 매우 적은 양이더라도 장기간 노출되면 뇌 내 신경 영양 기제, 신경 보호 인자, 또는 신경 생성이 나아져서 자살 위험이 낮아질 가능성이 있다(Vita et al., 2015). 앞으로 일반 인구 및 취약 기질을 가진 개인을 대상으로, 식수 리튬 농도와 뇌의 생물학적 상관관계를 다루는 연구는 매우 흥미로운 과제가 될 것이다.

항경련제(AED) 같은 다른 기분 안정제가 자살 행동에 미치는 영향은 리튬에 비해 훨씬 불분명하다. 2008년 미국 FDA는 논란의 여지가 있는 경고를 발표했는데, 항경련제 복용 환자에서 자살 생각 및 행동의 위험이 증가할 수 있음을 의료진에게 알렸다. 이 FDA 안전 경고는 총

11개의 항경련제를 대상으로 한 199개의 무작위 위약 대조 시험에서 얻은 자살 관련 데이터 분석에 기반했다. 하지만 이 분석에는 여러 중대한 방법론적 문제가 있는 것으로 밝혀졌다. 예를 들어 이것은 체계적인 자료 수집에 기반하지 않고, 자살 생각 및 행동에 대한 자발적 보고를 회고적으로 분석한 것이었다. 또한 분석 대상에 포함한 환자 중 소수는 뇌전증을 앓고 있었으며, 해당 약물은 통증과 편두통, 우울증 등 자살 위험이 큰 다른 질환에 처방된 경우가 많았다. 즉 자살 위험 증가가 약물 자체 때문이 아니라, 원래 질환의 특성과 관련이 있을 가능성이 있다. 이 때문에 항경련제의 자살 위험에 대한 부작용 보고는 과대평가되었을 수 있다는 지적이 나왔다(van Heeringen & Mann, 2014).

10.1.3 수면제 및 항불안제

회고적 및 전향적 역학 연구는 (벤조디아제핀 계열과 졸피뎀 같은 이른바 Z-계열 약물을 포함한) 수면제가 자살 위험 증가와 관련이 있다는 점을 시사한다. 그러나 이러한 연구 중 어느 것도 불면증과 연결될 수 있는 우울증이나 다른 정신 질환을 적절히 통제하지 못한다. 최근의 역학 및 독성학 연구에 관한 문헌 검토에 따르면, 수면제는 자살 관념과 관련이 있는 것으로 나타난다(McCall et al., 2017). 또 다른 연구(대조 시험과 자연주의적 관찰 연구 포함)에 관한 문헌 검토는 벤조디아제핀 계열 약물이 치명적 및 비치명적 자살 행동의 위험 증가와 관련이 있음을 보여준다(Dodds, 2017). 5장에서 설명했듯이 인지 장애, 특히 의사 결정 및 실행 기능의 문제는 자살 위험군에게서 흔하게 나타난다. 이와 같은 인지 장애는 수면제의 약리학적 효과로 인해 더욱 악화할 수 있기 때문에, 이러한 약물의 복용은 자살 행동 위험을 증가시킬 수 있다. 이 약물을 알코올과 함께 복용했을 때, 권장 용량보다 높은 용량으로 복용했을 때, 복용 후 바로 잠자리에 들지 않거나 잠들지 않았을 때, 또는 복용 후 몇 시간 지나 깨어났을 때 위험은 더 커지는 것으로 보인다. 적절한 상황에서 수면제를 신중하게 처방하고 올바르게 복용한다면, 자살 위험이 증가하지 않고 오히려 줄어들 가능성도 여전히 열려 있다(McCall et al., 2017). 같은 논리는 항불안제에도 적용할 수 있어 보인다. 알프라졸람은 벤조디아제핀 계열의 항불안제로 승인되었으며, 이에 관한 임상 시험을 메타 분석한 결과 알프라졸람은 위약보다 자살 관념의 악화를 유발할 가능성이 더 높지 않았다. 게다가 알프라졸람은 위약보다 기존의 자살 관념을 개선할 가능성이 더 많은 것으로 나타났다(Jonas et al., 1996).

10.1.4 항정신병 약물

항정신병 약물인 클로자핀은 2003년에 미국 FDA가 정신 질환자의 자살 행동 감소 효과를 인정하고 승인한 최초의 정신과 약물이다. 이 규제 승인은 주로 국제 자살 예방 시험(international suicide prevention trial, InterSePT)에 근거하며, 이 무작위 임상 시험에 따르면 클로자핀 치료를 받은 환자에게서 자살 행동(자살 시도, 입원, 구조 개입 등으로 측정)이 유의미하게 감소했다(Meltzer et al., 2003). 대규모 조현병 환자 집단을 대상으로 한 더 최근의 관찰 연구(예: Tiihonen et al., 2011)도 이러한 결과를 확인해 준다. 또한 자살 예방 효과는 항정신병 약물이 고용량일수록 극대화되는 것으로 나타나, 자살 위험을 줄이는 인과적 효과를 시사한다. 그러나 앞서 언급했듯이, 관찰 연구에서는 항상 선택 편향이나 역인과관계의 가능성이 존재한다. 예를 들어 어떤 이유로든 자살 충동을 느낀 환자가 항정신병 약물 복용을 중단했을 가능성도 있기에, 복용을 중단해서 자살 충동이 생긴 건 아닐 수도 있다. 게다가 클로자핀만의 특수성, 예를 들어 약물 사용이 수반하는 안전 제한과 집중적인 추적 관찰이 연구 결과에 영향을 미쳤을 수도 있다. 최근 항정신병 약물의 자살 예방 효과에 관한 철저한 검토의 결론에 따르면, (1) 클로자핀을 제외하고 자살 위험을 감소시키는 데 유효하다고 입증된 항정신병 약물은 없으며, 그러나 또한 (2) 최근 데이터는 이 자살 예방 효과가 다른 2세대 항정신병 약물에도 적용될 수 있음을 시사한다(Iglesias et al., 2016).

10.1.5 진통제

자살 위험의 발달에서 정신적 또는 정서적 고통이 중요한 역할을 한다는 점(2장 참조), 그리고 뇌는 신체적 고통과 정서적 고통을 구별하지 않는다는 연구 결과(Eisenberger, 2012)를 고려할 때, 진통제가 자살 위험에 미치는 영향은 조사해볼 가치가 있다. 정신적 고통도 신체적 고통처럼 치료할 수 있을까? 그리고 정신적 고통이 감소하면 자살 생각 또한 줄어들 수 있을까?

아세트아미노펜(또는 파라세타몰)은 말초 신경이 아닌 중추 신경계를 통해 작용하는 신체 통증 억제제이며, 아세트아미노펜이 사회적 거절에 대한 행동적·신경학적 반응에 미치는 영향이 최근 연구되었다. 두 가지 실험에서 참가자들은 3주 동안 매일 아세트아미노펜 또는 위약을 복용했다. 아세트아미노펜은 매일 겪는 사회적 고통을 줄여주는 것으로 나타났고, 또한 사회적 고통으로 인한 괴로움 및 신체적 고통의 정서적 요소와 연관된 뇌 영역(예: 배측 전측 대상회 피질, 전방 섬엽)에서 사회적 거절에 대한 신경 반응도 감소시켰다. 따라서 아세트아미노펜은 사회적 거절의 고통과 관련된 행동 및 신경 반응을 감소시키며, 사회적 고통과 신체적 고통이 상당히 중첩됨을 보여준다(DeWall et al., 2010). 최근에는 심각한 우울증과 자살 성향이 있는 사람들(이들 중 거의 3분의 2는 최소 한 번 이상 자살 시도를 한 적 있음)을 대상으로 한 위약 대조 시험에서, 신체 통증 억제제가 자살 위험을 감소시킬 수 있다는 흥미로운 가능성을 다루었다. 초저용량의 오피오이드 부프레노르핀을 투여받은 사람들은 위약을 투여받은 사람들보다 2주 및 4주 후에 자살 관념이 많이 감소했다. 간단한 정신적 고통 평가 도구를 사용해 측정한 정신적 고통의 감소량도 실험군 간에 유의미한 차이를 보였다. 주목할 점은 자살 관념이 크게 줄어든 것은 치료 첫 주부터이며, 2주차 말에는 통계적으로 유의미한 수준에 도달했다는 것이다. 특히 우울 증상의 감소 폭은 자살 관념의 감소 폭보다 작았다. 항우울제나 항정신병약을 복용 중인 사람들의 비율과 (사회적 거절에 대한 민감성이 뚜렷한) 경계선 성격 장애를 지닌 사람들의 비율은 두 연구 집단에서 비슷했다. 또한 시험이 끝난 후 치료 중단에 따른 금단 증상은 보고되지 않았다(Yovell et al., 2016). 이러한 약리학적 연구 결과는 자살 관념과 우울증이 서로 관련은 있으나 구별되는 현상일 수 있다는 견해를 뒷받침한다. 이는 앞서 2장에서 제시한 주장이기도 하다.

10.1.6 케타민

우울 증상, 특히 자살 관념의 치료제로서 케타민이 점차 지지를 얻고 있다. 케타민은 1970년대부터 불법 파티 약물로 사용되었고 임상에서는 마취제로 쓰였다. 추가 투여 개방형 연구(add-on open-label, 통제되지 않은 상태에서 항우울제에 케타민을 추가로 투여한다는 의미)는 정맥주사 형태의 케타민이 자살 생각의 빠른 감소와 관련이 있다고 보고한다. 이는 항우울 효과가 제한적인 경우에도 그러하며, 따라서 케타민이 자살 예방 작용을 할 수 있다는 가능성을 시사한다. 초기 연구는 투여 24시간 이내에 자살 관념이 감소하는 즉각적 효과에 초점을 맞추었지만, 이후 연구는 몇 달에 걸친 추적 관찰 기간에 반복 투여로 자살 예방 효과를 지속할 수 있음을 보여준다(Ionescu et al., 2016).

자살 관념에 대한 케타민의 이점은 그것이 수반하는 위험을 능가할 수 있다. 분명히 낙관할 만한 이유가 존재하지만, 또한 아주 신중할 필요성도 있다. 안타깝게도 임상에서 자살 관념에 대한 케타민 사용을 뒷받침할 과학적 근거는 여전히 예비 단계에 머물러 있다. 일반적으로 이러한 연구의 해석은 작은 표본 크기와 편향된 참가자 선정 같은 방법론적 문제로 어려움을 겪는다. 연구 표본 수와 관련해, 자살 관념에 대한 케타민의 효과를 다룬 메타 분석을 살펴보는 것도 흥미롭다. 지금까지 여러 건의 임상 시험에 관한 메타 분석이 이루어졌고, 일반적으로 개별 연구 결과를 뒷받침한다. 예를 들어 총 99명의 피험자를 포함한 5개 연구에 관한 메타 분석에서는 자살 관념이 많이 감소하는 것으로 일관되게 나타났으며, 다양한 시점에 걸쳐 케타민 효과가 유효함을 확인했다.

하지만 결론적으로 이 새로운 근거의 수준은 여전히 "매우 낮다"고 간주할 수밖에 없다(Bartoli et al., 2017). 무작위의, 잘 통제되고, 적절한 검정력을 갖춘 연구가 분명히 필요하다.

케타민이 기분 장애를 겪는 일부 개인에게 유익할 수 있다는 점은 인정하지만, 현재 이용 가능한 자료의 한계와 이 약물의 잠재적 위험성 때문에 미국정신의학회는 임상적 의사 결정과 약물 사용을 용이하게 하기 위한 합의 성명을 발표했다(Sanacora et al., 2017).

케타민은 NMDA 수용체를 차단해 신경 흥분을 감소시키고, 그 결과 AMPA 매개 글루타메이트 신호 전달이 증가해 세포 내 시냅스 형성 경로의 활성화를 유도한다. NMDA 길항작용 외에도, 케타민은 자살 행동과 관련된 여러 분자적 상관 요인에 영향을 미치는데, 이는 4장에서 자세히 설명했다(개요는 Li & Vlisides, 2016 참조). 이러한 기제는 칼슘 채널과 세로토닌 재흡수 억제, 아마도 후생유전학적 기제를 통한 (해마의) BDNF 증가, 전전두엽 피질 아세틸콜린의 증가, 내측 전전두엽 피질에서 노르아드레날린성 뉴런의 자극을 포함한다. 케타민의 잠재적인 항자살 효과 기제는 키누레닌 경로의 차단 및 염증성 사이토카인 악화 조절과 연관이 있다.

시스템 관점에서 볼 때(6장 참조), 특히 예측 부호화 모형을 염두에 둘 경우(8장 참조), 케타민이 대뇌 피질 간 및 시상-피질 연결성을 조절한다는 점은 주목할 만하다. 케타민 투여는 피질 간 정보 전달을 억제하지만, 동시에 시상-피질 연결성은 높인다(Höflich et al., 2015). 마취를 유발하지 않는 수준인 소용량의 케타민 투여는 전두두정 네트워크(frontoparietal network)의 손상과 두정엽 피라미드 신경세포의 반응 이득 감소를 일으키며, 이러한 변화는 환자들이 보고한 황홀한 상태와 상관관계를 보인다. 따라서 케타민의 효과는 전두두정 연결성 패턴의 균형을 변화시키는 능력에 따라 달라질 수 있다(Muthukumaraswamy et al., 2015).

인지적 관점에서 볼 때, 케타민은 중요하지 않은 자극으로부터 전략적으로 주의를 전환하는 데 중요한 역할을 하는 것으로 보인다(Fuchs et al., 2015). 케타민과 마취제 대조군인 미다졸람을 비교한 무작위 통제 연구에 따르면, 암묵적 연합 검사(IAT, 5장과 9장 참조)로 평가한 명시적 자살 인지와 암묵적 연합이 케타민 투여시에는 감소했지만, 미다졸람 투여시에는 감소하지 않았다(Price et al., 2014). 건강한 개인에게 마취제보다 낮은 농도로 케타민을 한 번 투여하면, 전측 대상회 피질에서 글루타메이트 활동이 증가하며, 이와 동시에 스트룹 과제 수행이 약간 저하되는 결과가 나타났다(자살 행동과 스트룹 수행의 관련성은 5장 참조)(Rowland et al., 2005).

따라서 케타민은 자살 위험이 임박한 환자들의 충족되지 않은 치료 욕구가 큰 상황에서는 유망한 치료 옵션으로 보이지만, 긍정적인 결과 양상을 뒷받침하기 위해 추가적인 무작위 통제 연구가 필요하다는 것은 말할 필요도 없다. 특히 개인 또는 가족의 자살 행동 이력이 있는 사람들처럼 자살 위험이 큰 집단을 대상으로 한 임상 연구가 필요하다. 자살 위기에 처한 개인에게 케타민 사용의 과학적 근거를 강화하기 위한 향후 연구 방향은 반응의 잠재적 기제나 생체 지표, 임상적 상관 요인, 자살 시도 및 자살 사망 같은 자살 행동과 케타민의 관계를 포함한다. NMDA 수용체에 작용하는 다른 약물, 예컨대 D-사이클로세린 역시 자살 방지 효과가 있을 가능성이 있으며, 이는 심리 치료의 긍정적 효과를 강화할 수 있다(이후 논의 참조).

10.1.7 기타 약리학적 약물

자살 위험에 대한 약물의 영향은 앞서 설명한 향정신성 약물과 진통제에만 국한하지 않는다. FDA는 금연을 돕기 위해 사용하는 약물인 바레니클린이 자살 위험을 증가시킬 수 있다는 경고를 발표한 바 있다. 이 약물을 사용하는 환자들에서 자살 생각, 자살 시도, 자살을 포함한 심각한 정신 건강 문제가 시판 후 보고되었다. 전립선 비대 치료를 위한 약물(5-알파 환원효소 억제제)은 자해 행동의 위험을 높일 수 있다(Welk et al., 2017). 예를 들어 다발성 경화증 치료에 사용하는 인터페론 요법은 자살 행동의 위험 증가와 관련될 수 있다(Fragoso et al., 2010). 여드름 치료제로 사용하는 이소트레티노인이 자살을 유발할 수 있다는 초기의 우려를 뒷받침하는 근거는 설득력이 부족하다.

신경 펩타이드 옥시토신은 오래전부터 사랑, 사회적 유대감, 행복감을 촉진하는 호르몬으로 알려져 있으며, 따라서 자살 행동을 막는 역할을 할 수 있다. 실제로 자살 시도자의 뇌척수액, 아동기 학대에 노출된 여성과 자살 행동 위험이 큰 경계선 성격 장애 환자의 혈장에서는 옥시토신 수치가 낮았다(Heim et al., 2009; Lee et al., 2009; Bertsch et al., 2013). 방대한 증거는 사회적 인지의 기저를 이루는 신경 활동의 조절에 옥시토신이 관여함을 시사해왔으며, 여기에는 자살 행동에 대한 취약 기질의 중요한 구성요소로 2장과 5장, 8장에서 논의한 부정적 정서 처리도 포함된다. 위약을 사용한 대조 연구에 따르면, 위약 조건에서는 긍정적인 사회적 피드백보다 부정적인 사회적 피드백에 더 민감하게 반응하는 경향이 나타나며, 이러한 반응은 통증 처리나 사회적 지각에서 정서적으로 중요한 시각 단서를 식별하는 데 관여한다고 추정되는 뇌 영역에서 유발된다. 그러나 이 반응은 옥시토신 투여시 약화하는 것으로 나타났다(Gozzi et al., 2017). 다시 말해 옥시토신은 부정적인 사회적 피드백에 대한 뇌 반응을 감소시켜, 긍정적인 피드백에 대한 반응보다 현저히 크지 않도록 하는 듯하다. 옥시토신이 자살 위험에 미치는 영향에 관한 연구는 분명히 필요하다.

10.2 신경 자극

10.2.1 전기 경련 요법

1940년대 이후 전기 경련 요법(electroconvulsive therapy, ECT)은 중증 기분 장애에 가장 효과적인 치료법으로 여겨졌으며, 여러 장기 추적 연구는 ECT를 받은 환자가 ECT를 받지 않은 대조군 환자보다 모든 원인에 의한 사망률이 낮다고 밝혔다(Sackeim, 2017). 더 최근의 신경 자극 기법과는 달리(뒤에서 논의), ECT에 대해서는 가짜(비활성 조건) 대조 연구가 수행된 적은 없지만, 개방형 연구는 자살 위험이 빠르게 감소한다는 것을 보여준다. (연구 개요는 Fink et al., 2014 참조.) 그러나 ECT는 전기에 대한 두려움, 비합리적 편견, 법적 제한, 훈련된 전문가와 적절한 시설 부족 때문에 사용이 제한된다. 기억 상실에 대한 두려움도 사용을 저해하는 요인인데, ECT의 가장 심각하고 지속적인 인지 부작용은 과거 사건에 대한 기억 손상〔역행성 기억 상실(retrograde amnesia)〕과 관련이 있다. ECT 기술이 발전하면서 회복 시간이 단축되었고, 이에 따라 장기적인 역행성 기억 상실의 심각성도 감소했다. 최근 연구는 고용량·초단파형 오른쪽 단측 ECT가 치료 과정 종료 후 며칠 내에 실시한 기억력이나 다른 인지 평가에 부정적 영향을 미치지 않는다는 점을 확인했다. 노년기 우울증을 대상으로 한 대규모 다기관 연구에 따르면, 이러한 형태의 ECT는 62퍼센트의 관해율(remission rate: 정상 범위 수준으로 회복한 사람의 비율—옮긴이)을 보였다(Sackeim, 2017 참조). 그렇지만 전문가 치료 알고리즘에서 ECT를 최후의 수단으로만 권고하는 현재의 관행은 우울증 환자의 자살 위험을 불필요하게 높이는 것으로 보인다. 약물 치료와 마찬가지로, 증상 호전을 설명하는 신경생물학적 기제는 명확히 규명되지 않았다. 분자 수준 연구는 BDNF 증가, 모노아민 대사율 상승, HPA 축 정상화를 시사한다. 시스템 관점에서 보면, 한 통제된 신경 영상 연구는 ECT가 신피질, 변연계, 주변 변연계 영역 전반에 걸쳐 광범위한 신경 가소성을 유발하며, 이러한 변화가 항우울 반응의 정도와 연관된다는 점을 보여준다. ECT 치료 반응자를 구분하고 ECT 초기 단계에서 반응을 예측해주는 전측 대상회 피질 두께의 차이는 전반적인 임상 결과의 생체 지표일 수 있다. ECT와 관련된 두께 증가는 뉴런과 아교세포의 크기·밀도와 그 연결성을 변화시키는 신경 가소성 과정 때문일 수 있다(Pirnia et al., 2016). 자기 공명 분광법(MRS, 기술적 세부 사항은 3장 참조) 연구는 전측 대상회 피질의 글루타메이트/글루타민 수치가 정상화되는 현상이 임상적 호전과 관련이 있음을 시사한다(Njau et al., 2017).

케타민 단일 주입이 자살 위험에 대해 뚜렷하게 이로운 효과를 보인다는 점에서, 케타민을 전기 경련 치료의 마취제로 활용하는 것은 급성 자살 위험군 치료에서 논리적인 다음 단계로 여겨진다. 초기 연구는 ECT-케타민 병합 요법이 임상적 호전을 가속화하고 인지 부작용을 완화할 수 있다는 예비 증거를 제시했으나, 대규모 무작위 통제 시험에서는 이러한 결과가 확인되지 않았다. 게다가 유감스럽게도 이 대규모 연구는 자살 위험을 결과 변수로 포함하지 않았다(Anderson et al., 2017).

10.2.2 경두개 자기 자극술

반복적 경두개 자기 자극술(rTMS)은 주요 부작용 없이 우울증에 긍정적인 효과를 미친다고 알려져 있다. 문헌 고찰에 따르면 rTMS는 자살 위험과 관련된 인지 기능, 예컨대 기억력, 주의력, 실행 기능 그리고 더 크지만 지연된 보상보다 즉각적 보상을 선호하는 선택 행동 등을 향상하는 것으로 나타났다. 또한 rTMS는 ECT에서 관찰되는 것과 유사한 분자적 효과가 있는 것으로 여겨진다(앞선 논의 참조). 따라서 예비 비대조 연구에서 rTMS가 자살 생각에 빠르고 긍정적인 영향을 준다고 제시한 것은 놀라운 일이 아니다(자세한 내용은 Desmyter et al., 2016 참조). 가짜 처치 대조군을 사용한 최초의 rTMS 연구에서는 자살 위험이 유의미하게 감소했지만, TMS 집단과 가짜 대조군 간에 통계적으로 유의미한 차이는 나타나지 않았다(George et al., 2014). rTMS의 변형인 간헐적 세타 버스트 자극(intermittent theta burst stimulation, iTBS)은 고빈도 자극을 반복해서 간헐적으로 적용하는 방식이며, 고전적 rTMS에 비해 뇌 기능에 더 큰 영향을 미친다고 여겨진다. 왼쪽 배외측 전전두엽 피질에 iTBS를 가속화한 가짜 대조 연구에서는 치료 저항성 단극성 우울증 환자에서 자살 위험이 감소하는 것으로 나타났지만, 활성 자극과 가짜 자극 간에 통계적으로 유의미한 차이는 확인되지 않았다. 이 항자살 효과는 기준 시점 이후 최대 1개월까지 지속되며, 항우울 효과와는 무관해 보인다 (Desmyter et al., 2016). 가짜 치료가 자살 관념에 긍정적 영향을 미쳤다는 점은 주목할 만한데, 이는 희망을 상실한 자살 위험군조차도 치료에 대해 긍정적 기대를 지닐 수 있음을 시사한다. 흥미롭게도 휴지기 기능적 신경 영상(resting-state functional neuroimaging)에 따르면, 우울증 환자에서 iTBS 반응은 왼쪽 내측 안와 전두 피질과 전측 대상회 피질 사이의 기능적 연결성 증가와 관련이 있다. 기능적 연결성이 증가할수록 절망감은 감소하는 경향을 보인다(Baeken et al., 2017). 이 중요한 관찰 결과는 8장에서 제시한 자살 행동의 예측 부호화 모형과 잘 맞아떨어진다. 즉 왼쪽 하전두회와 정서 조절에 관여하는 왼쪽 뇌 영역 간의 연결성이 더 강할수록 건강한 개인은 긍정적 정보에 대해서는 신념 변화가 더 크게 나타나지만, 부정적 정보에 대해서는 신념 변화가 더 작게 나타난다는 것이다. 8장에서 명확하게 설명했듯이, 긍정적 정보를 신념에 더 잘 통합한다면 자살 행동의 예방을 기대할 수 있다.

10.2.3 자기 발작 요법

전기 경련 요법(ECT)의 잠재적 대안인 자기 발작 요법(magnetic seizure

therapy, MST)은 치료 저항성 우울증 환자에게 임상적 효능을 보여주며, 인지 부작용도 더 적게 나타난다. MST는 변동하는 자기장을 통해 뇌 조직에 직접 전류를 유도하는데, 이는 ECT의 전류와 달리 두개골 때문에 우회하지 않는다. 따라서 ECT에 비해 MST는 훨씬 더 작은 피질 영역을 자극하며, 유도된 전기장이 약하기 때문에 발작을 유발하면서도 인지 부작용은 덜해 보인다. 한 개방형 연구는 치료 저항성 우울증 환자에게 MST를 적용한 후 자살 생각이 유의미하게 감소했다고 보고한다. 이때 왼쪽 배외측 전전두엽 피질에서 TMS와 뇌파 검사를 결합한 방식(TMS-EEG)을 통해 피질 억제 지표를 측정했다(N100과 LICI). 이 측정값은 GABA성 인터뉴런 기능의 신뢰할 수 있는 지표로 입증되었으며, MST에 대한 반응으로 자살 생각의 완화를 예측하는 데 사용될 수 있고, AUC 0.90라는 수치는 매우 높은 예측 정확성을 나타낸다(AUC에 관한 9장의 논의 참조). 즉 피질 억제는 MST 치료 후 자살 관념의 호전 가능성이 높은 치료 저항성 우울증 환자를 선별하는 데 유용할 수 있다. 기저선에서 억제성 신경 전달이 더 강하다는 것은, MST가 최적의 치료 효과를 발휘하기 위해 표적으로 삼는 시냅스 간 연결성의 온전함을 반영할 수 있다(Sun et al., 2016).

10.2.4 기타 신경 자극 기법

6장에서 자세히 기술했듯이 자살 행동과 관련된 회색질 및 백색질 뇌 영역의 변화를 고려할 때, 이들 뇌 영역에 대한 신경 자극은 이론적으로 자살 행동 예방에 기여할 수 있다. 실제로 뇌량하 대상회, 내포전각

(ALIC; 6장 참조), 그리고 보상 체계(측좌핵 및 내측 전뇌 다발)의 뇌 심부 자극(deep brain stimulation, DBS)을 적용할 때 우울증 환자에게서 고무적인 항우울 효과가 나타났다. 그러나 자살 위험에 대한 긍정적 효과는 아직 명확하지 않으며, 자살과 자살 시도 자체를 부작용으로 보고한 사례도 존재한다. 따라서 이 영역에 대한 DBS는 치료에 저항하는 우울증 환자에게도 자살 예방의 효과적인 방법이라 보기 어렵다.

경두개 직류 자극술(tDCS)은 비침습적 신경 자극 기법으로, 신경 발화와 시냅스 효능에 영향을 준다. 이 방법은 군인과 운동선수의 인지 수행을 높여야 하는 요구도가 높은 상황에서 활용하기도 한다. 전통적인 tDCS 전극 배열은 뇌 전반에 걸쳐 전류를 확산하기 때문에, 특정 뇌 영역의 자극과 그로 인한 행동 변화 사이의 인과관계를 명확히 규명하기 어렵다. 최근에는 기존 tDCS보다 더 국소화된 뇌 부위를 표적으로 삼을 수 있는 고해상도 tDCS 기술이 개발되었다. tDCS가 우울증에 미치는 효과에 관한 연구는 아직 초기 단계에 불과하지만(Szymkowicz et al., 2016), 반응 억제나 가치 기반 선택 행동 등 관련 인지 특성에 대한 긍정적 효과는 점점 더 많이 나타난다(5장 참조). 현재까지 소규모 개방형 연구와 개별 환자 사례 보고(예: 텍스트 상자 10.1 참조)는 자살 생각을 포함한 우울 증상에서 유망한 효과를 보여준다.

경두개 교류 자극술(tACS)은 tDCS와 유사하지만, 선택된 주파수로 직류 대신 사인파 형태의 교류 전류를 진동시켜 뇌의 자연스러운 피질 진동과 상호작용하는 방식이다. 자살 행동의 계산 모형은 신념의 확실성과 가치 기반 선택의 확실성이 중요한 역할을 한다고 설명하며(8장 참조), 이러한 가치 기반 선택의 신뢰도는 전두극 피질과 두정 피질 간

텍스트 상자 10.1 인터넷 인용문

나는 할 말이 많지 않지만, 몇 시간 전만 해도 자살 충동이 있었는데, 지금 tDCS 기기를 연결하고 나니까 기분이 나아졌다고 말하고 싶다.

너무 우울해서 침대에서 일어날 수도 없었고, 이 기기를 사용할 의욕조차 없었다. 엄마에게 커피 한 잔 달라고 부탁했고, 그게 약간의 자극이 되어 나는 즉시 tDCS 기기를 작동했다. 그리고 지금 이렇게 여기에 글을 남길 수 있다.

내 삶을 조금이라도 나아지게 할 수 있는 이런 기기나 다른 장치를 사람들이 적극적으로 연구하고 있길 바란다. 약은 정말이지 내게 도움이 되지 않기 때문이다.

의 동기화된 신경 소통에 달린 것으로 보인다. tACS를 통한 진동 비동시화는 가치 기반 선택의 정확성에 특히 영향을 미친다(Beharelle et al., 2015). 이 같은 국소적 신경 자극 개입이 자살 위험군의 정확성 추정 및 선택 행동에 미치는 영향을 연구할 필요가 있다. 이러한 연구는 확인된 시상-피질 네트워크의 주의력 조절 기제로서 진동 동시화와 우울증 및 통증과 관련된 시상-피질 부정파(dysrhythmia: 뇌의 리듬 이상—옮긴이) 같은 결함을 표적으로 삼을 수 있다.

10.3 심리 치료: 신경과학 측면

약물 치료 및 신경 자극과 마찬가지로, 심리 치료 또한 자살 예방에 기여할 수 있지만 주의가 필요하다. 항우울제나 신경 자극과는 달리 심리 치료에서 부작용이 없다는 관점은 사실이 아니며 오해의 소지가 있다. 자살 관념 및 (심지어 치명적) 자살 행동은 심리 치료에서 발생할 수 있는 부작용으로 인식된다(Bridge et al., 2005; Stone, 1971). 응급실에서 자살 시도자에게 시행한 짧은 심리 치료 개입은 일반적으로 자살 행동의 반복에 영향을 미치지 않는 것으로 보이나, 다수의 자해 경험이 없는 사람에게는 해로운 영향을 미친다는 증거가 있다(O'Connor et al., 2017). 심리적 개입은 대표적인 자해 사건에 이르기까지 과정이나 병원 치료 중 겪은 부정적 경험을 상기시키는 방식으로, 오히려 반추와 부정적 정서 그리고 자해 반복 가능성을 높일 잠재성이 있어 보인다(Witt, 2017).

그렇지만 심리 치료가 자살 위험을 막는 효과가 있다는 증거도 점차 늘고 있으며, 이러한 효과는 자살에 특화된 문제에 초점을 둔 치료에서만 나타나는 것으로 보인다. 이 관찰은 "정밀 의학"의 개념과 맞닿아 있다. 개별 환자의 특성—이 경우 자살 위험의 존재—에 맞춘 치료가 가장 중요하다는 것이다. 우울증에 대한 심리 치료가 자살 관념과 자살 위험에 미치는 영향을 다룬 체계적 문헌 고찰 및 메타 분석 결과는 이러한 접근을 뒷받침한다. 해당 분석에 따르면 심리 치료의 효과는 작고 통계적으로 유의미하지 않다. 따라서 심리 치료만으로 우울증 환자의 자살 위험이 감소한다는 가정은 근거가 부족하다(Cuijpers et al., 2013).

자살 행동 위험이 있는 개인 맞춤 접근 방식이 더 효과적인 것으로 보인다. 한 메타 분석 결과에 따르면, 인지 치료는 자살 시도자의 이후 치명적·비치명적 자살 행동을 유의미하게 감소시킨다(Hawton et al., 2016). 또한 6만 5000명 이상의 덴마크인을 대상으로 한 등록 기반 데이터에 따르면, 계획적 자해 환자(용어에 관한 논의는 1장 참조) 중 자살 예방 전문 클리닉에서 (주로 내담자 중심의 심리 치료로 구성된 8~10회차의) 심리사회 치료를 받은 사람은 표준 치료를 받은 사람에 비해 자살(그리고 기타 질병 및 의학적 상태)로 사망할 확률이 유의미하게 낮았다(Birkbak et al., 2016).

우울증 환자를 대상으로 심리적 고통 이론에 기반한 인지 치료(PPTBCT)와 일반 심리 치료를 비교한 무작위 대조 시험(RCT)은 개입 이후와 4주간의 추적 관찰 시점에서 두 집단 모두 우울증, 자살 관념, 심리적 고통, 자동적 사고가 감소했음을 보여준다. 그러나 자살 관념의 심각성은 추적 관찰 시점에서 PPTBCT 치료군이 일반 심리 치료군보다 유의미하게 낮았다. 따라서 PPTBCT는 주요 우울 장애 환자의 자살 위험을 효과적으로 줄일 수 있다(Zou et al., 2017).

신경과학 기반의 심리 치료 접근은 자살 위험과 관련된 신경인지적 편향을 목표로 한다(5장 참조). 장애 특이적 주의력 편향을 줄이기 위한 맞춤형 인지 편향 수정의 한 형태는 우울한 사람이 부정적 자극에 몰입하지 않도록 하는 주의력 편향 수정(attention bias modification, ABM)이다. ABM은 부정적 단서에 지속적으로 주의를 기울이는 순환 고리를 근본적으로 차단한다. 이것은 앞 장에서 설명한 예측 부호화 결함의 기저에 있을 수 있는 인지적 경로에 개입하는 것이다. ABM이 우울증에 미치는 긍정적 효과는 주의력 편향에 관한 다양한 행동적·신경생물학적 측정치로 확인되었다. 자살 스트룹 과제를 통해 자살과 관련된 특정 주의력 편향이 존재한다는 것은 밝혀졌으나(5장 참조; Cha et al., 2010), 자살에 특화된 주의력 편향을 표적으로 하는 ABM이 자살 위험을 실제로 낮춘다는 효과는 아직 입증되지 않았다. 자살 생각이 있는 같은 지역 주민과 자살 위험이 있는 입원 환자를 대상으로 한 컴퓨터 기반의 ABM 개입 실험에서는, 자살 관련 주의력 편향이나 자살 생각의 심각성에서 아무런 효과가 나타나지 않았다. 이는 회차 수가 너무 적었거나 주의력 훈련 방식 자체의 한계 때문일 수 있다(Cha et al., 2017).

심리적 과정의 변화는 뇌 기능이나 뇌 구조의 변화와 나란히 일어난다. 약물 치료와 심리 치료를 신경생물학적 치료 대 심리사회적 치료로 구분하는 방식은 부정확하고 시대에 뒤떨어진다. 왜냐하면 두 치료 모두 교란된 신경 기능을 표적으로 삼기 때문이다. 두 치료의 차이는 치료를 통해 신경생물학적 변화를 유도하는 방식에만 있다. 우선 약물 치료는 화학 물질을 통해 뇌의 신경화학을 전반적으로 조절함으로써, 환자를 병적인 신경 과정에서 벗어나게 하는 방식으로 뇌의 재조직화를 촉진하도록 설계된다. 반면 심리 치료, 특히 인지 행동 치료(CBT)는 환자-치료자 관계를 통해 신경화학을 맞춤 조절한다. 이 조절은 (학습된 정서적 또는 행동적 반응을) 논박하거나, (반추적 사고를) 제거하거나, (우울을 유발하는 인지 도식을) 재구조화한다. 심리 치료가 본질적으로 신경생물학적 치료라는 주장을 뒷받침하는 근거는 신경 영상 연구에서 나온다. 이 연구는 주요 정신 질환 전반에 걸쳐 심리 치료가 신경 기능을 정상화하거나 재조직하며, 이러한 신경 변화가 증상 호전과 연관이 있다고 제시한다(Prosser et al., 2016). 특히 20개 이상의 연구는 (특히 인지 기반) 심리 치료 후 우울증 및 불안 장애에서 신경 재조직화와 관련된 적응적인 뇌 변화를 보고했다.

게다가 심리 치료와 약물 치료는 유사하면서도 상이한 방식으로 뇌에 영향을 미치며, 이는 두 치료의 신경학적 작용 기제가 완전히 겹치지는 않음을 시사한다. 이러한 점은 일반적으로 병합 치료가 단독 치료보다 우수한 이유를 설명해줄 수 있다. 예를 들어 인지적 통제에 관여하는 전전두엽 피질 기능의 증가와 피질하 영역과의 연결성은 우울증 환자에게 인지 치료가 효과적임을 뒷받침하는 기제일 수 있다. 반면, 항우울제는 부정적 정서를 생성하는 데 관여하는 편도체에 더 직접적으로 작용한다. 분자 수준에서 심리 치료는 학습을 통해 유전자 발현의 변화를 유도하며, 이는 신경세포 간 시냅스 연결 강도를 변화시키고 신경세포의 형태 변화를 유도한다. 놀랍게도 SSRI 계열 항우울제인 플루옥세틴이 아닌 (정신역동적) 심리 치료는 5-HT_{1A} 수용체 밀도를 증가시킨다(Karlsson et al., 2010). 자살 행동과 관련된 5-HT_{1A} 수용체의 중요한 역할은 4장과 8장에서 강조했지만, 자살 위험 치료에 미치는 영향은 아직 명확하지 않다. 병합 치료의 잠재적 이점을 보여주는 또 다른 예는 인지 행동 치료에 D-사이클로세린을 추가하는 것이다. D-사이클로세린은 부분적인 NMDA 작용제로, 불안 장애에 대한 인지 행동 치료에 이 약물을 병행하면 약간의 상승효과가 나타나며, 이는 이 약물이 학습에 긍정적 효과를 준다는 뜻이다(Mataix-Cols et al., 2017). 자살 예방의 맥락에서 심리 치료와 신경생물학적 치료의 잠재적 상승효과를 시급히 연구해야 한다는 것은 말할 필요도 없이 중요하다.

자살 행동에 취약하게 만드는 개인적 특성이 치료 효과에 영향을 미친다는 여러 징후가 있다. 이 책의 맥락에서 중요한 예는 아동기 학대인데, 이것은 좋지 않은 치료 결과를 명백히 예측하게 하는 요인이다. 학대를 경험한 우울증 환자는 학대를 경험하지 않은 우울증 환자에게는 효과가 덜한 인지 심리 치료에 오히려 더 잘 반응하는 반면, 학대 경험이 없는 우울증 환자는 항우울제에 더 잘 반응하는 것으로 보인다(Teicher & Samson, 2013).

신경생물학적 기제가 심리 치료의 성공을 방해할 수도 있다. 예를 들어 스트레스는 학습할 때 기존 지식을 잘 활용해서 학습하는 능력을 방해하고, 글루코코르티코이드 활성화만으로도 이러한 효과가 발생한다. 다시 말해, 8장에서 설명했듯이 자살 예방의 핵심인 신념의 교정은 글루코코르티코이드 스트레스-반응 시스템의 활성화 때문에 방해받는다(Kluen et al., 2016). 또한 생애 초기 역경으로 인한 BDNF 유전자의 메틸화 증가(4장 참조)는 행동 치료에 반응하지 않는 것과 관련이 있는 반면, 치료 효과가 있는 사람은 메틸화 수준이 감소하고, 동시에 우울증과 절망감의 심각성도 감소한다(Perroud et al., 2013).

10.4 자살 위험의 치료: 치료 불가능한 것을 치료하는가

자살 위험군이 치료에 저항한다는 믿음은 널리 퍼져 있는 끈질긴 통념으로, 1장에서 이미 언급한 바 있다(텍스트 상자 1.1 참조). 즉 자신의 생명을 끊고자 하는 사람은 치료 여부와 상관없이 결국 그렇게 하게 된다는 것이다. 이 장에서는 이러한 통념에 반하는 많은 연구 결과를 제시한다. 자살은 예방할 수 있으며, 효과적인 치료법이 존재한다. 항우울제, 리튬, 클로자핀, 자살에 특화된 심리 치료 등은 효과가 입증된 개입 사례다. 하지만 약물 치료와 심리 치료는 (초기에) 자살 위험의 문턱을 낮추는 효과 때문에 주의가 필요하다는 사실과 별개로, 자살 위험 치료에는 시급히 해결해야 할 과제가 존재한다. 대부분의 약물은 긍정적 효과를 나타내기까지 시간이 (종종 너무 많이) 걸린다. 예를 들어 항우울제는 자살 위험에 효과가 나타나기까지 3주 이상 걸릴 수 있다. 이에 반해 전기 경련 요법(ECT)은 며칠 내로 긍정적 효과를 나타낼 수 있으며, 이 덕분에 생명을 구할 수도 있다. ECT를 우울증이 있는 자살 위험군에게 쓰는 최후의 수단으로 간주하는 것은 옳지 않으며, 심지어 위험한 태도다.

최신의 정교한 신경 자극 접근법은 유망한 결과를 보이지만, 위약 효과가 자살 위험에 미치는 구체적인 효과를 평가하는 데 장애가 된다. 예를 들어 rTMS(반복적 경두개 자기 자극술)를 통해 나타나는 자살 위험의 급격한 감소는 실제 치료를 받은 집단과 가짜 치료(위약)를 받은 집단 모두에서 유사하게 나타난다. 자살 위험군이 위약 효과를 보인다는 사실 자체가 놀랍다. 위약 치료에 따른 많은 호전은 긍정적 기대와 관련해 활성화한 신경생물학적 과정 때문으로 보인다. 이러한 기대는 위약 효과의 중요한 요소이지만, (긍정적 정보에 영향을 받지 않는) 미래에 대한 부정적 관점은 자살 생각과 자살 소망의 주요한 동인이다. 기대와 관련된 뇌 매개체는 잘 정의돼 있으며, 자살 예방을 위해 이들 뇌 매개체에 대한 신경 자극 효과를 연구하는 것은 흥미롭고 중요한 일이다. 이와 관련해 주목할 점은 (자살 행동 관련 뇌 시스템 변화에 관여하는) 내포전각(ALIC; 6장 참조)에 대한 뇌 심부 자극이 치료에 반응하지 않는 우울증 환자에게 항우울 효과를 보인다는 것이며, 이는 위약 반응과 무관하다(Bergfeld et al., 2016).

우리는 언젠가 자살 없는 사회에서 살 수 있을까? 아무도 모른다. 그러나 그럴 가능성은 매우 낮다. 자살은 지극히 복잡한 현상이며, 영향을 미치는 요인도 매우 다양하다. 이 요인은 유전자와 후생유전학적 변화부터 수치심을 유발하고 도움 요청을 방해하는 사회적 금기까지 광범위하다. 그러므로 자살 행동의 신경과학적 기초에 관한 지식은 효과적인 자살 예방의 필요조건일 수는 있어도, 그것만으로는 충분조건이 될 수 없다. 그러나 신경과학 지식을 자살 위험의 효과적인 치료법으로 전환하는 작업은 자살에 대한 가장 끈질기고 위험한 통념 중 하나, 즉 자살 위험은 치료할 수 없으며 자살은 예방할 수 없다는 통념을 없애는 데 기여할 수 있다. 이 책은 그 반대임을 보여준다. 현재 이미 많은 효과적인 치료법이 존재하며, 흥미로운 새로운 발전이 미래에 큰 희망을 안겨줄 것이다.

어쨌든 이 책의 서문에서 소개한 발레리와 같은 사례가 더 이상 있어서는 안 된다. 우울증과 자살 가족력이 결합한 치명적인 조합은 일반의와 정신과 전문의뿐 아니라 학교 교사, 부모, 친구들에게도 경각심을 불러일으켜야 한다. 현재는 선별 도구(screening tools: 특정 문제나 질병 또는 특이 사항이 있는 사람을 대상으로 선별하거나 식별하기 위해 사용하는 표준화된 방법이나 도구—옮긴이)도 있고, 심지어 또래 친구나 부모를 위한 도구도 있다. 이제 모두가 알고 있어야 한다. 청소년에게도 우울증과 자살 위험이 존재하며, 이는 효과적으로 치료할 수 있다.

그리고 덧붙이자면, 발레리는 지금 잘 지내고 있다.

10장 요약

- 항우울제가 자살에 미치는 영향은 수십 년간 논쟁거리였지만, 특히 노인층에서 보호 효과가 명확히 입증되었다.
- 클로자핀과 리튬은 강력한 항자살 효과를 지닌 약물이다.
- NMDA 수용체를 표적으로 하는 향정신성 약물은 빠른 항자살 효과를 나타내는 것으로 보인다.
- 전기 경련 요법(ECT)은 자살 위험에 대해 강력하고 빠른 보호 효과를 가지며, 치료 지침에서 이를 최후의 수단으로 간주하는 것은 옳지 않다.
- 더욱 정교한 신경 자극 치료법이 점차 도입되고 있지만, 이러한 치료법의 구체적인 항자살 효과를 평가하는 데 있어 상당한 위약 효과가 방해 요소로 작용한다.
- 자살 위험군에게 (긍정적 기대를 반영하는) 위약 효과가 발생한다는 점은 놀랍다. 이러한 사람은 미래를 매우 부정적으로 보는 것이 특징이기 때문이다.
- 약물 치료, 심리 치료 또는 신경 자극 치료를 통해 자살 위험군을 치료할 때는 주의가 필요하다. 이러한 치료법은 (초기에는) 오히려 자살 행동의 문턱을 낮출 수 있기 때문이다.
- 신경과학이 기본적으로 자살 예방에 기여하는 바는, 자살 위험은 치료할 수 없고 자살은 예방할 수 없다는 끈질기고 위험한 통념을 없앤다는 점이다. 이 책은 효과적인 개입 방법과 그 기제를 설명함으로써 사실은 그 반대임을 보여준다. 즉 뇌를 표적으로 삼는 신경생물학적 또는 심리적 개입은 자살 예방에 효과적이다.

복습 문제

1. 자살 위험의 치료 가능성에 관한 일반적인 통념은 무엇이며, 신경과학은 이러한 통

념을 없애는 데 어떻게 기여할 수 있는가?

2. 의사가 우울증으로 자살 충동을 느끼는 사람에게 항우울제 처방을 꺼리는 이유는 무엇인가?
3. 리튬의 항자살 효과에는 어떤 기제가 작용하는가?
4. 심리적 치료와 신경생물학적 치료의 구분은 왜 더 이상 유효하지 않은가?
5. 전기 경련 요법(ECT)과 비교할 때 새로운 신경 자극 기법의 이점과 문제점은 무엇인가?
6. 언젠가는 자살 없는 사회가 될까?

용어 설명

가계 연구(linkage study) 가계 기반 연구 방법으로, 특정 형질이 염색체 내 유전 표지자와 함께 유전되는지를 분석함으로써 해당 형질의 유전체 위치를 찾아내는 방식.

가짜 양성(false positive) 검사 결과가 실제로는 사실이 아닌데도 잘못 사실로 나타나는 경우.

감마아미노부티르산(GABA) 뇌에서 작용하는 주요 억제성 신경 전달 물질.

경두개 교류 자극술(transcranial alternating current stimulation, tACS) 두개골을 통해 계속해서 바뀌는 약한 교류 전류를 적용해 뇌 영역을 자극하는 비침습적 기술.

경두개 자기 자극술(transcranial magnetic stimulation, TMS) 두피 위에 자기장을 발생시켜 뇌 활동을 자극하거나 억제하는 시술.

경두개 직류 자극술(transcranial direct current stimulation, tDCS) 두개골을 통해 일정하게 흐르는 약한 직류 전류를 가해 뇌 영역을 자극하는 비침습적 기술.

공유 환경(shared environment) 유전성에 영향을 주는 환경적 요인 중 여러 사람이 함께 겪는 공통된 경험을 의미한다.

관심 영역(region of interest, ROI) 신경 영상 분석을 위해 정의한 특정 뇌 영역.

구조적 자기 공명 영상(structural MRI, sMRI) 조직(tissue)의 구조를 영상화하는 MRI 기법. 기능적 정보는 포함하지 않는다.

근접 위험 요인(proximal risk factor) 질병을 실제로 유발하는 인과적 연쇄 내에서 가장 직접적인 위험 요인으로, 질병소질이나 배경 위험 요인과 구별된다.

글루타메이트(glutamate) 신경 활성화에 주요한 역할을 하는 아미노산 기반 신경 전달 물질.

기능적 자기 공명 영상(functional MRI, fMRI) 혈류 변화를 통해 뇌의 특정 영역의 활동을 측정하는 신경 영상 기술.

기본 모드 네트워크(default mode network) 사람이 어떠한 정신 활동에도 집중하고 있지 않을 때 활성화하는 뇌 영역의 네트워크.

내적 표현형(endophenotype) 특정 상태와 관련이 있으나 그 상태의 직접적인 증상은 아닌 유전적(hereditary) 특성.

뇌 심부 자극(deep brain stimulation, DBS) 표적이 되는 뇌 영역에 약한 전기 자극을 가하기 위해 신경 자극기를 이식하는 신경 외과적 시술.

뇌 유래 신경 영양 인자(brain-derived neurotrophic factor, BDNF) 학습 및 신경세포의 건강과 발달에 관여하는 단백질.

뇌파 검사(electroencephalogram, EEG) 두피에 부착한 전극을 통해 뇌의 전기 활동을 측정하는 기술.

단백질 유전 정보학(proteomics) 단백질의 기능과 작용 방식을 연구하는 분야.

단상형(haplotype) 한 부모로부터 함께 유전되는 유전자 집합.

단일 염기 다형성(single nucleotide polymorphism, SNP) 염기쌍의 구성요소 하나가 다른 염기로 바뀐 유전적 변이. SNP는 형질이나 질병과 연관될 수 있으며, 관련 유전자를 식별하는 단서가 될 수 있다.

대립유전자(allele) 특정 염색체의 특정 위치에 존재하는 유전자의 여러 대안적 형태 중 하나.

동년배 연구(cohort study) 정해진 특성을 가진 사람들의 집단을 추적 관찰하면서 특정 질병의 발생률과 그로 인한 사망률, 모든 사망 원인, 또는 자살 행동 같은 또 다른 결과를 밝히는 연구.

리간드(ligand) 수용체에 결합하는 분자. 신경영상학에서는 수용체 결합을 측정하기 위해 방사능 물질의 표식이 붙은 리간드를 자주 사용한다.

리보핵산(ribonucleic acid, RNA) 세포 내에서 DNA 정보를 단백질 합성 시스템으로 전달하는 데 중요한 역할을 한다.

림프구(lymphocyte) 면역 체계에서 기능하는 백혈구의 한 종류.

마이크로어레이(microarray) 특정 개인의 DNA가 특정 유전자 내 변이(SNP)를 포함하고 있는지 확인하기 위한 도구로, 수천 개의 SNP를 동시에 분석할 수 있다.

메신저 리보핵산(messenger ribonucleic acid, mRNA) 세포 내에서 DNA의 일부 정보를 다른 부위로 전달하는 역할을 한다.

메타 분석(meta-analysis) 유사한 개별 연구를 통계적으로 통합해 전체적인 효과나 유의미함을 검증하는 통계 분석 방법.

메틸화(methylation) DNA의 화학적 변형으로, 유전자 발현을 조절할 수 있으며 후생유전학 연구에서 중요한 관심 대상이다.

반추(rumination) 해결책보다는 고통의 증상·원인·결과에 집착적으로 주의를 집중하는 사고 경향.

배경 위험 요인(distal risk factor) 특정 상태·사건·질환·행동에 대한 기저의 취약성을 나타내는 위험 요인.

복셀(voxel) 신경 영상에서 사용되는 최소 단위로, 3차원 픽셀(pixel)에 해당한다.

복셀 기반 형태 계측법(voxel-based morphometry, VBM) 복셀 수준에서 뇌의 구조적 특성을 측정하는 분석 기법.

분할 비등방도(fractional anisotropy, FA) MRI를 통해 얻은 물 확산의 측정치로, 백색질 섬유의 상태를 평가하고 영상화하는 데 사용한다.

브로드만 영역(brodmann area) 해부학적 위치에 따라 뇌 영역을 번호로 정의하는 체계. 원래는 신경세포 구조에 관한 부검 연구를 바탕으로 만들어졌다.

비공유 환경(nonshared environment) 유전성에 영향을 주는 환경적 요인 중 개인 고유의 경험을 의미한다.

사이토카인(cytokines) 림프구와 같은 면역세포에서 생성되는 (인터페론과 인터루킨을 포함해서) 소규모 단백질로, 특히 면역계에서 중요한 역할을 한다.

세로토닌(serotonin) 트립토판에서 유래하는 신경 전달 물질.

시상하부-뇌하수체-부신 축(hypothalamus-pituitary-adrenal axis) HPA 축. 이 축을 구성하는 시상하부, 뇌하수체, 부신이 상호작용하는 신경내분비 단위다. 시상하부는 뇌 그리고 뇌의 기저부에 있는 뇌하수체에 위치하며, 부신은 신장 위에 있다. HPA 축은 스트레스에 대한 반응에서 중요한 역할을 한다. 축의 주요 경로는 코르티솔 분비로 이어진다.

신경심리학(neuropsychology) 행동·정서·인지와 뇌 기능 간의 관계를 연구하는 학문.

신경인지(neurocognition) 뇌의 특정 영역의 기능과 관련된 인지의 한 형태.

신경 전달(neurotransmission) 신경세포(시냅스 전 신경)가 신호 분자(신경 전달 물질)를 방출하는 과정으로, 다른 신경세포의 수용체에 결합해 이를 활성화한다.

신경증(neuroticism) 불안·걱정·공포 같은 감정을 경험할 가능성이 높은 성격 특성.

심리통(psychache) 자살 위험 요인이 될 수 있을 만큼 강렬한 심리적 고통.

양전자 방출 단층 촬영(positron emission tomography, PET) 강하지 않은 특정 방사성 물질을 체내에 주입한 후 그것이 방출하는 양전자를 이용해 신체 조직의 기능을 영상화하는 기술.

연관성 연구(association study) 유전적(genetic) 연관성 연구는 유전적 변이와 자살 행동 간의 상관관계를 검증함으로써 자살 행동에 기여하는 후보 유전자나 유전체 영역을 찾기 위한 연구다.

염기쌍(base pairs) 아데닌(A), 구아닌(G), 사이토신(C), 티민(T)이 쌍을 이루어 만든 DNA의 기본 단위로, 두 가닥의 DNA를 사다리의 발판처럼 연결한다. 인간 DNA에는 약 30억 개의 염기쌍이 존재하는 것으로 추정한다.

염색체(chromosome) 유전자 내부의 DNA를 운반하는 실 모양의 구조체로, 인간은 23쌍의 염색체를 가지고 있다.

유전성(heritability) 집단 내 행동의 변산(variation) 중에서 유전적 영향으로 설명할 수 있는 비율의 통계적 추정치.

유전자(gene) 염색체 내 특정 위치에 존재하는 DNA 서열로 이루어진 유전 단위.

유전자 발현(gene expression) 유전자의 지시를 통해 단백질이 생성되거나 생성되지 않도록 조절하는 과정.

유전체(genome) 유기체가 가진 모든 DNA 염기쌍의 총합으로, 전체 유전 정보를 뜻한다.

의사 결정(decision making) 여러 가능한 선택지 중에서 하나의 신념이나 행동 방침을 선택하는 인지적 과정.

의지(volition) 의식적인 선택이나 결정을 하는 행위.

이란성 쌍둥이(dizygotic twins) 한 번의 임신으로 서로 다른 난자와 정자가 수정해 생긴 두 명의 자녀.

인구 기인 위험도(population-attributable risk, PAR) 인구 전체가 특정 위험 요인에 노출되었을 때의 패턴과 비교해서 전혀 노출되지 않았다고 가정할 때 예상되는 사고 발생률의 감소.

일란성 쌍둥이(monozygotic twins) 100퍼센트 동일한 유전자를 가진 동일 수정란에서 생겨난 쌍둥이.

자가 면역(autoimmune) 유기체의 면역 체계가 자신의 건강한 세포와 조직을 대상으로 면역 반응을 일으키는 현상.

자기 공명 분광법(magnetic resonance spectroscopic imaging, MRSI 또는 spectroscopy) MRI 영상에 더해 세포 또는 대사 활동에 대한 분광 정보를 제공하는 비침습적 영상 기법. 수소 이온 또는 더 흔하게는 양성자(proton) 같은 분자를 분석한다.

자기 공명 영상(magnetic resonance imaging, MRI) 강한 자기장을 이용해 인체 내부의 구조와 기능을 영상화하는 의학적 영상 기술.

자폐증(autism) 다양한 인지 및 행동 증상을 포함하는 복잡한 신경 발달 장애로, 종종 스펙트럼 장애라고도 한다.

전두엽-시상 회로(frontothalamic loop) 전전두엽 피질과 시상을 연결하는 뇌 내 회로.

전장 유전체 연관 연구(genome-wide association study, GWAS) 어떤 질병이나 형질을 가진 사람에게 더 자주 나타나는 유전자 변이〔**단일 염기 다형성**(SNP) 참조〕를 찾기 위해 유전체를 조사하는 방법. 연구마다 수백수천 개의 SNP를 동시에 분석한다.

정서가(valence) 자극이나 상황의 "좋음"(긍정적 정서가) 또는 "나쁨"(부정적 정서가)을 나타내는 정서적 평가 척도.

종단 연구(longitudinal study) 동일한 대상자를 장기간 추적 관찰하며 시간에 따른 변화를 조사하는 연구 설계 방식(**횡단 연구**와 대조).

질병소질(predisposition) 환경적 조건의 영향하에서 표현형 발달에 영향을 미치는 유전적 특성.

취약 기질(diathesis) 특정 상태나 질환에 이르기 쉬운 체질적 경향.

코르티솔(cortisol) 스트레스에 반응해 부신에서 분비되는 글루코코르티코이드 계열의 스테로이드 호르몬.

표현형(phenotype) 유전자형(genotype)의 발현과 환경 요인의 영향, 그리고 이 둘의 상호작용으로 나타나는 관찰 가능한 여러 특성의 총합.

학습된 무기력(learned helplessness) 피험자가 도피하거나 회피할 수 없는 혐오 자극을 반복적으로 견뎌야 할 때 발생한다. 이러한 경험 후 종종 피험자는 도피나 회피가 효과적일 수 있는 새로운 상황에서 "도피"나 "회피"를 배우거나 받아들이지 못한다. 따라서 이 피험자는 혐오 자극이 존재하는 상황에서 무기력하다는 것을 배우게 되고, 통제력을 잃었다는 것을 받아들임으로써 시도를 포기한다.

확산 텐서 영상(diffusion tensor imaging, DTI) 백색질 섬유를 영상화하기 위해 물 분자의 확산 패턴을 이용하는 자기 공명 영상(MRI) 기술.

횡단 연구(cross-sectional study) 다양한 시점에 서로 다른 대상을 사용해 경향을 파악하는 연구 설계 방식(**종단 연구** 참조).

후생유전학(epigenetics) 유전자 발현이 외부 요인의 영향을 어떻게 받는지 연구하는 학문 분야.

희소돌기아교세포(oligodendrocytes) 신경세포의 축색을 감싸고 있는 미엘린 수초를 형성함으로써 지지와 절연 역할을 하는 신경계 세포.

CT 촬영(CT scan) 컴퓨터 단층 촬영(computerized tomography)은 X선을 이용해 신체 조직과 구조를 영상화하는 절차로, 조직의 기능에 관한 정보는 제공하지 않는다.

DNA 디옥시리보핵산(deoxyribonucleic acid). 거의 모든 생물의 세포에 존재하며 스스로 복제할 수 있는 물질. 염색체의 주요 성분이며 유전 정보를 운반한다.

Val66Met 뇌 유래 신경 영양 인자(BDNF)와 관련된 유전자.

참고문헌

Aas, M., Kauppi, K., Brandt, C. L., Kaufmann, T., Steen, N. E., Agartz, I., Westlye, L. T., Andreassen, O. A. & Melle, I. (2017). Childhood trauma is associated with increased brain responses to emotionally negative as compared to positive faces in patients with psychotic disorders. *Psychological Medicine*, *417*, 669-79.

Ackerman, J. P., McBee-Strayer, S. M., Mendoza, K., Stevens, J., Sheftall, A. H., Campo, J. V. & Bridge, J. A. (2015). Risk-sensitive decision-making deficit in adolescent suicide attempters. *Journal of Child and Adolescent Psychopharmacology*, *25*, 109-13.

Adams, R. A., Brown, H. R. & Friston, K. J. (2014). Bayesian inference, predictive coding and delusions. *AVANT*, *V*, 51-88.

Adams, R. A., Stephan, K. E., Brown, H. R., Frith, C. D. & Friston, K. J. (2013). The computational anatomy of psychosis. *Frontiers in Psychiatry*, 4, 47.

Afifi, T. O., Enns, M., Cox, B., Asmundson, G., Stein, M. & Sareen, J. (2008). Population attributable fractions of psychiatric disorders and suicide ideation and attempts associated with adverse childhood experiences. *American Journal of Public Health*, *98*, 946-52.

Afifi, T. O., MacMillan, H. L., Boyle, M., Taillieu, T., Cheung, K. & Sareen, J. (2014). Child abuse and mental disorders in Canada. *Canadian Medical Association Journal*, *186*, E324-E332.

Aguilar, E. J., Garcia-Marti, G., Marti-Bonmati, L., Lull, J. J., Moratal, D., Escarti, M. J., Robles, M., Gonzales, J. C., Guillamon, M. I. & Sanjuan, J. (2008). Left orbitofrontal and superior temporal gyrus changes associated to suicidal behavior in patients with schizophrenia. *Progress in Neuropsychopharmacology and Biological Psychiatry*, *32*, 1673-6.

Ahearn, E. P., Jamison, K. R., Steffens, D. C., Cassidy, F., Provenzale, J. M., Lehman, A., Weisler, R. H., Carroll, B. J. & Krishnan, K. R. (2001). MRI correlates of suicide attempt history in unipolar depression. *Biological Psychiatry*, *50*, 266-70.

Almeida, D. & Turecki, G. (2016). A slice of the suicidal brain: What have postmortem molecular studies taught us? *Current Psychiatry Reports*, *18*, 98.

Amen, D. G., Prunella, J. R., Fallon, J. H., Amen, B. & Hanks, C. (2009). A comparative analysis of completed suicide using high resolution brain SPECT imaging. *Journal of Psychiatry and Clinical Neuroscience*, *21*, 430-9.

Andersen, S. L., Tomada, A., Vincow, E. S., Valente, E., Polcari, A. & Teicher, M. H. (2008). Preliminary evidence for sensitive periods in the effect of childhood sexual abuse on regional brain development. *Journal of Neuropsychiatry and Clinical Neuroscience*, *20*, 292-301.

Andersen, S. M., Spielman, L. A. & Bargh, J. A. (1992). Future-event schemas and certainty about the future: Automaticity in depressives' future-event predictions. *Journal of Personality and Social Psychology*, *63*, 711-23.

Anderson, I. M., Blamire, A., Branton, T., Clark, R., Downey, D., Dunn, G., Easton, A., Elliott, R., Elwell, C., Hayden, K., Holland, F., Karim, S., Loo, C., Lowe, J., Nair, R., Oakley, T., Prakash, A., Sharma, P. K., Williams, S. R., McAllister-Williams, R. H. & Ketamine-ECT Study team. (2017). Ketamine augmentation of electroconvulsive therapy to improve neuropsychological and clinical outcomes in depression (Ketamine-ECT): a multicentre, double-blind, randomised, parallel-group, superiority trial. *Lancet Psychiatry*, *4*, 365-77.

Andersson, L., Allebeck, P., Gustafsson, J. E. & Gunnell, D. (2008). Association of IQ scores and school achievement with suicide in a 40-year follow-up of a Swedish cohort. *Acta Psychiatrica Scandinavica*, *118*, 99-105.

Andriessen, K., Rahman, B., Draper, B., Dudley, M. & Mitchell, P. B. (2017). Prevalence of exposure to suicide: A meta-analysis of population-based studies. *Journal of Psychiatric Research*, *88*, 113-20.

Anestis, M. D. & Houtsma, C. (2017). The association between gun ownership and statewide overall suicide rates. *Suicide and Life-Threatening Behavior*. Epub ahead of print.

Anguelova, M., Benkelfat, C. & Turecki, G. (2003). A systematic review of association studies investigating genes for serotonin receptors and the serotonin receptor: II. Suicidal behavior. *Molecular Psychiatry*, *8*, 646-53.

Ansell, E. B., Rando, K., Tuit, K., Guarnaccia, J. & Sinha, R. (2012). Cumulative adversity and smaller gray matter volume in medial prefrontal, anterior cingulate, and insula regions. *Biological Psychiatry*, *72*, 57-64.

Antypa, N., Serretti, A. & Rujescu, D. (2013). Serotonergic genes and suicide: A systematic review. *European Neuropsychopharmacology*, *23*, 1125-42.

Arie, M., Apter, A., Orbach, I., Yefet, Y. & Zalsman, G. (2008). Autobiographical memory, interpersonal problem solving, and suicidal behaviour in adolescent inpatients. *Comprehensive Psychiatry*, *49*, 22-9.

Arsenault-Lapierre, G., Kim, C. & Turecki, G. (2004). Psychiatric diagnoses in 3275 suicides: A meta-analysis. *BMC Psychiatry*, *4*, 37.

Asarnow, J. R., Porta, G., Spirito, A., Emslie, G., Clarke, G., Wagner, K. D., Vitiello, B., Keller, M., Birmaher, B., McCraken, J., Mayes, T., Berk, M. & Brent, D. A. (2011). Suicide attempts and nonsuicidal self-injury in the Treatment of Resistant Depression in Adolescents: Findings from the TORDIA study. *Journal of the American Academy of Child and Adolescent Psychiatry*, *50*, 772-81.

Åsberg, M., Träskman, L. & Thoren, P. (1976). 5-HIAA in the cerebrospinal fluid: A biochemical suicide predictor? *Archives of General Psychiatry*, *33*, 1193-7.

Audenaert, K., Goethals, I., Van Laere, K., Lahorte, P., Brnas, B., Versijpt, J., Vervaet, M., Beelaert, L., van Heeringen, K.,& Dierckx, R. (2002). SPECT neuropsychological activation procedure with the Verbal Fluency Test in attempted suicide patients. *Nuclear Medicine Communications*, *23*, 907-16.

Audenaert, K., Van Laere, K., Dumont, F., Slegers, G., Mertens, J., van Heeringen, K. & Dierckx, R. (2001). Decreased frontal serotonin 5-HT2a receptor binding index in deliberate self-harm patients. *European Journal of Nuclear Medicine*, *28*, 175-82.

Badre, D., Doll, B. B., Long, N. M. & Frank, M. J. (2012). Rostrolateral prefrontal cortex and individual differences in uncertainty-driven exploration. *Neuron*, *73*, 595-607.

Baeken, C., Duprat, R., Wu, G. R., De Raedt, R. & van Heeringen, K. (2017). Subgenual anterior cingulate functional connectivity in medication-resistant major depression: A neurobiological marker for accelerated intermittent Theta Burst Stimulation treatment? *Biological Psychiatry: Cognitive Neuroscience and Neuroimaging*, 2, no. 7, 556-65.

Baklan, A. V., Huber, R. S., Coon, H., Gray, D., Wilson, P., McMahon, W. M. & Renshaw, P. F. (2015). Acute air pollution exposure and risk of suicide completion. *American Journal of Epidemiology*, *181*, 295-301.

Baldacara, L., Nery-Fernandes, F., Rocha, M., Quarantini, L. C., Rocha, G. G., Guimaraes, J. L., Araujo, C., Oliveira, I., Miranda-Scippa, A. & Jackowski, A. (2011). Is cerebellar volume related to bipolar disorder? *Journal of Affective Disorders*, *135*, 305-9.

Baldessarini, R. J. & Hennen, J. (2004). Genetics of suicide: An overview. *Harvard Review of Psychiatry*, *12*, 1-13.

Barker, A., Hawton, K. & Fagg, J. (1994). Seasonal and weather factors in parasuicide. *British Journal of Psychiatry*, *165*, 375-80.

Bartfai, A., Winborg, I. M., Nordström, P. & Asberg, M. (1990). Suicidal behavior and cognitive flexibility: Design and verbal fluency after attempted suicide.

Suicide and Life-Threatening Behavior, *20*, 54-66.

Bartoli, F., Riboldi, I., Crocamo, C., Di Brita, C., Clerici, M. & Carrà, G. (2017). Ketamine as a rapid-acting agent for suicidal ideation: A meta-analysis. *Neuroscience and Biobehavioral Reviews*, *77*, 232-6.

Bastiampillai, T., Sharfstein, S. S. & Allison, S. (2016). Increase in US suicide rates and the critical decline in psychiatric beds. *Journal of the American Medical Association*, *24*, 2591-2.

Beard, C., Rifkin, L. S. & Björgvinsson, T. (2017). Characteristics of interpretation bias and relationship with suicidality in a psychiatric hospital sample. *Journal of Affective Disorders*, *207*, 321-6.

Beck, A. T., Steer, R. A., Beck, J. S. & Newman, C. F. (1993). Hopelessness, depression, suicidal ideation and clinical diagnosis of depression. *Suicide & Life-Threatening Behavior*, *23*, 139-45.

Becker, E. S., Strohbach, D. & Rinck, M. (1999). A specific attentional bias in suicide attempters. *Journal of Nervous and Mental Disorders*, *187*, 730-5.

Beckman, K., Mittendorfer-Rutz, E., Lichtenstein, P., Larsson, H., Almqvist, C., Runeson, B. & Dahlin, M. (2016). Mental illness and suicide after self-harm among young adults: Long-term follow-up of self-harm patients, admitted to hospital care, in a national cohort. *Psychological Medicine*, *46*, 3397-405.

Beevers, C. G. & Miller, L. W. (2004). Perfectionism, cognitive bias, and hopelessness as prospective predictors of suicidal ideation. *Suicide & Life-Threatening Behavior*, *34*, 126-37.

Beharelle, A. R., Polania, R., Hare, T. A. & Ruff, C. C. (2015). Transcranial stimulation over frontopolar cortex elucidates choice attributes and neural mechanisms used to resolve exploration-exploitation trade-off. *Journal of Neuroscience*, *35*, 14544-56.

Bellivier, F., Belzeaux, R., Scott, J., Courtet, P., Goimard, J. L. & Azorin, J. M. (2017). Anticonvulsants and suicide attempts in bipolar I disorders. *Acta Psychiatrica Scandinavica*, *13*, 470-8.

Ben-Efraim, Y. J., Wasserman, D. & Wasserman, J. (2011). Gene environment interactions between CRHR1 variants and physical assault in suicide attempts. *Genes, Brain and Behavior*, *10*, 663-72.

Benedetti, F., Radaelli, D., Poletti, S., Locatelli, C., Falini, A., Colombo, C. & Smeraldi, E. (2011). Opposite effects of suicidality and lithium on gray matter volumes in bipolar depression. *Journal of Affective Disorders*, *135*, 139-47.

Bergfeld, I. O., Mantione, M., Hoogendoorn, M. L., Ruhé, H. G., Van Laarhoven, J., Visser, I., Figee, M., De Kwaasteniet, B. P., Horst, F., Schene, A. H., Van den Munckhof, P., Beute, G., Schuurman, R. & Denys, D. (2016). Deep brain stimulation of the ventral anterior limb of the internal capsule for treatment-resistant depression: A randomized clinical trial. *JAMA Psychiatry*, *73*, 456-64.

Bertsch, K., Schmidinger, I., Neumann, I. D. & Herpertz, S. C. (2013). Reduced plasma oxytocin levels in female patients with borderline personality disorder. *Hormones and Behavior*, *673*, 424-9.

Besteher, B., Wagner, G., Koch, K., Schachtzabel, C., Reichenbach, J. R., Schlösser, R., Sauer, H. & Schultz, C. C. (2016). Pronounced prefronto-temporal cortical thinning in schizophrenia: Neuroanatomical correlate of suicidal behavior? *Schizophrenia Research*, *176*, 151-7.

Bijttebier, S., Caeyenberghs, K., Van den Ameele, H., Achten, E., Rujescu, D., Titeca, K. & van Heeringen, K. (2015). The vulnerability to suicidal behavior is associated with reduced connectivity strength. *Frontiers in Human Neuroscience*, *9*, 632.

Birkbak, J., Stuart, E. A., Lind, B. D., Qin, P., Stenager, E., Larsen, K. J., Wang, A. G., Nielsen, A. C., Pedersen, C. M., Winslov, J. H., Langhoff, C., Mühlmann, C., Nordentoft, M. & Erlangsen, A. (2016). Psychosocial therapy and causes of death after deliberate self-harm: A register-based nationwide multicentre study using propensity score matching. *Psychological Medicine*, *46*, 3419-3427.

Björkholm, C. & Monteggia, L. M. (2016). BDNF—a key transducer of antidepressant effects. *Neuropsychopharmacology*, *102*, 72-9.

Bolton, J. M., Gunnell, D. & Turecki, G. (2015). Suicide risk assessment and intervention in people with mental illness. *British Medical Journal*, *351*, h4978.

Bostwick, J. M., Pabbati, C., Geske, J. P. & McKean, A. J. (2016). Suicide attempts as a risk factor for completed suicide: Even more lethal than we knew. *American Journal of Psychiatry*, *173*, 1094-1100.

Botzung, A., Denkova, E. & Manning, L. (2008). Experiencing past and future events: Functional neuroimaging evidence on the neural bases of mental time travel. *Brain and Cognition*, *66*, 202-12.

Bourgeois, M. (1987). Existe-t-il des modèles animaux du suicide? 〔Are there animal models of suicidal behavior?〕. *Psychologie Medicale*, *19*, 739-40.

Braskie, M. N., Kohannim, O. & Jahanshad, N. (2013). Relation between variants in the neurotrophin receptor gene NTRK3, and white matter integrity in healthy young adults. *Neuroimage*, *82*, 146-53.

Brenner, B., Cheng, D., Clark, S. & Camargo, C. A. (2011). Positive association between altitude and suicide in 2584 US counties. *High Altitude Medicine & Biology*, *12*, 31-5.

Brent, D. (2009). In search of endophenotypes for suicidal behavior. *American Journal of Psychiatry*, *166*, 1087-8.

Brent, D. A. (2016). Antidepressants and suicidality. *Psychiatry Clinics*, *39*, 503-12.

Brezo, J., Klempan, T. & Turecki, G. (2008a). The genetics of suicide: A critical review of molecular studies. *Psychiatric Clinics of North America*, *31*, 179-203.

Brezo, J., Paris, J., Barker, E. D., Tremblay, R., Vitaro, F., Zoccolillo, M., Hébert, M. & Turecki, G. (2007). Natural history of suicidal behaviors in a population-based sample of young adults. *Psychological Medicine*, *37*, no. 11, 1563-74.

Brezo, J., Paris, J., Vitaro, F., Hébert, M., Tremblay, R. E. & Turecki, G. (2008b). Predicting suicide attempts in young adults with histories of childhood abuse. *British Journal of Psychiatry*, *193*, 134-9.

Bridge, J. A., Barbe, R. P. & Birmaher, B. (2005). Emergent suicidality in a clinical psychotherapy trial for adolescent depression. *American Journal of Psychiatry*, *162*, 2173-5.

Bridge, J. A., Iyengar, S. & Salary, C. B. (2007). Clinical response and risk for reported suicidal ideation and suicide attempts in pediatric antidepressant treatment: A meta-analysis of randomized controlled trials. *JAMA*, *297*, 1683-96.

Bridge, J. A., McBee-Strayer, S. M., Cannon, E. A., Sheftall, A. H., Reynolds, B., Campo, J. V., Pajer, K. A., Barbe, R. P. & Brent, D. A. (2012). Impaired decision making in adolescent suicide attempters. *Journal of the American Academy of Child and Adolescent Psychiatry*, *51*, 394-403.

Brown, D. W., Anda, R. F., Tiemeier, H., Felitti, V. J., Edwards, V. J., Croft, J. B. & Giles, W. H. (2009). Adverse childhood experiences and the risk of premature mortality. *American Journal of Preventive Medicine*, *37*, 389-96.

Brown, G. K., Beck, A. T., Steer, R. A. & Grisham, J. R. (2000). Risk factors for suicide in psychiatric outpatients: A 20-year prospective study. *Journal of Consulting and Clinical Psychology*, *68*, 371-7.

Brown, G. K., Ten Have, T., Henriques, G. R., Xie, S. X., Hollander, J. E. & Beck, A. T. (2005). Cognitive therapy for the prevention of suicide attempts: A randomized controlled trial. *JAMA*, *294*, 563-70.

Bruffaerts, R., Demyttenaere, K., Borges, G., haro, J. M., Chiu, W. T., Hwang, I., Karam, E. G., Kessler, R. C., Sampson, N., Alonso, J., Andrade, L. H., Angermeyer, M., Benjet, C., Bromet, E., de Girolamo, G., De Graaf, R., Florescu, S., Gureje, O., Horiguchi, I., Hu, C., Kovess, V., Levinson, D., Posada-Villa, J., Sagar, R., Scott, K., Tsang, A., Vassilev, S. M., Williams, D. R. & Nock, L. K. (2010). Childhood adversities as risk factors for onset and persistence of suicidal behaviour. *British Journal of Psychiatry*, *197*, 20-7.

Brummelte, S., Mc Glanaghy, E., Bonnin, A. & Oberlander, T. F. (2017). Developmental changes in serotonin signalling: Implications for early brain function, behaviour and adaptation. *Neuroscience*, *3423*, 212-31.

Brundin, L., Erhardt, S., Bryleva, E. Y., Achtyes, E. D. & Postolache, T. T. (2015).

The role of inflammation in suicidal behaviour. *Acta Psychiatrica Scandinavica*, *132*, 192-203.

Brunner, R., Parzer, P., Haffner, J., Steen, R., Roos, J., Klett, M. & Resch, F. (2007). Prevalence and psychological correlates of occasional and repetitive deliberate self-harm in adolescents. *Archives of Pediatric and Adolescent Medicine*, *161*, 641-9.

Bryleva, E. Y. & Brundin, L. (2017). Kynurenine pathways metabolites and suicidality. *Neuropharmacology*, *112*, 324-30.

Budday, S., Raybaud, C. & Kuhl, E. (2014). A mechanical model predicts morphological abnormalities in the developing human brain. *Science Reports*, *4*, 5644.

Busch, K. A., Fawcett, J. & Jacobs, D. G. (2003). Clinical correlates of inpatient suicide. *Journal of Clinical Psychiatry*, *64*, 14-19.

Canner, J. K., Giuliano, K., Selvarajah, S., Hammond, E. R. & Schneider, E. B. (2016). Emergency department visits for attempted suicide and self-harm in the USA: 2006-2013. *Epidemiology and Psychiatric Services*. Epub ahead of print.

Cannon, D. M., Ichise, M., Fromm, S. J., Nugent, A. C., Rollis, D., Gandhi, S. K. & Drevets, W. C. (2006). Serotonin transporter binding in bipolar I disorder assessed using 〔11C〕 DASB and positron emission tomography. *Biological Psychiatry*, *60*, 207-17.

Caplan, R., Siddarth, P., Levitt, J., Gurbani, S., Shields, W. D. & Sankar, R. (2010). Suicidality and brain volumes in pediatric epilepsy. *Epilepsy and Behavior*, *18*, 286-90.

Carmichael, A. G. (2014). BioSocial Methods Collaborative: Central Dogma Enhanced 〔Digital image〕. https://biosocialmethods.isr.umich.edu/research-support/videos-tutorials/epigenetics-tutorial/에서 검색 가능.

Caspi, A., Sugden, K., Moffitt, T. E., Taylor, A., Craig, I. W., Harrington, H., McClay, J., Mill, J., Martin, J., Braithwaite, A. & Poulton, R. (2003). Influence of life stress on depression: Moderation by a polymorphism in the 5-HTT gene. *Science*, *301*, 386-9.

Cavanagh, J. T., Carson, A. J., Sharpe, M. & Lawrie, S. M. (2003). Psychological autopsy studies of suicide: A systematic review. *Psychological Medicine*, *33*, 395-405.

Cha, C. B., Najmi, S., Amir, N., Matthews, J. D., Deming, C. A., Glenn, J. J., Calixte, R. M., Harris, J. A. & Nock, M. (2017). Testing the efficacy of Attention Bias Modification for suicidal thoughts: Findings from two experiments. *Archives of Suicide Research*, *21*, 33-51.

Cha, C. B., Najmi, S., Park, J. M., Finn, C. T. & Nock, M. K. (2010). Attentional bias toward suicide-related stimuli predicts suicidal behavior. *Journal of Abnormal Psychology*, *119*, 616-22.

Chachamovich, E., Haggarty, J., Cargo, M., Hicks, J., Kirmayer, L. J. & Turecki, G. (2013). A psychological autopsy study of suicide among Inuit in Nunavut: Methodological and ethical considerations, feasibility and acceptability. *International Journal of Circumpolar Health*, *72*, 20078.

Chamberlain, S. R., Odlaug, B. L., Schreiber, L. R. N. & Grant, J. E. (2013). Clinical and neurocognitive markers of suicidality in young adults. *Journal of Psychiatric Research*, *47*, 586-91.

Chan, M. K., Bhatti, H., Meader, N., Stockton, S., Evans, J., O'Connor, R. C., Kapur, N. & Kendall, T. (2016). Predicting suicide following self-harm: Systematic review of risk factors and risk scales. *British Journal of Psychiatry*, *357*, 277-83.

Chang, B. P., Franklin, J. C., Ribeiro, J. D., Fox, K. R., Bentley, K. H., Kleiman, E. M. & Nock, M. K. (2016). Biological risk factors for suicidal behaviors: A meta-analysis. *Translational Psychiatry*, *6*, e887.

Chen, J. H. & Asch, S. M. (2017). Machine learning and prediction in medicine: Beyond the peak of inflated expectations. *New England Journal of Medicine*, *376*, 2507-9.

Chen, Z., Zhang, H., Jia, Z., Zhong, J., Huang, X., Du, M., Chen, L., Kuang, W.,

Sweeney, J. A. & Gong, Q. (2015). Magnetization transfer imaging of suicidal patients with major depressive disorder. *Scientific Reports*, *5*, 9670.

Cheng, A. T. (1995). Mental illness and suicide: A case-control study in east Taiwan. *Archives of General Psychiatry*, *52*, 594-603.

Chesin, M. S., Benjamin-Philip, C. A., Keilp, J., Fertuck, E. A., Brodsky, B. S. & Stanley, B. (2016). Improvements in executive attention, rumination, cognitive reactivity, and mindfulness among high-suicide risk patients participating in adjunct mindfulness-based cognitive therapy: Preliminary findings. *Journal of Alternative Complementary Medicine*, *22*, 642-9.

Ching, E. (2016). The complexity of suicide: Review of recent neuroscientific evidence. *Journal of Cognition and Neuroethics*, *3*, 27-40.

Cho, H., Guo, G. & Iritani, B. J. (2006). Genetic contribution to suicidal behaviors and associated risk factors among adolescents in the U.S. *Preventive Science*, *7*, 303-11.

Cho, S. S., Pellechia, G., Ko, J. H., Ray, N., Obeso, I., Houle, S. & Strafela, A. P. (2012). Effect of continuous theta burst stimulation of the right dorsolateral prefrontal cortex on cerebral blood flow changes during decision making. *Brain Stimulation*, *5*, 116-23.

Christodoulou, C., Douzenis, A., Papadopoulos, F. C., Papadopoulo, A., Bouras, G, Gourbellis, R. & Lykouras, L. (2012). Suicide and seasonality. *Acta Psychiatrica Scandinavica*, *125*, 127-46.

Chung, Y. & Jeglic, E. L. (2016). Use of the Modified Emotional Stroop Task to detect suicidality in college population. *Suicide & Life-Threatening Behavior*, *46*, 55-66.

____ (2017). Detecting suicide risk among college students: A test of the predictive validity of the modified emotional Stroop task. *Suicide & Life-Threatening Behavior*, *47*, 398-409.

Cipriani, A., Hawton, K., Stockton, S. & Geddes, J. R. (2013). Lithium in the prevention of suicide in mood disorders: Updated systematic review and meta-analysis. *British Medical Journal*, *364*, 346.

Clark, L., Dombrovski, A. Y., Siegle, G. J., Butters, M. A., Shollenberger, C. L., Sahakian, B. J. & Szanto, K. (2011). Impairment in risk-sensitive decision-making in older suicide attempters with depression. *Psychology and Aging*, *26*, no. 2, 321-30.

Clayden, R. C., Zaruk, A., Meyre, D., Thabane, L. & Samaan, Z. (2012). The association of attempted suicide with genetic variants in the SLC6A4 and TPH genes depends on the definition of suicidal behavior: A systematic review and meta-analysis. *Translational Psychiatry*, *2*, e166.

Clive, M. L., Boks, M. P., Vinkers, C. H., Osborne, L. M., Payne, J. L., Ressler, K. J., Smith, A. K., Wilcox, H. C. & Kaminsky, Z. (2016). Discovery and replication of a peripheral tissue DNA methylation biosignature to augment a suicide prediction model. *Clinical Epigenetics*, *8*, 113.

Coelho, R., Viola, T. W., Walss-Bass, C., Brietzke, E. & Grassi-Oliveira, R. (2014). Childhood maltreatment and inflammatory markers: A systematic review. *Acta Psychiatrica Scandinavica*, *129*, 180-92.

Coenen, V. A., Panksepp, J., Hurwitz, T. A., Urbach, H. & Mädler, B. (2012). Human medial forebrain bundle (MFB) and anterior thalamic radiation (ATR): Imaging of two major subcortical pathways and the dynamic balance of opposite affects in understanding depression. *Journal of Neuropsychiatry and Clinical Neuroscience*, *24*, 223-36.

Colle, R., Chupin, M, Cury, C., Vandendrie, C., Gressier, F., Hardy, P., Falissard, B., Colliot, C., Ducreux, D. & Corruble, E. (2015). Depressed suicide attempters have smaller hippocampus than depressed patients without suicide attempts. *Journal of Psychiatric Research*, *61*, 13-18.

Conaghan, S. & Davidson, K. M. (2002). Hopelessness and the anticipation of positive and negative future experiences in older parasuicidal adults. *British Journal of Clinical Psychology*, *41*, 233-42.

Conner, K. R., Conwell, Y. & Duberstein, P. R. (2001). The validity of proxybased data in suicide research: A study of patients 50 years of age and older who attempted suicide. II. Life events, social support and suicidal behavior. *Acta Psychiatrica Scandinavica*, *104*, 452-7.

Coplan, J. D., Abdallah, C. G., Tang, C. Y., Mathew, S. J., Martinez, J., Hof, P. R., Smith, E. L., Dwork, A. J., Perera, T. D., Pantol, G., Carpenter, D., Rosenblum, L. A., Shungu, D.C., Gelernter, J., Kaufman, A., Jackowski, A., Kaufman, J. & Gorman, J. M. (2010). The role of early life stress in the development of the anterior limb of the internal capsule in non-human primates. *Neuroscience Letters*, *480*, 93-6.

Corlett, P. R., Frith, C. D. & Fletcher, P. C. (2009). From drugs to deprivation: A Bayesian framework for understanding models of psychosis. *Psychopharmacology*, *206*, 515-30.

Coryell, W. & Schlesser, M. (2007). Combined biological tests for suicide prediction. *Psychiatry Research*, *150*, 187-91.

Coste, C. P., Sadaghiani, S., Friston, K. J. & Kleinschmidt, A. (2011). Ongoing brain activity fluctuations directly account for intertribal and indirectly for inter-subject variability in Stroop task performance. *Cerebral Cortex*, *21*, 2612-19.

Coupland, C., Hill, T., Morriss, R., Arthur, A., Moore, M. & Hippisley-Cox, J. (2014). Antidepressant use and risk of suicide and attempted suicide or self-harm in people aged 20 to 64: Cohort study using a primary care database. *British Medical Journal*, *350*, 517.

Courtet, P., Giner, L., Seneque, M., Guillaume, S., Olie, E. & Ducasse D. (2016). Neuroinflammation in suicide: Toward a comprehensive model. *The World Journal of Biological Psychiatry*, *17*, 564-86.

Coventry, W. L., James, M. R., Eaves, L. J., Gordon, S. D., Gillespie, N. A., Ryan, L., Heath, A. C., Montgomery, G. W., Martin, N. G. & Wray, N. R. (2010). Do 5HTTLPR and stress interact in risk for depression and suicidality? Item response analyses of a large sample. *American Journal of Medical Genetics Part B: Neuropsychiatric Genetics*, *153*, 757-65.

Crandall, S. R., Cruikshank, S. J. & Connors, B. W. (2016). A corticothalamic switch: Controlling the thalamus with dynamic synapses. *Neuron*, *86*, 768-82.

Crane, D. E., Black, S. E., Ganda, A., Mikulis, D. J., Nestor, S. M., Donahue, M. J. & MacIntosh, B. J. (2015). Gray matter blood flow and volume are reduced in association with white matter hyperintensity lesion burden: A cross-sectional MRI study. *Frontiers in Aging Neuroscience*, *7*, 131.

Crocket, M. J. & Cools, R. (2015). Serotonin and aversive processing in affective and social decision-making. *Current Opinion in Behavioral Sciences*, *5*, 64-70.

Cuijpers, P., De Beurs, D., Van Spijker, B., Berking, M., Andersson, G. & Kerkhof, A. (2013). The effects of psychotherapy for adult depression on suicidality and hopelessness: A systematic review and meta-analysis. *Journal of Affective Disorders*, *144*, 183-90.

Curtin, S. C., Warner, M. & Hedegaard, H. (2016). Increase in suicide rates in the United States, 1999-2014. NCHS data brief, no. 241. Hyattsville, MD: National Center for Health Statistics.

Cutajar, M. C., Mullen, P. E., Ogloff, J. R. P., Thomas, S. D., Wells, D. L. & Spataro, J. (2010). Suicide and fatal drug overdose in child sexual abuse victims: A historical cohort study. *Medical Journal of Australia*, *192*, 184-7.

Cutler, G. J., Flood, A., Dreyfus, J. & Ortega, H. W. (2015). Emergency department visits for self-inflicted injuries in adolescents. *Pediatrics*, *136*, 28-34.

Cyprien, F., Courtet, P., Malafosse, A., Maller, J., Meslin, C., Bonafé, A., Le Bars, E., de Champfleur, N. M., Ritchie, K. & Artero, S. (2011). Suicidal behavior is associated with reduced corpus callosum area. *Biological Psychiatry*, *70*, 320-6.

Daubert, E. A. & Condron, B. G. (2010). Serotonin: A regulator of neuronal morphology and circuitry. *Trends in Neurosciences*, *33*, 424-34.

Daw, N. D., Niv, Y. & Dayan, P. (2005). Uncertainty-based competition between prefrontal and dorsolateral systems for behavioral control. *Nature Neuroscience*, *8*, 1704-11.

Daw, N. D., O'Doherty, J. P., Dayan, P., Seymour, B. & Dolan, R. J. (2006).

Cortical substrates for exploratory decisions in humans. *Nature*, *441*, 876-9.

Dayan, P. & Huys, Q. J. M. (2008). Serotonin, inhibition, and negative mood. *PLoS Computational Biology*, *4*, e4.

Dayan, P. & Seymour, B. (2009). Values and actions in aversion. *Neuroeconomics*, 175-91.

Dazzi, T., Gribble, R. & Wessely, S. (2014). Does asking about suicide and related behaviours induce suicidal ideation? What is the evidence? *Psychological Medicine*, *44*, 3361-63.

De Berardis, D., Marini, S., Piersanti, M., Cavuto, M., Perna, G., Valchera, A., Mazza, M., Fornaro, M., Iasevoli, F., Martinotti, G. & Di Giannantonio, M. (2012). The relationships between cholesterol and suicide: An update. *ISRN Psychiatry*, 387901.

De Catanzaro, D. (1980). Human suicide: A biological perspective. *Behavioral and Brain Sciences*, *3*, 265-72.

De Luca, V., Viggiano, E., Dhoot, R., Kennedy, J. L. & Wong, A. H. (2009). Methylation and QTDT analysis of the 5-HT2A receptor 102C allele: Analysis of suicidality in major psychosis. *Journal of Psychiatric Research*, *43*, 532-7.

De Martino, B., Fleming, S. M., Garrett, N. & Dolan, R. J. (2013). Confidence in value-based choice. *Nature Neuroscience*, *16*, 105-10.

Deakin, J. & Graeff, F. (1991). 5HT and mechanisms of defense. *Journal of Psychopharmacology*, *5*, 305-15.

Delaney, C., McGrane, J., Cummings, E., Morris, D. W., Tropea, D., Gil, M., Corvin, A. & Donohoe, G. (2012). Preserved cognitive function is associated with suicidal ideation and single suicide attempts in schizophrenia. *Schizophrenia Research*, *140*, 232-6.

Den Ouden, H. E. M., Kok, P. & De Lange, F. P. (2012). How prediction errors shape perception, attention and motivation. *Frontiers in Psychology*, *3*, 548.

Deshpande, G., Baxi, M. & Robinson, J. L. (2016). A neural basis for the acquired capability for suicide. *Frontiers in Psychiatry*, *7*, 125.

Desmyter, S., Bijttebier, S., van Heeringen, K. & Audenaert, K. (2013). The role of neuroimaging in our understanding of the suicidal brain. *CNS & Neurological Disorders Drug Targets*, *12*, 921-9.

Desmyter, S., Duprat, R., Baeken, C., Van Autreve, S., Audenaert, K. & van Heeringen, K. (2016). Accelerated intermittent theta burst stimulation for suicide risk in therapy-resistant depressed patients: A randomized, sham-controlled trial. *Frontiers in Human Neuroscience*, *10*, 480.

Desmyter, S., van Heeringen, K. & Audenaert, K. (2011). Structural and functional neuroimaging studies of the suicidal brain. *Progress in Neuro-Psychopharmacology and Biological Psychiatry*, *35*, 796-808.

Desrochers, T. M., Chatham, C. H. & Badre, D. (2015). The necessity of rostrolateral prefrontal cortex for higher-level sequential behavior. *Neuron*, *87*, 1357-68.

Devries, K. M., Mak, J. Y. T., Child, J. C., Falder, G., Bacchus, L. J., Astbury, J. & Watts, C. H. (2014). Childhood sexual abuse and suicidal behaviour: A meta-analysis. *Pediatrics*, *133*, e1331-e1344.

DeWall, C. N., MacDonald, G., Webster, G. D., Masten, C. L., Baumeister, R. F., Powell, C., Combs, D., Schurtz, D. R., Stillman, T. F., Tice, D. M. & Eisenberger, N. I. (2010). Acetominophen reduces social pain: behavioral and neural evidence. *Psychological Science*, *21*, 931-7.

Dhingra, K., Boduszek, D. & O'Connor, R. C. (2016). A structural test of the Integrated Motivational-Volitional Model of suicidal behaviour. *Psychiatry Research*, *239*, 169-78.

Dickerson, F., Wilcox, H., Adamos, M., Katsafanas, E., Kushalani, S., Origoni, A., Savage, C., Schweinfurth, L., Stallings, C., Sweeney, K. & Yolken, R. (2017). Suicide attempts and markers of immune response in individuals with serious mental illness. *Journal of Psychiatric Research*, *87*, 37-43.

Dixon-Gordon, K. L., Gratz, K. L., McDermott, M. J. & Tull, M.T. (2014). The role of executive attention in deliberate self-harm. *Psychiatry Research*, *218*,

113-17.

Dodds, T. J. (2017). Prescribed benzodiazepines and suicide risk: A review of the literature. *Primary Care Companion CNS Disorders*, *19*,. 16r02037.

Dombrovski, A. Y., Butters, M. A., Reynolds, C. F., Houck, P. R., Clark, L., Mazumbar, S. & Szanto, K. (2008). Cognitive performance in suicidal depressed elderly: Preliminary report. *American Journal of Geriatric Psychiatry*, *16*, 109-115.

Dombrovski, A. Y., Clark, L., Siegle, G. J., Butters, M. A., Ichikawa, N., Sahakian, B. J. & Szanto, K. (2010). Reward/punishment learning in older suicide attempters. *American Journal of Psychiatry*, *167*, 699-707.

Dombrovski, A. Y., Siegle, G. J., Szanto, K., Clark, L., Reynolds, C. F. & Aizenstein, H. (2012). The temptation of suicide: Striatal gray matter, discounting of delayed rewards, and suicide attempts in late-life depression. *Psychological Medicine*, *42*, 1203-15.

Dombrovski, A. Y., Szanto, K., Clark, L., Reynolds, C. F. & Siegle, G. J. (2013). Reward signals, attempted suicide, and impulsivity in late-life depression. *JAMA Psychiatry*, *70*, 1020-1030.

Dombrovski, A. Y., Szanto, K., Siegle, G. J., Wallace, M. L., Forman, S. D., Sahakian, B., Reynolds, C. F. & Clark, L. (2011). Lethal forethought: Delayed reward discounting differentiates high- and low-lethality suicide attempts in old age. *Biological Psychiatry*, *70*, no. 2, 138-44.

Dour, H. J., Cha, C. B. & Nock, M. K. (2011). Evidence for an emotion—cognition interaction in the statistical prediction of suicide attempts. *Behaviour Research and Therapy*, *49*, 294-8.

Doya, K. (2008). Modulators of decision making. *Nature Neuroscience*, *11*, 410-16.

Drabble, J., Bowles, D. P. & Barker, L. A. (2014). Investigating the role of executive attentional control to self-harm in a non-clinical cohort with borderline personality features. *Frontiers in Behavioral Neuroscience*, *8*, 274.

Dube, S. R., Feliti, V. J., Dong, M., Giles, W. H. & Anda, R. F. (2003). The impact of adverse childhood experiences on health problems: Evidence from four birth cohorts dating back to 1900. *Preventive Medicine*, *37*, 268-77.

Durkheim, E. (1897). *Suicide: A study in sociology.* Translation by John A. Spaulding and George Simpson, 1952. London: Routledge & Kegan.

Edmondson, A. J., Brennan, C. A. & House, A. O. (2016). Non-suicidal reasons for self-harm: A systematic review of self-reported accounts. *Journal of Affective Disorders*, *191*, 109-17.

Edwards, M. J., Adams, R. A., Brown, H., Pareés, I. & Friston, K. J. (2012). A Bayesian account of "hysteria." *Brain*, *135*, 3495-3512.

Ehrlich, S., Breeze, J. L., Hesdorffer, D. C., Noam, G. G., Hong, X., Alban, R. L., Davis, S. E. & Renshaw, P. F. (2005). White matter hyperintensities and their association with suicidality in depressed young adults. *Journal of Affective Disorders*, *86*, 281-7.

Ehrlich, S., Noam, G. G., Lyoo, I. K., Kwon, B. J., Clark, M. A. & Renshaw, P. F. (2004). White matter hyperintensities and their associations with suicidality in psychiatrically hospitalized children and adolescents. *Journal of the American Academy of Child and Adolescent Psychiatry*, *43*, 770-6.

Eisenberger, N. I. (2012). The neural bases of social pain: Evidence for shared representations with physical pain. *Psychosomatic Medicine*, *74*, 126-35.

Engelberg, H. (1992). Low serum cholesterol and suicide. *Lancet*, *339*, 727-9.

Evans, J., Williams, J. M. G., O'Loughlin, S. & Howells, K. (1992). Autobiographical memory and problem solving strategies of parasuicide patients. *Psychological Medicine*, *22*, 399-405.

Fan, T., Wu, X., Yao, L. & Dong, Y. (2013). Abnormal baseline brain activity in suicidal and non-suicidal patients with major depressive disorder. *Neuroscience Letters*, *534*, 35-40.

Fardet, L., Petersen, I. & Nazareth, I. (2012). Suicidal behavior and severe neuropsychiatric disorders following glucocorticoid therapy in primary care. *American Journal of Psychiatry*, *169*, 491-7.

Feldman, H. & Friston, K. J. (2010). Attention, uncertainty, and free-energy. *Frontiers in Human Neuroscience*, *4*, 215.

Fergusson, D. M., Boden, J. M. & Horwood, L. J. (2008). Exposure to childhood sexual and physical abuse and adjustment in early adulthood. *Child Abuse & Neglect*, *32*, 607-19.

Fergusson, D. M., Woodward, L. J. & Horwood, L. J. (2000). Risk factors and life processes associated with the onset of suicidal behaviour during adolescence and early adulthood. *Psychological Medicine*, *30*, 23-39.

Fink, M., Kellner, C. H. & McCall, W. V. (2014). The role of ECT in suicide prevention. *Journal of ECT*, *30*, 5-9.

Finkelstein, Y., MacDonald, E. M., Hollands, S., Sivilotti, M. L. A., Hutson, J. R., Mamdani, M. M., Koren, G. & Juurlink, D. N., for the Canadian Drug Safety and Effectiveness Research Network (CDSERN) (2015). Risk of suicide following deliberate self-poisoning. *JAMA Psychiatry*, *72*, 570-5.

Fiori, L. M. & Turecki, G. (2011). Epigenetic regulation of spermidine/spermine N^1-acetyltransferase (SAT1) in suicide. *Journal of Psychiatric Research*, *45*, 1229-1235.

Fitzgerald, M. L., Kassir, S. A., Underwood, M. D., Bakalian, M. J., Mann, J. J. & Arango, V. (2017). Dysregulation of striatal dopamine receptor binding in suicide. *Neuropsychopharmacology*, *42*, 974-82.

Fjeldsted, R., Teasdale, T. W., Jensen, M. & Erlangsen, A. (2016). Suicide in relation to the experience of stressful life events: A population-based study. *Archives of Suicide Research*. Epub ahead of print.

Flegr, J. (2013). How and why Toxoplasma makes us crazy. *Trends in Parasitology*, *29*, 156-63.

Forman, E. M., Berk, M. S., Henriques, G. R., Brown, G. K. & Beck, A. T. (2004). History of multiple suicide attempts as a behavioural marker of severe psychopathology. *American Journal of Psychiatry*, *161*, 437-43.

Fountoulakis, K. N. (2016). Suicide and the economic situation in Europe: Are we experiencing the development of a "reverse stigma"? *British Journal of Psychiatry*, *208*, 273-4.

Fragoso, Y. D., Frota, E. R., Lopes, J. S., Noal, J. S., Giacomo, M. C. & Gomes, S. (2010). Severe depression, suicide attempts, and ideation during the use of interferon beta by patients with multiple sclerosis. *Clinical Neuropharmacology*, *33*, 312-16.

Friedman, R. A. (2014). Antidepressants' black box warning—10 years later. *New England Journal of Medicine*, *371*, 1666-8.

Friston, K. (2005). A theory of cortical responses. *Philosophical Transactions of the Royal Society B*, *360*, 815-36.

Friston, K. J. (2010). The free-energy principle: A unified brain theory? *Nature Reviews Neuroscience*, *11*, 21-2.

____ (2012). Prediction, perception and agency. *International Journal of Psychophysiology*, *83*, 248-52.

Friston, K. J., Rigoli, F., Ognibene, D., Mathys, C., Fitzgerald, T. & Pezzulo, G. (2015). Active inference and epistemic value. *Cognitive Neuroscience*, *6*, 187-224.

Friston, K. J., Stephan, K. E., Montague, R. & Dolan, R. J. (2014). Computational psychiatry: The brain as a phantastic organ. *Lancet Psychiatry*, *1*, 148-58.

Friston, K., Thornton, C. & Clark, A. (2012). Free-energy minimization and the dark-room problem. *Frontiers in Psychology*, 3, 1-7.

Fuchs, I., Ansorge, U, Huber-Huber, C., Höflich, A. & Lanzenberger, R. (2015). S-ketamine influences strategic allocation of attention but not exogenous capture of attention. *Consciousness and Cognition*, *35*, 282-94.

Ganança, L., Oquendo, M. A., Tyrka, A. R., Cisneros-Trujillo, S., Mann, J. J. & Sublette, M. E. (2016). The role of cytokines in the pathophysiology of suicidal behaviour. *Psychoneuroendocrinology*, *63*, 296-310.

Garrett, N., Sharot, T., Faulkner, P., Korn, C. W., Roiser, J. P. & Dolan, R. J. (2014). Losing the rose-tinted glasses: Neural substrates of unbiased belief updating in depression. *Frontiers in Human Neuroscience*, *8*, 639.

Geoffroy, M. C., Gunnell, D. & Power, C. (2014). Prenatal and childhood antecedents of suicide: 50-year follow-up of the 1958 British Birth Cohort study. *Psychological Medicine*, *44*, 1245-56.

George, M. S., Raman, R., Benedek, D., Pelic, C., Grammer, G, Stokes, K., Schmidt, M., Spiegel, C., Dealmeida, N., Beaver, K. L., Borckardt, J. J., Sun, X., Jain, S. & Stein, M. B. (2014). A two-site pilot randomized 3-day trial of high dose left prefrontal repetitive transcranial magnetic stimulation (rTMS) for suicidal inpatients. *Brain Stimulation*, *7*, 421-31.

Geulayov, G., Kapur, N., Turnbull, P., Clements, C., Waters, K., Ness, J., Townsend, E. & Hawton, K. (2016). Epidemiology and trends in non-fatal self-harm in three centres in England 2000-2012: Findings from the Multicentre Study of Self-Harm in England. *British Medical Journal Open*, *6*, e010538.

Geurts, D. E. M., Huys, Q. J. M., De Ouden, H. E. M. & Cools, R. (2013). Aversive Pavlovian control of instrumental behavior in humans. *Journal of Cognitive Neuroscience*, *25*, 1428-41.

Giakoumatis, C. I., Tandon, N., Shaha, J., Mathew, I. T., Brady, R. O., Clementz, B. A., pearlson, G. D., Thaker, G. K., Tamminga, C. A., Sweeney, J. A. & Keshavan, M. S. (2013). Are structural brain abnormalities associated with suicidal behaviour in patients with psychotic disorders? *Journal of Psychiatric Research*, *47*, 1389-95.

Gibbons, R. D., Hur, K., Bhaumik, D. K. & Mann, J. J. (2005). The relationship between antidepressant medication use and rate of suicide. *Archives of General Psychiatry*, *62*, 165-72.

Gibbs, L. M., Dombrovski, A. Y., Morse, J., Siegle, G. J., Houck, P. R. & Szanto, K. (2009). When the solution is part of the problem: Problem solving in elderly suicide attempters. *International Journal of Geriatric Psychiatry*, *24*, 1396-1404.

Gilbert, P. & Allan, S. (1998). The role of defeat and entrapment (arrested flight) in depression: An exploration of an evolutionary view. *Psychological Medicine*, *28*, 585-98.

Gomez, S. H., Tse, J., Wang, Y., Turner, B., Millner, A. J., Nock, M. K. & Dunn, E. C. (2017). Are there sensitive periods when child maltreatment substantially elevates suicide risk? Results from a nationally representative sample of adolescents. *Depression and Anxiety*, *34*, 734-41.

Goodman, M., Hazlett, E. A., Avedon, J. B., Siever, D. R., Chu, K. W. & New, A. S. (2011). Anterior cingulate volume reduction in adolescents with borderline personality disorder and co-morbid major depression. *Journal of Psychiatric Research*, *45*, 803-7.

Gorlyn, M., Keilp, J. G., Oquendo, M. A., Burke, A. K. & Mann, J. J. (2013). Iowa gambling task performance in currently depressed suicide attempters. *Psychiatry Research*, *207*, 150-7.

Gorlyn, M., Keilp, J., Burke, A., Oquendo, M. A., Mann, J. J. & Grunebaum, M. (2015). Treatment-related improvement in neuropsychological functioning in suicidal depressed patients: Paroxetine vs. bupropion. *Psychiatry Research*, *225*, 407-12.

Gosnell, S. N., Velasquez, K. M., Molfese, P. J., Madan, A., Fowler, J. C., Frueh, B. C., Baldwin, P. R. & Salas, R. (2016). Prefrontal cortex, temporal cortex and hippocampus volume are affected in suicidal psychiatric patients. *Psychiatry Research Neuroimaging*, *256*, 250-6.

Gozzi, M., Dashow, E. M., Thurm, A., Swedo, S. E. & Zink, C. F. (2017). Effects of oxytocine and vasopressin on preferential brain responses to negative social feedback. *Neuropsychopharmacology*, *42*, 1409-19.

Graae, F., Tenke, G., Bruder, G., Rotheram, M. J., Placentini, J., Castro-Blanco, D., Leite, P. & Towey, J. (1996). Abnormality of EEG alpha wave asymmetry in female adolescent suicide attempters. *Biological Psychiatry*, *40*, 706-13.

Grabe, H. J., Wittfeld, K., Van der Auwera, S., Janowitz, D., Hegenscheid, K., Habes, M., Homuth, G., Barnow, S., John, U., Nauck, M., Völzke, H., Meyer zu Schwabedissen, H., Freyberger, H. J. & Hosten, N. (2016). Effect of the interaction between childhood abuse and rs1360780 of the FKBP5 gene on gray matter volume in a general population sample. *Human Brain Mapping*, *37*, 1602-13.

Grandclerc, S., De Labrouhe, D., Spodenkiewicz, M., Lachal, J. & Moro M. R. (2016). Relations between non-suicidal self-injury and suicidal behavior in adolescence: A systematic review. *PLoS One*, *11*, e0153760.

Gray, A. L., Hyde, T. M., Deep-Soboslay, A., Kleinman, J. E. & Sodhi, M. S. (2015). Sex differences in glutamate receptor gene expression in major depression and suicide. *Molecular Psychiatry*, *20*, 1057-68.

Greenwald, A. G., Nosek, B. A. & Banaji, M. R. (2003). Understanding and using the Implicit Association Test: I. An improved scoring algorithm. *Journal of Personality and Social Psychology*, *85*, 197-216.

Groschwitz, R. C., Plener, P. L., Groen, G., Bonenberger, M. & Abler, B. (2016). Differential neural processing of social exclusion in adolescents with non-suicidal self-injury. *Psychiatry Research Neuroimaging*, *255*, 43-9.

Grunebaum, M. F., Ellis, S. P., Duan, N., Burke, A. K., Oquendo, M. A. & Mann, J. J. (2012). Pilot randomized clinical trial of an SSRI vs bupropion: Effects on suicidal behavior, ideation, and mood in major depression. *Neuropsychopharmacology*, *37*, 697-706.

Guintivano, J., Brown, T., Newcomer, A., Jones, M., Cox, O., Maher, B. S., Eaton, W. W., Payne, J. L., Wilcox, H. C. & Kaminsky, Z. A. (2014). Identification and replication of a combined epigenetic and genetic biomarker predicting suicide and suicidal behaviors. *American Journal of Psychiatry*, *171*, 1287-96.

Gunnell, D., Löfving, S., Gustafsson, J. E. & Allebeck, P. (2011). School performance and risk of suicide in early adulthood: Follow-up of two national cohorts of Swedish schoolchildren. *Journal of Affective Disorders*, *131*, 104-12.

Hafeman, D. M., Merranko, J., Goldstein, T. R., Axelson, D., Goldstein, B. I., Monk, K., Hickey, M. B., Sakolsky, D., Diler, R., Iyengar, S., Brent, D. A.,

Kupfer, D. J., Kattan, M. W. & Birmaher, B. (2017). Assessment of a person-level risk calculator to predict new-onset bipolar spectrum disorder in youth at familial risk. *JAMA Psychiatry*, *74*, 841-7.

Hafenbrack, A. C., Kinias, Z. & Barsade, S. G. (2014). Debiasing the mind through meditation: Mindfulness and the sunk-cost bias. *Psychological Science*, *25*, 369-76.

Hagan, C. R., Ribeiro, J. D. & Joiner, T. E. (2016). Present status and future prospects of the interpersonal-psychological theory of suicidal behavior. In R. C. O'Connor & J. Pirkis (Eds.), *The international handbook of suicide prevention*. Chichester: Wiley.

Haghighi, F., Galfalvy, H., Chen, S., Huang, Y. Y., Cooper, T. B., Burke, A. K., Oquendo, M. A., Mann, J. J. & Sublette, M. E. (2015). DNA methylation perturbations in genes involved in polyunsaturated fatty acid biosynthesis associated with depression and suicide risk. *Frontiers in Neurology*, *6*, 192.

Haghighi, F., Xin, Y., Chanrion, B., O'Donnell, A. H., Ge, Y., Dwork, A. J., Arango, V. & Mann, J. J. (2014). Increased DNA methylation in the suicide brain. *Dialogues in Clinical Neuroscience*, *16*, 430-8.

Hardy, D. J., Hinkin, C. H., Levine, A. J., Castellon, S. A. & Lam, M. N. (2006). Risky decision making assessed with the gambling task in adults with HIV. *Neuropsychology*, *20*, 355-60.

Harkavy-Friedman, J. M., Keilp, J. G., Grunebaum, M. F., Sher, L., Printz, D., Burke, A. K., Mann, J. J. & Oquendo, M. (2006). Are BPI and BPII suicide attempters distinct neuropsychologically? *Journal of Affective Disorders*, *94*, 255-9.

Haroon, E., Fleischer, C. C., Felger, J. C., Chen, X., Woolwine, B. J., Patel, T., Hu, X. P. & Miller, A. H. (2016). Conceptual convergence: Increased inflammation is associated with increased basal ganglia glutamate in patients with major depression. *Molecular Psychiatry*, *21*, 1351-7.

Harper, S., Charters, T. J., Strumpf, E. C., Galea, S. & Nandi, A. (2015). Economic downturns and suicide mortality in the USA, 1989-2010: Observational study. *International Journal of Epidemiology*, *44*, 956-66.

Harris, E. C. & Barraclough, B. (1997). Suicide as an outcome of mental disorders: A meta-analysis. *British Journal of Psychiatry*, *170*, 205-28.

Harrison, N. A., Voon, V., Cercignani, M., Cooper, E. A., Pessiglione, M. & Critchley, H. D. (2016). A neurocomputational account of how inflammation enhances sensitivity to punishments versus rewards. *Biological Psychiatry*, *80*, 73-81.

Haws, C. A., Gray, D. D., Yurgelun-Todd, D. A., Moskos, M., Meyer, L. J. & Renshaw, P. F. (2009). The possible effect of altitude on regional variation in suicide rates. *Medical Hypotheses*, *73*, 587-90.

Hawton, K. & van Heeringen, K. (2009). Suicide. *The Lancet*, *73*, 1372-81.

Hawton, K., Appleby, L., Platt, S., Foster, T., Cooper, J., Malmberg, A. & Simkin, S. (1998). The psychological autopsy approach to studying suicide: A review of methodological issues. *Journal of Affective Disorders*, *50*, 269-76.

Hawton, K., Malmberg, A. & Simkin, S. (2004). Suicide in doctors: A psychological autopsy study. *Journal of Psychosomatic Research*, *57*, 1-4.

Hawton, K., Simkin, S., Rue, J., Haw, C., Barbour, F., Clements, A., Sakarovitch, C. & Deeks, J. (2002). Suicide in female nurses in England and Wales. *Psychological Medicine*, *32*, 239-50.

Hawton, K., Witt, K. G., Taylor Salisbury, T. L., Arensman, E., Gunnell, D., Hazel, P., Townsend, E. & van Heeringen, K. (2016). Psychosocial interventions for self-harm in adults. *Cochrane Database of Systematic Reviews*, *5*, CD012189.

Hebart, M. N. & Glätscher, J. (2015). Serotonin and dopamine differentially affect appetitive and aversive general Pavlovian-to-instrumental transfer. *Psychopharmacology*, *232*, 437-51.

Heim, C., Shugart, M., Craighead, W. E. & Nemeroff, C. B. (2010). Neurobiological and psychiatric consequences of child abuse and neglect. *Devel-*

opmental Psychobiology, *52*, 671-90.

Heim, C., Young, L. J., Newport, D. J., Mietzko, T., Miller, A. H. & Nemeroff, C. B. (2009). Lower CSF oxytocin concentrations in women with a history of childhood abuse. *Molecular Psychiatry*, *14*, 954-8.

Helbich, M., Blüml, V., Leitner, M. & Kapusta, N. D. (2013). Does altitude moderate the impact of lithium on suicide? A spatial analysis in Austria. *Geospatial Health*, *7*, 209-18.

Hepburn, S. R., Barnhofer, T. & Williams, J. M. G. (2006). Effects of mood on how future events are generated and perceived. *Personality and Individual Differences*, *41*, 801-11.

Hetrick, S. E., McKenzie, J. E. & Cox, G. R. (2012). Newer generation antidepressants for depressive disorders in children and adolescents. *Cochrane Database of Systematic Reviews*, *11*, CD004851.

Hibbeln, J. R. & Salem, N. (1996). Risks of cholesterol-lowering therapies. *Biological Psychiatry*, *40*, 686-7.

Hibbeln, J. R., Umhau, J. C., George, D. T., Shoaf, S. E., Linnoila, M. & Salem, N. (2000). Plasma total cholesterol concentrations do not predict cerebrospinal fluid neurotransmitter metabolites: Implications for the biophysical role of highly unsaturated fatty acids. *American Journal of Clinical Nutrition*, *71*, 331S-338S.

Hitsman, B., Spring, B., Pingitore, R., Munafo, M. & Hedeker, D. (2007). Effect of tryptophan depletion on the attentional salience of smoking cues. *Psychopharmacology*, *192*, 317-24.

Hodgkinson, S., Steyer, J., Kaschka, W. P. & Jandl, M. (2016). Electroencephalographic risk markers of suicidal behavior. In W. P. Kaschka & D. Rujescu (Eds.), *Biological aspects of suicidal behavior*. Basel: Karger.

Hoehne, A., Richard-Devantoy, S., Ding, Y., Turecki, G. & Jollant, F. (2015). First-degree relatives of suicide completers have impaired decision-making but functional cognitive control. *Journal of Psychiatric Research*, *68*, 192-7.

Höflich, A., Hahn, A., Küblböck, M., Kranz, G. S., Vanicek, T., Windischberger, C., Saria, A., Kasper, S., Winkler, D. & Lanzenberger, R. (2015). Ketamine-induced modulation of the thalamo-cortical network in healthy volunteers as a model for schizophrenia. *International Journal of Neuropsychopharmacology*, *18*, 1-11.

Homberg, J. R. (2013). Serotonin and decision making processes. *Neuroscience and Biobehavioral Reviews*, *36*, 218-36.

Horga, G., Schatz, K. C., Abi-Dargham, A. & Peterson, B. S. (2014). Deficits in predictive coding underlie hallucinations in schizophrenia. *Journal of Neuroscience*, *34*, 8072-82.

Huber, R. S., Kim, N., Renshaw, C. E., Renshaw, P. F. & Kondo, D. G. (2014). Relationship between altitude and lithium in groundwater in the United States of America: Results of a 1992-2003 study. *Geospatial Health*, *9*, 231-5.

Hunter, E. C. & O'Connor, R. C. (2003). Hopelessness and future thinking in parasuicide: The role of perfectionism. *British Journal of Clinical Psychology*, *42*, 355-65.

Huys, Q. J. M., Eshel, N., O'Nions, E., Sheridan, L., Dayan, P. & Roiser, J. P. (2012). Bonsai trees in your head: How the Pavlovian system sculpts goal-directed choices by pruning decision trees. *PLoS Computational Biology*, *8*, e1002410.

Hwang, J. P., Lee, T. W., Tsai, S. J., Chen, T. J., Yang, C. H., Ling, J. F. & Tsai, C. F. (2010). Cortical and subcortical abnormalities in late-onset depression with history of suicide attempts investigated with MRI and voxel-based morphometry. *Journal of Geriatric Psychiatry and Neurology*, *23*, 171-84.

Hyafil, A. & Koechlin, E. (2016). A neurocomputational model of human frontopolar cortex function. *BioRxiv*. Epub ahead of print.

Iglesias, C., Saiz, P. A., Garcia-Portilla, P. & Bobes, J. (2016). Antipsychotics. In P. Courtet (Ed.), *Understanding suicide: From diagnosis to personalized treatment*. Heidelberg: Springer.

Ingram, R. E. & Luxton, D. D. (2005). Vulnerability-stress models. In B. L. Hankin & J. R. Z. Abela (Eds.), *Development of psychopathology: A vulnerability-stress perspective*. Los Angeles, CA: Sage Publications.

Ionescu, D. F., Swee, M. B., Pavone, K. J., Taylor, N., Akeju, O., Baer, L., Nyer, M., Cassano, P., Mischoulon, D., Alpert, J. E., Brown, E. N., Nock, M. K., Fava, M. & Cusin, C. (2016). Rapid and sustained reductions in current suicidal ideation following repeated doses of intravenous ketamine: Secondary analyses of an open-label study. *Journal of Clinical Psychiatry*, *77*, e719-e725.

Jee, H. J., Cho, C. H., Lee, Y. J., Choi, N., An, H. & Lee, H. J. (2017). Solar radiation increases suicide rate after adjusting for other climate factors in South Korea. *Acta Psychiatrica Scandinavica*, *135*, no. 3, 219-27.

Jia, Z., Wang, Y., Huang, X. et al. (2014). Impaired frontothalamic circuitry in suicidal patients with depression revealed by diffusion tensor imaging at 3.0 T. *Journal of Psychiatry and Neuroscience*, *38*, 130023.

Johnson, J., Tarrier, N. & Gooding, P. (2008). An investigation of aspects of the cry of pain model of suicide risk: The role of defeat in impairing memory. *Behaviour Research and Therapy*, *46*, 968-75.

Johnston, J. A., Y., Wang, F., Liu, J., Blond, B. N., Wallace, A., Liu, J., spencer, L., Cox Lippard, E. T., Purves, K. L., Landeros-Weisenbergern, A., Hermes, E., Pittman, B., Zhang, S., King, R., Martin, A., Oquendo, M. A. & Blumberg, H. (2017). Multimodal neuroimaging of frontolimbic structure and function associated with suicide attempt in adolescents and young adults with bipolar disorder. *American Journal of Psychiatry*, *174*, 667-75.

Jokinen, J. & Nordström, P. (2009). HPA axis hyperactivity and attempted suicide in young adult mood disorder inpatients. *Journal of Affective Disorders*, *116*, 117-20.

Jokinen, J., Chatzitofis, A., Hellström, C, Nordström, P., Uynas-Moberg, K. & Asberg, M. (2012). Low CSF oxytocine reflects high intent in suicide attempters. *Psychoneuroendocrinology*, *37*, 482-90.

Jokinen, J., Nordström, A. L. & Nordström, P. (2010). Cholesterol, CSF 5-HIAA, violence and intent in suicidal men. *Psychiatry Research*, *178*, 217-19.

Jollant, F., Bellivier, F., Leboyer, M., Astruc, B., Torres, S., Verdier, R., Castelnau, D., Malafosse, A. & Courtet, P. (2005). Impaired decision making in suicide attempters. *American Journal of Psychiatry*, *162*, 304-10.

Jollant, F., Guillaume, S., Jaussent, I., Bechara, A. & Courtet, P. (2013). When knowing what to do is not sufficient to make good decisions: Deficient use of explicit understanding in remitted patients with histories of suicidal acts. *Psychiatry Research*, *210*, no. 2, 485-90.

Jollant, F., Guillaume, S., Jaussent, I., Bellivier, F., Leboyer, M., Castelnau, D., Malafosse, A. & Courtet, P. (2007a). Psychiatric diagnoses and personality traits associated with disadvantageous decision-making. *European Psychiatry*, *22*, 455-61.

Jollant, F., Guillaume, S., Jaussent, I., Castelnau, D., Malafosse, A. & Courtet, P. (2007b). Impaired decision making in suicide attempters may increase the risk of problems in affective relationships. *Journal of Affective Disorders*, *99*, 59-62.

Jollant, F., Lawrence, N. S., Giampietro, V., Brammer, M. J., Fullana, M. A., Drapier, D., Courtet, P. & Philips, M. L. (2008). Orbitofrontal cortex response to angry faces in men with histories of suicide attempts. *American Journal of Psychiatry*, *165*, 740-8.

Jollant, F., Lawrence, N. S., Olié, E., O'Daly, O., Malafosse, A., Courtet, P. & Philips, M. L. (2010). Decreased activation of lateral orbitofrontal cortex during risky choices under uncertainty is associated with disadvantageous decision-making and suicidal behavior. *Neuroimage*, *51*, 1275-81.

Jollant, F., Lawrence, N. L., Olié, E., Guillaume, S. & Courtet, P. (2011). The suicidal mind and brain: A review of neuropsychological and neuroimaging studies. *The World Journal of Biological Psychiatry*, *12*, 319-39.

Jollant, F., Near, J., Turecki, G. & Richard-Devantoy, S. (2017). Spectroscopy markers of suicidal risk in depressed patients. *Progress in Neuropsychopharmacology and Biological Psychiatry*, *73*, 64-71.

Jonas, J. M. & Hearron, A. E. Jr. (1996). Alprazolam and suicidal ideation: A meta-analysis of controlled trials in the treatment of depression. *Journal of Clinical Psychopharmacology*, *16*, 208-11.

Jovev, M., Garner, B., Phillips, L., Velakoulis, D., Wood, S. J., Jackson, H. J., Pantelis, C., McGorry, P. D. & Chanen, A. M. (2008). An MRI study of pituitary volume and parasuicidal behavior in teenagers with first-presentation borderline personality disorder. *Psychiatry Research Neuroimaging*, *162*, 273-7.

Kaess, M., Hille, M., Parter, P., Maser-Gluth, C., Resch, F. & Brunner, R. (2012). Alterations in the neuroendocrinological stress response to acute psychosocial stress in adolescents engaging in nonsuicidal self-injury. *Psychoneuroendocrinology*, *37*, 157-61.

Kaminsky, Z., Wilcox, H. C., Eaton, W. W., Van Eck, K., Kilaru, V., Jovanovic, T., Klengel, T. Bradley, B., Binder, E., Ressler, K. J. & Smith, A. K. (2015). Epigenetic and genetic variation at SKA2 predict suicidal behaviour and post-traumatic stress disorder. *Translational Psychiatry*, *5*, e627.

Kanai, R., Komura, Y., Shipp, S. & Friston, K. J. (2015). Cerebral hierarchies: Predictive processing, precision and the pulvinar. *Philosophical Transactions of the Royal Society B*, *370*, 20140169.

Kang, H. J., Kim, J. M., Lee, J. Y., Kim, S. Y., Bae, K. Y. & Kim, S. W. (2013). BDNF promoter methylation and suicidal behavior in depressive patients. *Journal of Affective Disorders*, *151*, 679-85.

Kapur, N., Cooper, J., O'Connor, R. C. & Hawton, K. (2013). Non-suicidal self-injury versus attempted suicide: New diagnosis or false dichotomy? *British Journal of Psychiatry*, *202*, 326-8.

Kapur, N., Steeg, S., Webb, R, Haigh, M., Bergen, H, Hawton, K., Ness, J., Waters, K. & Cooper, J. (2013). Does clinical management improve outcomes following self-harm? Results from the Multicentre Study of Self-Harm in England. *PLoS One*, *8*, e70434.

Karlsson, H., Hirvonen, J. & Kajander, J. (2010). Research letter: Psychotherapy increases brain serotonin 5-HT1A receptors in patients with major depressive disorder. *Psychological Medicine*, *40*, 523-8.

Kaviani, H., Rahimi, M., Rahimi-Darabad, P., Kamyar, K. & Naghavi, H. (2003). How autobiographical memory deficits affect problem-solving in depressed patients. *Acta Medica Iranica*, *41*, 194-8.

Kaviani, H., Rahimi, P. & Naghavi, H. R. (2004). Iranian depressed patients attempting suicide showed impaired memory and problem-solving. *Archives of Iranian Medicine*, *7*, 113-17.

Kaviani, H., Rahimi-Darabad, P. & Naghavi, H. R. (2005). Autobiographical memory retrieval and problem-solving deficits of Iranian depressed patients attempting suicide. *Journal of Psychopathology and Behavioral Assessment*, *27*, 39-44.

Keilp, J. G., Beers, S. R., Burke, A. K., Melhem, N. M., Oquendo, M. A., Brent, D. A. & Mann, J. J. (2014). Neuropsychological deficits in past suicide attempters with varying levels of depression severity. *Psychological Medicine*, *44*, 2965-74.

Keilp, J. G., Gorlyn, M., Oquendo, M. A., Burke, A. K. & Mann, J. J. (2008). Attention deficit in depressed suicide attempters. *Psychiatry Research*, *159*, 7-17.

Keilp, J., Gorlyn, M., Oquendo, M. A. & Mann, J. J. (2006). Aggressiveness, not impulsiveness or hostility distinguishes suicide attempters with major depression. *Psychological Medicine*, *36*, 1779-88.

Keilp, J. G., Gorlyn, M., Russell, M. Oquendo, M. A., Burke, A. K., Harkavy-Friedman, J. & Mann, J. J. (2013). Neuropsychological function and suicidal behavior: Attentional control, memory and executive dysfunction in suicide attempt. *Psychological Medicine*, *43*, 539-51.

Keilp, J. G., Oquendo, M. A., Stanley, B. H., Burke, A. K., Cooper, T. B., Malone, K. M. & Mann, J. J. (2010). Future suicide attempt and responses to serotonergic challenge. *Neuropsychopharmacology*, *35*, 1063-72.

Keilp, J. G., Sackeim, H. A., Brodsky, B. S., Oquendo, M. A., Malone, K. M. & Mann, J. J. (2001). Neuropsychological dysfunction in depressed suicide attempters. *American Journal of Psychiatry*, *158*, 735-41.

Keilp, J. G., Stanley, B. H., Beers, S. R., Melhem, N. M., Burke, A. K., Cooper, T. B., Oquendo, M. A., Brent, D. A. & Mann, J. J. (2016). Further evidence of low baseline cortisol levels in suicide attempters. *Journal of Affective Disorders*, *190*, 187-92.

Keller, S., Sarchiapone, M., Zarrilli, F., Videtic, A., Ferraro, A. & Carli, V. (2010). Increased promoter methylation in the Wernicke area of suicide subjects. *Archives of General Psychiatry*, *67*, 258-67.

Kelly, T. M. & Mann, J. J. (1996). Validity of DSM-III-R diagnosis by psychological autopsy: A comparison with clinician ante-mortem diagnosis. *Acta Psychiatrica Scandinavica*, *94*, 337-43.

Kercher, A. & Rapee, R. M. (2009). A test of a cognitive diathesis-stress generation pathway in early adolescent depression. *Journal of Abnormal Child Psychology*, *37*, 845-55.

Kessler, R. C., Borges, G. & Walters, E. E. (1999). Prevalence of and risk factors for lifetime suicide attempts in the National Comorbidity Survey. *Archives of General Psychiatry*, *56*, 617-26.

Kessler, R. C., McLaughlin, K. A., Green, J. G., Gruber, M. J., Sampson, N. A., Zaslavsky, A. M., Aguilar-Gaxiola, S., Alhamzawi, A. O., Alonso, J., Angermeyer, M., Benjet, C., Bromet, E., Chatterji, S., de Girolamo, G., Demyttenaere, K., Fayyad, J., Florescu, S., Gal, G., Gureje, O., Haro, J. M., Karam, E. G., Kawakami, N., Lee, S., Lépine, J. P., Ormel, J., Posada-Villa, J., Sagar, R., Tsang, A., Ustün, T. B., Vassilev, S., Viana, M. C. & Williams, D. R. (2010). Childhood adversities and adult psychopathology in the WHO World Mental Health Surveys. *British Journal of Psychiatry*, *197*, no. 5, 378-85.

Kessler, R. C., McLaughlin, K. A., Green, J. G., Gruber, M. J., Sampson, N.

A., Zaslavsky, A. M., Aguilar-Gaxiola, S., Alhamzawi, A. O., Alonso, J., Angermeyer, M., Benjet, C., Bromet, E., Chatterji, S., de Girolamo, G., Demyttenaere, K., Fayyad, J., Florescu, S., Gal, G., Gureje, O., Haro, J. M, Hu, C., Karam, E. G., Kawakami, N., Lee, S., Lépine, J. P., Ormel, J., Posada-Villa, J., Roberts, S., Keers, R., Lester, K. J., Coleman, J. R., Breen, G., Arendt, K., Blatter-Meunier, J., Cooper, P., Creswell, C., Fjermestad, K., Havik, O. E., Herren, C., Hogendoorn, S. M., Hudson, J. L., Krause, K., Lyneham, H. J., Morris, T., Nauta, M., Rapee, R. M., Rey, Y., Schneider, S., Schneider, S. C., Silverman, W. K., Thastum, M., Thirlwall, K., Waite, P., Eley, T. C. & Wong, C. C. (2015a). HPA axis related genes and response to psychological therapies: Genetics and epigenetics. *Depression and Anxiety*, *32*, 861-70.

Kessler, R. C., Warner, C. H., Ivany, C., Petukhova, M. V., Rose, S., Bromet, J., Brown, M. et al. (2015b). Predicting suicides after psychiatric hospitalization in US Army soldiers: The Army Study to Assess Risk and Resilience in Service Members (Army STARRS). *JAMA Psychiatry*, *72*, 49-57.

Khan, M., Asad, N. & Syed, E. (2016). Suicide in Asia: Epidemiology, risk factors and prevention. In R. C. O'Connor & J. Pirkis (Eds.), *The international handbook of suicide prevention*. Chichester: Wiley.

Kim, B., Oh, J., Kim, M. K., Lee, S., Tae, W. S., Kim, C. M., Choi, T. K. & Lee, S. H. (2015). White matter alterations are associated with suicide attempt in patients with panic disorder. *Journal of Affective Disorders*, *175*, 139-46.

Kim, H. S., Sherman, D. K., Taylor, S. E., Sasaki, J. Y., Chu, T. Q., Ryu, C., Suh, E. M. & Xu, J. (2010). Culture, serotonin receptor polymorphism and locus of attention. *Social and Cognitive Affective Neuroscience*, *5*, 21-218.

King, D. A., Conwell, Y., Cox, C., Henderson, R. E., Denning, D. G. & Caine, E. D. (2000). A neuropsychological comparison of depressed suicide attempters and non-attempters. *Journal of Neuropsychiatry and Clinical Neurosciences*, *12*, 64-70.

Klengel, T., Mehta, D., Anacker, C., Rex Haffner, M., Prüssner, J. C., Pariante, C. M., Pace, T. W. W., Mercer, K. B., Mayberg, H. S., Bradley, B., Nemeroff, C. B., Holsboer, F., Heim, C. M., Ressler, K. J., Rein, T. & Binder, E. B. (2013). Allele-specific FKBP5 DNA demethylation mediates gene-childhood trauma interactions. *Nature Neuroscience*, *16*, 33-41.

Klonsky, E. D. (2011). Non-suicidal self-injury in United States adults: Prevalence, socio-demographics, topography and functions. *Psychological Medicine*, *41*, 1981-6.

Kluen, L. M., Nixon, P., Agorastos, A., Wiedermann, K. & Schwabe, L. (2016). Impact of stress and glucocorticoids on schema-based learning. *Neuropsychopharmacology*, *42*, 1254-61.

Korpi, E. R., Kleinman, J. E. & Wyatt, R. J. (1988). GABA concentrations in forebrain areas of suicide victims. *Biological Psychiatry*, *32*, 109-14.

Krajniak, M., Miranda, R. & Wheeler, A. (2013). Rumination and pessimistic certainty as mediators of the relation between lifetime suicide attempt history and future suicidal ideation. *Archives of Suicide Research*, *17*, 196-211.

Kremen, W. S., Prom-Wormley, E., Panizzon, M. S., Eyler, L. T., Fischl, B., Neale, M. C., Franz, C. E., Lyons, M. J., Pacheco, J., Perry, M. E., Stevens, A., Schmitt, J. E., Grant, M. D., Seidman, L. J., Thermenos, H. W., Tsuang, M. T., Eisen, S. A., Dale, A. M. & Fennema-Notestine, C. (2010). Genetic and environmental influences on the size of specific brain regions in midlife: The VETSA MRI study. *NeuroImage*, *49*, 1213-23.

Krishnan, V. & Nestler, E. J. (2008). The molecular neurobiology of depression. *Nature*, *455*, 894-902.

Kundakovic, M., Gudsnuk, K., Herbstman, J. B., Tang, D., Perera, F. P. & Champagne, F. A. (2015). DNA methylation of BDNF as a biomarker of early-life adversity. *Proceedings of the National Academy of Sciences*, *112*, 6807-13.

Kuo, W. H., Gallo, J. J. & Eaton, W. W. (2004). Hopelessness, depression, substance disorder, and suicidality. *Social Psychiatry and Psychiatric Epidemi-*

ology, *39*, 497-501.

Labonté, B., Suderman, M., Maussion, G., Lopez, J. P., Narro-Sanchez, L., Yerko, V., Mechawar, N., Szyf, M., Meaney, M. J. & Turecki, G. (2013). Genome-wide methylation changes in the brains of suicide completers. *American Journal of Psychiatry*, *170*, 511-20.

Labonté, B., Suderman, M., Maussion, G., Navaro, L., Yerko, V., Mahar, I., Bureau, A., Mechawar, N., Szyf, M., Meaney, M. J. & Turecki, G. (2012a). Genome-wide epigenetic regulation by early-life trauma. *Archives of General Psychiatry*, *69*, 722-31.

Labonté, B., Yerko, V., Gross, J., Mechawar, N., Meaney, M. J., Szyf, M. & Turecki, G. (2012b). Differential glucocorticoid receptor exon 1(B), 1(C), and 1(H) expression and methylation in suicide completers with a history of childhood abuse. *Biological Psychiatry*, *72*, 41-8.

Large, M., Kaneson, M., Myles, N., Myles, H., Gunaratne, P. & Ryan, C. (2016). Meta-analysis of longitudinal cohort studies of suicide risk assessment among psychiatric patients: Heterogeneity in results and lack of improvement over time. *PLoS One*, *11*, e0156322.

Lawson, R. P., Friston, K. J. & Rees, G. (2015). A more precise look at context in autism. *Proceedings of the National Academy of Sciences*, *112*, E5226.

Lawson, R. P., Rees, G. & Friston, K. J. (2014). An aberrant precision account of autism. *Frontiers in Human Neuroscience*, *8*, 302.

Le-Niculescu, H., Levey, D. F., Ayalew, M., Palmer, L., Gavrin, L. M., Jain, N., Winiger, E., Bhosrekar, S., Shankar, G., Radel, M., Bellanger, E., Duckworth, H., Olesek, K., Vergo, J., Schweitzer, R., Yard, M., Ballew, A., Shektar, A., Sandusky, G. E., Schork, N. J., Kurian, S. M., Salomon, D. R. & Niculescu, A. B. (2013). Discovery and validation of blood biomarkers for suicidality. *Molecular Psychiatry*, *18*, 1249-64.

Lee, B. H. & Kim, Y. K. (2010). The roles of BDNF in the pathophysiology of major depression and in antidepressant treatment. *Psychiatry Investigation*, *7*,

231-5.

____ (2011). Potential peripheral biological predictors of suicidal behavior in major depressive disorder. *Progress in Neuropsychopharmacology and Biological Psychiatry*, *35*, 842-7.

Lee, R., Ferris, C., Van de Kar, L. D. & Coccaro, E. F. (2009). Cerebrospinal fluid oxytocin, life history of aggression, and personality disorder. *Psychoneuroendocrinology*, *34*, 1567-73.

Lee, S. J., Kim, B., Oh, D., Kim, M. K., Kim, K. H., Bang, S. Y., Choi, T. K. & Lee, S. H. (2016). White matter alterations associated with suicide in patients with schizophrenia or schizophreniform disorder. *Psychiatry Research*, *248*, 23-9.

Lee, Y. J., Kim, S., Gwak, R., Kim, S. J., Kang, S. G., Na, K. S., Son, Y. D. & Park, J. (2016). Decreased regional gray matter volume in suicide attempters compared to non-attempters with major depressive disorder. *Comprehensive Psychiatry*, *67*, 59-65.

Legris, J., Links, P. S., van Reekum, R., Tannock, R. & Toplak, M. (2012). Executive function and suicidal risk in women with borderline personality disorder. *Psychiatry Research*, *196*, 101-8.

Leibetseder, M. M., Rohrer, R. R., Mackinger, H. F. & Fartacek, R. R. (2006). Suicide attempts: Patients with and without affective disorder show impaired autobiographical memory specificity. *Cognition and Emotion*, *20*, 516-26.

Leon, A. C., Friedman, R. A., Sweeney, J. A., Brown, R. P. & Mann, J. J. (1990). Statistitical issues in the identification of risk factors for suicidal behavior: The application of survival analysis. *Psychiatry Research*, *31*, 99-108.

Levey, D. F., Niculescu, E. M., Le-Niculescu, H., Dainton, H. L., Phalen, P. L., Ladd, T. B., Weber, H., Belanger, E., Graham, D. L., Khan, F. N., Vanipenta, N. P., Stage, E. C., Ballew, A., Gelbart, T., Shekhar, A., Schork, N. J., Kurian, S. M., Sandusky, G. E., Salomon, D. R. & Niculescu, A. B. (2016). Understanding and predicting suicidality in women: Biomarkers and clinical risk assessment. *Molecular Psychiatry*, *21*, 768-85.

Lewitzka, U., Severus, E., Bauer, R., Ritter, P., Müller-Oerlinghausen, B. & Bauer, M. (2015). The suicide prevention effect of lithium: More than 20 years of evidence—a narrative review. *International Journal of Bipolar Disorder*, *3*, 15.

Leyton, M., Paquette, V., Gravel, P., Rosa-Neto, P., Weston, F., Diksic, M. & Benkelfat, C. (2006). α-[^{11}C]Methyl-L-tryptophan trapping in the orbital and ventromedial prefrontal cortex of suicide attempters. *European Neuropsychopharmacology*, *16*, 220-3.

Li, D. & He, L. (2007). Meta-analysis supports association between serotonin transporter (5-HTT) and suicidal behavior. *Molecular Psychiatry*, *12*, 47-54.

Li, J., Kuang, W. H., Zou, K., Deng, W., Li, T., Gong, Q. Y. & Sun, X. L. (2009). A proton magnetic spectroscopy research on hippocampus metabolisms in people with suicide-attempted depressions (in Chinese with English abstract). *Sichuan Da Xue Xue Bao Yi Xue Ban*, *40*, 59-62.

Li, L. & Vlisides, P. E. (2016). Ketamine: Fifty years of modulating the mind. *Frontiers in Human Neuroscience*, *10*, 612.

Lim, L., Radua, J. & Rubia, K. (2014). Gray matter abnormalities in childhood maltreatment: A voxel-wise meta-analysis. *American Journal of Psychiatry*, *171*, 854-63.

Lin, G. Z., Li, L., Song, Y. F., Shen, Y. X., Shen, S. Q. & Ou, C. Q. (2016). The impact of ambient air pollution on suicide mortality: A case-crossover study in Guangzhou, China. *Environmental Health*, *15*, 90.

Lin, P. Y. & Tsai, G. (2004). Association between serotonin transporter gene promoter polymorphism and suicide: Results of a meta-analysis. *Biological Psychiatry*, *55*, 1023-30.

Lindqvist, D., Isaksson, A., Träskman-Bendz, L. & Brundin, L. (2008). Salivary cortisol and suicidal behavior: A follow-up study. *Psychoneuroendocrinology*, *33*, 1061-8.

Lindström, M. B., Ryding, E., Bosson, P., Ahnlide, J.A., Rosén, I. & Träskman-

Bendz, L. (2004). Impulsivity related to brain serotonin transporter binding capacity in suicide attempters. *European Neuropsychopharmacology*, *14*, 295-300.

Liu, D., Diorio, J., Tannenbaum, B., Caldji, C., Francis, D., Freedman, A., Sharma, S., Pearson, D., Plotsky, P. M. & Meaney, M. J. (1997). Maternal care, hippocampal glucocorticoid receptors, and hypothalamic-pituitary-adrenal responses to stress. *Science*, *277*, 1659-62.

Lockwood, J., Daley, D., Towsend, E. & Sayall, K. (2017). Impulsivity and self-harm in adolescence: A systematic review. *European Child and Adolescent Psychiatry*, *26*, 387-402.

Lopez-Larson, M., King, J. B., McGlade, E., Bueler, E., Stoeckel, A., Epstein, D. J. & Yurgelun-Todd, D. (2013). Enlarged thalamic volumes and increased fractional anisotropy in the thalamic radiations in veterans with suicide behaviors. *Frontiers in Psychiatry*, *4*, 83.

Ludwig, J. & Marcotte, D. E. (2005). Antidepressants, suicide, and drug regulation. *Journal of Policy Analysis and Management*, *24*, 259.

Lund-Sørensen, H., Benros, M. E., Madsen, T., Sørensen, H. J., Eaton, W. W., Postolache, T. T., Nordentoft, M. & Erlangsen, A. (2016). A nationwide cohort study of the association between hospitalization with infection and risk of death by suicide. *JAMA Psychiatry*, *73*, 912-19.

Lutz, P. E. & Turecki, G. (2014). DNA methylation and childhood maltreatment: From animal models to human studies. *Neuroscience*, *264*, 142-56.

Lutz, P. E., Tanti, A., Gasecka, A., Barnett-Burns, S., Kim, J. J., Zhou, Y., Chen, G. C., Wakid, M., Shaw, M., Almeida, D., Chay, M. A., Yang, J., Larivière, V., M'Boutchou, M. N., Van Kempen, L. C., Yerko, V., Prud'homme, J., Davoli, M. A., Vaillancourt, K., Théroux, J. F., Bramouillé, A., Zhang, T. Y., Meaney, M. J., Ernst, C., Côté, D., Mechawar, N. & Turecki, G. (2017). Association of a history of child abuse with impaired myelination in the anterior cingulate cortex: Convergent epigenetic, transcriptional, and morphological evidence.

American Journal of Psychiatry. Epub ahead of print.

Lynch, P. J. (2010). Brain human sagittal section. Wikimedia Commons. https://commons.wikimedia.org/wiki/File:Serotonergic_neurons.svg.

Maciejewski, D. F., Creemers, H. E., Lynskey, M. T., Madden, P. A. F., Heath, A. C., Statham, D. J., Martin, N. G. & Verweij, K. (2014). Overlapping genetic and environmental influences on non-suicidal self-injury and suicidal ideation: Different outcomes, same etiology? *JAMA Psychiatry*, *71*, 699-705.

MacLeod, A. K., Pankhania, B. & Mitchell, D. (1997). Parasuicide, depression and the anticipation of positive and negative future experiences. *Psychological Medicine*, *27*, 973-7.

MacLeod, A. K., Rose, G. S. & Williams, J. M. G. (1993). Components of hopelessness about the future in parasuicide. *Cognitive Therapy and Behaviour*, *17*, 441-55.

MacLeod, A. K., Tata, P., Tyrer, P., Schmidt, U., Davidson, K. & Thompson, S. (2005). Hopelessness and positive and negative future thinking in parasuicide. *British Journal of Clinical Psychology*, *44*, 495-504.

Mahon, K., Burdick, K. E., Wu, J., Ardekani, B. A. & Szeszko, P. R. (2012). Relationship between suicidality and impulsivity in bipolar I disorder: A diffusion tensor imaging study. *Bipolar Disorder*, *14*, 80-9.

Makris, G. D., Reutfors, J., Larsson, R., Isacsson, G., Ösby, U., Ekbom, A., Ekselius, L. & Papadopoulos, F. C. (2016). Serotonergic medication enhances the association between suicide and sunshine. *Journal of Affective Disorders*, *189*, 276-81.

Malloy-Diniz, L. F., Neves, F. S., Abrantes, S. S. C., Fuentes, D. & Correa, H. (2009). Suicide behavior and neuropsychological assessment of type I bipolar patients. *Journal of Affective Disorders*, *112*, 231-6.

Mandelli, L. & Serretti, A. (2016). Gene-environment interaction studies in suicidal behaviour. In W. P. Kaschka & D. Rujescu (Eds.), *Biological aspects of suicidal behavior*. Basel: Karger.

Maniglio, R. (2011). The role of childhood sexual abuse in the etiology of suicide and non-suicidal self-injury. *Acta Psychiatrica Scandinavica*, *124*, 30-41.

Mann, J. J. (2003). Neurobiology of suicidal behaviour. *Nature Reviews Neuroscience*, *4*, 819-28.

____ (2013). The serotonergic system in mood disorders and suicidal behavior. *Philosophical Transactions of the Royal Society B Biological Science*, *368*, 20120537.

Mann, J. J. & Arango, V. (1992). Integration of neurobiology and psychopathology in a unified model of suicidal behavior. *Journal of Clinical Psychopharmacology*, *12*, S2-S7.

Mann, J. J. & Currier, D. (2016). Relationships of genes and early-life experience to the neurobiology of suicidal behavior. In R. C. O'Connor & J. Pirkis (Eds.), *The international handbook of suicide prevention*. Chichester: Wiley.

Mann, J. J. & Haghgighi, F. (2010). Genes and environment: Multiple pathways to psychopathology. *Biological Psychiatry*, *68*, 403-4.

Mann, J. J. & Michel, C. A. (2016). Prevention of firearm suicide in the United States: What works and what is possible. *American Journal of Psychiatry*, *173*, 969-79.

Mann, J. J., Apter, A., Bertolote, J., Beautrais, A., Currier, D., Haas, A., Hegerl, U., Lonnqvist, J., Malone, K., Marusic, A., Mehlum, L., Patton, G., Phillips, M., Rutz, W., Rihmer, Z., Schmidtke, A., Shaffer, D., Silverman, M., Takahashi, Y, Varnik, A., Wasserman, D, Yip, P. & Hendin, H. (2005). Suicide prevention strategies: A systematic review. *JAMA*, *294*, 2064-74.

Mann, J. J., Arango, V., Avenevoli, S., Brent, D. A., Champagne, F. A., Clayton, P., Currier, D., Dougherty, D. M., Haghigi, F., Hodge, S. E., Kleinman, J., Lehner, T., McMahon, F., Moscicki, E. K., Oquendo, M. A., Pandey, G. N., Pearson, J., Stanley, B., Terwilliger, J. & Wenzel, A. (2009). Candidate endophenotypes for genetic studies of suicidal behavior. *Biological Psychiatry*, *65*, 556-63.

Mann, J. J., Currier, D., Stanley, B., Oquendo, M. A., Amsel, L. V. & Ellis, S. P. (2006). Can biological tests assist prediction of suicide in mood disorders? *International Journal of Neuropsychopharmacology*, *9*, 465-74.

Mann, J. J., Waternaux, C., Haas, G. L. & Malone, K. M. (1999). Toward a clinical model of suicidal behavior in psychiatric patients. *American Journal of Psychiatry*, *156*, 181-9.

Marchand, W. R., Lee, J. N., Johnson, S., Thatcher, J., Gale, P., Wood, N. & Jeong, E. K. (2012). Striatal and cortical midline circuits in major depression: Implications for suicide and symptom expression. *Progress in Neuropsychopharmacology and Biological Psychiatry*, *36*, 290-9.

Martino, D. J., Strejilevich, S. A., Torralva, T. & Manes, F. (2011). Decision making in euthymic bipolar I and bipolar II disorders. *Psychological Medicine*, *41*, 1319-27.

Marusic, A. (2005). History and geography of suicide: Could genetic risk factors account for the variation in suicide rates? *American Journal of Medical Genetics C Seminars in Medical Genetics*, *133*, 43-7.

Marzuk, P. M., Hartwell, N., Leon, A. C. & Portera, L. (2005). Executive functioning in depressed patients with suicidal ideation. *Acta Psychiatrica Scandinavica*, *112*, 294-301.

Mataix-Cols, D., Fernandez de la Cruz, L., Monzani, B., Rosenfield, D., Anderson, E., Perez-Viogil, A. et al. (2017). D-cycloserine augmentation of exposure-based cognitive behaviour therapy for anxiety, obsessive-compulsive, and posttraumatic stress disorders: A systematic review and meta-analysis of individual participant data. *JAMA Psychiatry*, *74*, 501-10.

Mathias, C. W., Dougherty, D. M., James, L. M., Richard, D. M., Dawes, M. A., Acheson, A. & Hill-Kapturczak, N. (2011). Intolerance to delayed reward in girls with multiple suicide attempts. *Suicide & Life-Threatening Behavior*, *41*, 277-86.

Matsuo, K., Nielsen, N., Nicoletti, M. A., Hatch, J. P., Monkul, E. S., Watanabe,

Y., Zunta-Soares, G. B., Nery, F. G. & Soares, J. C. (2010). Anterior genu corpus callosum and impulsivity in suicidal patients with bipolar disorder. *Neuroscience Letters*, *469*, 75-80.

McCall, W. V., Benca, R. M., Rosenquist, P. B., Riley, M. A., McCloud, L., Newman, J. C., Case, D., Rumble, M. & Krystal, A. D. (2017). Hypnotic medications and suicide: Risk, mechanisms, mitigation and the FDA. *American Journal of Psychiatry*, *174*, 18-25.

McGirr, A. & Turecki, G. (2007). The relationship of impulsive aggressiveness to suicidality and other depression-linked behaviors. *Current Psychiatry Reports*, *9*, 460-6.

McGirr, A., Diaconu, G., Berlim, M. T., Pruessner, J. C., Sablé, R., Cabot, S. & Turecki, G. (2010). Dysregulation of the sympathetic nervous system, hypothalamic-pituitary-adrenal axis and executive function in individuals at risk for suicide. *Journal of Psychiatry and Neuroscience*, *35*, 399-408.

McGirr, A., Diaconu, G., Berlim, M. T. & Turecki, G. (2011). Personal and family history of suicidal behaviour is associated with lower peripheral cortisol in depressed outpatients. *Journal of Affective Disorders*, *131*, 368-73.

McGirr, A., Dombrovski, A. Y., Butters, M. A., Clark, L. & Szanto, K. (2012). Deterministic learning and attempted suicide among older depressed individuals: Cognitive assessment using the Wisconsin Card Sorting Task. *Journal of Psychiatric Research*, *46*, 226-32.

McGirr, A., Jollant, F. & Turecki, G. (2013). Neurocognitive alterations in first degree relatives of suicide completers. *Journal of Affective Disorders*, *145*, 264-9.

McGowan, P. O., Sasaki, A., D'Alessio, A. C., Dymov, S., Labonte, B., Szyf, M., Turecki, G. & Meaney, M. J. (2009). Epigenetic regulation of the glucocorticoid receptor in human brain associates with childhood abuse. *Nature Neuroscience*, *12*, 342-8.

McGuire, J. T., Nassar, M. R., Gold, J. I. & Kable, J. W. (2014). Functionally dissociable influences on learning rate in a dynamic environment. *Neuron*, *84*, 870-81.

Meerwijk, E. L., Ford, J. M. & Weiss, S. J. (2013). Brain regions associated with psychological pain: Implications for a neural network and its relationship to physical pain. *Brain Imaging and Behavior*, *7*, 1-14.

Melhem, N. M., Keilp, J. G., Porta, G., Oquendo, M. A., Burke, A., Stanley, B., Cooper, T. B., Mann, J. J. & Brent, D. A. (2016). Blunted HPA axis activity in suicide attempters compared to those at high risk for suicidal behavior. *Neuropsychopharmacology*, *41*, 1447-56.

Meltzer, H. Y., Alphs, L., Green, A. I., Altamura, A. C., Anand, R., Bertoldi, A., Bourgeois, M., Chouinard, G., Islam, M. Z., Kane, J., Krishnan, R., Lindenmayer, J. P., Potkin, S. & International Suicide Prevention Trial Study Group (2003). Clozapine treatment for suicidality in schizophrenia: International Suicide Prevention Trial (InterSePT). *Archives of General Psychiatry*, *60*, 82-91.

Menon, V. & Kattimani, S. (2015). Suicide and serotonin: Making sense of evidence. *Indian Journal of Psychological Medicine*, *37*, 377-8.

Meyer, J. H., Houle, S., Sagrati, S., Carella, A., Hussey, D. F., Ginovart, N., Goulding, V., Kennedy, J. & Wilson, A. A. (2004). Brain serotonin transporter binding potential measured with carbon 11-labeled DASB positron emission tomography: Effects of major depression episodes and severity of dysfunctional attitudes. *Archives of General Psychiatry*, *61*, 1271-9.

Meyer, J. H., McMain, S., Kennedy, S. H., Korman, L. Brown, G. M., DaSilva, J. N., Wilson, A. A., Blak, T., Eynan-Harvey, R., Goulding, V. S., Houle, S. & Links, P. (2003). Dysfunctional attitudes and 5-HT2 receptors during depression and self-harm. *American Journal of Psychiatry*, *160*, 90-9.

Miller, A. B., Esposito-Smythers, C., Weismoore, J. T. & Renshaw, K. D. (2013). The relationship between child maltreatment and adolescent suicidal behaviour: A systematic review and critical examination of the literature. *Clinical Child and Family Psychology Review*, *16*, 146-72.

Miller, J. M., Kinnally, E. L., Ogden, R. T., Oquendo, M. A., Mann, J. J. & Parsey, R. V. (2009). Reported childhood abuse is associated with low serotonin binding in vivo in major depressive disorder. *Synapse*, *63*, 565-73.

Miranda, R., Valderrama, J., Tsypes, A., Gadol, E. & Gallagher, M. (2013). Cognitive inflexibility and suicidal ideation: Mediating role of brooding and hopelessness. *Psychiatry Research*, *210*, 174-81.

Mirkovic, B., Laurent, C., Podlipski, M. A., Frebourg, T., Cohen, D. & Gerardini, P. (2016). Genetic association studies of suicidal behavior: A review of the past 10 years, progress, limitations, and future directions. *Frontiers in Psychiatry*, *7*, 158.

Mittendorfer-Rutz, E., Rasmussen, F. & Wasserman, D. (2007). Familial clustering of suicidal behaviour and psychopathology in young suicide attempters: A register-based nested case control study. *Social Psychiatry and Psychiatric Epidemiology*, *43*, 28-36.

Miu, A. C., Carnut, M., Vulturara, R., Szekelly, R. D., Bilc, M. I., Chis, A., Fernandez, K. C., Szentagotai-Tatar, A. & Gross, J. J. (2017). BDNF Val66Met polymorphism moderates the link between child maltreatment and reappraisal ability. *Genes, Brain and Behavior*, *16*, 419-26.

MMWR (2013). Suicide among adults aged 35-64 years—United States, 1999-2010. *MMWR Morbidity and Mortality Weekly Reports*, *62*, 321-5.

____ (2017). Average number of deaths from motor vehicle injuries, suicide, and homicide, by day of the week. *US Department of Health and Human Services/Centers for Disease Control and Prevention*, *66*, 22.

Monkul, E. S., Hatch, J. P., Nicoletti, M. A., Spence, S., Brambilla, P., Lacerda., A. L. T., Sassi, R. B., Mallinger, A. G., Keshavan, M. S. & Soares, J. C. (2007). Fronto-limbic brain structures in suicidal and non-suicidal female patients with major depressive disorder. *Molecular Psychiatry*, *12*, 360-6.

Monroe, S. M. & Hadjiyannakis, H. (2002). The social environment and depression:

Focusing on severe life stress. In I. H. Gotlib & C. L. Hammen (Eds.), *Handbook of depression*. New York, NY: Guilford Press.

Monson, E. T., De Klerk, K., Gaynor, S. C., Wagner, A. H., Breen, M. E., Parsons, M., Casavant, T. L., Zandi, P. P., Potash, J. B. & Willour, V. L. (2016). Whole-gene sequencing investigation of *SAT1* in attempted suicide. *American Journal of Medical Genetics Part B: Neuropsychiatric Genetics*, *171*, 888-95.

Montague, P. R., Dolan, R. J. & Friston, K. J. (2012). Computational psychiatry. *Trends in Cognitive Sciences*, *16*, 72-80.

Moran, R. J., Campo, P., Symmonds, M., Stephan, K. E., Dolan, R. J. & Friston, K. J. (2013). Free energy, precision and learning: The role of cholinergic neuromodulation. *Journal of Neuroscience*, *33*, 8227-36.

Morthorst, B. R., Soegaard, B., Nordentoft, M. & Erlangsen, A. (2016). Incidence rates of deliberate self-harm in Denmark 1994-2011. *Crisis*, *37*, 256-64.

Moutsiana, C., Charpentier, C. J., Garrett, N., Cohen, M. X. & Sharot, T. (2015). Human frontal-subcortical circuit and asymmetric belief updating. *Journal of Neuroscience*, *35*, 14077-85.

Muehlenkamp, J. J., Claes, L., Havertape, L. & Plener, P. L. (2012). International prevalence of adolescent non-suicidal self-injury and deliberate self-harm. *Child and Adolescent Psychiatry and Mental Health*, *6*, 10.

Muldoon, M. F., Manuck, S. B., Mendelsohn, A. B., Kaplan, J. R. & Belle, S. H. (2001). Cholesterol reduction and non-illness mortality: Meta- analysis of randomised clinical trials. *British Medical Journal*, *322*, 11-15.

Mullins, N., Hodgson, K., Tansey, K. E., Perroud, N., Maier, W., Mors, O., Rietschel, M., Hauser, J., Henigsberg, N., Souery, D., Aitchison, K., Farmer, A., McGuffin, P., Breen, G., Uher, R. & Lewis, C. M. (2014). Investigation of blood mRNA biomarkers for suicidality in an independent sample. *Translational Psychiatry*, *4*, e474.

Mumford, D. (1992). On the computational architecture of the neocortex. II. The role of cortico-cortical loops. *Biological Cybernetics*, *66*, 241-51.

Murphy, T. M., Ryan, M. & Foster, T. (2011). Risk and protective genetic variants in suicidal behaviour: Association with SLC1A2, SLC1A3, 5-HTR1B and NTRK2 polymorphisms. *Behavioral and Brain Functions*, *7*, 22.

Muthukumaraswamy, S. D., Shaw, A. D., Jackson, L. E., Hall, J., Moran, R. & Saxena, N. (2015). Evidence that subanesthetic doses of ketamine cause sustained disruptions of NMDA and AMPA-mediated frontoparietal connectivity in humans. *Journal of Neuroscience*, *35*, 11694-706.

National Confidential Inquiry into Suicide and Homicide by People with Mental Illness. (2014). *Suicide in primary care in England: 2002-2011*. Manchester, UK. www.bbmh.manchester.ac.uk/cmhr/research/centreforsuicideprevention/nci/reports/SuicideinPrimaryCare2014.pdf에서 검색 가능.

Nemeroff, C. B. (2016). Paradise lost: The neurobiological and clinical consequences of child abuse and neglect. *Neuron*, *89*, 892-909.

Nery-Fernandes, F., Rocha, M. V., Jackowski, A., Ladeia, G., Guimaraes, J. L., Quarantini, L. C., Araùgo-Neto, C. A., De Oliveira, I. R. & Miranda-Scippa, A. (2012). Reduced posterior corpus callosum area in suicidal and non-suicidal patients with bipolar disorder. *Journal of Affective Disorders*, 142, 150-5.

Niculescu, A. B., Levey, D., Le-Niculescu, H., Niculescu, E., Kurian, S. M. & Salomon, D. (2015a). Psychiatric blood biomarkers: Avoiding jumping to premature negative or positive conclusions. *Molecular Psychiatry*, *20*, 286-8.

Niculescu, A. B., Levey, D. F., Phalen, P. L., Le-Niculescu, H., Dainton, H. D., Jain, N., Belanger, E., James, A., George, S., Weber, H., Graham, D. L., Schweitzer, R., Ladd, T. B., Learman, R., Niculescu, E. M., Vanipenta, N. P., Khan, F. N., Mullen, J., Shankar, G., Cook, S., Humbert, C., Ballew, A., Yard, M., Gelbart, T., Shekhar, A., Schork, N. J., Kurian, S. M., Sandusky, G. E. & Salomon, D. R. (2015b). Understanding and predicting suicidality using a combined genomic and clinical risk assessment approach. *Molecular Psychiatry*, *20*, 1266-85.

Nielsen, O., Wallace, D. & Large, M. (2017). Pokorny's complaint: The insoluble problem of the overwhelming number of false positives generated by suicide risk assessment. *British Journal of Psychiatry Bulletin*, *41*, 18-20.

Njau, S., Joshi, S. H., Espinoza, R., Leaver, A. M., Vasavada, M., Marguina, A., Woods, R. P. & Narr, K. L. (2017). Neurochemical correlates of rapid treatment response to electroconvulsive therapy in patients with major depression. *Journal of Psychiatry and Neuroscience*, *42*, 6-16.

Nock, M. K. & Banaji, M. R. (2007). Assessment of self-injurious thoughts using a behavioral test. *American Journal of Psychiatry*, *164*, 820-3.

Nock, M. K. & Mendes, W. B. (2008). Physiological arousal, distress tolerance, and social problem-solving deficits among adolescent self-injurers. *Journal of Consulting and Clinical Psychology*, *75*, 28-38.

Nock, M. K., Borges, G., Bromet, E. J., Alonso, J., Angermeyer, M., Beautrais, A., Bruffaerts, R., Chiu, W. T., De Girolamo, G., Gluzman, S., De Graaf, R., Gureje, O., Haro, J. M., Huang, Y., Karam, E., Kessler, R. C., Lepine, J. P., Levinson, D., Medina-Mora, M. E., Ono, Y., Posada-Villa, J. & Williams, D. (2008). Cross-national prevalence and risk factors for suicidal ideation, plans and attempts. *British Journal of Psychiatry*, *192*, 98-105.

Nock, M. K., Park, J. M., Finn, C. T., Deliberto, T. L., Dour, H. J. & Banaji, M. R. (2010). Measuring the suicidal mind: Implicit cognition predicts suicidal behavior. *Psychological Science*, *21*, 511-17.

Nordentoft, M. (2011). Crucial elements in suicide prevention strategies. *Progress in Neuropsychopharmacology and Biological Psychiatry*, *35*, 848-53.

Nordt, C., Warnke, I., Seifritz, E. & Kawohl, W. (2015). Modelling suicide and unemployment: A longitudinal analysis covering 63 countries, 2000-2011. *Lancet Psychiatry*, *2*, 239-45.

NSRF (2016). *National self-harm registry Ireland: Annual report 2015*. Cork: National Suicide Research Foundation.

NVSS (2016). *National vital statistics reports*, vol. 65, no. 4.

Nye, J. A., Purselle, D., Plisson, C., Voll, R. J., Stehouwer, J. S., Votaw, J. R.,

Klits, C. D., Goodman, M. M. & Nemeroff, C. B. (2013). Decreased brainstem and putamen SERT binding potential in depressed suicide attempters using [11C]-zient PET imaging. *Depression & Anxiety*, *30*, 902-7.

O'Connor, D. B., Ferguson, E., Green, A., O'Carroll, R. E. & O'Connor, R. C. (2016). Cortisol levels and suicidal behavior: A meta-analysis. *Psychoneuroendocrinology*, *63*, 370-9.

O'Connor, D. B., Green, J. A., Ferguson, E., O'Carroll, R. E, O'Connor, R. C. (2017). Cortisol reactivity and suicidal behavior: Investigating the role of hypothalamic-pituitary-adrenal axis responses to stress in suicide attempters and ideators. *Psychoneuroendocrinology*, *75*, 183-91.

O'Connor, R. C. (2011). Towards an integrated motivational-volitional of suicidal behaviour. In R. C. O'Connor, S. Platt, & J. Gordon (Eds.), *International handbook of suicide prevention: Research, policy and practice* (pp. 181-98). Hoboken, NJ: Wiley Blackwell.

O'Connor, R. C. & Nock, M. (2014). The psychology of suicidal behaviour. *Lancet Psychiatry*, *1*, 73-85.

O'Connor, R. C., Ferguson, E., Scott, F., Smyth, R., McDaid, D., Park, A. L., Beautrais, A. & Armitage, C. J. (2017). A brief psychological intervention to reduce repetition of self-harm in patients admitted to hospital following a suicide attempt: A randomised controlled trial. *Lancet Psychiatry*, *4*, 451-460.

O'Connor, R. C., Fraser, L., Whyte, M. C., MacHale, S. & Masterton, G. (2008). A comparison of specific future expectancies and global hopelessness as predictors of suicidal ideation in a prospective study of repeat self-harmers. *Journal of Affective Disorders*, *110*, 207-14.

OECD (2012). *Health at a glance: Europe 2012*. Paris: OECD Publishing.

Ohmann, S., Schuch, B., König, M., Blaas, S., Fliri, C. & Popow, C. (2008). Self-injurious behavior in adolescent girls. *Psychopathology*, *41*, 226-35.

Oldershaw, A., Grima, E., Jollant, F., Richards, C., Simic, M., Taylor, L. & Schmidt, U. (2009). Decision making and problem solving in adolescents who deliberately self-harm. *Psychological Medicine*, *39*, 95-104.

Olfson, M., Shaffer, D. & Marcus, S. C. (2003). Relationship between antidepressant medication treatment and suicide in adolescents. *Archives of General Psychiatry*, *60*, 978-82.

Olié, E., Ding, Y., Le Bars, E., Menjot de Champfleur, N., Mura, T., Bonafé, A., Courtet, P. & Jollant, F. (2015). Processing of decision making and social threat in patients with history of suicide attempt: A neuroimaging replication study. *Psychiatry Research Neuroimaging*, *234*, 369-77.

Olié, E., Jollant, F., Deverdun, J., Menjot de Champfleur, N., Cyprien, F., Le Bars, E., Mura, T., Bonafé, A. & Courtet, P. (2017). The experience of social exclusion in women with a history of suicidal acts: A neuroimaging study. *Scientific Reports*, *7*, 89.

Olié, E., Picot, M. C., Guillaume, S., Abbar, M. & Courtet, P. (2011). Measurement of total serum cholesterol in the evaluation of suicidal risk. *Journal of Affective Disorders*, *133*, 234-8.

Olvet, D. M., Peruzzo, D., Thapa-Chhetry, B., Sublette, M. E., Sullivan, G. M., Oquendo, M. A., Mann, J. J. & Parsey, R. V. (2014). A diffusion tensor imaging study of suicide attempters. *Journal of Psychiatric Research*, *51*, 60-7.

Oquendo, M. A., Galfalvy, H. C., Currier, D., Grunebaum, M. F., Sher, L., Sullivan, G. M., Burke, A. K., Harkavy-Friedman, J., Sublette, M. E., Parsey, R. V. & Mann, J. J. (2011). Treatment of suicide attempters with bipolar disorder: A randomized clinical trial comparing lithium with valproate in the prevention of suicidal behavior. *American Journal of Psychiatry*, *168*, 1050-56.

Oquendo, M. A., Galfalvy, H., Russo, S., Ellis, S. P., Grunebaum, M. F., Burke, A. & Mann, J. J. (2004). Prospective study of clinical predictors of suicidal acts after a major depressive episode in patients with major depressive disorder or bipolar disorder. *American Journal of Psychiatry*, *61*, 1433-41.

Oquendo, M. A., Galfalvy, H., Sullivan, G. M., Miller, J. M., Milak, M. M., Sublette, E., Cisneros-Trujillo, S., Burke, A. K., Parsey, R. V. & Mann, J. J.

(2016). Positron emission tomographic imaging study of the serotonergic system and prediction of risk and lethality of future suicidal behavior. *JAMA Psychiatry*, *73*, 1048-55.

Oquendo, M. A., Perez-Rodriguez, M. M., Poh, E., Burke, A. K., Sublette, M. E., Mann, J. J. & Galfalvy, H. (2014a). Life events: A complex role in the timing of suicidal behavior among depressed patients. *Molecular Psychiatry*, *19*, 902-9.

Oquendo, M. A., Placidi, G. P., Malone, K. M., Campbell, C., Keilp, J., Brodsky, B., Kegeles, L. S., Cooper, T. B., Parsey, R. V., Van Heertum, R. L. & Mann, J. J. (2003). Positron emission tomography of regional brain metabolic responses to a serotonergic challenge and lethality of suicide attempts in major depression. *Archives of General Psychiatry*, *60*, 14-22.

Oquendo, M. A., Sullivan, G. M., Sudol, K., Baca-Garcia, E., Stanley, B. H., Sublette, M. E. & Mann, J. J. (2014b). Toward a biosignature for suicide. *American Journal of Psychiatry*, *171*, 1259-77.

Orlando, C. M., Broman-Fulks, J. J., Whitlock, J. L., Curtin, L. & Michael, K. D. (2015). Non-suicidal self-injury and suicidal self-injury: A taxometric investigation. *Behavior Therapy*, *46*, 824-33.

Osuch, E., Ford, K., Wrath, A., Bartha, R. & Neufeld, R. (2014). Functional MRI of pain application in youth who engaged in repetitive non-suicidal self-injury vs. psychiatric controls. *Psychiatry Research Neuroimaging*, *223*, 104-12.

Ouellet-Morin, I., Wong, C. C., Danese, A., Pariante, C. M., Papadopoulos, A. S., Mill, J. & Arseneault, L. (2013). Increased serotonin transporter gene (SERT) DNA methylation is associated with bullying victimization and blunted cortisol response to stress in childhood: A longitudinal study of discordant monozygotic twins. *Psychological Medicine*, *43*, 1813-23.

Pan, L. A., Batezati-Alves, S. C., Almeida, J. R. C., Segreti, A., Akkal, D., Hassel, S., Lakdawala, S., Brent, D. A. & Philips, M. L. (2011). Dissociable patterns of neural activity during response inhibition in depressed adolescents with and without suicidal behavior. *Journal of the American Academy of Child and Adolescent Psychiatry*, *50*, 602-11.

Pan, L. A., Hassel, S., Segreti, A., Nau, S. A., Brent, D. A. & Philiups, M. L. (2013a). Differential patterns of activity and functional connectivity in emotion processing neural circuitry to angry and happy faces in adolescents with and without suicide attempt. *Psychological Medicine*, *43*, 2129-42.

Pan, L. A., Segreti, A., Almeida, J., Jollant, F., Lawrence, N., Brent, D. A. & Philips, M. L. (2013b). Preserved hippocampal function during learning in the context of risk in adolescent suicide attempt. *Psychiatry Research Neuro-imaging*, *211*, 112-18.

Pandey, G. N. & Dwivedi, Y. (2010). What can postmortem studies tell us about the pathoetiology of suicide? *Future Neurology*, *5*, 701-20.

____ (2012). Peripheral biomarkers for suicide. In Y. Dwivedi (Ed.), *The neuro-biological basis of suicide*. Boca Raton, FL: CRC Press.

Passos, I. C., Mwangi, B. & Kapczinski, F. (2016). Big data analytics and machine learning: 2015 and beyond. *The Lancet Psychiatry*, *2016*, no. 3, 13-15.

Pechtel, P., Lyons-Ruth, K., Anderson, C. M. & Teicher, M. H. (2014). Sensitive periods of amygdala development: The role of maltreatment in preadolescence. *NeuroImage*, *97*, 236-44.

Pedersen, M. G., Mortensen, P. B., Norgaard-Pedersen, B. & Postolache, T. T. (2012). *Toxoplasma gondii* infection and self-directed violence in mothers. *Archives of General Psychiatry*, *69*, 1123-30.

Perada, N., Guilera, G., Forns, M. & Gomez-Benito, J. (2009). The prevalence of sexual abuse in community and student samples: A meta-analysis. *Clinical Psychology Review*, *29*, 328-38.

Perroud, N., Paoloni-Giacobino, A., Prada, P., Olié, E., Salzmann, A., Nicastro, R., Guillaume, S., Mouthon, D., Stouder, C., Dieben, K., Huguelet, P., Courtet, P. & Malafosse, A. (2011). Increased methylation of glucocorticoid receptor gene (NR3C1) in adults with a history of childhood maltreatment: A link with the severity and type of trauma. *Translational Psychiatry*, *1*, e59.

Perroud, N., Salzmann, A., Prada, P., Nicastro, R., Hoeppli, M. E., Furrer, S., Ardu, S., Krejci, I., Karege, F. & Malafosse, A. (2013). Response to psychotherapy in borderline personality disorder and methylation status of the BDNF gene. *Translational Psychiatry*, *3*, e207.

Pestian, J. P., Sorfter, M., Connolly, B., Bretonnel, K., McCullumsmith, C., Gee, J. T., Morency, P. P., Scherer, S. & Rohlfs, L. for the STM Research Group. (2017). A machine learning approach to identifying thought markers of suicidal subjects: A prospective multicenter trial. *Suicide & Life-Threatening Behavior*, *47*, 112-21.

Petersen, S. E. & Posner, M. I. (2012). The attention system of the human brain: Twenty years after. *Annual Review of Neuroscience*, *21*, 73-89.

Philip, N. S., Tyrka, A. R., Albright, S. E., Sweet, L. H., Almeida, J., Price, L. H. & Carpenter, L. L. (2016). Early life stress predicts thalamic hyperconnectivity: A transdiagnostic study of global connectivity. *Journal of Psychiatric Research*, *79*, 93-100.

Pirkis, J., Mok, K., Robinson, J. & Nordentoft, M. (2016). Media influences on suicidal thoughts and behaviors. In R. C. O'Connor & J. Pirkis (Eds.), *The international handbook of suicide prevention*. Chichester: Wiley.

Pirnia, T., Joshi, S. H., Leaver, A. M., Vasavada, M., Njau, S., Woods, R. P., Espinoza, R. & Narr, K. L. (2016). Electroconvulsivbe therapy and structural neuroplasiticiy in neocortical, limbic and paralimbic cortex. *Translational Psychiatry*, *6*, e832.

Plener, P. L., Zohsel, K., Hohm, A., Buchmann, A. F., Banaschewskia, T., Zimmermann, U. S. & Laucht, M. (2017). Lower cortisol level in response to a psychosocial stressor in young females with self-harm. *Psychoneuroendocrinology*, *76*, 84-7.

Pokorny, A. D. (1983). Prediction of suicide in psychiatric patients: Report of a prospective study. *Archives of General Psychiatry*, *40*, 249-57.

Pollock, L. R. & Williams, J. M. G. (1998). Problem solving and suicidal behavior. *Suicide and Life-Threatening Behavior*, *28*, 375-87.

____ (2001). Effective problem solving in suicide attempters depends on specific autobiographic recall. *Suicide and Life-Threatening Behavior*, *31*, 386-96.

____ (2004). Problem-solving in suicide attempters. *Psychological Medicine*, 34, no. 1, 163-7.

Pompili, M., Ehrlich, S., De Pisa, E., Mann, J. J., Innamorati, M., Cittadini, A., Montagna, B., Iliceto, P., Romano, A., Amore, M., Tatarelli, R. & Girardi, P. (2007). White matter hyperintensities and their associations with suicidality in patients with major affective disorders. *European Archives of Psychiatry and Clinical Neuroscience*, *257*, 494-9.

Pompili, M., Innamorati, M., Mann, J. J., Oquendo, M. A., Lester, D., Del Casale, A., Serafini, G., Rigucci, S., Romano, A., Tamburello, A., Manfredi, G., De Pisa, E., Ehrlich, S., Giupponi, G., Amore, M., Tatarelli, R. & Girardi, P. (2008). Periventricular white matter hyperintensities as predictors of suicide attempts in bipolar disorders and unipolar depression. *Progress in Neuropsychopharmacology and Biological Psychiatry*, *32*, 1501-7.

Pompili, M., Innamorati, M., Masotti, V., Personnè, F., Lester, D., Di Vittorio, C., Pompili, M., Longo, L., Dominici, G., Serafini, G., Lamis, D. A., Amore, M. & Girardi, P. (2016). Polyunsaturated fatty acids and suicide risk in mood disorders: A systematic review. *Progress in Neuropsychopharmacology and Biological Psychiatry*. Epub ahead of print.

Popova, N. K. & Naumenko, V. S. (2013). 5-HT1A receptor as a key player in the brain 5-HT system. *Reviews in the Neurosciences*, *24*, 191-204.

Post, R. M. (1992). Transduction of psychosocial stress into the neurobiology of recurrent affective disorder. *American Journal of Psychiatry*, *149*, 999-1010.

Poudel-Tandukar, K., Nanri, A., Iwasaki, L.M., Mizoue, T., Matsushita, Y., Takahashi, Y., Noda, M., Inoue, M. & Tsugane, S. and the Japan Public Health Center-Based Prospective Study Group (2011). Long chain n-3 fatty acids intake, fish consumption, and suicide in a cohort of Japanese men and women: The Japan Public Health Center-based (JPHC) prospective study. *Journal of Affective Disorders*, *129*, 282-8.

Pouliot, L. & De Leo, D. (2006). Critical issues in psychological autopsy studies. *Suicide and Life-Threatening Behavior*, *36*, 491-510.

Poulter, M. O., Weaver, I. C., Palkovits, M., Faludi, G., Merali, Z., Szyf, M. & Anisman, H. (2008). GABAA receptor promotor hypermethylation in the suicide brain: Implications for the involvement of epigenetic processes. *Biological Psychiatry*, *64*, 645-52.

Preti, A. (2007). Suicide among animals: A review of evidence. *Psychological Reports*, *101*, 831-48.

____ (2011). Animal models and neurobiology of suicide. *Progress in Neuro-Psychopharmacology and Biological Psychiatry*, *35*, 818-830.

Price, R. B., Iosifescu, D. V., Murrough, J. W., Chang, L. C., Al Jurdi, R. K., Iqbal, S. Z., Soleimani, L., Charney, D. S., Foulkes, A. L. & Mathew, S. J. (2014). Effects of ketamine on explicit and implicit suicidal cognition: A randomized controlled trial in treatment-resistant depression. *Depression and Anxiety*, *31*, 335-43.

Priya, P. K., Rajappa, M., Kattimani, S., Mohanraj, P. S. & Revathy, G. (2016). Association of neurotrophins, inflammation and stress with suicide risk in young adults. *Clinica Chimica Acta*, *457*, 41-5.

Prosser, A., Helfer, B. & Leucht, S. (2016). Biological v. psychosocial treatments: A myth about pharmacotherapy v. psychotherapy. *British Journal of Psychiatry*, 208, 309-11.

Pustilnik, A., Elkana, O., Vatine, J. J., Franko, M. & Hamdan, S. (2017). Neuro-psychological markers of suicidal risk in the context of medical rehabilitation. *Archives of Suicide Research*, *21*, 293-306.

Rahnev, D. A., Maniscalco, B., Luber, B., Lau, H. & Lisanby, S. H. (2012). Direct injection of noise to the visual cortex decreases accuracy but increases decision confidence. *Journal of Neurophysiology*, *107*, 1556-63.

Rajkumar, R., Fam, J., Yeo, E. Y. M. & Dawe, G. S. (2015). Ketamine and suicidal ideation in depression: Jumping the gun? *Pharmacological Research*, *99*, 23-35.

Randall, J. R., Bowe, B. H., Dong, K. A., Nock, M. K. & Colman, I. (2013). Assessment of self-harm risk using implicit thoughts. *Psychological Assessment*, *25*, 714-21.

Rasmussen, S. A., O'Connor, R. C. & Brodie, D. (2008). The role of perfectionism and autobiographical memory in a sample of parasuicide patients: An exploratory study. *Crisis*, *29*, 64-72.

Raust, A., Slama, F., Flavie, M., Roy, I., Chenu, A., Koncke, D., Fouques, D., Jollant, F., Jouvent, E., Courtet, P., Leboyer, M. & Bellivier, F. (2007). Prefrontal cortex dysfunction in patients with suicidal behaviour. *Psychological Medicine*, *37*, 411-19.

Reeves, R.R. & Ladner, M. E. (2010). Antidepressant-induced suicidality: An update. *CNS Neuroscience & Therapeutics*, *16*, 227-34.

Reichl, C., Heyera, A., Brunner, R., Parzerc, P., Völker, J. M., Resch, F. & Kaess, M. (2016). Hypothalamic-pituitary-adrenal axis, childhood adversity and adolescent non-suicidal self-injury. *Psychoneuroendocrinology*, *74*, 203-11.

Reisch, T., Seifritz, E., Esposito, F., Wiest, R., Valach, L. & Michel, K. (2010). An fMRI study on mental pain and suicidal behavior. *Journal of Affective Disorders*, *126*, 321-5.

Reitz, S., Kluetsch, R., Niedtfeld, I, Korz, T., Lis, S., Paret, C., Kirsch, P. Meyer-Lindenberg, A., Treede, R. D., Baumgartner, U., Bohus, M. & Schmahl, C. (2015). Incision and stress regulation in borderline personality disorder: Neurobiological mechanisms of self-injurious behaviour. *British Journal of Psychiatry*, *207*, 165-72.

Renteria, M. E., Schmall, L., Hibar, D. P., Couvy-Duchesnel, B., Strike, L. T., Mills, N. T. et al. (2017). Subcortical brain structure and suicidal behaviour in major depressive disorder: A meta-analysis from the ENIGMA-MDD working group. *Translational Psychiatry*, *7*, 1116.

Resnick, S., Smith, R., Beard, J., Holena, D., Reilly, P., Schwab, C. W., Seamon, M. J. (2017). Firearm deaths in America: Can we learn from 462,000 lives lost? *Annals of Surgery*, *266*, 432-40.

Retterstøl, N. (1993). *Suicide: A European perspective*. London: Cambridge University Press.

Ribeiro, J. D., Franklin, K. R., Fox, K. R., Bentley, K. H., Kleiman, E. M., Chang, B. P. & Nock, M. K. (2016). Self-injurious thoughts and behaviors as risk factors for future suicide ideation, attempts, and death: A meta-analysis of longitudinal studies. *Psychological Medicine*, *46*, no. 2, 225-36.

Richard-Devantoy, S., Berlim, M. T. & Jollant, F. (2014). A meta-analysis of neuropsychological markers of vulnerability to suicidal behavior in mood disorders. *Psychological Medicine*, *44*, 1663-73.

____ (2015). Suicidal behaviour and memory: A systematic review and meta-analysis. *World Journal of Biological Psychiatry*, *16*, 544-66.

Richard-Devantoy, S., Ding, Y., Lepage, M., Turecki, G. & Jollant, F. (2016a). Cognitive inhibition in depression and suicidal behaviour: A neuroimaging study. *Psychological Medicine*, *46*, 933-44.

Richard-Devantoy, S., Ding, Y., Turecki, G. & Jollant, F. (2016b). Attentional bias toward suicide-relevant information: A cross-sectional study and a meta-analysis. *Journal of Affective Disorders*, *196*, 101-8.

Richard-Devantoy, S., Olié, E., Guillaume, S. & Courtet, P. (2016c). Decision-making in unipolar and bipolar suicide. *Journal of Affective Disorders*, *190*, 128-36.

Rihmer, Z. & Döhme, P. (2016). Major mood disorders and suicidal behavior. In R. C. O'Connor & J. Pirkis (Eds.), *The international handbook of suicide prevention*. Chichester: Wiley.

Rihmer, Z. & Gonda, X. (2013). Pharmacological prevention of suicide in patients with major mood disorder. *Neuroscience and Biobehavioral Reviews*, *37*,

2398-403.

Roberts, S., Keers, R., Lester, K. J., Coleman, J. R., Breen, G., Arendt, K., Blatter-Meunier, J., Cooper, P., Creswell, C., Fjermestad, K., Havik, O. E., Herren, C., Hogendoorn, S. M., Hudson, J. L., Krause, K., Lyneham, H. J., Morris, T., Nauta, M., Rapee, R. M., Rey, Y., Schneider, S., Schneider, S. C., Silverman, W. K., Thastum, M., Thirlwall, K., Waite, P., Eley, T. & Wong, C. C. Y. (2015). HPA axis related genens and response to psychological therapies: Genetics and epigenetics. *Depresion & Anxiety*, *32*, 861-70.

Robinson, O. J., Vytal, K., Cornwell, B. R. & Grillon, C. (2013). The impact of anxiety upon cognition: Perspectives from human threat of shock studies. *Frontiers in Human Neuroscience*, *7*, 203.

Rockett, I. R. H., Lilly, C. L., Jia, H., Larkin, G. L., Miller, T. R., Nelson, L. S., Nolte, K. B., Putnam, S. L., Smith, G. S. & Caine, E. D. (2016). Self-injury mortality in the United States in the early 21st century: A comparison with proximally ranked diseases. *JAMA Psychiatry*, *73*, 1072-81.

Ross, O., Skatova, A., Madlon-Kay, S. & Daw, N. D. (2016). Cognitive control predicts use of model-based reinforcement learning. *Journal of Cognitive Neuroscience*, *27*, 319-33.

Roth, T. L., Lubin, F. D., Funk, A. J. & Sweatt, J. D. (2009). Lasting epigenetic influence of early-life adversity on the BDNF gene. *Biological Psychiatry*, *65*, 760-9.

Rowland, L. M., Bustillo, J. R., Mullins, P. G., Jung, R. E., Lenroot, R., Landgraf, E., Barrow, R., Yeo, R., Lauriello, J. & Brooks, W. M. (2005). Effects of ketamine on anterior cingulate glutamate metabolism in healthy humans: A 4-T proton MRS study. *American Journal of Psychiatry*, *162*, 394-6.

Roy, A. (2012). Gene-environment interaction and suicidal behaviour. In Y. Dwivedi (Ed.), *The biological basis of suicide*. Boca Raton, FL: CRC Press.

Roy, A., Gorodetsky, E., Yuan, Q., Goldman, D. & Enoch, M. A. (2010). Interaction of FKBP5, a stress-related gene, with childhood trauma increases the risk for attempting suicide. *Neuropsychopharmacology*, *35*, 1674-83.

Roy, A., Hodgkinson, C. A., DeLuca, V., Goldman, D. & Enoch, M. A. (2012). Two HPA axis genes, CRHBP and FKBP5, interact with childhood trauma to increase the risk for suicidal behavior. *Journal of Psychiatric Research*, *46*, 72-9.

Roy, A., Hu, X. Z., Janal, M. N. & Goldman, D. (2007). Interaction between childhood trauma and serotonin transporter gene variation in suicide. *Neuropsychopharmacology*, *32*, 2046-52.

Roy, B. & Dwivedi, Y. (2017). Understanding epigenetic architecture of suicide neurobiology: A critical perspective. *Neuroscience and Biobehavioral Reviews*, *72*, 10-27.

Roy, B., Shelton, R. C. & Dwivedi, Y. (2017). DNA methylation and expression of stress related genes in PBMC of MDD patients with and without serious suicidal ideation. *Journal of Psychiatric Research*, *89*, 115-24.

Rubinstein, D. H. (1986). A stress-diathesis theory of suicide. *Suicide and Life-Threatening Behavior*, *16*, 182-97.

Rüsch, N., Spoletini, I., Wilke, M., Martinotti, G., Bria, P., Trequattrini, A., Bonaviri, G., Caltagirone, C. & Spalletta, G. (2008). Inferior frontal white matter volume and suicidality in schizophrenia. *Psychiatry Research Neuroimaging*, *164*, 206-14.

Rutherford, B. R., Wager, T. D. & Roose, S. P. (2010). Expectancy and the treatment of depression: A review of experimental methodology and effects on patient outcome. *Current Psychiatry Review*, *6*, 1-10.

Rutherford, B. R., Wall, M. M., Brown, P. J., Choo, T. H., Wager, T. D., Peterson, B. S., Chung, S., Kirsch, I. & Roose, S. P. (2017). Patient expectancy as a mediator of placebo effects in antidepressant trials. *American Journal of Psychiatry*, *174*, 135-42.

Rutherford, B. R., Wall, M. M., Glass, A. & Stewart, J. W. (2014). The role of patient expectancy in placebo and nocebo effects in antidepressant trials.

Journal of Clinical Psychiatry, *75*, 1040-6.

Ryding, E., Ahnlide, J. A., Lindström, M. B., Rosén, I. & Träskman-Bendz, L. (2006). Regional brain serotonin and dopamine transporter binding capacity in suicide attempters relate to impulsiveness and mental energy. *Psychiatry Research Neuroimaging*, *148*, 195-203.

Sachs-Ericsson, N., Corsentino, E., Rushing, N. C. & Sheffler, J. (2013). Early childhood abuse and late-life suicidal ideation. *Aging and Mental Health*, *17*, no. 4, 489-94.

Sachs-Ericsson, N., Hames, J. L., Joiner, T. E., Corsentino, M. S., Rushing, N. C., Palmer, E., Gotlib, I. H., Selby, E. A., Zarit, S. & Steffens, D. C. (2014). Differences between suicide attempters and non-attempters in depressed older patients: Depression severity, white matter lesions, and cognitive functioning. *American Journal of Geriatric Psychiatry*, *22*, 75-85.

Sachs-Ericsson, N. J., Rushing, N. C., Stanley, I. H. & Sheffler, J. (2015). In my end is my beginning: Developmental trajectories of adverse childhood experiences to late-life suicide. *Aging & Mental Health*, *20*, 139-65.

Sackheim, H. A. (2017). Modern electroconvulsive therapy: Vastly improved yet greatly underused. *JAMA Psychiatry*, *74*, 779-80.

Sadeh, N., Wolf, E. J., Logue, M. W., Hayes, J. P., Stone, A., Griffin, L. M., Schichman, S. A. & Miller, M. W. (2016). Epigenetic variation at SKA2 predicts suicide phenotypes and internalizing psychopathology. *Depression and Anxiety*, *33*, 308-15.

Sagar, R., Tsang, A., Ustun, T. B., Vassilev, S., Viana, M. C. & Williams, D. R. (2010). Childhood adversities and adult psychopathology in the WHO World Mental Health Surveys. *British Journal of Psychiatry*, *197*, 378-85.

Salpekar, J. A., Joshi, P. T., Axelson, D. A., Reinblatt, S. P., Yenokyan, G., Sanyal, A., Walkup, J. T., Vitiello, B., Luby, J. L., Wagner, K. D., Nusrat, N. & Riddle, M. A. (2015). Depression and suicidality outcomes in the treatment of early age mania study. *Journal of the American Academy of Child and*

Adolescent Psychiatry, *4*, 999-1007.

Sanacora, G., Frye, M. A., McDonald, W., Mathew, S. J., Turner, M. S., Schatzberg, A. F., Summergrad, P. & Nemeroff, C. B., for the American Psychiatric Association (APA) Council of Research Task Force on Novel Biomarkers and Treatments (2017). A consensus statement on the use of ketamine in the treatment of mood disorders. *JAMA Psychiatry*, *74*, 399-405.

Sargalska, J., Miranda, R. & Marroquin, B. (2011). Being certain about an absence of the positive: Specificity in relation to hopelessness and suicidal ideation. *International Journal of Cognitive Therapy*, *4*, 104-16.

Sauder, C. L., Derbridge, C. M. & Beauchaine, T. P. (2015). Neural responses to monetary incentives among self-injury adolescent girls. *Development and Psychopathology*, *28*, 277-91.

Schaffer, A., Isometsa, E. T., Tondo, L., Moreno, D., Turecki, G., Reis, C., Cassidy, F., Sinyor, M., Azorin, J. M., Kessing, L. V., Ha, K., Goldstein, T., Weizman, A., Beautrais, A., Chou, Y. H., Diazgranados, N., Levitt, A. J., Zarate, C. A., Rihmer, Z. & Yatham, N. (2015). International Society for Bipolar Disorders Task Force on Suicide: Meta-analyses and meta-regression of correlates of suicide attempts and suicide deaths in bipolar disorder. *Bipolar Disorder*, *17*, 1-16.

Schmaal, L., Marquand, A. F., Rhebergen, D., van Tol, M. J., Ruhe, H. G., van der Wee, N. J., Veltman, D. J. & Penninx, B. W. (2015). Predicting the naturalistic course of major depressive disorder using clinical and multimodal neuroimaging information: A multivariate pattern recognition study. *Biological Psychiatry*, *78*, 278-86.

Schmitt, L. I., Wimmer, R. D., Nakajima, M., Happ, M., Mofakham, S. & Halassa, M. M. (2017). Thalamic amplification of cortical connectivity sustains attentional control. *Nature*, *545*, 219-23.

Schneider, B., Maurer, K., Sark, D., Heiskel, H., Weber, B. & Frolich, L. (2004). Concordance of DSM-IV Axis I and II diagnoses by personal and informant's interview. *Psychiatry Research*, *127*, 121-36.

Schneider, E., El Hajj, N., Müller, F., Navarro, B. & Haaf, T. (2015). Epigenetic dysregulation in the prefrontal cortex of suicide completers. *Cytogenetic and Genome Research*, *146*, 19-27.

Schnieder, T. P., Trencevska, I., Rosoklija, G., Stankov, A., Mann, J. J., Smiley, J. & Dwork, A. J. (2014). Microglia of prefrontal white matter in suicide. *Journal of Neuropathology and Experimental Neurology*, *73*, 880-9.

Scholes, K. E., Harrison, B. J., O'Neill, B. V., Leung, S., Croft, R. J, Pipingas, A., Phan, K. L. & Nathan, P. J. (2007). Acute serotonin and dopamine depletion improves attentional control: Findings from the Stroop task. *Neuropsychopharmacology*, *32*, 1600-10.

Schotte, D. E. & Clum, G. A. (1982). Suicide ideation in a college population. *Journal of Consulting and Clinical Psychology*, *50*, 690-6.

Schulman, J. J., Cancro, R., Lowe, S., Lu, F., Walton, K. D. & Llinas, R. R. (2011). Imaging of thalamocortical dysrhythmia in neuropsychiatry. *Frontiers in Human Neuroscience*, *5*, 69.

Seguin, M., Beauchamp, G., Robert, M., Di Mambro, M. & Turecki, G. (2014). Developmental model of suicide trajectories. *British Journal of Psychiatry*, *205*, 120-6.

Seguin, M., Lesage, A., Turecki, G., Bouchard, M., Chawky, N., Tremblay, N., Daigle, F. & Guy, A. (2007). Life trajectories and burden of adversity: Mapping the developmental profiles of suicide mortality. *Psychological Medicine*, *37*, 1575-83.

Seligman, E. (1972). Learned helplessness. *Annual Review in Medicine*, *23*, 407-12.

Sequeira, A., Mamdani, F., Ernst, C., Vawter, M. P. & Turecki, G. (2009). Global brain gene expression analysis links glutamatergic and GABAergic alterations to suicide and major depression. *PLoS One*, *4*, e6585.

Serafini, G., Pompili, M., Innamorati, M., Fusar-Poli, P., Akiskal, H. S., Rihmer, Z., Lester, D., Romano, A., de Oliveira, I. R.., Strusi, L., Ferracuti, S., Girardi,

P. & Tatarelli, R. (2011). Affective temperamental profiles are associated with white matter hyperintensity and suicidal risk in patients with mood disorders. *Journal of Affective Disorders*, *129*, 47-55.

Serafini, G., Pompili, M., Lindqvist, D., Dwivedi, Y. & Girardi, P. (2013). The role of neuropeptides in suicidal behavior: A systematic review. *BioMed Research International*, 687575.

Seymour, K., Jones, R. N., Cushman, G. K., Galvan, T., Puzia, M. E., Kim, K. L., Spirito, A. & Dickstein, D. P. (2016). Emotional face recognition in adolescent suicide attempters and adolescents engaging in non-suicidal self-injury. *European Child and Adolescent Psychiatry*, *25*, 247-59.

Shaffer, A., Isometsä, E. T., Tondo, L., Moreno, D., Turecki, G., Reis, C., Cassidy, F., Sinyor, M., Azorin, J. M., Kessing, L. V., Ha, K., Goldstein, T., Weizman, A., Beautrais, A., Chou, Y. H., Diazgrandos, N., Levitt, A. J., Zarate, C. A., Rihmer, Z. & Yatham, L. N. (2015). International Society for Bipolar Disorders Task Force on Suicide: Meta-analysis and meta-regression of correlates of suicide attempts and suicide deaths in bipolar disorder. *Bipolar Disorder*, 17, no. 1, 1-16.

Sharot, T. (2011). The optimism bias. *Current Biology*, *21*, R941-R945.

____ (2012). The optimism bias. A TED talk on February 2012 〔Internet〕. TED conferences LLC, New York, NY. www.ted.com/talks/tali_sharot_the_optimism_bias.html에서 검색 가능.

Sharot, T. & Garrett, N. (2016). Forming beliefs: Why valence matters. *Trends in Cognitive Sciences*, *20*, 25-33.

Sharot, T., Kanai, R., Marston, D., Korn, C. W., Rees, G. & Dolan, R. J. (2012). Selectively altering belief formation in the human brain. *Proceedings of the National Academy of Science*, *109*, 17058-62.

Sharot, T., Korn, C. W. & Dolan, R. J. (2011). How unrealistic optimism is maintained in the face of reality. *Nature Neuroscience*, *14*, 1475-9.

Sheng, C. F. S., Stickley, A., Konishi, S. & Watanabe, C. (2016). Ambient air pollution and suicide in Tokyo, 2001-2011. *Journal of Affective Disorders*, *201*, 194-202.

Shepard, D. S., Gurewich, D., Lwin, A. K., Reed, G. A. & Silverman, M. M. (2016). Suicide and suicidal attempts in the United States: Costs and policy implications. *Suicide and Life-Threatening Behavior*, *46*, 352-62.

Sherman, S. M. (2016). Thalamus plays a central role in ongoing cortical functioning. *Nature Neuroscience*, *19*, 533-41.

Sherman, S. M. & Guillery, R. W. (1998). On the actions that one nerve cell can have on another: Distinguishing between "drivers" and "modulators." *Proceedings of the National Academy of Sciences*, *95*, 7121-6.

Shinozaki, G., Romanowicz, M., Mrazek, D. A. & Kung, S. (2013). State dependent gene-environment interaction: Serotonin transporter gene-child abuse interaction associated with suicide attempt history among depressed psychiatric inpatients. *Journal of Affective Disorders*, *150*, 1200-3.

Shneidman, E. S. (1981). The psychologic autopsy. *Suicide and Life- Threatening Behavior*, *11*, 5-12.

Sidley, G. L., Whitaker, K., Calam, R. M. & Wells, A. (1997). The relationship between problem-solving and autobiographical memory in parasuicide patients. *Behavioural and Cognitive Psychotherapy*, *25*, 195-202.

Silverman, M. M. (2016). Challenges to defining and classifying suicide and suicidal behaviors. In R. C. O'Connor & J. Pirkis (Eds.), *The international handbook of suicide prevention*. Chichester: Wiley.

Simon, G. E. (2006). How can we know whether antidepressants increase suicide risk? *American Journal of Psychiatry*, *163*, 1861-3.

Sinclair, J. M. A., Crane, C., Hawton, K. & Williams, J. M. G. (2007). The role of autobiographical memory specificity in deliberate self-harm: Correlates and consequences. *Journal of Affective Disorders*, *102*, 11-18.

Snider, J. E., Hane, S. & Berman, A. L. (2006). Standardizing the psychological autopsy: Addressing the Daubert standard. *Suicide and Life-Threatening*

Behavior, *36*, 511-18.

Soloff, P. H., Chiappetta, L., Mason, N. S., Becker, C. & Price, J. C. (2014). Effects of serotonin-2A receptor binding and gender on personality traits and suicidal behavior in borderline personality disorder. *Psychiatry Research—Neuroimaging*, *222*, 140-8.

Soloff, P. H., Price, J. C., Meltzer, C. C., Fabio, A., Frank, G. K. & Kaye, W. H. (2007). 5HT2A receptor binding is increased in borderline personality disorder. *Biological Psychiatry*, *62*, 580-7.

Soloff, P. H., Pruitt, P., Sharma, M., Radwan, J., White, R. & Diwadkar, V. A. (2012). Structural brain abnormalities and suicidal behavior in borderline personality disorder. *Journal of Psychiatric Research*, *46*, 516-25.

Sourander, A., Klomek, A. B., Niemelä, S., Haavisto, A., Gyllenberg, D., Helenius, H., Sillanmaki, L., Ristkari, T., Kumpulainen, K., Tamminen, T., Moilanen, I., Piha, J., Almqvist, F. & Gould, M. S. (2009). Childhood predictors of completed and severe suicide attempts: Findings from the Finnish 1981 Birth Cohort Study. *Archives of General Psychiatry*, *66*, 398-406.

Spence, S. A. (2009). *The actor's brain: Exploring the cognitive neuroscience of free will*. Oxford: Oxford University Press.

Spoletini, I., Piras, F., Fagioli, S., Rubino, I. A., Martinotti, G., Siracusano, A., Caltagirone, C. & Spalletta, G. (2011). Suicidal attempts and increased right amygdala volume in schizophrenia. *Schizophrenia Research*, *125*, 30-40.

Stefansson, J., Chatzittofis, A., Nordström, P., Arver, S., Asberg, M. & Jokinen, J. (2016). CSF and plasma testosterone in attempted suicide. *Psychoneuroendocrinology*, *74*, 1-6.

Stein, D. J., Chiu, W. T., Hwang, I., Kessler, R. C., Sampson, N. & Nock, M. K. (2010). Cross-national analysis of the associations between traumatic events and suicidal behavior: Findings from the WHO World Mental Health Surveys. *PLoS One*, *5*, e10574.

Stephan, K. E., Schlagenhauf, F., Huys, Q., Raman, S., Aponte, E. A., Brodersen,

K. H., Rigoux, L., Moran, R. J., Daunizeau, J., Dolan, R. J., Friston, K. J. & Heinz, A. (2017). Computational neuroimaging strategies for single patient predictions. *NeuroImage*, *145*, 180-99.

Steward, J. G., Glenn, C. R., Esposito, E. C., Cha, C. B., Nock, M. K. & Auerbach, R. P. (2017). Cognitive control deficits differentiate adolescent suicide ideators from attempters. *Journal of Clinical Psychiatry*, *78*, 614-21.

Stone, A. (1971). Suicide precipitated by psychotherapy. *American Journal of Psychotherapy*, *25*, 18-28.

Stone, M., Laughren, T., Jones, M. L., Levenson, M., Holland, P. C., Hughes, A., Hammad, T. A., Temple, R. & Rochester, G. (2009). Risk of suicidality in clinical trials of antidepressants in adults: Analysis of propriety data submitted to US Food and Drug Administration. *British Medical Journal*, *339*, b2880.

Strike, L. T., Couvy-Duchesne, B., Hansell, N. K., Cuellar-Partida, G., Medland, S. E. & Wright, M. J. (2015). Genetics and brain morphology. *Neuropsychological Reviews*, *25*, 63-96.

Stuckler, D. & Basu, S. (2013). *The body economic: Why austerity kills*. New York, NY: Basic Books.

Sublette, M. E., Hibbeln, J. R., Galfalvy, H., Oquendo, M. A. & Mann, J. J. (2006). Omega-3 polyunsaturated essential fatty acid status as a predictor of future suicide risk. *American Journal of Psychiatry*, *163*, 1100-2.

Sublette, M. E., Milak, M. S., Galfalvy, H. C., Oquendo, M. A., Malone, K. M. & Mann, J. J. (2013). Regional brain glucose uptake distinguishes suicide attempters from non-attempters in major depression. *Archives of Suicide Research*, *17*, 434-47.

Suderman, M., McGowan, P. O., Sasaki, A., Huang, T. C., Hallett, M. T., Meaney, M. J., Turecki, G. & Szyf, M. (2012). Conserved epigenetic sensitivity to early life experience in the rat and human hippocampus. *Proceedings of the National Academy of Sciences of the United States of America*, *109*, 17266-72.

Sudol, K. & Mann, J. J. (2017). Biomarkers of suicide attempt behavior: Towards a biological model of risk. *Current Psychiatry Reports*, *19*, 31.

Sullivan, G. M., Oquendo, M. A., Milak, M., Miller, J. M., Burke, A., Ogden, R. T., Parsey, R. V. & Mann, J. J. (2015). Positron emission tomography quantification of serotonin 1A receptor binding in suicide attempters with major depression. *JAMA Psychiatry*, *72*, 169-78.

Sun, Y., Farzan, F., Mulsant, B. H., Rajji, T. K., Fitzgerald, P. B., Barr, M. S., Downar, J., Wong, W., Blumberger, D. M. & Daskalakis, Z. J. (2016). Indicators for remission of suicidal ideation following magnetic seizure therapy in patients with treatment-resistant depression. *JAMA Psychiatry*, *73*, 337-45.

Szanto, K., Bruine de Bruin, W., Parker, A. M., Hallquist, M. N., Vanyukov, P. M. & Dombrovski, A. Y. (2015). Decision-making competence and attempted suicide. *Journal of Clinical Psychiatry*, *76*, 1590-7.

Szymkowicz, S. M., McLaren, M. E., Suryadera, U. & Woods, A. J. (2016). Transcranial direct stimulation use in the treatment of neuropsychiatric disorders: A brief review. *Psychiatric Annals*, *46*, 642-6.

Tatarelli, R., Girardi, P. & Amore, M. (2008). Suicide in the elderly: A psychological autopsy study in a north Italy area (1994-2004). *American Journal of Geriatric Psychiatry*, *16*, 727-35.

Teicher, M. H. & Samson, J. A. (2013). Childhood maltreatment and psychopathology: A case for ecophenotypic variants as clinically and neurobiologically distinct subtypes. *American Journal of Psychiatry*, *170*, 1114-33.

____ (2016). Enduring neurobiological effects of childhood abuse and neglect. *Journal of Child Psychology and Psychiatry*, *57*, 241-66.

Teicher, M. H., Samson, J. A., Anderson, C. M. & Ohashi, K. (2016). The effects of childhood maltreatment on brain structure, function and connectivity. *Nature Reviews Neuroscience*, *17*, 652-66.

Tiihonen, J., Haukka, J., Taylor, M., Haddad, P. M., Patel, M. X. & Korhonen P. (2011). A nationwide cohort study of oral and depot antipsychotics after first hospitalization for schizophrenia. *American Journal of Psychiatry*, *168*, 603-9.

Tiihonen, J., Lonnqvist, J. & Wahlbeck, K. (2006). Antidepressants and the risk of suicide, attempted suicide, and overall mortality in a nationwide cohort. *Archives of General Psychiatry*, *63*, 1358-67.

Tkachev, D., Mimmack, M. L., Huffaker, S. J., Ryan, M. & Bahn, S. (2007). Further evidence for altered myelin biosynthesis and glutamatergic dysfunction in schizophrenia. *International Journal of Neuropsychopharmacology*, *10*, 557-63.

Tondo, L. & Baldessarini, R. J. (2016). Suicidal behaviour in mood disorders: Response to pharmacological treatment. *Current Psychiatry Reports*, *18*, 88.

Toplak, M. E., Sorge, G. B., Benoit, A., West, R. F. & Stanovich, K. E. (2010). Decision-making and cognitive abilities: A review of associations between Iowa Gambling Task performance, executive functions and intelligence. *Clinical Psychology Review*, *30*, 562-81.

Tops, M., van der Pompe, G., Wijers, A. A., Den Boer, J. A., Meijman, T. F. & Korf, J. (2004). Free recall of pleasant words from recency positions is especially sensitive to acute administration of cortisol. *Psychoneuroendocrinology*, *29*, 327-38.

Toranzo, J. M., Calvo, M., Padilla, E., Ballinger, T., Lucia, D., Swisher, T. et al. (2011). Dopaminergic projection abnormalities in untreated schizophrenia and unaffected first degree relatives. *Social Neuroscience Abstracts*, *41*, 680.

Troister, T. & Holden, R. R. (2010). Comparing psychache, depression and hopelessness in their associations with suicidality: A test of Shneidman's theory of suicide. *Personality and Individual Differences*, *7*, 689-93.

Tsafrir, S., Chubarov, E., Shoval, G., Levi, M., Nahshoni, E., Ratmansky, M., Weizman, A. & Zalsman, G. (2014). Cognitive traits in inpatient adolescents with and without prior suicide attempts and non-suicidal self-injury. *Comprehensive Psychiatry*, *55*, 370-3.

Tsai, A. C., Lucas, M., Odereke, O. I., O'Reilly, E. J., Mirzaei, F., Kawachi, I., Ascherio, A. & Willlett, W. C. (2014). Suicide mortality in relation to dietary intake of n-3 and n-6 polyunsaturated fatty acids and fish: Equivocal findings from three large US cohort studies. *American Journal of Epidemiology*, *179*, 1458-66.

Tsai, J. F. (2015). Suicide risk: Sunshine or temperature increase? *JAMA Psychiatry*, *72*, 624-5.

Tsypes, A., Owens, M., Hajcak, G. & Brandon, E. (2017). Neural responses to gains and losses in children of suicide attempters. *Journal of Abnormal Psychology*, *126*, 237-43.

Turecki, G. (2005). Dissecting the suicide phenotype: The role of impulsive-aggressive behaviours. *Journal of Psychiatry and Neuroscience*, *30*, 398-408.

____ (2014a). Epigenetics and suicidal behavior research pathways. *American Journal of Preventive Medicine*, *47*, S144-S151.

____ (2014b). The molecular bases of the suicidal brain. *Nature Reviews Neuroscience*, *15*, 802-16.

____ (2016). Epigenetics of suicidal behaviour. In W. P. Kashka & D. Rujescu (Eds.), *Biological aspects of suicidal behaviour*. Basel: Karger.

Turecki, G. & Brent, D. (2016). Suicide and suicidal behaviour. *Lancet*, *387*, 1227-39.

Turecki, G. & Meaney, M. J. (2016). Effects of the social environment and stress on glucocorticoid receptor gene methylation: A systematic review. *Biological Psychiatry*, *79*, 87-96.

Turecki, G., Ernst, C., Jollant, F., Labonté, B. & Mechawar, N. (2012). The neurodevelopmental origins of suicidal behavior. *Trends in Neurosciences*, *35*, 14-23.

Tyrka, A. R., Burgers, D. E., Philips, N. S., Price, L. H. & Carpenter, L. L. (2013). The neurobiological correlates of childhood adversity and implications for treatment. *Acta Psychiatrica Scandinavica*, *128*, 434-46.

Tyrka, A. R., Price, L. H., Marsit, C., Walters, O. C. & Carpenter, L. L. (2012). Childhood adversity and epigenetic modulation of the leukocyte glucocorticoid receptor: Preliminary findings in healthy adults. *PLoS One*, *7*, e30148.

US Department of Health and Human Services, Children's Bureau. (2017). *Child maltreatment 2015*. https://acf.gov/sites/default/files/documents/cb/cm2015.

pdf에서 검색 가능.

Valuck, R. J., Libby, A. M. & Sills, M. R. (2004). Antidepressant treatment and risk of suicide attempt by adolescents with major depressive disorder: A propensity-adjusted retrospective cohort study. *CNS Drugs*, *18*, 1119-32.

Van Dam, N. T., Rando, K., Potenza, M. N., Tuit, K. & Sinha, R. (2014). Childhood maltreatment, altered limbic neurobiology and substance abuse relapse severity via trauma-specific reductions in limbic gray matter volume. *JAMA Psychiatry*, *71*, 917-25.

van Heeringen, K. (Ed.) (2001). *Understanding suicidal behaviour: The suicidal process approach to research, treatment and prevention*. Chichester: John Wiley & Sons.

van Heeringen, K. (2010). The story of Valerie. In M. Pompili (Ed.), *Suicide in the words of suicidologists* (pp. 215-17). New York, NY: Nova Science Publishers.

van Heeringen, K. & Mann, J. J. (2014). The neurobiology of suicide. *Lancet Psychiatry*, *1*, 63-74.

van Heeringen, K., Audenaert, K., Van Laere, K., Dumont, F., Slegers, G., Mertens, J. & Dierckx, R. A. (2003). Prefrontal 5-HT2a receptor binding index, hopelessness, and personality characteristics in attempted suicide. *Journal of Affective Disorders*, *74*, 149-58.

van Heeringen, K., Bijttebier, S. & Godfrin, K. (2011). Suicidal brains: A review of functional and structural brain studies in association with suicidal behaviour. *Neuroscience and Biobehavioural Reviews*, *35*, 688-98.

van Heeringen, K., Bijttebier, S., Desmyter, S., Vervaet, M. & Baeken, C. (2014). Is there a neuroanatomical basis of the vulnerability to suicidal behavior? A coordinate-based meta-analysis of structural and functional MRI studies. *Frontiers in Human Neuroscience*, *8*, 824.

van Heeringen, K., Godfrin, K. & Bijttebier, S. (2011). Understanding the suicidal brain: A review of neuropsychological studies of suicidal ideation and behaviour. In R. C. O'Connor, S. Platt, & J. Gordon (Eds.), *International handbook of suicide prevention: Research, policy and practice*. Hoboken, NJ: Wiley Blackwell.

van Heeringen, K., Van den Abbeele, D., Vervaet, M., Soenen, L. & Audenaert, K. (2010). The functional neuroanatomy of mental pain in depression. *Psychiatry Research*, *181*, 141-4.

van Heeringen, K., Wu, G. R., Vervaet, M., Vanderhasselt, M. A. & Baeken, C. (2017). Decreased resting state metabolic activity in frontopolar and parietal brain regions is associated with suicide plans in depressed individuals. *Journal of Psychiatric Research*, *84*, 243-48.

Van Ijzendoorn, M. H., Caspers, K., Bakermans-Kranenburg, M. J., Beach, S. R. & Philibert, R. (2010). Methylation matters: Interaction between methylation density and serotonin transporter genotype predicts unresolved loss or trauma. *Biological Psychiatry*, *68*, 405-7.

Van Orden, K. A., Witte, T. K., Cukrowicz, K. C., Braithwaite, S., Selby, E. A. & Joiner, T. E. (2010). The interpersonal theory of suicide. *Psychological Reviews*, 117, no. 2, 575-600.

Vancayseele, N., Portzky, G. & van Heeringen, K. (2016). Increase in self-injury as a method of self-harm in Ghent, Belgium: 1987-2013. *PLoS One*, *11*, e0156711.

Vang, R. J., Ryding, E., Träskman-Bendz, L. & Lindstrom, M. B. (2010). Size of basal ganglia in suicide attempters, and its association with temperament and serotonin transporter density. *Psychiatry Research*, *183*, 177-9.

Vanyukov, P. M., Szanto, K., Hallquist, M. N., Siegle, G. J., Reynolds, C. F. III, Forman, S. D., Aizenstein, H. J. & Dombrovski, A. Y. (2016). Paralimbic and lateral prefrontal encoding of reward value during intertemporal choice in attempted suicide. *Psychological Medicine*, *46*, 381-91.

Verrocchio, M. C., Carrozzino, D., Marchetti, D., Andreasson, K., Fulcheri, M. & Bech, P. (2016). Mental pain and suicide: A systematic review of the literature. *Frontiers in Psychiatry*, *7*, 108.

Vinckier, F., Gaillard, R., Palimenteri, S., Rigoux, L., Salvador, A., Fornito, A.,

Adapa, R., Krebs, M. O., Pessiglione, M. & Fletcher, P. C. (2016). Confidence and psychosis: A neuro-computational account of contingency learning disruption by NMDA blockade. *Molecular Psychiatry*, *21*, 946-55.

Vita, A., De Peri, L. & Sacchetti, E. (2015). Lithium in drinking water and suicide prevention: A review of the evidence. *International Clinical Psychopharmacology*, *30*, 1-5.

Voracek, M. & Loible, L. M. (2007). Genetics of suicide: A systematic review of twin studies. *Wiener Klinische Wochenschriften*, *119*, 463-475.

Voracek, M. & Sonneck, G. (2007). Surname study of suicide in Austria: Differences in regional suicide rates correspond to the genetic structure of the population. *Wiener Klinische Wochenschriften*, *119*, 355-360.

Vyssoki, B., Kapusta, N. D., Praschak-Rieder, N., Dorffner, G. & Wileit, M. (2014). Direct effect of sunshine on suicide. *JAMA Psychiatry*, *71*, 1231-7.

Wagner, G., Koch, K., Schachtzabel, C., Schultz, C. C., Sauer, H. & Schlösser, R. G. (2011). Structural brain alterations in patients with major depressive disorder and high risk for suicide: Evidence for a distinct neurobiological entity? *Neuroimage*, *54*, 1607-14.

Wagner, G., Schultz, C. C., Koch, K., Schachtzabel, C., Sauer, H. & Schlösser, R. G. (2012). Prefrontal cortical thickness in depressed patients with highrisk for suicidal behaviour. *Journal of Psychiatric Research*, *46*, 1449-55.

Walsh, N. D., Dalgleish, T., Lombardo, M. V., Dunn, V. J., Van Harmelen, A. L., Ban, M. & Goodyer, I. M. (2014). General and specific effects of early-life psychosocial adversities on adolescent grey matter volume. *NeuroImage*, *4*, 308-18.

Weaver, I. C. G., Cervoni, N., Champagne, F. A., D'Alessio, A. C., Sharma, S., Seckl, J. R., Dymov, S., Szyf, M. & Meaney, M. J. (2004). Epigenetic programming by maternal behavior. *Nature Neuroscience*, *7*, 847-54.

Weik, U., Ruhweza, J. & Deinzer, R. (2017). Reduced cortisol output during public speaking stress in ostracized women. *Frontiers in Psychology*, *8*, 60.

Weinstock, M. (2008). The long-term behavioural consequences of prenatal stress. *Neuroscience and Biobehavioral Reviews*, *32*, 1073-86.

Welk, B., McArthur, E., Ordon, M., Anderson, K. K., Hayward, J. & Dixon, S. (2017). Association of suicidality and depression with 5alpha-reductase inhibitors. *JAMA Internal Medicine*, *177*, 683-91.

Wender, P. H., Kety, S. S. & Rosenthal, D. (1986). Psychiatric disorders in the biological and adoptive families of adopted individuals with affective disorders. *Archives of General Psychiatry*, *43*, 923-9.

Wenzel, A. & Beck, A. T. (2008). A cognitive model of suicidal behavior: Theory and treatment. *Applied & Preventive Psychology*, *12*, no. 4, 189-201.

Westheide, J., Quednow, B. B., Kuhn, K. U., Hoppe, C., Cooper-Mahkorn, D., Hawellek, B., Eichler, P., Maier, W. & Wagner, M. (2008). Executive performance of depressed suicide attempters: The role of suicidal ideation. *European Archives of Psychiatry and Clinical Neuroscience*, *258*, 414-21.

Whalley, K. (2016). Breaking down ketamine's actions. *Nature Reviews Neuroscience*, *17*, 399.

Whitaker, A. H., Van Rossem, R., Feldman, J. F., Schonfeld, I. S., Pinto-Martin, J. A., Tore, C., Shaffer, D. & Paneth, N. (1997). Psychiatric outcomes in low-birth-weight children at age six years: Relation to neonatal cranial ultrasound abnormalities. *Archives of General Psychiatry*, *54*, 847-56.

Whitlock, J., Muehlenkamp, J., Eckenrode, J., Purington, A., Barrera, P., Baral-Abrams, G. & Smith, E. (2013). Non-suicidal self-injury as a gateway to suicide in adolescents and young adults. *Journal of Adolescent Health*, *52*, 486-92.

WHO (2014). *Preventing suicide: A global imperative*. Geneva: World Health Organization.

____ (2017). Suicide rates (per 100,000 population). www.who.int/gho/mental_health/suicide_rates/en/에서 검색 가능.

Wilkinson, P., Kelvin, R., Roberts, C., Dubicka, B. & Goodyer, I. (2011). Clinical and psychosocial predictors of suicide attempts and nonsuicidal self-injury in the Adolescent Depression Antidepressants and Psychotherapy Trial (ADAPT). *American Journal of Psychiatry*, *168*, 495-501.

Willeumier, K., Taylor, D. V. & Amen, D. G. (2011). Decreased cerebral blood flow in the limbic and prefrontal cortex using SPECT imaging in a cohort of completed suicides. *Translational Psychiatry*, *1*, 28.

Williams, J. M. G. (1996). Depression and the specificity of autobiographical memory. In D. C. Rubin (Ed.), *Remembering our past: Studies in autobiographical memory* (pp. 244-67). Cambridge: Cambridge University Press.

____ (2001). *The cry of pain*. London: Penguin.

Williams, J. M. G. & Broadbent, K. (1986). Autobiographical memory in suicide attempters. *Journal of Abnormal Psychology*, *95*, no. 2, 144-9.

Williams, J. M. G. & Dritschel, B. H. (1988). Emotional disturbance and the specificity of autobiographical memory. *Cognition and Emotion*, *2*, 221-34.

Williams, J. M. G. & Pollock, L. (2001). Psychological aspects of the suicidal process. In K. van Heeringen (Ed.), *Understanding suicidal behaviour: The suicidal process approach to research, treatment and prevention* (pp. 76-94). Chichester: John Wiley.

Williams, J. M. G., Barnhofer, T., Crane, C. & Beck, A. T. (2005a). Problem solving deteriorates following mood challenge in formerly depressed patients with a history of suicidal ideation. *Journal of Abnormal Psychology*, *114*, 421-31.

Williams, J. M. G., Barnhofer, T., Crane, C., Hermans, D., Raes, F., Watkins, E. & Dalgleish, T. (2007). Autobiographical memory specificity and emotional disorder. *Psychological Medicine*, *133*, 122-48.

Williams, J. M. G., Crane, C., Barnhofer, T. & Duggan, D. (2005b). Psychology and suicidal behavior: Elaborating the entrapment model. In K. Hawton (Ed.), *Suicide and suicidal behavior: From science to practice* (pp. 71-90). Oxford: Oxford University Press.

Williams, J. M. G., Fennell, M., Barnhofer, T., Crane, R. & Silverton, S. (2015). *Mindfulness and the transformation of despair: Working with people at risk of suicide*. New York: Guilford Press.

Williams, J. M. G., van der Does, A. J. W., Barnhofer, T., Crane, C. & Zegal, Z. S. (2008). Cognitive reactivity, suicidal ideation and future fluency: Preliminary investigation of a differential activation theory of hopelessness/suicidality. *Cognitive Therapy and Research*, *32*, 83-104.

Windfuhr, K., Steeg, S., Hunt, I. M. & Kapur, N. (2016). International perspectives on the epidemiology and etiology of suicide and self-harm. In R. C. O'Connor & J. Pirkis (Eds.), *The international handbook of suicide prevention*. Chichester: Wiley.

Witt, K. (2017). The use of emergency department-based psychological interventions to reduce repetition of self-harm. *Lancet Psychiatry*, *4*, 428-9.

Yager, J. (2015). Addressing patients' psychic pain. *American Journal of Psychiatry*, *172*, 939-43.

Yang, A. C., Tsai, S. J. & Huang, N. E. (2011). Decomposing the association of completed suicide with air pollution, weather and unemployment data at different time scales. *Journal of Affective Disorders*, *129*, 275-81.

Yeh, Y. W., Ho, P. S., Chen, C. Y., Kuo, S. C., Liang, C. S., Ma, K. H., Shiue, C. Y., Huang, W. S., Cheng, C. Y., Wang, T. Y., Lu, R. B. & Huang, S. Y. (2015). Incongruent reduction of serotonin transporter associated with suicide attempts in patients with major depressive disorder: A positron emission tomography study with 4-[^{18}F]-ADAM. *International Journal of Neuropsycho-pharmacology*, *18*, 1-9.

Yin, H., Pantazatos, S. P., Galfalvy, H., Huang, Y., Rosoklija, G. B., Dwork, A. J., Burke, A., Arango, V., Oquendo, M. A. & Mann, J. J. (2016). A pilot integrative genomics study of GABA and glutamate neurotransmitter systems in suicide, suicidal behavior, and major depressive disorder. *American Journal of Medical Genetics Part B*, *171*, 414-26.

Yoshimasu, K., Kiyohara, C., Miyashita, C. and the Stress Research Group of the Japanese Society for Hygiene (2008). Suicidal risk factors and completed suicide: Meta-analyses based on psychological autopsy studies. *Environmental Health and Preventive Medicine*, *13*, 243-56.

Young, K. A., Bonkale, W. L., Holcomb, L. A., Hicks, P. B. & German, D. C. (2008). Major depression, 5HTTLPR genotype, suicide and antidepressant influence on thalamic volume. *British Journal of Psychiatry*, *192*, 285-9.

Young, K. A., Holcomb, L. A., Bonkale, W. L., Hicks, P. B. & German, D. C. (2007). 5HTTLPR polymorphism and enlargement of the pulvinar: Unlocking the backdoor to the limbic system. *Biological Psychiatry*, *61*, 813-18.

Yovell, Y., Bar, G., Mashiah, M., Baruch, Y., Briskman, I., Asherov, J., Lotan, A., Rigbi, A. & Panksepp, J. (2016). Ultra-low-dose buprenorphine as a time-limited treatment for severe suicidal ideation: A randomized controlled trial. *American Journal of Psychiatry*, *173*, 491-8.

Yuan, X. & Devine, D. P. (2016). The role of anxiety in vulnerability for self-injurious behaviour: Studies in a rodent model. *Behavioural Brain Research*, *311*, 201-209.

Yurgelun-Todd, D. A., Bueler, C. E., McGlade, E. C., Churchwell, J. C., Brenner, L. A. & Lopez-Larson, M. P. (2011). Neuroimaging correlates of traumatic brain injury and suicidal behavior. *Journal of Head Trauma Rehabilitation*, *26*, 276-89.

Zeng, L. L., Liu, L., Liu, Y., Shen, H., Li, Y. & Hu, D. (2012). Antidepressant treatment normalizes white matter volume in patients with major depression. *PLoS One*, 7, no. 8, e44248.

Zhang, J., Wieczorek, W., Conwell, Y., Tu, X. M., Wu, B. Y. & Xiao, S. (2010). Characteristics of young rural Chinese suicides: A psychological autopsy study. *Psychological Medicine*, *40*, 581-9.

Zhang, S., Chen, J. M., Kuang, L., Cao, J., Zhang, H., Ai, M., Wang, W., Zhang, S. D., Wang, S. Y., Liu, S. J. & Fang, W. D. (2016). Association between abnormal default mode network activity and suicidality in depressed adolescents. *BMC Psychiatry*, *16*, 337.

Zhang, Y., Catts, V. S., Sheedy, D., McCrossin, T., Krill, J. J. & Shannon Weickert, C. (2016). Cortical gray matter volume reduction in people with schizophrenia is associated with neuro-inflammation. *Translational Psychiatry*, *6*, 982.

Zou, Y., Li, H., Shi, C., Zhou, H. & Zhang, J. (2017). Efficacy of psychological-pain theory-based cognitive therapy in suicidal patients with major depressive disorder: A pilot study. *Psychiatry Research*, *249*, 23-9.

Zuckerman, M. (1999). *Vulnerability to psychopathology: A biosocial model*. Washington, DC: American Psychological Association.

찾아보기

ㅇ

ㅊ

ㅋ

ㅌ

ㅍ

ㅎ